8차 교육 과정

중2 수학을 쉽게, 그리고 ············➤ 가장 빠르게

10주 꿀꺽수학

오명식 편저

중2 전과정

수학은 국력

할 수 있다고 생각하면 할 수 있다

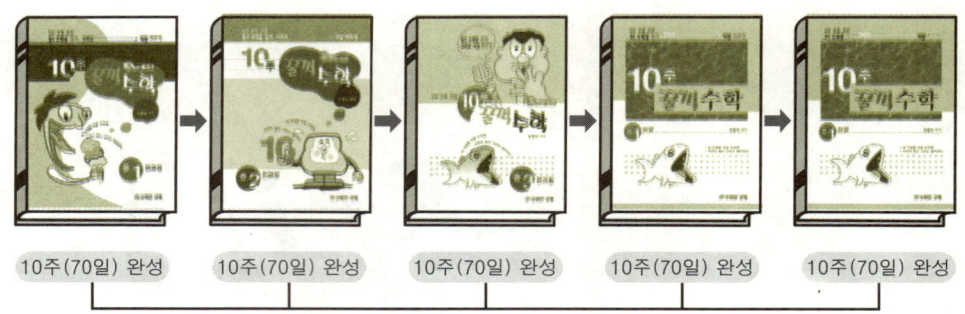

10주(70일) 완성	10주(70일) 완성	10주(70일) 완성	10주(70일) 완성	10주(70일) 완성

4년 과정을 1년만에 꿀꺽!!

중 2수학부터 고 1수학까지 3년 과정을 280 일 만에 마스터할 수 있을까?
여러분 중에는 이런 생각을 하는 사람도 있을 것이다.
10주 완성 「꿀꺽 수학」은 여러분의 이와 같은 꿈을 실현시켜 주기 위해서 편찬한 선학습교재이다.
꿀꺽 수학에서 제시하는 프로그램대로 차근차근 공부하다보면 여러분은 280 일 후에 꿈을 이루게 될 것이다.

이 책은 단기 완성용이지만 각 학년의 수학을 공부하는데 필요한 개념과 원리 및 핵심적인 문제를 하나도 빠짐없이 수록했다고 자부하고 싶다.
너무 성급하게 욕심부리지 말고 하루에 2시간씩 매일 매일 공부하다 보면 여러분의 수학 실력은 눈덩이처럼 불어날 것이다.
〈수학 성적만 좋아지는게 아니라 기타 과목 성적도 향상된다.〉

다만 저자가 여러분에게 당부하고 싶은 말은

하루 한 끼 식사는 건너 뛰는 경우가 있더라도 꿀꺽 수학 공부만은 하루도 걸러서는 안된다.

는 것이다. 공부하다 보면 힘들고 실증이 날 때도 있을 것이다.
그럴 때는 〈이 책을 마스터 했을 때의 기쁨과 성취감〉을 머리속에 그려보아라.
논에서 쟁기를 끄는 황소처럼 한 걸음 한 걸음 꾸준히 전진하다 보면 여러분은 반드시 최단기간에 수학을 마스터하는 기쁨을 맛볼 수 있을 것이다.

할 수 있다고 생각하면 할 수 있다. 하는 일마다 잘 되리라.

저자 씀

이 책 의 구 성 과 특 징

이 책은 중2수학 전 과정을 최단시간에 마스터하고 중3수학을 공부할 수 있도록 도와준다.
따라서, 선학습을 하여 고교 수학을 공부하려는 학생들에게는 가장 좋은 길잡이가 될 것이다.

기본원리 꿀꺽

- 각 소단원에서 배워야 할 기본적인 개념과 원리를 확실하게 이해하고 익히도록 구성하였다.
  - ➲ 3회 이상 읽어서 내용을 완전히 암기하도록 하자.

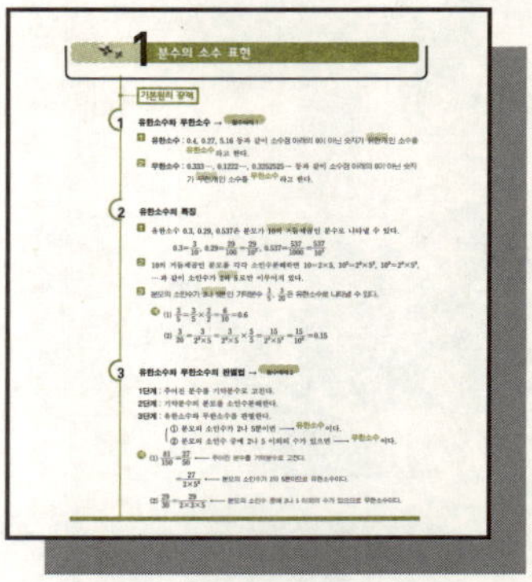
1 분수의 소수 표현

필수예제, 확인문제

- 「기본원리 꿀꺽」에서 익힌 개념과 원리를 적용하여 해결할 수 있는 문제를 엄선하였다. 문제는 대표적인 모델 문제를 수록하여 이 문제를 풀면 다른 문제도 풀 수 있는 공식과 같은 문제를 수록하였다.
  - ➲ 옆 친구에게 내용을 자신있게 설명할 수 있을 만큼 여러 번 풀자.

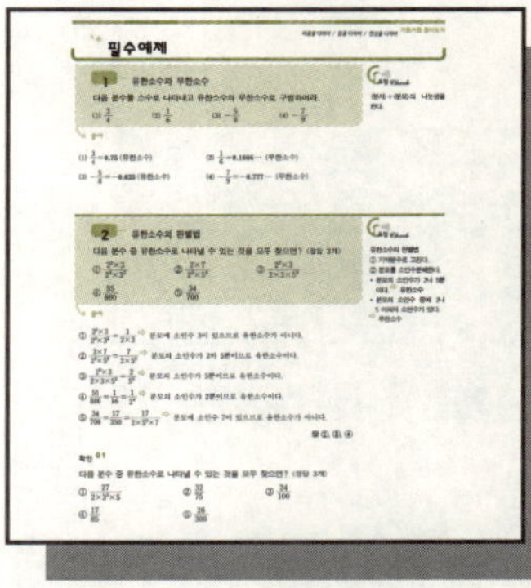
필수예제

실력 높이기

- 각 중단원을 총괄하는 문제를 실었다.
- 기본 ➡ 기본 개념과 원리를 다시 확인하는 문제이다.
- 실력 ➡ 기본보다 한 단계 수준 높은 문제로 여러분의 실력을 강화시켜주는 문제이다.
- 완성 ➡ 사고력을 요하는 문제로 여러분의 실력을 UP시켜줄 것이다.

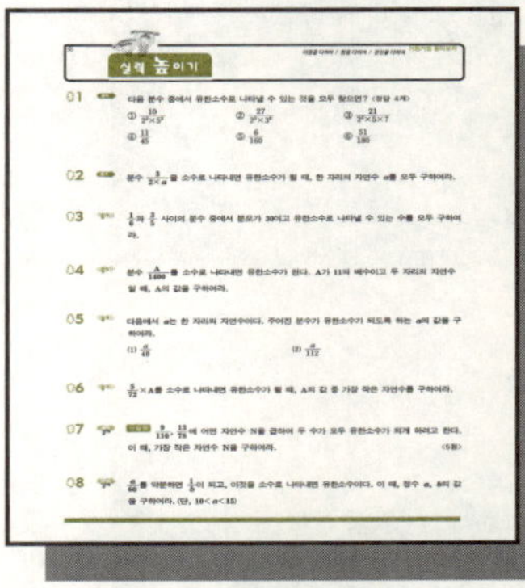
실력 높이기

이 책은 중2수학부터 고1수학을 최단기간에 충실하게 마스터하고 대입 수능 수학(고2, 3수학)을 미리 미리 준비하려는 앞선 학생들을 위한 선학습교재이다.
따라서, 이책 저책 기웃거리지 말고 꿀꺽 수학만 여러 번 반복한 다음 윗 학년으로 넘어가는 것이 효과적일 것이다.

차 례

Ⅰ. 수와 연산

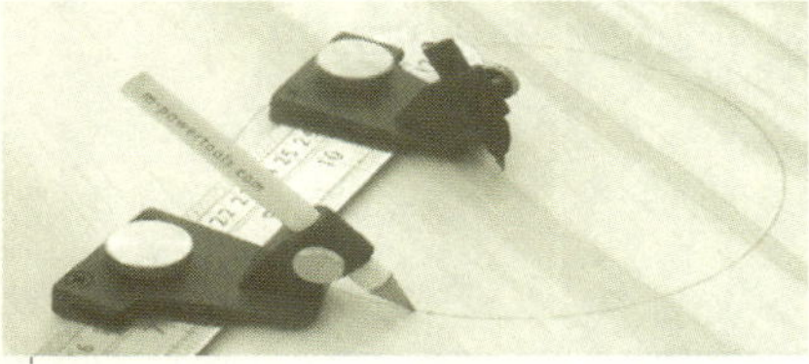

Ⅱ. 문자와 식

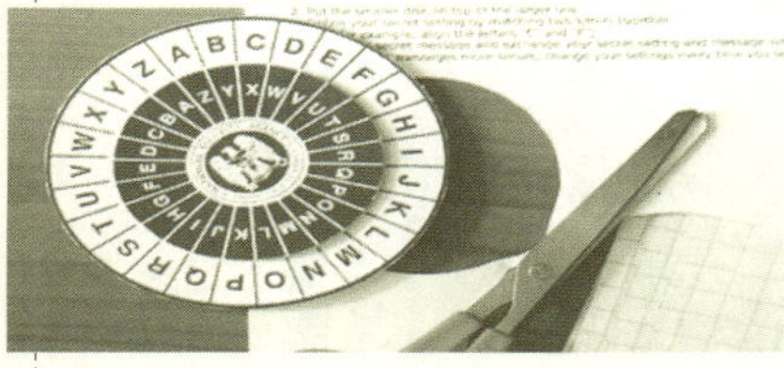

Ⅲ. 함수

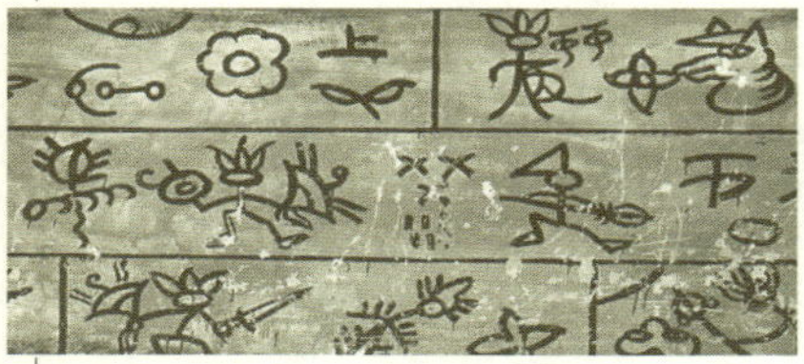

Ⅳ. 확률과 통계

Ⅴ. 기하

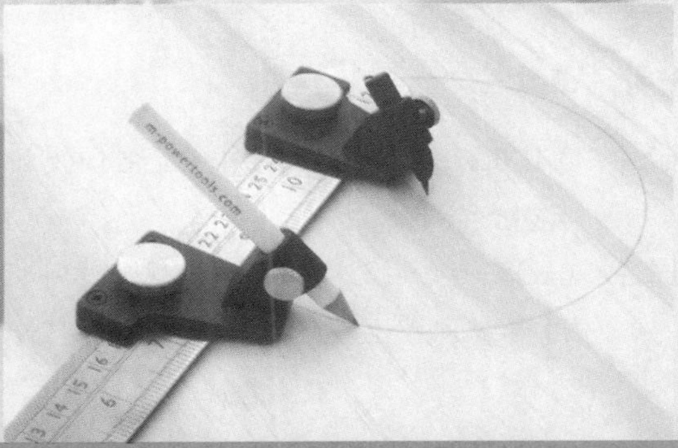

Ⅰ. 수와 연산

1. 유리수와 소수
2. 근삿값

1 분수의 소수 표현

기본원리 꿀꺽

1 유한소수와 무한소수

1 **유한소수** : 0.4, 0.27, 5.16 등과 같이 소수점 아래의 0이 아닌 숫자가 유한개인 소수를 **유한소수**라고 한다.

2 **무한소수** : 0.333⋯, 0.1222⋯, 0.3252525⋯ 등과 같이 소수점 아래의 0이 아닌 숫자가 무한개인 소수를 **무한소수**라고 한다.

2 유한소수의 특징

1 유한소수 0.3, 0.29, 0.537은 분모가 10의 거듭제곱인 분수로 나타낼 수 있다.

$$0.3=\frac{3}{10},\ 0.29=\frac{29}{100}=\frac{29}{10^2},\ 0.537=\frac{537}{1000}=\frac{537}{10^3}$$

2 10의 거듭제곱인 분모를 각각 소인수분해하면 $10=2\times5$, $10^2=2^2\times5^2$, $10^3=2^3\times5^3$, ⋯과 같이 소인수가 2와 5로만 이루어져 있다.

3 분모의 소인수가 2나 5뿐인 기약분수 $\frac{3}{5}$, $\frac{3}{20}$은 유한소수로 나타낼 수 있다.

예 (1) $\frac{3}{5}=\frac{3}{5}\times\frac{2}{2}=\frac{6}{10}=0.6$

(2) $\frac{3}{20}=\frac{3}{2^2\times5}=\frac{3}{2^2\times5}\times\frac{5}{5}=\frac{15}{2^2\times5^2}=\frac{15}{10^2}=0.15$

3 유한소수와 무한소수의 판별법

1단계 : 주어진 분수를 기약분수로 고친다.
2단계 : 기약분수의 분모를 소인수분해한다.
3단계 : 유한소수와 무한소수를 판별한다.

① 분모의 소인수가 2나 5뿐이면 ⟶ **유한소수**이다.
② 분모의 소인수 중에 2나 5 이외의 수가 있으면 ⟶ **무한소수**이다.

예 (1) $\frac{81}{150}=\frac{27}{50}$ ⟵ 주어진 분수를 기약분수로 고친다.

$=\frac{27}{2\times5^2}$ ⟵ 분모의 소인수가 2와 5뿐이므로 유한소수이다.

(2) $\frac{29}{30}=\frac{29}{2\times3\times5}$ ⟵ 분모의 소인수 중에 2나 5 이외의 수가 있으므로 무한소수이다.

필수예제

1 … 유한소수와 무한소수

다음 분수를 소수로 나타내고 유한소수와 무한소수로 구별하여라.

(1) $\frac{3}{4}$ (2) $\frac{1}{6}$ (3) $-\frac{5}{8}$ (4) $-\frac{7}{9}$

요점 Check

(분자)÷(분모)의 나눗셈을 한다.

풀이

(1) $\frac{3}{4}=\mathbf{0.75}$ (유한소수) (2) $\frac{1}{6}=\mathbf{0.1666\cdots}$ (무한소수)

(3) $-\frac{5}{8}=\mathbf{-0.625}$ (유한소수) (4) $-\frac{7}{9}=\mathbf{-0.777\cdots}$ (무한소수)

2 … 유한소수의 판별법

다음 분수 중 유한소수로 나타낼 수 있는 것을 모두 찾으면? 〈정답 3개〉

① $\frac{2^2\times3}{2^3\times3^2}$ ② $\frac{2\times7}{2^2\times5^2}$ ③ $\frac{2^2\times3}{2\times3\times5^3}$

④ $\frac{55}{880}$ ⑤ $\frac{34}{700}$

요점 Check

유한소수의 판별법
① 기약분수로 고친다.
② 분모를 소인수분해한다.
- 분모의 소인수가 2나 5뿐이다. ⇨ 유한소수
- 분모의 소인수 중에 2나 5 이외의 소인수가 있다. ⇨ 무한소수

풀이

① $\frac{2^2\times3}{2^3\times3^2}=\frac{1}{2\times3}$ ⇨ 분모에 소인수 3이 있으므로 유한소수가 아니다.

② $\frac{2\times7}{2^2\times5^2}=\frac{7}{2\times5^2}$ ⇨ 분모의 소인수가 2와 5뿐이므로 유한소수이다.

③ $\frac{2^2\times3}{2\times3\times5^3}=\frac{2}{5^3}$ ⇨ 분모의 소인수가 5뿐이므로 유한소수이다.

④ $\frac{55}{880}=\frac{1}{16}=\frac{1}{2^4}$ ⇨ 분모의 소인수가 2뿐이므로 유한소수이다.

⑤ $\frac{34}{700}=\frac{17}{350}=\frac{17}{2\times5^2\times7}$ ⇨ 분모에 소인수 7이 있으므로 유한소수가 아니다.

답 ②, ③, ④

확인 01

다음 분수 중 유한소수로 나타낼 수 있는 것을 모두 찾으면? 〈정답 3개〉

① $\frac{27}{2\times3^3\times5}$ ② $\frac{32}{75}$ ③ $\frac{24}{100}$

④ $\frac{17}{85}$ ⑤ $\frac{26}{300}$

3 … 유한소수 만들기

$\frac{17}{280}\times a$를 소수로 나타내면 유한소수가 된다고 할 때, a의 값 중 가장 작은 자연수를 구하여라.

요점 Check

유한소수가 되려면 분모의 소인수가 2나 5뿐이어야 한다.

풀이

$\frac{17\times a}{280}=\frac{17\times a}{2^3\times5\times7}$가 유한소수가 되기 위해서는 분모의 소인수 7이 약분되어야 한다.

따라서, a는 7의 배수이다. $\therefore$ $a=7,\ 14,\ 21,\ \cdots$

a의 값 중 가장 작은 자연수를 구하면 $a=$**7** ← 답

확인 02

$\frac{54}{3^2\times5\times a}$를 소수로 나타내면 유한소수가 된다고 할 때, 다음 중 a의 값이 될 수 없는 것은?

① 2 ② 3 ③ 4 ④ 5 ⑤ 9

4 … 유한소수 만들기

두 유리수 $\frac{9}{175}$, $\frac{17}{102}$에 어떤 자연수 N을 곱하여 모두 유한소수로 만들려고 한다. 이 때, 가장 작은 자연수 N을 구하여라.

요점 Check

① 두 분수를 기약분수로 고친 다음 분모를 소인수분해한다.

② 분모의 소인수 중 2나 5가 아닌 수를 약분해서 없앨 조건을 구한다.

풀이

$\frac{9}{175}=\frac{9}{5^2\times7}$이므로 $\frac{9}{5^2\times7}\times$N이 유한소수가 되려면

N은 7의 배수이다. … ㉠

$\frac{17}{102}=\frac{1}{6}=\frac{1}{2\times3}$이므로 $\frac{1}{2\times3}\times$N이 유한소수가 되려면

N은 3의 배수이다. … ㉡

㉠, ㉡에서 N은 7과 3의 공배수이다. $\therefore$ N$=21,\ 42,\ 63,\ \cdots$

N의 값 중 가장 작은 자연수를 구하면 N=**21** ← 답

확인 03

두 유리수 $\frac{7}{110}$, $\frac{11}{66}$에 어떤 자연수 N을 곱하여 모두 유한소수로 만들려고 한다. 이 때, 가장 작은 자연수 N을 구하여라.

2 순환소수

기본원리 꿀꺽

1 순환소수

0.333…, 0.757575…, 0.815815815… 등과 같이 소수점 아래의 어떤 자리에서부터 일정한 숫자의 배열이 한없이 되풀이되는 소수를 **순환소수**라고 한다.

예 0.555…, 0.696969…, 5.9232323…, −17.8474747…

2 순환마디

순환소수 0.333…과 0.757575…에서 일정하게 되풀이되는 부분은 3과 75이다. 3, 75와 같이 순환소수에서 일정하게 되풀이되는 한 부분을 **순환마디**라고 한다.

예 0.555…의 순환마디 ⇨ 5, 0.815815…의 순환마디 ⇨ 815

▶ 순환마디 읽는 법 : 순환마디 오, 순환마디 팔일오

3 순환소수의 표현 방법

첫 번째 순환마디의 양끝의 숫자 위에 점을 찍어서 나타낸다.

① 순환마디가 1개일 때 : $0.444\cdots=0.\dot{4}$, $0.1777\cdots=0.1\dot{7}$

② 순환마디가 2개일 때 : $0.727272\cdots=0.\dot{7}\dot{2}$, $0.3575757\cdots=0.3\dot{5}\dot{7}$

③ 순환마디가 3개 이상일 때 : 맨 앞과 맨 뒤에 찍는다. ⇨ $0.815815\cdots=0.\dot{8}1\dot{5}$

4 소수의 분류

1 소수
- 유한소수 ——— **유리수**
- 무한소수
  - 순환소수 ——— **유리수**
  - 순환하지 않는 무한소수 ——— **무리수**

2 정수가 아닌 유리수를 소수로 나타내면 유한소수 또는 순환소수가 된다.

3 모든 순환소수는 유리수이다.

Note : **순환소수의 분류**

(1) **순순환소수** : 소수 첫째 자리부터 순환마디가 있는 순환소수이다.

예 $0.454545\cdots=0.\dot{4}\dot{5}$, $7.823823823\cdots=7.\dot{8}2\dot{3}$

(2) **혼순환소수** : 소수 둘째 자리, 셋째 자리, …부터 순환마디가 있는 순환소수이다.

예 $0.7323232\cdots=0.7\dot{3}\dot{2}$, $5.41738738738\cdots=5.41\dot{7}3\dot{8}$

필수예제

1 … 순환소수와 순환마디

다음 분수를 소수로 나타내고 순환마디를 써라. (계산기 사용)

(1) $\frac{5}{6}$ (2) $\frac{29}{11}$ (3) $\frac{3}{7}$

요점 Check

순환마디 ⇨ 순환소수에서 일정하게 되풀이되는 한 부분

풀이

(1) $\frac{5}{6}=\mathbf{0.8333\cdots}$, 순환마디는 **3**

(2) $\frac{29}{11}=\mathbf{2.636363\cdots}$, 순환마디는 **63**

(3) $\frac{3}{7}=\mathbf{0.428571428571\cdots}$, 순환마디는 **428571**

확인 01

다음 분수를 소수로 나타내고 순환마디를 써라. (계산기 사용)

(1) $\frac{5}{3}$ (2) $\frac{8}{15}$ (3) $\frac{1}{11}$ (4) $-\frac{5}{12}$

2 … 순환소수의 표현 방법

다음 순환소수의 순환마디를 말하고, 점을 찍어서 나타내어라.

(1) $0.666\cdots$ (2) $1.272727\cdots$

(3) $8.123123123\cdots$ (4) $7.1050505\cdots$

요점 Check

- 순환마디가 1개 또는 2개
⇨ 순환마디에 점을 찍는다.
- 순환마디가 3개 이상
⇨ 순환마디의 양끝의 숫자 위에 점을 찍는다.

풀이

(1) 순환마디는 **6**이다. $\therefore\ 0.666\cdots=\mathbf{0.\dot{6}}$

(2) 순환마디는 **27**이다. $\therefore\ 1.272727\cdots=\mathbf{1.\dot{2}\dot{7}}$

(3) 순환마디는 **123**이다. $\therefore\ 8.123123123\cdots=\mathbf{8.\dot{1}2\dot{3}}$

(4) 순환마디는 **05**이다. $\therefore\ 7.1050505\cdots=\mathbf{7.1\dot{0}\dot{5}}$

확인 02

다음 순환소수의 순환마디를 말하고, 점을 찍어서 나타내어라.

(1) $0.252525\cdots$ (2) $-3.0121212\cdots$

(3) $1.021021021\cdots$ (4) $-5.426426426\cdots$

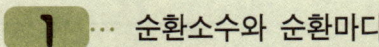

3 순환소수의 분수 표현

기본원리 꿀꺽

1 순환소수를 분수로 고치는 계산 원리

순환마디가 같은 두 순환소수 $7.\dot{8}$과 $4.\dot{8}$의 차는 오른쪽과 같이 정수가 된다. 이 성질을 이용해서 순환소수를 분수로 고칠 수 있다.

$$\begin{array}{rl} & 7.\dot{8}=7.8888\cdots \\ -) & 4.\dot{8}=4.8888\cdots \\ \hline & 7.\dot{8}-4.\dot{8}=7-4=3 \leftarrow \text{정수} \end{array}$$

2 순환소수를 분수로 고치는 방법

1단계 —— 주어진 순환소수를 x로 놓는다.

2단계 ——
- 순환마디가 1개이면 ⇨ $10x-x$를 계산한다.
- 순환마디가 2개이면 ⇨ $100x-x$를 계산한다.
- 순환마디가 3개이면 ⇨ $1000x-x$를 계산한다.

예 순환소수 $0.4444\cdots$를 분수로 나타내어라.

풀이 $x=0.4444\cdots$로 놓는다.
순환마디가 1개이므로 $10x-x$를 계산한다.
오른쪽 계산에서 $x=\frac{4}{9}$ $\quad\therefore 0.\dot{4}=\frac{4}{9}$

$$\begin{array}{rl} & 10x=4.4444\cdots \\ -) & x=0.4444\cdots \\ \hline & 9x=4 \end{array}$$

3 순순환소수를 분수로 고치는 간편셈

1. **분자** : 순환마디의 숫자를 그대로 쓴다.
2. **분모** : 순환마디의 개수만큼 9를 쓴다.

① $0.aaaa\cdots=0.\dot{a}=\frac{a}{9}$ 예 $0.\dot{7}=\frac{7}{9}$, $0.\dot{8}=\frac{8}{9}$

② $0.ababab\cdots=0.\dot{a}\dot{b}=\frac{ab}{99}$ 예 $0.\dot{4}\dot{7}=\frac{47}{99}$, $0.\dot{8}\dot{2}=\frac{82}{99}$

4 혼순환소수를 분수로 고치는 간편셈

1. **분자** : (첫 순환마디까지의 수)−(순환마디가 아닌 수)
2. **분모** : 소수점 이하에서 순환마디의 숫자의 개수만큼 9를 쓰고, 순환하지 않는 숫자의 개수만큼 0을 붙인다.

① $0.a\dot{b}=\frac{ab-a}{90}$ 예 $0.2\dot{7}=\frac{27-2}{90}$, $5.7\dot{3}=\frac{573-57}{90}$, $12.5\dot{8}=\frac{1258-125}{90}$

② $0.a\dot{b}\dot{c}=\frac{abc-a}{990}$ 예 $0.5\dot{1}\dot{6}=\frac{516-5}{990}$, $8.5\dot{6}\dot{9}=\frac{8569-85}{990}$

필수예제

1 ··· 순환소수를 분수로 고치는 방법

다음 순환소수를 분수로 나타내어라.

(1) $0.\dot{3}\dot{7}$ (2) $0.\dot{6}3\dot{1}$

요점 Check

- 순환마디가 1개 ⇨ $10x-x$를 계산한다.
- 순환마디가 2개 ⇨ $100x-x$를 계산한다.

풀이

(1) $0.\dot{3}\dot{7}=x$라고 하면 $x=0.373737\cdots$
순환마디가 2개이므로 $100x-x$를 계산한다.
오른쪽 계산에서 $x=\dfrac{37}{99}$ ← 답

$$\begin{array}{rrl} & 100x= & 37.3737\cdots \\ -) & x= & 0.3737\cdots \\ \hline & 99x= & 37 \end{array}$$

(2) $0.\dot{6}3\dot{1}=x$라고 하면 $x=0.631631631\cdots$
순환마디가 3개이므로 $1000x-x$를 계산한다.
오른쪽 계산에서 $x=\dfrac{631}{999}$ ← 답

$$\begin{array}{rrl} & 1000x= & 631.631631\cdots \\ -) & x= & 0.631631\cdots \\ \hline & 999x= & 631 \end{array}$$

확인 01

다음 순환소수를 분수로 나타내어라.

(1) $0.\dot{5}$ (2) $0.\dot{2}\dot{9}$ (3) $0.\dot{2}3\dot{0}$ (4) $0.\dot{5}07\dot{3}$

2 ··· 순환소수를 분수로 고치는 방법

다음 순환소수를 분수로 나타내어라.

(1) $0.1\dot{3}$ (2) $0.2\dot{3}\dot{4}$

요점 Check

순환소수를 분수로 고쳤을 때, 분자가 소수이면 정수로 바꾸어야 한다.

풀이

(1) $0.1\dot{3}=x$라고 하면 $x=0.13333\cdots$
순환마디가 1개이므로 $10x-x$를 계산한다.
오른쪽 계산에서 $x=\dfrac{1.2}{9}=\dfrac{12}{90}=\dfrac{2}{15}$ ← 답

$$\begin{array}{rrl} & 10x= & 1.3333\cdots \\ -) & x= & 0.1333\cdots \\ \hline & 9x= & 1.2 \end{array}$$

(2) $0.2\dot{3}\dot{4}=x$라고 하면 $x=0.2343434\cdots$
순환마디가 2개이므로 $100x-x$를 계산한다.
오른쪽 계산에서 $x=\dfrac{23.2}{99}=\dfrac{232}{990}=\dfrac{116}{495}$ ← 답

$$\begin{array}{rrl} & 100x= & 23.43434\cdots \\ -) & x= & 0.23434\cdots \\ \hline & 99x= & 23.2 \end{array}$$

확인 02

다음 순환소수를 분수로 나타내어라.

(1) $0.2\dot{8}$ (2) $0.1\dot{2}\dot{3}$ (3) $2.7\dot{3}\dot{5}$ (4) $1.27\dot{3}$

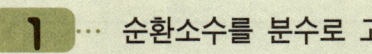

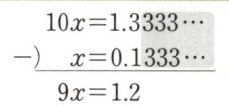

3 … 순순환소수를 분수로 고치는 간편셈

다음 순환소수를 분수로 나타내어라.

(1) $2.\dot{4}$　　(2) $0.\dot{2}\dot{7}$

(3) $8.\dot{5}3\dot{2}$　　(4) $1.\dot{2}34\dot{5}$

요점 Check

$0.\dot{a}=\dfrac{a}{9}$

$0.\dot{a}\dot{b}=\dfrac{ab}{99}$

$0.\dot{a}b\dot{c}=\dfrac{abc}{999}$

풀이

(1) $2.\dot{4}=2+0.\dot{4}=2+\dfrac{4}{9}=\mathbf{2\dfrac{4}{9}}$ ← 답

(2) $0.\dot{2}\dot{7}=\dfrac{27}{99}=\mathbf{\dfrac{3}{11}}$ ← 답

(3) $8.\dot{5}3\dot{2}=8+0.\dot{5}3\dot{2}=8+\dfrac{532}{999}=\mathbf{8\dfrac{532}{999}}$ ← 답

(4) $1.\dot{2}34\dot{5}=1+0.\dot{2}34\dot{5}=1+\dfrac{2345}{9999}=\mathbf{1\dfrac{2345}{9999}}$ ← 답

확인 03

다음 순환소수를 분수로 나타내어라.

(1) $2.\dot{5}\dot{8}$　　(2) $0.\dot{3}2\dot{1}$

(3) $7.\dot{6}3\dot{2}$　　(4) $10.\dot{8}15\dot{4}$

4 … 혼순환소수를 분수로 고치는 간편셈

다음 순환소수를 분수로 나타내어라.

(1) $0.3\dot{5}$　　(2) $0.4\dot{3}\dot{1}$

(3) $1.23\dot{4}$　　(4) $6.1\dot{2}\dot{9}$

요점 Check

$0.a\dot{b}=\dfrac{ab-a}{90}$

$0.a\dot{b}\dot{c}=\dfrac{abc-a}{990}$

$a.bcd\dot{e}=\dfrac{abcde-abcd}{9000}$

풀이

(1) $0.3\dot{5}=\dfrac{35-3}{90}=\dfrac{32}{90}=\mathbf{\dfrac{16}{45}}$ ← 답

(2) $0.4\dot{3}\dot{1}=\dfrac{431-4}{990}=\mathbf{\dfrac{427}{990}}$ ← 답

(3) $1.23\dot{4}=\dfrac{1234-123}{900}=\mathbf{\dfrac{1111}{900}}$ ← 답

(4) $6.1\dot{2}\dot{9}=\dfrac{6129-61}{990}=\dfrac{6068}{990}=\mathbf{\dfrac{3034}{495}}$ ← 답

확인 04

다음 순환소수를 분수로 나타내어라.

(1) $0.4\dot{8}$　　(2) $2.7\dot{3}\dot{5}$

(3) $-3.09\dot{4}\dot{7}$　　(4) $-2.4\dot{1}0\dot{7}$

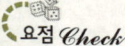

실력 높이기

01 기본 다음 분수 중에서 유한소수로 나타낼 수 있는 것을 모두 찾으면? 〈정답 4개〉

① $\frac{10}{2^2\times5^2}$ ② $\frac{27}{2^2\times3^2}$ ③ $\frac{21}{2^2\times5\times7}$

④ $\frac{11}{45}$ ⑤ $\frac{6}{160}$ ⑥ $\frac{51}{180}$

02 기본 분수 $\frac{3}{2\times a}$을 소수로 나타내면 유한소수가 될 때, 한 자리의 자연수 a를 모두 구하여라.

03 실력 $\frac{1}{6}$과 $\frac{3}{5}$ 사이의 분수 중에서 분모가 30이고 유한소수로 나타낼 수 있는 수를 모두 구하여라.

04 실력 분수 $\frac{A}{1400}$를 소수로 나타내면 유한소수가 된다. A가 11의 배수이고 두 자리의 자연수일 때, A의 값을 구하여라.

05 실력 다음에서 a는 한 자리의 자연수이다. 주어진 분수가 유한소수가 되도록 하는 a의 값을 구하여라.

(1) $\frac{a}{48}$ (2) $\frac{a}{112}$

06 실력 $\frac{5}{72}\times A$를 소수로 나타내면 유한소수가 될 때, A의 값 중 가장 작은 자연수를 구하여라.

07 완성 서술형 $\frac{9}{110}$, $\frac{13}{78}$에 어떤 자연수 N을 곱하여 두 수가 모두 유한소수가 되게 하려고 한다. 이 때, 가장 작은 자연수 N을 구하여라. 〈5점〉

08 완성 $\frac{a}{60}$를 약분하면 $\frac{1}{b}$이 되고, 이것을 소수로 나타내면 유한소수이다. 이 때, 정수 a, b의 값을 구하여라. (단, $10< a<15$)

09 기본 다음 순환소수의 순환마디를 쓰고, 점을 찍어 간단히 나타내어라.

(1) $0.9999\cdots$　　(2) $8.272727\cdots$

(3) $0.4737373\cdots$　　(4) $74.421342134213\cdots$

10 기본 다음 분수를 소수로 고치고 순환마디의 양끝에 점을 찍어서 나타내어라. (계산기 사용)

(1) $\frac{5}{6}$　　(2) $\frac{7}{11}$

(3) $\frac{53}{110}$　　(4) $\frac{10}{333}$

11 기본 다음 순환소수를 분수로 나타내어라.

(1) $0.\dot{7}$　　(2) $0.\dot{3}\dot{9}$

(3) $0.4\dot{5}$　　(4) $8.\dot{7}0\dot{4}$

12 실력 다음 ● 안에 >, < 중 알맞은 기호를 써 넣어라.

(1) $0.2\dot{5}$ ● 0.25　　(2) $0.\dot{8}\dot{7}$ ● $0.8\dot{7}$

(3) $0.4\dot{3}\dot{2}$ ● $0.\dot{4}3\dot{2}$　　(4) $0.76\dot{3}\dot{5}$ ● $0.763\dot{5}$

13 실력 다음 수를 작은 것부터 차례로 써라.

(1) $0.75\dot{3}$, $0.7\dot{5}\dot{3}$, $0.\dot{7}5\dot{3}$　　(2) $0.85\dot{7}$, $0.8\dot{5}\dot{7}$, $0.\dot{8}5\dot{7}$

14 완성 정수의 집합을 **Z**, 유리수의 집합을 **Q**라 할 때, 다음 중 오른쪽 그림의 색칠한 부분에 속하는 원소를 모두 찾으면?

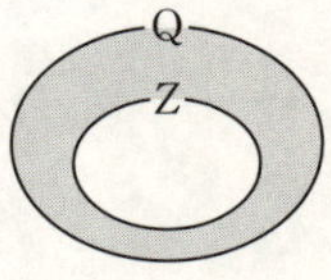

① $\frac{1}{2}$　　② 0　　③ -4.5

④ $2.\dot{9}$　　⑤ $2.\dot{7}\dot{3}$

15 완성 다음에서 부등식 $\frac{1}{5} < x \le \frac{1}{2}$을 만족하는 수를 모두 찾아라.

$0.\dot{1}$　$0.\dot{2}$　$0.\dot{3}$　$0.\dot{4}$　$0.\dot{5}$

1 근삿값과 오차

기본원리 꿀꺽

1 참값과 근삿값

1 참값 : $\frac{5}{3}=1.6666\cdots=1.\dot{6}$이다. 이 때, $1.\dot{6}$과 같이 어떤 양의 실제의 값을 **참값**이라고 한다.

예) 우리 학교 학급 수 36학급, 동생의 나이 10살, 매미의 다리 6개 등에서 36학급, 10살, 6개 등은 모두 참값이다.

2 근삿값 : $1.666\cdots$을 소수 둘째 자리에서 반올림하면 1.7이다. 이 때, 1.7과 같이 참값은 아니지만 참값에 가까운 값을 **근삿값**이라고 한다.

예) 3.14는 원주율 π의 근삿값이다.

3 측정값 : 몸무게, 키, 달리기 기록 등 실제로 측정하여 얻은 값을 **측정값**이라고 한다. (측정값은 모두 근삿값이다.)

2 오차

1 오차 : 근삿값에서 참값을 뺀 값을 **오차**라고 한다.

$$(\text{오차})=(\text{근삿값})-(\text{참값})$$

예) $\frac{10}{3}$의 값을 3.3이라고 할 때, 오차를 구하여라.

풀이 $(\text{오차})=3.3-\frac{10}{3}=\frac{33}{10}-\frac{10}{3}=\frac{99-100}{30}=-\mathbf{\frac{1}{30}}$

2 오차는 양수일 때도 있고 음수일 때도 있으며, 오차의 절댓값이 작을수록 근삿값은 참값에 가깝다.

3 오차의 한계

어떤 근삿값의 오차를 생각할 때, 오차 중에서 최대의 값을 그 근삿값의 **오차의 한계**라고 한다.

예) 어떤 참값 a를 소수 첫째 자리에서 반올림하여 얻은 근삿값이 14라고 하면, a의 범위는 $13.5\le a<14.5$이다.

이 때, $14-13.5=0.5$, $14-14.5=-0.5$이므로 오차 중에서 최대의 값은 0.5이다. 따라서, 근삿값 14의 오차의 한계는 0.5이다.

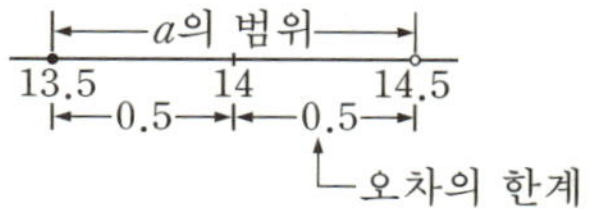

4 오차의 한계를 구하는 방법

1 반올림한 경우의 오차의 한계

소수 첫째 자리에서 반올림하여 얻은 근삿값 14의 오차의 한계는 0.5이었다. 이 때, 0.5는 다음과 같다.

〈첫째〉 14의 끝자리의 값 1의 $\frac{1}{2}$과 같다. 즉 $1\times\frac{1}{2}=0.5$

〈둘째〉 반올림한 자리 (소수 첫째 자리)의 값 0.1의 5배와 같다. 즉 $0.1\times5=0.5$

따라서, 반올림한 근삿값의 오차의 한계는 다음 두 방법으로 구한다.

> **① (근삿값의 끝자리의 값)$\times\frac{1}{2}$**　　　　**② (반올림한 자리의 값)$\times5$**

예 소수 셋째 자리에서 반올림하여 얻은 근삿값 0.37의 오차의 한계를 구하여라.

풀이 ① 근삿값의 끝자리의 값이 0.01이므로 $0.01\times\frac{1}{2}=\mathbf{0.005}$

② 반올림한 자리의 값이 0.001이므로 $0.001\times5=\mathbf{0.005}$

(①, ② 일치함)

2 측정값의 오차의 한계

측정값은 최소 눈금 미만의 자리에서 반올림하여 얻은 근삿값이다. 따라서, 측정값의 오차의 한계는 최소 눈금의 $\frac{1}{2}$이다.

> **(측정 기구의 최소 눈금)$\times\frac{1}{2}$**

예 최소 눈금의 단위가 1cm인 자로 재어 얻은 측정값 152cm의 오차의 한계를 구하여라.

풀이 최소 눈금이 1cm이므로 오차의 한계는 $1\text{cm}\times\frac{1}{2}=\mathbf{0.5cm}$

Note: 측정값 152cm는 0.1cm 자리에서 반올림하여 얻은 값이다.

5 참값의 범위

참값의 범위는 오차의 한계를 이용하여 다음과 같이 구한다.

> **(근삿값)$-$(오차의 한계)$\le$(참값)$<$(근삿값)$+$(오차의 한계)**

예 소수 둘째 자리에서 반올림하여 얻은 근삿값이 3.2일 때, 참값 A의 범위를 구하여라.

풀이 근삿값 3.2의 끝자리의 값이 0.1이므로 오차의 한계는 $0.1\times\frac{1}{2}=0.05$

$\therefore$ $3.2-0.05\le A<3.2+0.05$에서 $\mathbf{3.15\le A<3.25}$

필수예제

1 ··· 오차

다음에서 참값, 근삿값, 오차를 각각 구하여라.

(1) $\frac{2}{3}$를 0.67로 나타낸 경우

(2) 24837명을 반올림하여 25000명으로 할 경우

요점 Check

(오차)=(근삿값)−(참값)

풀이

(1) (참값)=$\mathbf{\frac{2}{3}}$, (근삿값)=**0.67**

(오차)$=0.67-\frac{2}{3}=\frac{67}{100}-\frac{2}{3}=\frac{201-200}{300}=\mathbf{\frac{1}{300}}$

(2) (참값)=**24837명**, (근삿값)=**25000명**

(오차)=25000−24837=**163**(명)

확인 01

다음에서 오차를 구하여라.

(1) 985명을 일의 자리에서 반올림할 경우

(2) 125.7803을 소수 첫째 자리에서 반올림할 경우

2 ··· 오차의 한계

다음은 반올림하여 얻은 근삿값이다. 오차의 한계를 구하여라.

(1) 13　　(2) 25.9　　(3) 0.33cm

요점 Check

반올림한 근삿값의 오차의 한계 ⇨ 근삿값의 맨 끝자리 단위의 $\frac{1}{2}$이다.

풀이

(1) 끝자리가 1 ⇨ $1\times\frac{1}{2}=\mathbf{0.5}$ ← 답

(2) 끝자리가 0.1 ⇨ $0.1\times\frac{1}{2}=\mathbf{0.05}$ ← 답

(3) 끝자리가 0.01cm ⇨ $0.01\text{cm}\times\frac{1}{2}=\mathbf{0.005cm}$ ← 답

확인 02

다음은 반올림하여 얻은 근삿값이다. 오차의 한계를 구하여라.

(단, [　] 안은 반올림한 자리이다.)

(1) 500 [일의 자리]　　(2) 500 [십의 자리]

(3) 23cm　　(4) 0.002kg

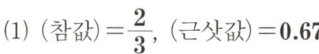

3 ··· 오차의 한계

다음 측정값의 오차의 한계를 구하여라. (단, [ ] 안은 측정 계기의 최소 눈금이다.)

(1) 17.6cm [0.1cm]　　(2) 360L [10L]

(3) 35.000km [1m]　　(4) 4.95kg [50g]

요점 Check

측정값의 오차의 한계는 측정 기구의 최소 눈금 단위의 $\frac{1}{2}$이다.

풀이

(1) $0.1\text{cm}\times\frac{1}{2}=\mathbf{0.05cm}$ ← 답　　(2) $10\text{L}\times\frac{1}{2}=\mathbf{5L}$ ← 답

(3) $1\text{m}\times\frac{1}{2}=\mathbf{0.5m}$ ← 답　　(4) $50\text{g}\times\frac{1}{2}=\mathbf{25g}$ ← 답

확인 03

다음 측정값의 오차의 한계를 구하여라. (단, [ ] 안은 측정 계기의 최소 눈금이다.)

(1) 650m [1m]　　(2) 2300g [10g]

(3) 3.5km [0.1km]　　(4) 3.54m [2cm]

4 ··· 참값의 범위

다음 반올림한 근삿값에 대한 참값 A의 범위를 구하여라.

(1) 2.54　　(2) 52.0kg [최소 눈금 500g]

요점 Check

참값의 범위 ⇨
{(근삿값)−(오차의 한계)} 이상
{(근삿값)+(오차의 한계)} 미만
이다.

풀이

(1) 오차의 한계는 $0.01\times\frac{1}{2}=0.005$

참값의 범위는 $2.54-0.005\leq A<2.54+0.005$

$\therefore\ \mathbf{2.535\leq A<2.545}$ ← 답

(2) 오차의 한계는 $500\text{g}\times\frac{1}{2}=250\text{g}=0.25\text{kg}$

참값의 범위는 $52-0.25\leq A<52+0.25$

$\therefore\ \mathbf{51.75kg\leq A<52.25kg}$ ← 답

확인 04

다음 반올림한 근삿값에 대한 참값 A의 범위를 구하여라.

(1) 173　　(2) 3.62

(3) 27.4cm　　(4) 8.75kg [최소 눈금 50g]

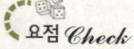

2 근삿값의 표현

기본원리 꿀꺽

1 유효숫자

반올림해서 얻은 근삿값에서 반올림하지 않은 부분의 숫자나 측정하여 얻은 믿을 수 있는 각 숫자를 **유효숫자**라고 한다.

2 유효숫자를 찾는 방법

1 **반올림한 근삿값** : 반올림한 자리의 바로 윗자리까지가 유효숫자이다.
(반올림한 자리는 유효숫자가 아니다.)

예) 십의 자리에서 반올림하여 얻은 근삿값 29800의 유효숫자는 **2, 9, 8**이다.

2 **측정값의 근삿값** : 측정 계기의 최소 눈금 단위까지가 유효숫자이다.

예) 최소 눈금이 10cm인 자로 측정한 근삿값 31.4m의 유효숫자는 **3, 1, 4**이다.

3 유효숫자를 나타내는 방법

근삿값의 유효숫자를 분명히 밝히기 위하여 유효숫자를 **「정수 부분이 한 자리인 소수」**로 고친 다음 10의 거듭제곱을 곱한다.

1 **1보다 큰 수의 근삿값** : **(정수 부분이 한 자리인 소수)$\times 10^n$** 꼴로 나타낸다.

예) 근삿값 7800에서 유효숫자가 3개이면 $\mathbf{7.80\times10^3}$, 2개이면 $\mathbf{7.8\times10^3}$

2 **1보다 작은 양수의 근삿값** : **(정수 부분이 한 자리인 소수)$\times\frac{1}{10^n}$** 꼴로 나타낸다.

예) 0.0130의 유효숫자는 1, 3, 0이므로 $0.0130=\mathbf{1.30}\times\frac{1}{10^2}$

4 유효숫자와 오차의 한계

근삿값의 반올림한 자리를 조사하여 오차의 한계를 구한다.

예) 근삿값 2.5×10^2의 오차의 한계를 구하여라.

풀이 $2.5\times10^2=250$이고 유효숫자가 2, 5이므로 반올림한 자리는 일의 자리이다.
따라서, 오차의 한계는 $1\times5=\mathbf{5}$

Note : 유효숫자의 끝자리의 값을 조사하여 오차의 한계를 구해도 결과는 같다.

필수예제

1 … 유효숫자

다음 측정값의 유효숫자를 말하여라.

(1) 400g　　(2) 5077m　　(3) 0.080km

요점 Check

유효숫자 ⇨ 근삿값을 나타내는 숫자 중에서 믿을 수 있는 숫자를 그 근삿값의 유효숫자라고 한다.

풀이

(1) 4는 틀림없이 유효숫자이다. 그러나 00은 최소 눈금 단위를 모르므로 유효숫자인지 아닌지를 알 수 없다.

(2) 최소 눈금 단위에 관계없이 5, 0, 7, 7은 모두 유효숫자이다.

(3) 8과 8의 오른쪽에 있는 0이 유효숫자이다. 그러나 8의 왼쪽에 있는 두 개의 0은 각각 일의 자리, 소수 첫째 자리를 나타내는 숫자이므로 유효숫자가 아니다.

답 (1) **4**　(2) **5, 0, 7, 7**　(3) **8, 0**

확인 01

다음 측정값의 유효숫자를 말하여라.

(1) 10500cm　　(2) 0.052kg

(3) 51.8kg　　(4) 4070g [최소 눈금 1g]

2 … 유효숫자를 나타내는 방법 (1보다 큰 수)

다음 근삿값을 유효숫자와 10의 거듭제곱을 써서 나타내어라.

(1) 230 [유효숫자 2개]　　(2) 6000 [일의 자리에서 반올림]

(3) 4500g [최소 눈금 10g]　　(4) 75000m [최소 눈금 1m]

요점 Check

① 유효숫자를 찾는다.
② 유효숫자를 정수 부분이 한 자리인 소수로 만든다.
③ 10의 거듭제곱을 곱한다.

풀이

(1) 유효숫자는 2, 3이다.　∴ $230=\mathbf{2.3\times10^2}$ ← 답

(2) 유효숫자는 6, 0, 0이다.　∴ $6000=\mathbf{6.00\times10^3}$ ← 답

(3) 유효숫자는 4, 5, 0이다.　∴ $4500\text{g}=\mathbf{4.50\times10^3 g}$ ← 답

(4) 유효숫자는 7, 5, 0, 0, 0이다.　∴ $75000\text{m}=\mathbf{7.5000\times10^4 m}$ ← 답

확인 02

다음 근삿값을 유효숫자와 10의 거듭제곱을 써서 나타내어라.

(1) 20700 [유효숫자 3개]　　(2) 10.020kg

(3) 231000 [백의 자리에서 반올림]　　(4) 12000m [최소 눈금 10m]

3 ··· 유효숫자를 나타내는 방법 (1보다 작은 양수)

다음 근삿값을 유효숫자와 $\frac{1}{10^n}$을 써서 나타내어라.

(1) 0.290　　　　(2) 0.059

요점 Check

① 유효숫자를 찾는다.
② 유효숫자를 정수 부분이 한 자리인 소수로 만든다.
③ $\frac{1}{10^n}$을 곱한다.

풀이

(1) 유효숫자는 2, 9, 0이다.　$\therefore$ $0.290=\mathbf{2.90}\times\frac{\mathbf{1}}{\mathbf{10}}$ ← 답

(2) 유효숫자는 5, 9이다.　$\therefore$ $0.059=\mathbf{5.9}\times\frac{\mathbf{1}}{\mathbf{10^2}}$ ← 답

확인 03

다음 근삿값을 유효숫자와 $\frac{1}{10^n}$을 써서 나타내어라.

(1) 0.0507　　　　(2) 0.4300

(3) 0.012kg　　　　(4) 0.0042km

4 ··· 유효숫자와 오차의 한계

다음 근삿값의 오차의 한계를 구하여라.

(1) 3.5×10^3　　　　(2) $9.70\times\frac{1}{10}$

요점 Check

• 반올림한 자리를 알아본다.
• 유효숫자의 끝자리의 값을 알아본다.

풀이

(1) $3.5\times10^3=\underline{35}00$이고 유효숫자가 3, 5이므로 이 근삿값은 10의 자리에서 반올림하여 얻은 것이다.
따라서, 오차의 한계는 $10\times5=\mathbf{50}$ ← 답

(2) $9.70\times\frac{1}{10}=0.\underline{970}$이고 유효숫자가 9, 7, 0이므로 이 근삿값은 소수점 아래 넷째 자리에서 반올림하여 얻은 것이다.
따라서, 오차의 한계는 $0.0001\times5=\mathbf{0.0005}$ ← 답

확인 04

다음 근삿값의 오차의 한계를 구하여라.

(1) 5.40×10^4　　　　(2) 1.700×10^3

(3) $2.0\times\frac{1}{10}$g　　　　(4) $3.8\times\frac{1}{10^2}$m

실력 높이기

01 기본 다음 밑줄 친 값 중 근삿값인 것을 모두 찾으면? 〈정답 2개〉

① 성미의 몸무게 34.2kg
② 우리 반 학생 수 37명
③ 거미의 다리 8개
④ 서울에서 대전까지의 거리 220km
⑤ 3.1운동이 일어난 해 1919년

02 기본 철규의 저금액 **57620**원을 십의 자리에서 반올림할 때, 참값, 근삿값, 오차를 구하여라.

03 기본 다음은 반올림하여 얻은 근삿값이다. 오차의 한계를 구하여라.

(1) 213　　(2) 0.027　　(3) 5000 [일의 자리에서 반올림]

04 기본 다음 측정값의 오차의 한계를 구하여라. (단, [　] 안은 최소 눈금 단위이다.)

(1) 720L [10L]
(2) 52.00km [10m]
(3) 24.75kg [50g]
(4) 1300g [4g]

05 실력 최소 눈금의 길이가 **1mm**인 자로 진서의 키를 재었더니 **169.5cm**이었다.
(오차의 절댓값) $\le a$일 때, a의 값을 구하여라.

06 기본 한라산의 높이 **1950m**를 다음과 같이 측정하여 얻었을 때, 참값 **A**의 범위를 구하여라.

(1) 1m 단위까지 측정할 때
(2) 10m 단위까지 측정할 때

07 기본 눈금 간격이 **20g**인 저울을 사용하여 측정한 값이 **960g**일 때, 참값 **A**의 범위를 구하여라.

08 실력 반올림하여 얻은 근삿값에서 참값 **A**의 범위가 $824.5 \le A < 825.5$일 때, 이 근삿값의 오차의 한계를 구하여라.

09 기본 다음 근삿값에서 유효숫자를 모두 말하여라.

(1) 92000 (2) 27m (3) 5060cm

(4) 0.03kg (5) 7.080km (6) 0.0720

10 실력 다음 근삿값을 유효숫자와 10의 거듭제곱을 써서 나타내어라.

(1) 30900 [유효숫자 3개] (2) 93000 [일의 자리에서 반올림]

(3) 12.57m (4) 9060g [최소 눈금 10g]

11 실력 다음 근삿값을 유효숫자와 $\frac{1}{10^n}$을 사용하여 나타내어라.

(1) 0.70 (2) 0.0123 (3) 0.00305

12 실력 다음 근삿값에서 유효숫자의 개수가 같은 것끼리 짝을 지어라.

① 0.0037 ② 8.40 ③ 0.76

④ 3.0×10^5 ⑤ $3.27\times\frac{1}{10^2}$

13 완성 다음 근삿값의 오차의 한계가 큰 것부터 차례로 번호를 써라.

① 3.5×10^3 ② 7.30×10^5

③ $7.9\times\frac{1}{10}$ ④ $6.70\times\frac{1}{10^2}$

14 완성 반올림하여 얻은 근삿값 9.60×10^3에 대한 다음 설명 중 옳은 것은?

① 십의 자리에서 반올림하여 구한 것이다.

② 오차의 한계는 5이다.

③ 유효숫자는 9, 6이다.

④ 참값 A의 범위는 $9550\le A<9650$이다.

⑤ 참값이 9604이면 오차는 4이다.

15 완성 다음은 어떤 물건들을 측정한 것이다. 가장 정확하게 측정한 것은?

① 4.34×10^2kg ② 8.9×10^2kg ③ 8.96×10^3kg

④ 9.7×10^3kg ⑤ 6.2×10^4kg

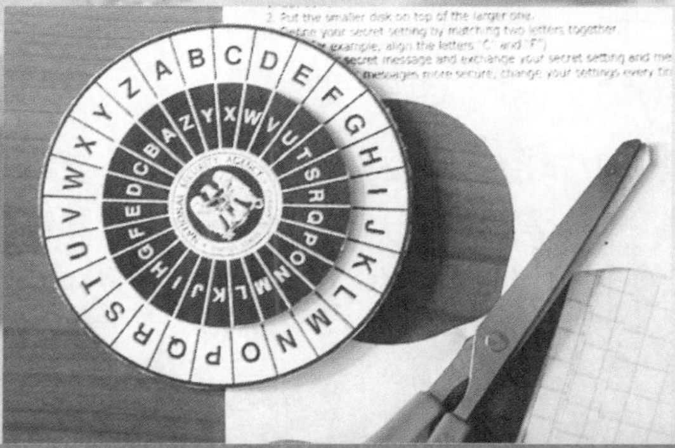

Ⅱ. 문자와 식

1 지수법칙

기본원리 꿀꺽

1 지수법칙 [1] ←······· (합의 법칙)

a^3은 a를 3개, a^5은 a를 5개 곱한 것이므로 $a^3\times a^5$은 다음과 같이 계산한다.

$$a^3\times a^5=\underbrace{(a\times a\times a)}_{3개}\times\underbrace{(a\times a\times a\times a\times a)}_{5개}$$
$$=\underbrace{a\times a\times a\times a\times a\times a\times a\times a}_{(3+5)개}$$
$$=a^8$$

지수끼리의 합: $a^3\times a^5=a^{3+5}$

▶ 여기서, a^8의 지수 8은 $a^3\times a^5$의 두 지수 3과 5의 합과 같음을 알 수 있다.

지수법칙 [1]	m, n이 자연수일 때, $a^m\times a^n=a^{m+n}$ ← 지수끼리 더한다.

예 (1) $3^2\times3^5=3^{2+5}=3^7$　　(2) $a^4\times a^6=a^{4+6}=a^{10}$

2 지수법칙 [2] ←······· (곱의 법칙)

$(a^2)^3$은 a^2을 3개 곱한 것이므로 다음과 같이 계산한다.

$$(a^2)^3=a^2\times a^2\times a^2$$
$$=a^{2+2+2}=a^{2\times3}$$
$$=a^6$$

지수끼리의 곱: $(a^2)^3=a^{2\times3}$

▶ 여기서, a^6의 지수 6은 $(a^2)^3$의 두 지수 2, 3의 곱과 같음을 알 수 있다.

지수법칙 [2]	m, n이 자연수일 때, $(a^m)^n=a^{mn}$ ← 지수끼리 곱한다.

예 (1) $(5^3)^4=5^{3\times4}=5^{12}$　　(2) $(x^3)^5=x^{3\times5}=x^{15}$

3 지수법칙 [3] ←······· (분배법칙)

1 $(ab)^3=ab\times ab\times ab$

$$=a\times b\times a\times b\times a\times b$$
$$=a\times a\times a\times b\times b\times b$$
$$=a^3b^3$$

지수의 분배: $(ab)^3=a^3b^3$

▶ 여기서, a^3b^3의 a, b 각각의 지수 3은 $(ab)^3$의 지수 3과 같음을 알 수 있다.

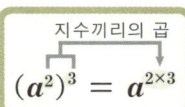

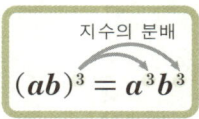

2 $\left(\frac{a}{b}\right)^3=\frac{a}{b}\times\frac{a}{b}\times\frac{a}{b}$

$=\frac{a\times a\times a}{b\times b\times b}$

$=\frac{a^3}{b^3}$ (단, $b\neq0$)

지수의 분배

$\left(\frac{\boldsymbol{a}}{\boldsymbol{b}}\right)^3=\frac{\boldsymbol{a}^3}{\boldsymbol{b}^3}$

▶ 여기서, $\frac{a^3}{b^3}$의 a, b 각각의 지수 3은 $\left(\frac{a}{b}\right)^3$의 지수 3과 같음을 알 수 있다.

지수법칙 [3]	m이 자연수일 때 **1** $(\boldsymbol{ab})^m=\boldsymbol{a}^m\boldsymbol{b}^m$ **2** $\left(\frac{\boldsymbol{a}}{\boldsymbol{b}}\right)^m=\frac{\boldsymbol{a}^m}{\boldsymbol{b}^m}$ (단, $b\neq0$)

예 (1) $(5a)^3=5^3a^3=125a^3$ (2) $(-2x)^4=(-2)^4x^4=16x^4$

(3) $\left(\frac{a}{2}\right)^3=\frac{a^3}{2^3}=\frac{a^3}{8}$ (4) $\left(\frac{y}{x}\right)^{10}=\frac{y^{10}}{x^{10}}$

4 지수법칙 [4] ←······· (차의 법칙)

$a^6\div a^4$, $a^4\div a^4$, $a^4\div a^6$을 간단히 하면 다음과 같다.

1 $a^6\div a^4=\frac{a^6}{a^4}=\frac{a\times a\times a\times a\times a\times a}{a\times a\times a\times a}$

$=a\times a=a^2=a^{6-4}$

지수의 차

$\boldsymbol{a}^6\div\boldsymbol{a}^4=\boldsymbol{a}^{6-4}$

2 $a^4\div a^4=\frac{a\times a\times a\times a}{a\times a\times a\times a}=1$

3 $a^4\div a^6=\frac{a^4}{a^6}=\frac{a\times a\times a\times a}{a\times a\times a\times a\times a\times a}$

$=\frac{1}{a\times a}=\frac{1}{a^2}=\frac{1}{a^{6-4}}$

지수의 차

$\boldsymbol{a}^4\div\boldsymbol{a}^6=\frac{\boldsymbol{1}}{\boldsymbol{a}^{6-4}}$

▶ 여기서, $a^6\div a^4=a^{6-4}=a^2$, $a^4\div a^4=1$, $a^4\div a^6=\frac{1}{a^{6-4}}=\frac{1}{a^2}$임을 알 수 있다.

지수법칙 [4]	$a\neq0$이고, m, n이 자연수일 때 **1** $m>n$이면, $\boldsymbol{a}^m\div\boldsymbol{a}^n=\boldsymbol{a}^{m-n}$ **2** $m=n$이면, $\boldsymbol{a}^m\div\boldsymbol{a}^n=\boldsymbol{1}$ **3** $m<n$이면, $\boldsymbol{a}^m\div\boldsymbol{a}^n=\frac{\boldsymbol{1}}{\boldsymbol{a}^{n-m}}$

예 (1) $2^8\div2^5=2^{8-5}=2^3$ (2) $a^7\div a^5=a^{7-5}=a^2$

(3) $a^9\div a^9=1$ (4) $a^2\div a^8=\frac{1}{a^{8-2}}=\frac{1}{a^6}$

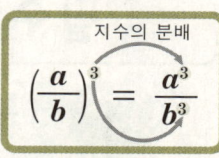

필수예제

1 ··· 지수법칙 [1]

다음 식을 간단히 하여라.

(1) $a^4\times a^3$　　(2) $x\times x^4\times x^3$

(3) $a\times b^2\times a^4$　　(4) $x^2\times y^2\times x^4\times y^3$

요점 Check

- m, n이 자연수일 때 $a^m\times a^n=a^{m+n}$
- 밑이 다른 문자일 때에는 밑이 같은 것끼리 모아서 간단히 한다.

풀이

(1) (준식) $=a^{4+3}=\boldsymbol{a^7}$ ← 답

(2) (준식) $=(x^1\times x^4)\times x^3=x^{1+4}\times x^3=x^5\times x^3=x^{5+3}=\boldsymbol{x^8}$ ← 답

(3) (준식) $=a\times a^4\times b^2=(a^1\times a^4)\times b^2=a^{1+4}b^2=\boldsymbol{a^5b^2}$ ← 답

(4) (준식) $=(x^2\times x^4)\times(y^2\times y^3)=x^{2+4}\times y^{2+3}=\boldsymbol{x^6y^5}$ ← 답

Note : (2) (준식) $=x^{1+4+3}=x^8$

확인 01

다음 식을 간단히 하여라.

(1) $x^5\times x^2\times x^3$　　(2) $x^2\times y^5\times x^4\times y^7$

(3) $a^2\times b^4\times a^3\times b^5$　　(4) $a^2\times b\times a^3\times b^4\times a^6$

2 ··· 지수법칙 [2]

다음 식을 간단히 하여라.

(1) $(x^3)^4\times x^2$　　(2) $(x^2)^5\times(x^4)^3$

(3) $x^4\times(x^3)^2\times(x^5)^2$　　(4) $(a^2)^4\times(a^3)^5\times(b^2)^7$

요점 Check

m, n이 자연수일 때 $(a^m)^n=a^{mn}$

풀이

(1) (준식) $=x^{3\times4}\times x^2=x^{12}\times x^2=x^{12+2}=\boldsymbol{x^{14}}$ ← 답

(2) (준식) $=x^{2\times5}\times x^{4\times3}=x^{10}\times x^{12}=x^{10+12}=\boldsymbol{x^{22}}$ ← 답

(3) (준식) $=x^4\times x^{3\times2}\times x^{5\times2}=x^4\times x^6\times x^{10}=x^{4+6+10}=\boldsymbol{x^{20}}$ ← 답

(4) (준식) $=a^{2\times4}\times a^{3\times5}\times b^{2\times7}=a^8\times a^{15}\times b^{14}=a^{8+15}\times b^{14}=\boldsymbol{a^{23}b^{14}}$ ← 답

확인 02

다음 식을 간단히 하여라.

(1) $(x^2)^3\times(x^3)^5$　　(2) $(y^2)^6\times(y^6)^4\times y$

(3) $(a^3)^5\times ab^4$　　(4) $x^4y\times(x^5)^3\times(y^2)^6$

3 ··· 지수법칙 [3]

다음 식을 간단히 하여라.

(1) $(a^2b^4)^3$ (2) $(x^4y^3)^5$

(3) $\left(\frac{x^3}{y^2}\right)^5$ (4) $\left(-\frac{b^7}{2a^2}\right)^3$

요점 Check

m이 자연수일 때

① $(ab)^m=a^mb^m$

② $\left(\frac{a}{b}\right)^m=\frac{a^m}{b^m}$

풀이

(1) (준식) $=(a^2)^3\times(b^4)^3=a^{2\times3}\times b^{4\times3}=\boldsymbol{a^6b^{12}}$ ← 답

(2) (준식) $=(x^4)^5\times(y^3)^5=x^{4\times5}\times y^{3\times5}=\boldsymbol{x^{20}y^{15}}$ ← 답

(3) (준식) $=\frac{(x^3)^5}{(y^2)^5}=\frac{x^{3\times5}}{y^{2\times5}}=\boldsymbol{\frac{x^{15}}{y^{10}}}$ ← 답

(4) (준식) $=\left(\frac{b^7}{-2a^2}\right)^3=\frac{(b^7)^3}{(-2a^2)^3}=\frac{b^{7\times3}}{(-2)^3a^{2\times3}}=\boldsymbol{-\frac{b^{21}}{8a^6}}$ ← 답

확인 03

다음 식을 간단히 하여라.

(1) $(xy^3)^2$ (2) $(x^3y^5)^4$

(3) $\left(-\frac{a^2}{b^3}\right)^2$ (4) $\left(\frac{3x^2}{y^2}\right)^4$

4 ··· 지수법칙 [4]

다음 식을 간단히 하여라.

(1) $x^8\div x^2$ (2) $x^5\div(x^4)^2$

(3) $x^7\div x^3\div x$ (4) $(x^2)^4\div(x^2)^2$

요점 Check

$a\neq0$이고 m, n이 자연수일 때

① $m>n$: $a^m\div a^n=a^{m-n}$

② $m=n$: $a^m\div a^n=1$

③ $m<n$: $a^m\div a^n=\frac{1}{a^{n-m}}$

풀이

(1) (준식) $=x^{8-2}=\boldsymbol{x^6}$ ← 답

(2) (준식) $=x^5\div x^8=\frac{1}{x^{8-5}}=\boldsymbol{\frac{1}{x^3}}$ ← 답

(3) (준식) $=x^{7-3}\div x=x^4\div x^1=x^{4-1}=\boldsymbol{x^3}$ ← 답

(4) (준식) $=x^8\div x^4=x^{8-4}=\boldsymbol{x^4}$ ← 답

Note: (3) (준식) $=x^{7-3-1}=x^3$

확인 04

다음 식을 간단히 하여라.

(1) $x^5\div x^3\div x^2$ (2) $x^5\div(x^2)^3$

(3) $(a^2)^4\div(a^3)^2$ (4) $(a^2)^5\div(a^4)^2\div a^2$

2 단항식의 계산

기본원리 꿀꺽

1 단항식의 곱셈 계산 방법

1단계 : 괄호가 있으면 괄호를 푼다. (이 때, 지수법칙을 이용)
2단계 : 각 단항식의 계수끼리 곱한다. (부호에 주의 !)
3단계 : 각 단항식의 문자끼리 곱한다. (같은 문자끼리는 지수법칙을 이용)

계산 순서	괄호 풀기 ⇨ 부호 결정 ⇨ 계수 계산 ⇨ 문자 계산

예 $-2xy\times3x^2=-2\times x\times y\times3\times x^2=-2\times3\times x\times x^2\times y=\boldsymbol{-6x^3y}$

2 단항식의 나눗셈 계산 방법

1 분수로 바꾸어 계산하는 방법

1단계 : 나눗셈식을 분수로 나타낸다.
2단계 : 괄호가 있으면 괄호를 푼다.
3단계 : 계수는 계수끼리, 문자는 문자끼리 계산한다.

$$\mathrm{A}\div\mathrm{B}\times\mathrm{C}=\frac{\mathrm{A}\times\mathrm{C}}{\mathrm{B}}$$

2 나누는 수의 역수를 곱하는 방법

1단계 : 역수를 이용하여 나눗셈을 곱셈으로 바꾼다.
2단계 : 괄호가 있으면 괄호를 푼다.
3단계 : 계수는 계수끼리, 문자는 문자끼리 계산한다.

$$\mathrm{A}\div\mathrm{B}\times\mathrm{C}=\mathrm{A}\times\frac{1}{\mathrm{B}}\times\mathrm{C}$$

3 단항식의 곱셈과 나눗셈의 혼합 계산

1단계 : 나눗셈을 분수꼴로 바꾸거나, 나눗셈을 역수를 이용하여 곱셈으로 바꾼다.
2단계 : 괄호가 있으면 괄호를 푼다.
3단계 : 계수는 계수끼리, 문자는 문자끼리 계산한다.

예 (1) $4x^2\div2x^2\times6x=\dfrac{4x^2\times6x}{2x^2}=\dfrac{24x^3}{2x^2}=\boldsymbol{12x}$

(2) $12xy\times\dfrac{4}{y^2}\div3xy=12xy\times\dfrac{4}{y^2}\times\dfrac{1}{3xy}=12\times4\times\dfrac{1}{3}\times xy\times\dfrac{1}{y^2}\times\dfrac{1}{xy}=\boldsymbol{\dfrac{16}{y^2}}$

Note : 단항식에 분수가 나올 때는 역수를 이용하여 곱셈으로 바꾸면 계산이 간편하다.

필수예제

1 ··· 단항식의 곱셈

다음을 계산하여라.

(1) $2x^3\times(-5y)$ (2) $(-4a^2b)^2\times3a^3b^2$ (3) $(3x^2)^2\times(-2xy^2)^3$

요점 Check

① 괄호를 푼다.

② 계수는 계수끼리, 문자는 문자끼리 계산한다.

풀이

(1) (준식) $=2\times(-5)\times x^3\times y=\mathbf{-10x^3y}$ ← 답

(2) (준식) $=(-4)^2\times(a^2)^2\times b^2\times3\times a^3\times b^2=16\times3\times a^4\times a^3\times b^2\times b^2=\mathbf{48a^7b^4}$ ← 답

(3) (준식) $=3^2\times(x^2)^2\times(-2)^3\times x^3\times(y^2)^3=9\times x^4\times(-8)\times x^3\times y^6$

$=9\times(-8)\times x^4\times x^3\times y^6=\mathbf{-72x^7y^6}$ ← 답

확인 01

다음을 계산하여라.

(1) $2x^3\times(-3x^4)$ (2) $x^3y^2\times(5x^2y)^2$

(3) $2a^3\times(3a^2)^3\times(-2a)^2$ (4) $(2x^2y)^2\times(-xy)^3\times2xy^2$

2 ··· 단항식의 나눗셈

다음을 계산하여라.

(1) $20x^2y\div(-5xy)$ (2) $16x^3\div\frac{4}{3}x^2$ (3) $2ax^3\div\frac{2}{3}ax^2$

요점 Check

(1) 나눗셈을 분수로 바꾸어 계산한다.

(2), (3) 나눗셈을 역수를 이용하여 곱셈으로 바꾸어 계산한다.

풀이

(1) (준식) $=\frac{20x^2y}{-5xy}=\frac{20}{-5}\times\frac{x^2y}{xy}=\mathbf{-4x}$ ← 답

(2) (준식) $=16x^3\div\frac{4x^2}{3}=16x^3\times\frac{3}{4x^2}=16\times\frac{3}{4}\times x^3\times\frac{1}{x^2}=\mathbf{12x}$ ← 답

(3) (준식) $=2ax^3\div\frac{2ax^2}{3}=2ax^3\times\frac{3}{2ax^2}=2\times\frac{3}{2}\times ax^3\times\frac{1}{ax^2}=\mathbf{3x}$ ← 답

확인 02

다음을 계산하여라.

(1) $4a^3b^2\div(2ab)^2$ (2) $(-5x^3)^2\div(xy^2)^3$

(3) $\frac{2}{5}x^2y\div5x^3y^2$ (4) $\left(-\frac{1}{2}xy^2\right)^2\div(-2x^3y^2)$

3 ··· 단항식의 곱셈과 나눗셈의 혼합 계산

다음을 계산하여라.

(1) $4x^2y \div 6xy^2 \times 3y$　　(2) $3a^2b \div 6ab^3 \times 4a^2b^5$

(3) $15x^2y \div (-3x^2y)^2 \times 5xy^2$　　(4) $(3x^2y^2)^2 \div x^2y^2 \times (2x^3y)^2$

요점 Check

① 나눗셈을 분수의 꼴로 바꾼다.
② 괄호를 푼다.
③ 계수는 계수끼리, 문자는 문자끼리 계산한다.

풀이

(1) (준식)$=\dfrac{4x^2y\times 3y}{6xy^2}=\dfrac{4\times 3\times x^2y\times y}{6\times xy^2}=\mathbf{2x}$ ← 답

(2) (준식)$=\dfrac{3a^2b\times 4a^2b^5}{6ab^3}=\dfrac{3\times 4\times a^2b\times a^2b^5}{6\times ab^3}=\mathbf{2a^3b^3}$ ← 답

(3) (준식)$=\dfrac{15x^2y\times 5xy^2}{(-3x^2y)^2}=\dfrac{15\times 5\times x^2y\times xy^2}{(-3)^2\times (x^2)^2\times y^2}=\dfrac{75x^3y^3}{9x^4y^2}=\mathbf{\dfrac{25y}{3x}}$ ← 답

(4) (준식)$=\dfrac{(3x^2y^2)^2\times (2x^3y)^2}{x^2y^2}=\dfrac{3^2\times (x^2)^2\times (y^2)^2\times 2^2\times (x^3)^2\times y^2}{x^2y^2}$

$=\dfrac{9\times 4\times x^4\times y^4\times x^6\times y^2}{x^2y^2}=\mathbf{36x^8y^4}$ ← 답

확인 03

다음을 계산하여라.

(1) $4x\times 9x\div(-8x)$　　(2) $16x^2\div(-4x)\times(-2x)$

(3) $12x^3y\times(-x)\div(-2xy)$　　(4) $3a^3b^2\times(2ab^3)^3\div(-4a^2b^3)^3$

4 ··· 단항식의 곱셈과 나눗셈의 응용

다음 □ 안에 알맞은 식을 써 넣어라.

(1) $8a^2\times\square\div 2a=12a^2$　　(2) $x^4y\div 3x^2y^2\times\square=x^2y^2$

요점 Check

• $A\times\square=B$
⇨ $\square=B\div A$
• $\square\div A=B$
⇨ $\square=A\times B$

풀이

(1) $8a^2\times\square\times\dfrac{1}{2a}=12a^2$에서 $4a\times\square=12a^2$

$\therefore\ \square=12a^2\div 4a=\dfrac{12a^2}{4a}=\mathbf{3a}$ ← 답

(2) $\dfrac{x^4y}{3x^2y^2}\times\square=x^2y^2$에서 $\dfrac{x^2}{3y}\times\square=x^2y^2$

$\therefore\ \square=x^2y^2\div\dfrac{x^2}{3y}=x^2y^2\times\dfrac{3y}{x^2}=\mathbf{3y^3}$ ← 답

확인 04

다음 □ 안에 알맞은 식을 써 넣어라.

(1) $4x^3\div\square\div(2x)^3=\dfrac{1}{2x}$　　(2) $12ab^2\div 4a^2b^4\times\square=\dfrac{9}{b}$

실력 높이기

01 기본 다음 식을 간단히 하여라.

(1) $3^2\times3^5$ (2) $x\times x^7$

(3) $a\times a^4\times a^3$ (4) $x^{10}\times x^5\times x^3$

02 기본 다음 식을 간단히 하여라.

(1) $(5^5)^4$ (2) $(x^3)^5$

(3) $(x^3)^2\times x$ (4) $(a^4)^3\times(a^2)^4$

03 기본 다음 식을 간단히 하여라.

(1) $(a^2b^4)^3$ (2) $(ab^3)^2$

(3) $(2ab^2)^3$ (4) $(ab^2c^3)^4$

04 기본 다음 식을 간단히 하여라.

(1) $\left(\frac{a^2}{b}\right)^3$ (2) $\left(\frac{x^2}{y^3}\right)^2$

(3) $\left(-\frac{a^2}{b^3}\right)^4$ (4) $\left(-\frac{b^3}{2a^2}\right)^3$

05 기본 다음 식을 간단히 하여라.

(1) $x^{10}\div x^4$ (2) $x^{15}\div x^8$

(3) $x^3\div x\div x^2$ (4) $x^5\div x^3\div x^4$

06 실력 다음 식을 간단히 하여라.

(1) $a\times(a^3)^2\times a^5$ (2) $xy^2\times(xy)^2$

(3) $(a^2)^3\times(a^4)^2$ (4) $(x^2)^5\div x^5\times x^3$

07 실력 다음 □ 안에 알맞은 수를 써 넣어라.

(1) $2^8\div2^{\square}=\frac{1}{2^3}$ (2) $5^6\div5\div5^{\square}=5^3$

(3) $(x^3)^{\square}\div x^2=x^{10}$ (4) $(a^2b^{\square})^3=a^{\square}b^{15}$

08 실력 다음에서 규칙을 찾아 빈 칸에 알맞은 식을 써 넣어라.

(1) $x^3 \xrightarrow{x^2} x^5 \xrightarrow{x^3} x^8 \xrightarrow{x^5}$ ① $\xrightarrow{x}$ ②

(2) $a^{15} \xrightarrow{a^3} a^{12} \xrightarrow{a^2} a^{10} \xrightarrow{a^4}$ ① $\xrightarrow{a^{10}}$ ②

09 기본 다음을 계산하여라.

(1) $4a\times(-6b)$

(2) $-5x\times(-3y)$

(3) $2x^3\times3x^4$

(4) $2ax^2\times3a^2x^3$

10 실력 다음을 계산하여라.

(1) $(-2b)\times(-2b)\times5a^2b$

(2) $5x^2y^3\times(-2y^2)\times3x^3y$

(3) $(-x)\times3xy\times(-2y)$

(4) $3ab\times(-2a)\times4b^3$

11 실력 다음을 계산하여라.

(1) $(-ab)\times(3ab)^2$

(2) $(-4a^2b)^2\times5a^3b^2$

(3) $(-2a^3b)^2\times8ab^3$

(4) $(-2a^3b^2)^4\times(-ab)^3$

12 기본 다음을 계산하여라.

(1) $-12a^8\div4a^9$

(2) $20a^2b\div(-5ab)$

(3) $4a^2b\div2ab^2$

(4) $12x^3\div\frac{3}{4}x^2$

13 실력 다음을 계산하여라.

(1) $(-2b)^5\div(2b^3)^4$

(2) $(3x^3)^2\div(-3x^7)$

(3) $(2x^2)^4\div(-2x^3)^2$

(4) $(xy^2)^3\div(-2x^2y)^2$

14 실력 다음을 계산하여라.

(1) $a^2b\times a^3b^2\div a^2b^2$

(2) $12ab^2\times2a^3b\div6ab$

(3) $a^2x^2\div8a^5x^3\times6a^2x$

(4) $4xy\div6xy^2\times3xy^3$

15 실력 $-2xy^2\times\square=6x^2y^4$일 때, $\square$ 안에 알맞은 식을 써 넣어라.

16 완성 다음을 계산하여라.

(1) $(-2xy^2)^2\times4x^3y^2\div(2x^2y)^3$

(2) $(-2x^2y)^3\times3\left(\frac{y}{2x}\right)^2\div(-6xy)^2$

17 완성 서술형 부피가 $36\pi a^2b\text{cm}^3$인 원기둥이 있다. 이 원기둥의 밑면인 원의 지름의 길이가 $6a\text{cm}$일 때, 이 원기둥의 높이를 구하여라. 〈5점〉

1 다항식의 덧셈과 뺄셈

기본원리 꿀꺽

1 다항식의 덧셈

괄호를 풀고 동류항끼리 모아서 간단히 한다.

예 $(3x+5y)+(4x-y)=3x+5y+4x-y$

$=\underline{3x+4x}+\underline{5y-y}$

$=\mathbf{7x+4y}$

$$\begin{array}{r} 3x+5y \\ +)\ \underline{4x-\ y} \\ 7x+4y \end{array}$$

Note : 다항식의 덧셈은 오른쪽과 같이 동류항을 세로로 맞추어 계산하면 편리하다.

2 다항식의 뺄셈

괄호를 풀고 동류항끼리 모아서 간단히 한다. 이 때, 괄호 앞에 −가 있으면 괄호를 풀 때 괄호 안의 각 항의 부호를 바꾼다.

예 $(5x-7y)-(3x-4y)=5x-7y-3x+4y$

$=5x-3x-7y+4y$

$=\mathbf{2x-3y}$

$$\begin{array}{r} 5x-7y \\ -)\ \underline{3x-4y} \\ 2x-3y \end{array}$$

Note : 다항식의 뺄셈도 오른쪽과 같이 동류항을 세로로 맞추어 계산하면 편리하다.

3 괄호가 복잡한 식의 계산

1 (소괄호), {중괄호}, [대괄호]의 순서로 계산한다.

예 $3x+y-\{2x-(x-4y)\}=3x+y-\{2x-x+4y\}=3x+y-\{x+4y\}$

$=3x+y-x-4y=\mathbf{2x-3y}$

2 [대괄호], {중괄호}, (소괄호)의 순서로 계산한다.

예 $3x+y-\{2x-(x-4y)\}=3x+y-2x+(x-4y)$

$=x+y+x-4y=\mathbf{2x-3y}$

같다

4 이차식과 그 계산

1 **이차식** : $4x^2-5x+3$, $-x^2+20$ 등과 같이 문자 x에 관한 각 항의 차수 중 가장 높은 차수가 2차인 다항식을 x에 관한 **이차식**이라고 한다.

2 이차식의 덧셈과 뺄셈 : 괄호를 풀고 이차항, 일차항, 상수항끼리 각각 계산한다.

예 $(2x^2+x-5)+(-4x^2+3x-2)=2x^2+x-5-4x^2+3x-2$

$=2x^2-4x^2+x+3x-5-2$

$=\mathbf{-2x^2+4x-7}$

필수예제

1 ··· 다항식의 덧셈

다음을 계산하여라.

(1) $(2x+3y-4)+(x-2y+5)$ (2) $\frac{a-3b}{3}+\frac{3a-5b}{2}$

요점 Check

- 괄호를 풀고 동류항끼리 간단히 한다.
- 계수가 분수일 때는 분모를 통분하여 계산한다.

풀이

(1) (준식) $=2x+3y-4+x-2y+5$

$=2x+x+3y-2y-4+5=\mathbf{3x+y+1}$ ← 답

(2) (준식) $=\frac{1}{3}a-b+\frac{3}{2}a-\frac{5}{2}b=\left(\frac{1}{3}a+\frac{3}{2}a\right)+\left(-b-\frac{5}{2}b\right)$

$=\left(\frac{2}{6}a+\frac{9}{6}a\right)+\left(-\frac{2}{2}b-\frac{5}{2}b\right)=\mathbf{\frac{11}{6}a-\frac{7}{2}b}$ ← 답

$$\begin{array}{rr} & 2x+3y-4 \\ +) & x-2y+5 \\ \hline & 3x+\ y+1 \end{array}$$

확인 01

다음을 계산하여라.

(1) $(4a-3b)+2(3a+b)$ (2) $3(5-2x+y)+(-4+x-2y)$

(3) $\frac{5x+3y}{2}+\frac{2x-y}{3}$ (4) $\frac{5y-x}{3}+\frac{2x+y}{4}$

2 ··· 다항식의 뺄셈

다음을 계산하여라.

(1) $(3x-y-2)-(2x-5)$ (2) $3(3x+y-5)-2(x-4y-3)$

요점 Check

- 괄호 앞에 −가 있으면
⇨ 괄호를 풀 때, 각 항의 부호를 바꾼다.
- $-(A-B+C)$
$=-A+B-C$

풀이

(1) (준식) $=3x-y-2-2x+5$

$=3x-2x-y-2+5=\mathbf{x-y+3}$ ← 답

(2) (준식) $=9x+3y-15-2x+8y+6$

$=9x-2x+3y+8y-15+6=\mathbf{7x+11y-9}$ ← 답

$$\begin{array}{rr} & 3x-\ y-2 \\ -) & 2x+0y-5 \\ \hline & x-\ y+3 \end{array}$$

확인 02

다음을 계산하여라.

(1) $(5x+4y-2)-(2x-3y+1)$ (2) $(x+2y-1)-2(3x-4y-2)$

(3) $\left(\frac{1}{2}a-\frac{2}{3}b\right)-\left(\frac{1}{3}a+\frac{1}{3}b\right)$ (4) $\frac{x-3y}{3}-\frac{3x-5y}{2}$

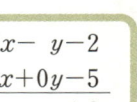

3 … 괄호가 복잡한 식의 계산

다음 식을 간단히 하여라.

(1) $2a-\{5b-(3a-4b)\}$

(2) $x-2y-5-\{2x+3y-(3x+4y)-4\}$

요점 Check

괄호를 안쪽부터 차례로 풀거나 바깥쪽부터 차례로 푼다.

풀이

(1) (준식) $=2a-\{5b-3a+4b\}$
$=2a-\{-3a+9b\}$
$=2a+3a-9b$
$=\mathbf{5a-9b}$ ← 답

(준식) $=2a-5b+(3a-4b)$
$=2a-5b+3a-4b$
$=5a-9b$

(2) (준식) $=x-2y-5-\{2x+3y-3x-4y-4\}=x-2y-5-\{-x-y-4\}$
$=x-2y-5+x+y+4=\mathbf{2x-y-1}$ ← 답

확인 03

다음 식을 간단히 하여라.

(1) $x-\{2x-2y-(4x-5y)+7\}$

(2) $3x+y-\{x-2y+(5x-2y)\}$

4 … 이차식의 계산

다음 식을 간단히 하여라.

(1) $(2x^2+x-5)+(-4x^2+3x-2)$

(2) $(5x^2-3x+6)-(2x^2+8x-7)$

요점 Check

괄호를 푼 다음 이차항, 일차항, 상수항끼리 계산한다.

풀이

(1) (준식) $=2x^2+x-5-4x^2+3x-2=2x^2-4x^2+x+3x-5-2$
$=\mathbf{-2x^2+4x-7}$ ← 답

(2) (준식) $=5x^2-3x+6-2x^2-8x+7=5x^2-2x^2-3x-8x+6+7$
$=\mathbf{3x^2-11x+13}$ ← 답

확인 04

다음 식을 간단히 하여라.

(1) $(x^2+2x+2)+(x^2-2x-3)$

(2) $(x^2+5x-4)-(3x^2-2x+5)$

(3) $4-x^2-2\{1+3x^2-4(2-3x)\}$

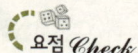

2 다항식의 곱셈과 나눗셈

기본원리 꿀꺽

1 단항식과 다항식의 곱셈

1 $a(x+2y)$, $(x+2y)a$와 같이 (단항식)×(다항식), (다항식)×(단항식)을 계산할 때는 **분배법칙**을 이용하여 단항식을 다항식의 각 항에 곱하여 계산한다.

분배법칙

$A(B+C)=\underset{①}{AB}+\underset{②}{AC}$

$(B+C)A=\underset{①}{AB}+\underset{②}{AC}$

예 (1) $2(3x-5)=2\times 3x+2\times(-5)=\mathbf{6x-10}$

(2) $a(x+2y)=a\times x+a\times 2y=\mathbf{ax+2ay}$

(3) $(x+2y)a=x\times a+2y\times a=\mathbf{ax+2ay}$

2 **전개와 전개식** : $a(x+2y)=ax+2ay$와 같이 단항식과 다항식의 곱을 하나의 다항식으로 나타내는 것을 **전개**라고 한다. 그리고, $ax+2ay$와 같이 전개하여 얻은 식을 **전개식**이라고 한다.

전개

$a(x+2y)=\underline{ax+2ay}$ (전개식)

예 다음 식을 전개하여라.

(1) $4a(2x-3)$ (2) $3x(-x+2y-5)$

풀이 (1) $4a(2x-3)=4a\times 2x+4a\times(-3)=\mathbf{8ax-12a}$

(2) $3x(-x+2y-5)=3x\times(-x)+3x\times 2y+3x\times(-5)$

$=\mathbf{-3x^2+6xy-15x}$

2 (다항식)÷(단항식)의 계산

〈방법 1〉 분수의 꼴로 바꾸어 계산한다.

$$(\mathbf{A+B-C})\div\mathbf{D}=\frac{\mathbf{A+B-C}}{\mathbf{D}}$$

예 $(6a^2+4a)\div 2a=\dfrac{6a^2+4a}{2a}=\dfrac{6a^2}{2a}+\dfrac{4a}{2a}=3a+2$

〈방법 2〉 역수를 이용하여 나눗셈을 곱셈으로 바꾼 다음 이것을 전개한다.

$$(\mathbf{A+B-C})\div\mathbf{D}=(\mathbf{A+B-C})\times\frac{1}{\mathbf{D}}$$

예 $(8a^2-2a)\div 2a=(8a^2-2a)\times\dfrac{1}{2a}$

$$=8a^2\times\frac{1}{2a}-2a\times\frac{1}{2a}=4a-1$$

Note : 다항식이나 단항식에 분수가 나올 때는 〈방법 2〉를 이용해야 계산이 간편하다.

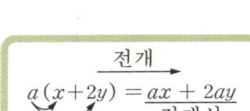

필수예제

1 … 단항식과 다항식의 곱셈

다음 식을 전개하여라.

(1) $2a(3x+4)$ (2) $3x(-x+2y-5)$

요점 Check

분배법칙을 이용하여 괄호를 푼다.

$\text{A}(\text{B}+\text{C})=\text{AB}+\text{AC}$

풀이

(1) (준식) $=2a\times3x+2a\times4=\boldsymbol{6ax+8a}$ ← 답

(2) (준식) $=3x\times(-x)+3x\times2y+3x\times(-5)=\boldsymbol{-3x^2+6xy-15x}$ ← 답

확인 01

다음 식을 전개하여라.

(1) $2a(4a-3)$ (2) $(5b-2)(-b)$

(3) $5x(2x^2-3x+4)$ (4) $(3x^2-4x+2)(-7x)$

2 … 단항식과 다항식의 곱셈

다음 식을 간단히 하여라.

(1) $a(3a-2)+2a(a+1)$

(2) $3a(a-2b-1)-a(2a-3b+5)$

요점 Check

분배법칙을 이용하여 괄호를 풀고, 동류항끼리 모아서 간단히 한다.

풀이

(1) (준식) $=a\times3a+a\times(-2)+2a\times a+2a\times1=3a^2-2a+2a^2+2a$

$=3a^2+2a^2-2a+2a=\boldsymbol{5a^2}$ ← 답

(2) (준식) $=3a\times a+3a\times(-2b)+3a\times(-1)-a\times2a-a\times(-3b)-a\times5$

$=3a^2-6ab-3a-2a^2+3ab-5a=3a^2-2a^2-6ab+3ab-3a-5a$

$=\boldsymbol{a^2-3ab-8a}$ ← 답

확인 02

다음 식을 간단히 하여라.

(1) $2x(3x-1)+3x(5x-2)$

(2) $-x(3x-4)+2x(5x+3)$

(3) $a(2a-5b+3)-2b(-a+2b+2)$

3 … (다항식)÷(단항식)의 계산

다음을 계산하여라.

(1) $(6x^2-12xy)\div(-3x)$　　(2) $(2ab-3b)\div\dfrac{b}{2}$

요점 Check
- 나눗셈을 분수로 바꾸어 계산한다.
- 식에 분수가 있을 경우에는 나눗셈을 곱셈으로 바꾸어 계산한다.

풀이

(1) (준식) $=\dfrac{6x^2-12xy}{-3x}=\dfrac{6x^2}{-3x}-\dfrac{12xy}{-3x}=\mathbf{-2x+4y}$ ← 답

(2) (준식) $=(2ab-3b)\times\dfrac{2}{b}=2ab\times\dfrac{2}{b}-3b\times\dfrac{2}{b}=\mathbf{4a-6}$ ← 답

확인 03

다음을 계산하여라.

(1) $(9xy+3x)\div3x$　　(2) $(4a^2-a)\div(-a)$

(3) $(a^2-3a)\div\left(-\dfrac{a}{2}\right)$　　(4) $(6x^2-4x)\div\dfrac{2}{3}x$

4 … (다항식)÷(단항식)의 계산

다음을 계산하여라.

(1) $(3x^2-9xy)\div3x+(8xy-4y^2)\div(-2y)$

(2) $(12x^2y-9xy^2)\div3xy-(16x^2-8x)\div4x$

요점 Check

괄호를 푼 다음 동류항을 간단히 한다.

풀이

(1) (준식) $=\dfrac{3x^2-9xy}{3x}+\dfrac{8xy-4y^2}{-2y}=\dfrac{3x^2}{3x}-\dfrac{9xy}{3x}+\dfrac{8xy}{-2y}-\dfrac{4y^2}{-2y}$

$=x-3y-4x+2y=\mathbf{-3x-y}$ ← 답

(2) (준식) $=\dfrac{12x^2y-9xy^2}{3xy}-\dfrac{(16x^2-8x)}{4x}=\dfrac{12x^2y}{3xy}-\dfrac{9xy^2}{3xy}-\dfrac{16x^2}{4x}+\dfrac{8x}{4x}$

$=4x-3y-4x+2=\mathbf{-3y+2}$ ← 답

확인 04

다음을 계산하여라.

(1) $(16x^2-8xy)\div4x-(12y^2-36xy)\div(-6y)$

(2) $(3x^2y^2-4xy)\div xy-(3x^2y^2+9xy)\div(-3xy)$

✦✦ 3 등식의 변형

● ⋯⋯ 기본원리 꿀꺽

① x, y에 관한 식

1 x에 관한 식 : $2x+3$, $-5x+6$, $12x$ 등과 같이 「(**x의 항**) + (**상수항**) 또는 (**x의 항**)」꼴의 식을 x에 관한 식(x의 식)이라고 한다.

2 y에 관한 식 : $3y-2$, $-7y+15$, $20y$ 등과 같이 「(**y의 항**) + (**상수항**) 또는 (**y의 항**)」꼴의 식을 y에 관한 식(y의 식)이라고 한다.

3 x, y에 관한 식 : $2x+3y+5$, $-5x+6y+2$, $2x-y$ 등과 같이 「(**x의 항**) + (**y의 항**) + (**상수항**) 또는 (**x의 항**) + (**y의 항**)」꼴의 식을 x, y에 관한 식 (x, y의 식)이라고 한다.

② 식의 대입

식을 대입할 때, 대입하는 식이 다항식이면 괄호로 묶어서 대입한다.

예1 $y=2x+1$일 때, $3x-2y$를 x에 관한 식으로 나타내어라.

　　풀이 $3x-2y=3x-2(2x+1)$
　　　　　　　　$=3x-4x-2=-x-2$

$$3x-2\underset{\underset{y=2x+1}{\rfloor}}{\textcircled{y}}$$

예2 $A=x+y$, $B=2x-y$일 때, $2A+B$를 x, y에 관한 식으로 나타내어라.

　　풀이 $2A+B=2(x+y)+(2x-y)$
　　　　　　　　$=2x+2y+2x-y=4x+y$

$$2\underset{\underset{x+y}{\rfloor}}{\textcircled{A}}+\underset{\underset{2x-y}{\rfloor}}{\textcircled{B}}$$

③ 등식의 변형

1 x에 관하여 푼다 : 문자가 2개 이상 들어 있는 등식을

$$x = (\text{다른 문자의 식}) + (\text{상수항})$$

꼴로 나타내는 것을 x에 관하여 푼다고 한다.

　예 $2x-6+2y=0$을 x에 관하여 풀어라.

　　　풀이 $2x=-2y+6$이므로 $x=-y+3$

2 y에 관하여 푼다 : 문자가 2개 이상 들어 있는 등식을

$$y = (\text{다른 문자의 식}) + (\text{상수항})$$

꼴로 나타내는 것을 y에 관하여 푼다고 한다.

필수예제

1 … 식의 대입

다음 물음에 답하여라.

(1) $y=x+4$일 때, $4x-2y$를 x에 관한 식으로 나타내어라.

(2) $\mathrm{A}=x-3$, $\mathrm{B}=2x+y$일 때, $3\mathrm{A}-5\mathrm{B}$를 x, y에 관한 식으로 나타내어라.

요점 Check

대입하는 식이 다항식일 때는 괄호를 사용하여 대입한다.

풀이

(1) $4x-2y$에 $y=x+4$를 대입하면

$4x-2y=4x-2(x+4)=4x-2x-8=\mathbf{2x-8}$ ← 답

(2) $3\mathrm{A}-5\mathrm{B}=3(x-3)-5(2x+y)=3x-9-10x-5y=\mathbf{-7x-5y-9}$ ← 답

확인 01

다음 물음에 답하여라.

(1) $y=2x+1$일 때, $3y-5x+10$을 x에 관한 식으로 나타내어라.

(2) $a=2x+y$, $b=x-2y+1$일 때, $-3a+2b$를 x, y에 관한 식으로 나타내어라.

2 … 등식의 변형

다음 등식을 [ ] 안의 문자에 관하여 풀어라.

(1) $3x-2y=2y-3+2x$ $[x]$ (2) $x-y+5=3x-2y+6$ $[y]$

요점 Check

[ ] 안의 문자를 미지수로 생각하고 나머지 문자를 상수로 생각하여, 방정식을 푸는 방법으로 풀면 된다.

풀이

(1) x의 항은 좌변으로, 나머지 항은 우변으로 이항하면

$3x-2x=2y-3+2y$ $\quad\therefore\ \mathbf{x=4y-3}$ ← 답

(2) y의 항은 좌변으로, 나머지 항은 우변으로 이항하면

$-y+2y=3x+6-x-5$ $\quad\therefore\ \mathbf{y=2x+1}$ ← 답

확인 02

다음 등식을 [ ] 안의 문자에 관하여 풀어라.

(1) $9x+2y-7=3x-y+2$ $[x]$ (2) $3(x-2y)=x-4$ $[y]$

(3) $l=2(a+b)$ $[b]$ (4) $p=a(1+nr)$ $[n]$

실력 높이기

01 기본 다음을 계산하여라.

(1) $(a-5b)+(-5a+b)$

(2) $(x+5y)+(-3x-y)$

(3) $(-x+2y-6)+(3x-3y+7)$

(4) $(-5x+3y-7)+(2x-y+5)$

02 기본 다음을 계산하여라.

(1) $(3x+2y)-(-x+y)$

(2) $(2x-y)-(x-4y)$

(3) $(4x-y+2)-(-4x+2y-1)$

(4) $(-2x-y+1)-(x+5y-7)$

03 기본 다음을 계산하여라.

(1) $(x^2-2)+(2x^2-x)$

(2) $(x^2+3x+2)+(x^2-2x-5)$

(3) $(2x^2+3x-1)-(x^2-4)$

(4) $(x^2+5x-4)-(3x^2-2x+5)$

04 실력 다음 식을 간단히 하여라.

(1) $a+2b-\{2a-(5a-3b)\}$

(2) $2a-b-\{a-(2a-b+3)\}$

(3) $5x^2-\{3x^2+2x-(4x+9)\}$

(4) $2a^2-\{4a^2-3a-(6a+5)\}$

05 실력 $x+y-1-(\square-3y-4)=-2x+5y+3$에서 $\square$ 안에 알맞은 식을 구하여라.

06 실력 $x+2y-\{x-y-(2x+3y)\}=\mathrm{A}x+\mathrm{B}y$일 때, 상수 A, B의 값을 구하여라.

07 실력 어떤 식에서 $2x^2+x-5$를 빼야 할 것을 더했더니 $-2x^2+4x-7$이 되었다. 어떤 식을 구하여라.

08 완성 어떤 식에 $3x^2-x-5$를 더해야 할 것을 뺐더니 $5x^2-2x$가 되었다. 옳게 계산했을 때의 답을 구하여라.

09 기본 다음 식을 전개하여라.

(1) $3x(4x-3y)$
(2) $-3a(a-2b+5)$
(3) $2x(3x-5y+z)$
(4) $(-x^2+2x-4)(-5x)$

10 실력 다음 식을 간단히 하여라.

(1) $2x(x-6)+x(5x+2)$
(2) $3x(2x-1)-5x(3x-2)$
(3) $a(2a-5b+3)-2b(-a+2b+3)$
(4) $5x(3x-y)-3x(-4x-3y+2)$

11 기본 다음 식을 간단히 하여라.

(1) $(24a^2-16ab)\div 8a$
(2) $(2x^2-4xy+8x)\div(-2x)$
(3) $(2x^2y-3x)\div\frac{1}{2}x$
(4) $(6x^2y-4xy^3)\div\left(-\frac{2}{3}xy\right)$

12 실력 다음을 계산하여라.

(1) $(8b-6b^2)\div 2b+(15b^2-12b)\div(-3b)$
(2) $(2x^2-4x^3)\div x^2-(5x^3+4x^4)\div x^3$
(3) $(3x^2y^2-4xy)\div xy-(3x^2y^2+9xy)\div(-3xy)$

13 실력 $\boldsymbol{y=2x-3}$일 때, 다음을 $\boldsymbol{x}$에 관한 식으로 나타내어라.

(1) $5x+2y-7$
(2) $x-5y+4$
(3) $3(x-y)-2(x+2y)$
(4) $3x+2y-2(x-y+5)$

14 실력 다음 등식을 [ ] 안의 문자에 관하여 풀어라.

(1) $2x-y=30$ [x]
(2) $x=30+6y$ [y]
(3) $\mathrm{V}=abc$ [c]
(4) $\mathrm{S}=vt+12$ [t]

15 완성 서술형 그림과 같은 직사각형 모양의 토지에서 색칠된 부분의 넓이를 **S**라 하자. **S**를 $\boldsymbol{a}$, $\boldsymbol{b}$, $\boldsymbol{c}$에 관한 식으로 나타낼 때, 이 등식을 $\boldsymbol{c}$에 관하여 풀어라. 〈5점〉

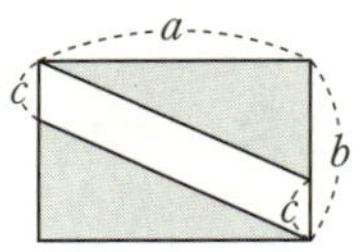

1 다항식의 곱셈

기본원리 꿀꺽

1 (다항식)×(다항식)의 계산 원리

1 분배법칙을 이용하여 다음과 같이 전개한다.

$$(\boldsymbol{a}+\boldsymbol{b})(\boldsymbol{c}+\boldsymbol{d})=\boldsymbol{ac}+\boldsymbol{ad}+\boldsymbol{bc}+\boldsymbol{bd}$$

설명 $(a+b)(c+d)$에서 $c+d=\mathrm{M}$으로 놓고 전개하면

$(a+b)(c+d)=(a+b)\mathrm{M}=a\mathrm{M}+b\mathrm{M}$

이다. M에 $c+d$를 대입하여 전개하면

$a\mathrm{M}+b\mathrm{M}=a(c+d)+b(c+d)=ac+ad+bc+bd$

$(\boldsymbol{a}+\boldsymbol{b})\mathbf{M}$ ↑ $(\boldsymbol{c}+\boldsymbol{d})$

$(\boldsymbol{a}+\boldsymbol{b})(\boldsymbol{c}+\boldsymbol{d})=\underset{①}{\boldsymbol{ac}}+\underset{②}{\boldsymbol{ad}}+\underset{③}{\boldsymbol{bc}}+\underset{④}{\boldsymbol{bd}}$

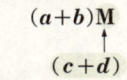

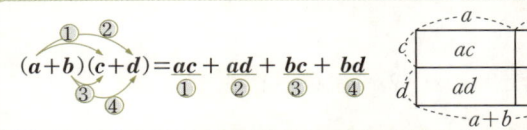

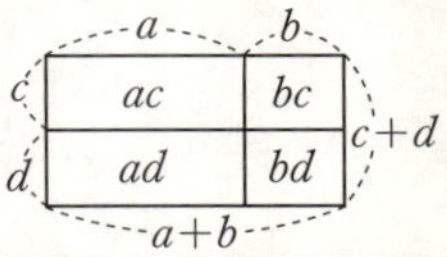

예 $(a+10)(b-2)=a\times b+a\times(-2)+10\times b+10\times(-2)$

$=ab-2a+10b-20$

$(\boldsymbol{a}+10)(\boldsymbol{b}-2)$

2 전개식에서 동류항이 있으면 동류항끼리 모아서 간단히 한다. 또한, 식은 차수가 높은 항부터 낮은 항의 차례로 쓴다.

예 다음 식을 전개하여라.

(1) $(a+1)(2a-1)$ (2) $(2x+3)(x-2)$

풀이 (1) (준식)$=a\times2a+a\times(-1)+1\times2a+1\times(-1)$

$=2a^2-a+2a-1$

$=\boldsymbol{2a^2+a-1}$

$(a+1)(2a-1)$

(2) (준식)$=2x\times x+2x\times(-2)+3\times x+3\times(-2)$

$=2x^2-4x+3x-6$

$=\boldsymbol{2x^2-x-6}$

$(2x+3)(x-2)$

Note: (다항식)×(다항식)의 곱셈은 다음과 같이 동류항끼리 세로로 맞추어서 계산할 수도 있다.

$$\begin{array}{rrl} & a+1 & \\ \times) & 2a-1 & \\ \hline & -a-1 & \leftarrow (a+1)\times(-1) \\ 2a^2+2a & & \leftarrow (a+1)\times 2a \\ \hline \boldsymbol{2a^2+a-1} & & \end{array}$$

$$\begin{array}{rrl} & 2x+3 & \\ \times) & x-2 & \\ \hline & -4x-6 & \leftarrow (2x+3)\times(-2) \\ 2x^2+3x & & \leftarrow (2x+3)\times x \\ \hline \boldsymbol{2x^2-x-6} & & \end{array}$$

필수예제

1 ··· $(a+b)(c+d)$꼴의 전개

다음 식을 전개하여라.

(1) $(a+2)(b-3)$ (2) $(3a-1)(2b-3)$

(3) $(a-2b)(c-3d)$ (4) $(2a+3b)(3c-d)$

요점 Check

$(a+b)(c+d)$

$=ac+ad+bc+bd$

풀이

(1) (준식) $=a\times b+a\times(-3)+2\times b+2\times(-3)=\boldsymbol{ab-3a+2b-6}$ ← 답

(2) (준식) $=3a\times 2b+3a\times(-3)-1\times 2b-1\times(-3)=\boldsymbol{6ab-9a-2b+3}$ ← 답

(3) (준식) $=a\times c+a\times(-3d)-2b\times c-2b\times(-3d)=\boldsymbol{ac-3ad-2bc+6bd}$ ← 답

(4) (준식) $=2a\times 3c+2a\times(-d)+3b\times 3c+3b\times(-d)=\boldsymbol{6ac-2ad+9bc-3bd}$ ← 답

확인 01

다음 식을 전개하여라.

(1) $(2a+3)(3b-4)$ (2) $(2a-1)(b+1)$

(3) $(3x-y)(-x+2z)$ (4) $(a+4b)(x-y)$

2 ··· $(ax+b)(cx+d)$꼴의 전개

다음 식을 전개하여라.

(1) $(x+2)(x+7)$ (2) $(x+3)(x-5)$

(3) $(3x-5)(2x+3)$ (4) $(5a-3)(2a+1)$

요점 Check

- 분배법칙을 이용하여 전개한 후 동류항을 간단히 한다.
- 식은 차수가 높은 항부터 차례로 쓴다.

풀이

(1) (준식) $=x\times x+x\times 7+2\times x+2\times 7=x^2+\underline{7x+2x}+14=\boldsymbol{x^2+9x+14}$ ← 답

(2) (준식) $=x\times x+x\times(-5)+3\times x+3\times(-5)=x^2\underline{-5x+3x}-15=\boldsymbol{x^2-2x-15}$ ← 답

(3) (준식) $=3x\times 2x+3x\times 3-5\times 2x-5\times 3=6x^2+\underline{9x-10x}-15=\boldsymbol{6x^2-x-15}$ ← 답

(4) (준식) $=5a\times 2a+5a\times 1-3\times 2a-3\times 1=10a^2+\underline{5a-6a}-3=\boldsymbol{10a^2-a-3}$ ← 답

확인 02

다음 식을 전개하여라.

(1) $(a-1)(2a+3)$ (2) $(2x-3)(x+2)$

(3) $(2x-7)(x+3)$ (4) $(5x-2)(3x-1)$

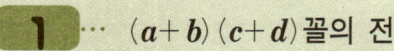

3 ⋯ $(ax+by)(cx+dy)$꼴의 전개

다음 식을 전개하여라.

(1) $(3x+4y)(2x+3y)$　　(2) $(3x+2y)(4x-5y)$

(3) $(2x-3y)(3x+5y)$　　(4) $(4a-3b)(a-4b)$

요점 Check

분배법칙을 이용하여 전개한 후 동류항끼리 모아서 간단히 한다.

풀이

(1) (준식) $=3x\times2x+3x\times3y+4y\times2x+4y\times3y$
$=6x^2+\underline{9xy+8xy}+12y^2=\mathbf{6x^2+17xy+12y^2}$ ← 답

(2) (준식) $=3x\times4x+3x\times(-5y)+2y\times4x+2y\times(-5y)$
$=12x^2-\underline{15xy+8xy}-10y^2=\mathbf{12x^2-7xy-10y^2}$ ← 답

(3) (준식) $=2x\times3x+2x\times5y-3y\times3x-3y\times5y$
$=6x^2+\underline{10xy-9xy}-15y^2=\mathbf{6x^2+xy-15y^2}$ ← 답

(4) (준식) $=4a\times a+4a\times(-4b)-3b\times a-3b\times(-4b)$
$=4a^2-\underline{16ab-3ab}+12b^2=\mathbf{4a^2-19ab+12b^2}$ ← 답

확인 03

다음 식을 전개하여라.

(1) $(2x+3y)(5x+4y)$　　(2) $(x+3y)(7x-2y)$

(3) $(3a-b)(-5a+2b)$　　(4) $(-a+2b)(-3a-b)$

4 ⋯ (2항식)×(3항식)의 전개

다음 식을 전개하여라.

(1) $(a+b)(2x-y+z)$　　(2) $(2a-b)(x-2y+3)$

(3) $(x-y)(x+y-2)$　　(4) $(x+y-3)(x-y)$

요점 Check

$(a+b)(x+y+z)$

$=ax+ay+az+bx$
$+by+bz$

풀이

(1) (준식) $=a(2x-y+z)+b(2x-y+z)=\mathbf{2ax-ay+az+2bx-by+bz}$ ← 답

(2) (준식) $=2a(x-2y+3)-b(x-2y+3)=\mathbf{2ax-4ay+6a-bx+2by-3b}$ ← 답

(3) (준식) $=x(x+y-2)-y(x+y-2)=x^2+\underline{xy}-2x-\underline{xy}-y^2+2y$
$=\mathbf{x^2-2x-y^2+2y}$ ← 답

(4) (준식) $=x(x-y)+y(x-y)-3(x-y)=x^2-\underline{xy+xy}-y^2-3x+3y$
$=\mathbf{x^2-y^2-3x+3y}$ ← 답

확인 04

다음 식을 전개하여라.

(1) $(a+1)(x-y+2)$　　(2) $(x+2y)(a+b-c)$

(3) $(2x+y)(2x-y+3)$　　(4) $(2a-3b-4)(2a+3b)$

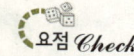

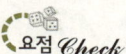

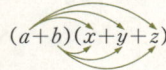

2 곱셈 공식

기본원리 꿀꺽

1 $(\boldsymbol{a}+\boldsymbol{b})^2=\boldsymbol{a}^2+2\boldsymbol{ab}+\boldsymbol{b}^2$

$$\begin{aligned}(\boldsymbol{a}+\boldsymbol{b})^2&=(a+b)(a+b)\\&=a(a+b)+b(a+b)\\&=a^2+ab+ab+b^2\\&=\boldsymbol{a}^2+2\boldsymbol{ab}+\boldsymbol{b}^2\end{aligned}$$

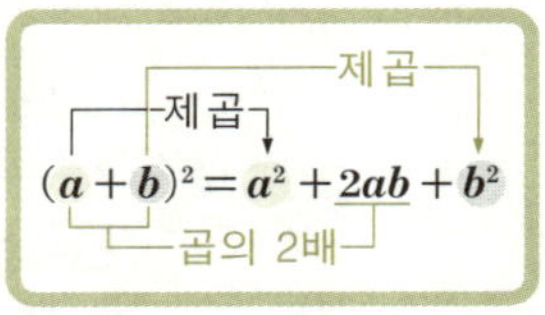

Note : $(a+b)^2$

$=$(가장 큰 정사각형의 넓이)

$=a^2+ab+ab+b^2$

$=a^2+2ab+b^2$

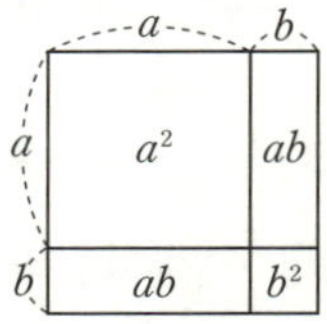

예 (1) $(x+3)^2=x^2+2\times x\times 3+3^2=\boldsymbol{x}^2+6\boldsymbol{x}+9$

(2) $(x+4)^2=x^2+2\times x\times 4+4^2=\boldsymbol{x}^2+8\boldsymbol{x}+16$

2 $(\boldsymbol{a}-\boldsymbol{b})^2=\boldsymbol{a}^2-2\boldsymbol{ab}+\boldsymbol{b}^2$

$$\begin{aligned}(\boldsymbol{a}-\boldsymbol{b})^2&=(a-b)(a-b)\\&=a(a-b)-b(a-b)\\&=a^2-ab-ab+b^2\\&=\boldsymbol{a}^2-2\boldsymbol{ab}+\boldsymbol{b}^2\end{aligned}$$

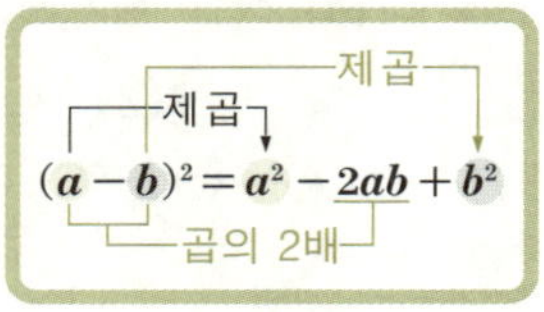

Note : $(a-b)^2$

$=$(색칠한 정사각형의 넓이)

$=a^2-b(a-b)-b(a-b)-b^2$

$=a^2-ab+b^2-ab+b^2-b^2$

$=a^2-2ab+b^2$

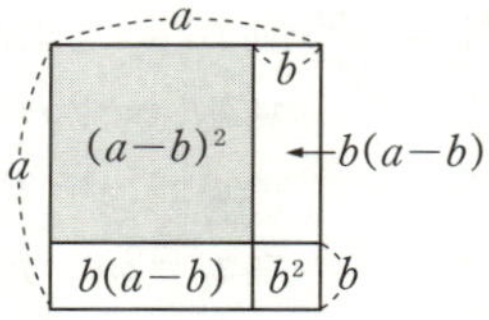

예 (1) $(x-3)^2=x^2-2\times x\times 3+3^2=\boldsymbol{x}^2-6\boldsymbol{x}+9$

(2) $(x-4)^2=x^2-2\times x\times 4+4^2=\boldsymbol{x}^2-8\boldsymbol{x}+16$

곱셈 공식

1. $(\boldsymbol{a}+\boldsymbol{b})^2=\boldsymbol{a}^2+2\boldsymbol{ab}+\boldsymbol{b}^2$
2. $(\boldsymbol{a}-\boldsymbol{b})^2=\boldsymbol{a}^2-2\boldsymbol{ab}+\boldsymbol{b}^2$

3 $(a+b)(a-b)=a^2-b^2$

$$(a+b)(a-b)=a(a-b)+b(a-b)$$
$$=a^2-ab+ab-b^2$$
$$=a^2-b^2$$

$(a+b)(a-b)=a^2-b^2$
합 차 제곱의 차

Note: $(a+b)(a-b)$

=(색칠한 직사각형의 넓이)

$=a(a-b)+b(a-b)$

$=a^2-ab+ab-b^2$

$=a^2-b^2$

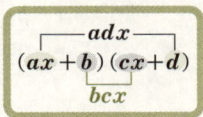

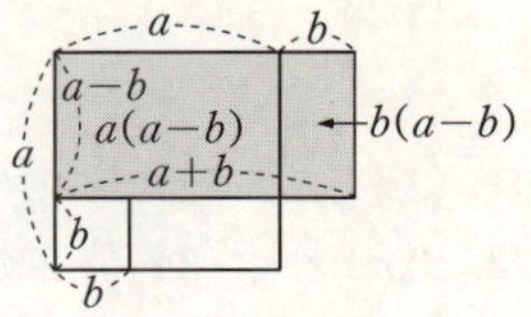

예 (1) $(x+3)(x-3)=x^2-3^2=\boldsymbol{x^2-9}$

(2) $(x+4)(x-4)=x^2-4^2=\boldsymbol{x^2-16}$

4 $(x+a)(x+b)=x^2+(a+b)x+ab$

$$(x+a)(x+b)=x(x+b)+a(x+b)$$
$$=x^2+bx+ax+ab$$
$$=x^2+(a+b)x+ab$$

$(x+a)(x+b)=x^2+(a+b)x+ab$ (합: $a+b$, 곱: ab)

예 (1) $(x+1)(x+2)=x^2+(1+2)x+1\times2=\boldsymbol{x^2+3x+2}$

(2) $(x+3)(x-2)=x^2+\{3+(-2)\}x+3\times(-2)=\boldsymbol{x^2+x-6}$

(3) $(x-5)(x+2)=x^2+\{(-5)+2\}x+(-5)\times2=\boldsymbol{x^2-3x-10}$

5 $(ax+b)(cx+d)=acx^2+(ad+bc)x+bd$

$$(ax+b)(cx+d)=ax(cx+d)+b(cx+d)$$
$$=acx^2+adx+bcx+bd$$
$$=acx^2+(ad+bc)x+bd$$

$(ax+b)(cx+d)$ (adx, bcx)

예 (1) $(3x+1)(2x+5)=(3\times2)x^2+(3\times5+2\times1)x+1\times5=\boldsymbol{6x^2+17x+5}$

(2) $(2x-5)(3x-4)=(2\times3)x^2+\{2\times(-4)+(-5)\times3\}x+(-5)\times(-4)$

$=\boldsymbol{6x^2-23x+20}$

곱셈 공식

3 $(a+b)(a-b)=a^2-b^2$

4 $(x+a)(x+b)=x^2+(a+b)x+ab$

5 $(ax+b)(cx+d)=acx^2+(ad+bc)x+bd$

필수예제

1 ··· $(a+b)^2=a^2+2ab+b^2$

다음 식을 전개하여라.

(1) $(2x+1)^2$ (2) $(3x+2)^2$

(3) $(3x+5y)^2$ (4) $(3m+4n)^2$

요점 *Check*

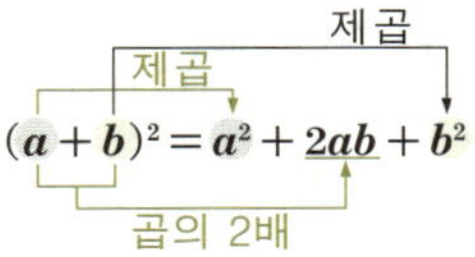

$$(a+b)^2=a^2+\underline{2ab}+b^2$$
제곱, 곱의 2배, 제곱

풀이

(1) $(2x+1)^2=(2x)^2+2\times2x\times1+1^2=4x^2+4x+1$ ← 답
(2) $(3x+2)^2=(3x)^2+2\times3x\times2+2^2=9x^2+12x+4$ ← 답
(3) $(3x+5y)^2=(3x)^2+2\times3x\times5y+(5y)^2=9x^2+30xy+25y^2$ ← 답
(4) $(3m+4n)^2=(3m)^2+2\times3m\times4n+(4n)^2=9m^2+24mn+16n^2$ ← 답

확인 01

다음 식을 전개하여라.

(1) $(2x+3)^2$ (2) $(3a+1)^2$

(3) $(2m+5n)^2$ (4) $\left(2x+\dfrac{1}{2}\right)^2$

2 ··· $(a-b)^2=a^2-2ab+b^2$

다음 식을 전개하여라.

(1) $(2x-1)^2$ (2) $(3y-2)^2$

(3) $(2a-b)^2$ (4) $(-2a+3b)^2$

요점 *Check*

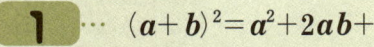

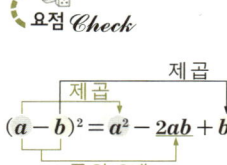

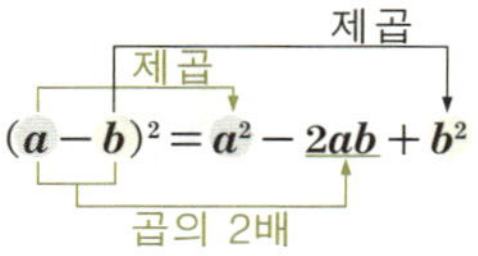

$$(a-b)^2=a^2-\underline{2ab}+b^2$$
제곱, 곱의 2배, 제곱

풀이

(1) $(2x-1)^2=(2x)^2-2\times2x\times1+1^2=4x^2-4x+1$ ← 답
(2) $(3y-2)^2=(3y)^2-2\times3y\times2+2^2=9y^2-12y+4$ ← 답
(3) $(2a-b)^2=(2a)^2-2\times2a\times b+b^2=4a^2-4ab+b^2$ ← 답
(4) $(-2a+3b)^2=(-2a)^2+2\times(-2a)\times3b+(3b)^2=4a^2-12ab+9b^2$ ← 답

확인 02

다음 식을 전개하여라.

(1) $(2m-7)^2$ (2) $(3x-1)^2$

(3) $(4x-3y)^2$ (4) $\left(\dfrac{1}{2}x-3y\right)^2$

3 ··· $(a+b)(a-b)=a^2-b^2$

다음 식을 전개하여라.

(1) $(x+y)(x-y)$ (2) $(2x+y)(2x-y)$

(3) $(3a-2b)(3a+2b)$ (4) $(xy-z)(xy+z)$

요점 Check

$(a+b)(a-b)=a^2-b^2$

합 차 제곱의 차

풀이

(1) $(x+y)(x-y)=\boldsymbol{x^2-y^2}$ ← 답

(2) $(2x+y)(2x-y)=(2x)^2-y^2=\boldsymbol{4x^2-y^2}$ ← 답

(3) $(3a-2b)(3a+2b)=(3a)^2-(2b)^2=\boldsymbol{9a^2-4b^2}$ ← 답

(4) $(xy-z)(xy+z)=(xy)^2-z^2=\boldsymbol{x^2y^2-z^2}$ ← 답

확인 03

다음 식을 전개하여라.

(1) $(x-6)(x+6)$ (2) $(4a-3)(4a+3)$

(3) $\left(a+\frac{2}{3}\right)\left(a-\frac{2}{3}\right)$ (4) $(2a+3b)(2a-3b)$

4 ··· $(x+a)(x+b)=x^2+(a+b)x+ab$

다음 식을 전개하여라.

(1) $(x+3)(x+5)$ (2) $(x+5)(x-6)$

(3) $(x+10)(x-8)$ (4) $(x-4)(x-5)$

(5) $(x-2y)(x+5y)$ (6) $(x+3y)(x-7y)$

요점 Check

합

$(x+a)(x+b)=x^2+(a+b)x+ab$

곱

풀이

(1) $(x+3)(x+5)=x^2+(3+5)x+3\times5=\boldsymbol{x^2+8x+15}$ ← 답

(2) $(x+5)(x-6)=x^2+(5-6)x+5\times(-6)=\boldsymbol{x^2-x-30}$ ← 답

(3) $(x+10)(x-8)=x^2+(10-8)x+10\times(-8)=\boldsymbol{x^2+2x-80}$ ← 답

(4) $(x-4)(x-5)=x^2+(-4-5)x+(-4)\times(-5)=\boldsymbol{x^2-9x+20}$ ← 답

(5) $(x-2y)(x+5y)=x^2+(-2y+5y)x+(-2y)\times5y=\boldsymbol{x^2+3xy-10y^2}$ ← 답

(6) $(x+3y)(x-7y)=x^2+(3y-7y)x+3y\times(-7y)=\boldsymbol{x^2-4xy-21y^2}$ ← 답

확인 04

다음 식을 전개하여라.

(1) $(x+3)(x+9)$ (2) $(x-8)(x-2)$

(3) $(x-8)(x+7)$ (4) $(x+9)(x-5)$

(5) $(a-6b)(a+2b)$ (6) $(a-b)(a-8b)$

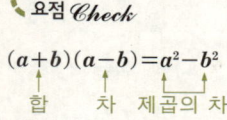

5 ··· $(ax+b)(cx+d)=acx^2+(ad+bc)x+bd$

다음 식을 전개하여라.

(1) $(2x+1)(3x-2)$　　(2) $(x+3)(3x-5)$　　(3) $(x-a)(2x+3a)$

요점 Check

bcx
$(ax+b)(cx+d)$
adx

풀이

(1) $(2x+1)(3x-2)=(2\times3)x^2+\{2\times(-2)+1\times3\}x+1\times(-2)$
$=6x^2+\{-4+3\}x-2=\boldsymbol{6x^2-x-2}$ ← 답

(2) $(x+3)(3x-5)=(1\times3)x^2+\{1\times(-5)+3\times3\}x+3\times(-5)$
$=3x^2+\{-5+9\}x-15=\boldsymbol{3x^2+4x-15}$ ← 답

(3) $(x-a)(2x+3a)=(1\times2)x^2+\{1\times3a+(-a)\times2\}x+(-a)\times3a$
$=2x^2+\{3a-2a\}x-3a^2=\boldsymbol{2x^2+ax-3a^2}$ ← 답

확인 05

다음 식을 전개하여라.

(1) $(3x+2)(4x+7)$　　(2) $(3x-2)(4x+3)$

(3) $(2x+1)(3x-5)$　　(4) $(3x-5y)(2x-3y)$

6 ··· 전개식의 덧셈과 뺄셈

다음 식을 간단히 하여라.

(1) $(x+4)(x-3)+(x-2)^2$　　(2) $(3x+2)^2-(2x+1)(2x-1)$

요점 Check

각 식을 전개한 다음 동류항을 간단히 한다.

풀이

(1) $(x+4)(x-3)=x^2+(4-3)x+4\times(-3)=x^2+x-12$
$(x-2)^2=x^2-2\times x\times2+2^2=x^2-4x+4$
$\therefore$ (준식) $=x^2+x-12+(x^2-4x+4)$
$=x^2+x-12+x^2-4x+4=\boldsymbol{2x^2-3x-8}$ ← 답

(2) $(3x+2)^2=(3x)^2+2\times3x\times2+2^2=9x^2+12x+4$
$(2x+1)(2x-1)=(2x)^2-1^2=4x^2-1$
$\therefore$ (준식) $=9x^2+12x+4-(4x^2-1)$
$=9x^2+12x+4-4x^2+1=\boldsymbol{5x^2+12x+5}$ ← 답

확인 06

다음 식을 간단히 하여라.

(1) $(x+3)(x-3)+(x-1)^2$　　(2) $(x+4)^2-(x-5)(x-4)$

(3) $(x+2)^2+(x-4)^2$　　(4) $(2x+3)(3x+5)-(2x-1)^2$

3 곱셈 공식의 활용

기본원리 꿀꺽

1 치환을 이용한 다항식의 곱셈

1 **치환** : 식의 일부를 하나의 문자로 바꾸는 것을 **치환**이라고 한다.

예 $(x+y-3)(x+y+1)$에서 $x+y=\mathrm{A}$로 치환하면

$(x+y-3)(x+y+1)=(\mathrm{A}-3)(\mathrm{A}+1)$

2 다항식의 곱셈에서 두 식의 일부분이 같으면 공통인 부분을 하나의 문자로 치환해서 계산하면 편리하다.

예 $(x+y-3)(x+y+1)$을 전개하여라.

풀이 $x+y=\mathrm{A}$로 치환하면

$(x+y-3)(x+y+1)=(\mathrm{A}-3)(\mathrm{A}+1)=\mathrm{A}^2-2\mathrm{A}-3$ ← A대신 $x+y$를 대입

$=(x+y)^2-2(x+y)-3$

$=\boldsymbol{x^2+2xy+y^2-2x-2y-3}$

2 곱셈 공식의 활용

1 $(a+b)^2=a^2+2ab+b^2$의 활용

$\mathbf{103^3}=(100+3)^2=100^2+2\times100\times3+3^2=10000+600+9=\mathbf{10609}$

2 $(a-b)^2=a^2-2ab+b^2$의 활용

$\mathbf{99^2}=(100-1)^2=100^2-2\times100\times1+1^2=10000-200+1=\mathbf{9801}$

3 $(a+b)(a-b)=a^2-b^2$의 활용

$\mathbf{101\times99}=(100+1)(100-1)=100^2-1=10000-1=\mathbf{9999}$

3 곱셈 공식의 변형

1 $\boldsymbol{x^2+y^2=(x+y)^2-2xy}$

$x+y=5$, $xy=6$일 때, x^2+y^2의 값은 다음과 같다.

$x^2+y^2=(x+y)^2-2xy=5^2-2\times6=25-12=13$

2 $\boldsymbol{x^2+y^2=(x-y)^2+2xy}$

$x-y=-1$, $xy=30$일 때, x^2+y^2의 값은 다음과 같다.

$x^2+y^2=(x-y)^2+2xy=(-1)^2+2\times30=1+60=61$

3 $\boldsymbol{(x+y)^2=(x-y)^2+4xy,\ (x-y)^2=(x+y)^2-4xy}$

4 $\boldsymbol{x^2+\frac{1}{x^2}=\left(x+\frac{1}{x}\right)^2-2,\ x^2+\frac{1}{x^2}=\left(x-\frac{1}{x}\right)^2+2}$

필수예제

1 … 치환을 이용한 다항식의 전개

다음 식을 전개하여라.

(1) $(x-y+4)(x-y-5)$ (2) $(x-2y+5)(x-2y-5)$

(3) $(2x+y-3)^2$

요점 Check

식의 일부분이 같으면 공통인 부분을 하나의 문자로 치환해서 계산한다.

풀이

(1) $x-y=\mathrm{A}$로 치환하면

(준식) $=(\mathrm{A}+4)(\mathrm{A}-5)=\mathrm{A}^2-\mathrm{A}-20$ ⟵ $\mathrm{A}=x-y$

$=(x-y)^2-(x-y)-20=\boldsymbol{x^2-2xy+y^2-x+y-20}$ ← 답

(2) $x-2y=\mathrm{A}$로 치환하면

(준식) $=(\mathrm{A}+5)(\mathrm{A}-5)=\mathrm{A}^2-25$ ⟵ $\mathrm{A}=x-2y$

$=(x-2y)^2-25=\boldsymbol{x^2-4xy+4y^2-25}$ ← 답

(3) $2x+y=\mathrm{A}$로 치환하면

(준식) $=(\mathrm{A}-3)^2=\mathrm{A}^2-6\mathrm{A}+9$ ⟵ $\mathrm{A}=2x+y$

$=(2x+y)^2-6(2x+y)+9=\boldsymbol{4x^2+4xy+y^2-12x-6y+9}$ ← 답

확인 01

다음 식을 전개하여라.

(1) $(x-y+3)(x-y+7)$ (2) $(x+2y+3z)(x+2y-3z)$ (3) $(x-y-1)^2$

2 … 곱셈 공식의 활용

곱셈 공식을 이용하여 다음을 계산하여라.

(1) 81^2 (2) 199^2 (3) 54×46

요점 Check

$(a+b)^2=a^2+2ab+b^2$

$(a-b)^2=a^2-2ab+b^2$

$(a+b)(a-b)=a^2-b^2$

풀이

(1) $(a+b)^2=a^2+2ab+b^2$을 이용한다. ⟵ $a=80,\ b=1$

$81^2=(80+1)^2=80^2+2\times80\times1+1^2=6400+160+1=\mathbf{6561}$ ← 답

(2) $(a-b)^2=a^2-2ab+b^2$을 이용한다. ⟵ $a=200,\ b=1$

$199^2=(200-1)^2=200^2-2\times200\times1+1^2=40000-400+1=\mathbf{39601}$ ← 답

(3) $(a+b)(a-b)=a^2-b^2$을 이용한다. ⟵ $a=50,\ b=4$

$54\times46=(50+4)(50-4)=50^2-4^2=2500-16=\mathbf{2484}$ ← 답

확인 02

곱셈 공식을 이용하여 다음을 계산하여라.

(1) 201^2 (2) 97^2 (3) 1010×990

3 … 곱셈 공식의 활용

연속하는 세 정수 중에서 가장 큰 수의 제곱은 다른 두 수의 곱보다 16만큼 크다고 한다. 이들 세 수를 구하여라.

요점 Check
- 연속하는 두 정수
⇨ n, $n+1$
- 연속하는 세 정수
⇨ $n-1$, n, $n+1$

풀이

연속하는 세 정수를 $n-1$, n, $n+1$이라고 하면
(가장 큰 수)^2=(나머지 두 수의 곱)+16이므로, $(n+1)^2=n(n-1)+16$
$n^2+2n+1=n^2-n+16$, $3n=15$ $\therefore n=5$
따라서, $n-1=4$, $n+1=6$

답 **4, 5, 6**

확인 03

가로가 $3a$m, 세로가 $2a$m인 직사각형 모양의 화단에 폭이 1m인 길을 만들었다. 길을 제외한 화단의 넓이를 구하여라.

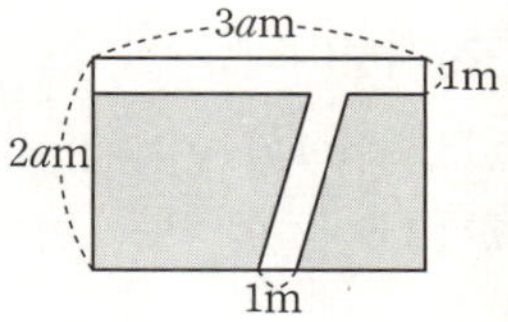

4 … 곱셈 공식의 변형

다음 물음에 답하여라.

(1) $x+y=10$이고, $x^2+y^2=74$일 때, xy의 값을 구하여라.
(2) $x-y=5$이고, $x^2+y^2=53$일 때, xy의 값을 구하여라.
(3) $x+\frac{1}{x}=9$일 때, $x^2+\frac{1}{x^2}$의 값을 구하여라.

요점 Check
- $(x+y)^2=x^2+y^2+2xy$
- $(x-y)^2=x^2+y^2-2xy$
- $\left(x+\frac{1}{x}\right)^2=x^2+\frac{1}{x^2}+2$
- $\left(x-\frac{1}{x}\right)^2=x^2+\frac{1}{x^2}-2$

풀이

(1) $x+y=10$의 양변을 제곱하면 $(x+y)^2=10^2$, $x^2+y^2+2xy=100$
$74+2xy=100$, $2xy=100-74=26$ $\therefore$ $xy=13$ ← 답
(2) $x-y=5$의 양변을 제곱하면 $(x-y)^2=5^2$, $x^2+y^2-2xy=25$
$53-2xy=25$, $2xy=53-25=28$ $\therefore$ $xy=14$ ← 답
(3) $x+\frac{1}{x}=9$의 양변을 제곱하면 $\left(x+\frac{1}{x}\right)^2=9^2$
$x^2+\frac{1}{x^2}+2=81$ $\therefore$ $x^2+\frac{1}{x^2}=79$ ← 답

확인 04

다음 물음에 답하여라.

(1) $x+y=11$, $xy=30$일 때, x^2+y^2의 값을 구하여라.
(2) $x-y=-5$, $xy=36$일 때, x^2+y^2의 값을 구하여라.
(3) $x-\frac{1}{x}=10$일 때, $x^2+\frac{1}{x^2}$의 값을 구하여라.

실력 높이기

01 기본 다음 식을 전개하여라.

(1) $(a+5)(b-3)$　(2) $(2x+4)(3y-5)$

(3) $(2a-b)(5c+3d)$　(4) $(x+2y)(3a-b)$

02 기본 다음 식을 전개하여라.

(1) $(x+5)(x+6)$　(2) $(x-2)(x+7)$

(3) $(5x+1)(3x-2)$　(4) $(2x-5)(3x-1)$

03 기본 다음 식을 전개하여라.

(1) $(x+2y)(3x+4y)$　(2) $(-x+5y)(2x-3y)$

(3) $(7x+y)(3x-2y)$　(4) $(2x-3y)(4x-5y)$

04 실력 다음 식을 전개하여라.

(1) $(a+3b)(x-2y+5)$　(2) $(2a-3b)(2x+y+z)$

(3) $(x-2y)(3x-y+3)$　(4) $(2a+5b)(2a-3b+1)$

05 기본 다음 식을 전개하여라.

(1) $(x+6)^2$　(2) $(3a+5)^2$

(3) $(2x+7)^2$　(4) $(x+2y)^2$

(5) $(3x+5y)^2$　(6) $(4x+3y)^2$

06 기본 다음 식을 전개하여라.

(1) $(x-8)^2$　(2) $(2x-1)^2$

(3) $(3a-4)^2$　(4) $(5x-2y)^2$

(5) $(a-2b)^2$　(6) $(4x-5y)^2$

07 기본 다음 식을 전개하여라.

(1) $(a-1)(a+1)$　(2) $(a-3)(a+3)$

(3) $(8+y)(8-y)$　(4) $(3a+4)(3a-4)$

(5) $\left(\frac{3}{5}a+2b\right)\left(\frac{3}{5}a-2b\right)$　(6) $\left(-\frac{5}{6}x+\frac{1}{2}y\right)\left(\frac{5}{6}x+\frac{1}{2}y\right)$

08 기본 다음 식을 전개하여라.

(1) $(x+3)(x-10)$　(2) $(x+12)(x-5)$

(3) $(x-5)(x-3)$　(4) $(x+10)(x+20)$

(5) $(x+y)(x+9y)$　(6) $(a-b)(a-8b)$

09 실력 다음 식을 전개하여라.

(1) $(3x-1)(2x+3)$ (2) $(5x-4)(2x-3)$

(3) $(x+1)(3x+1)$ (4) $(x+3y)(2x-5y)$

(5) $(4x+3y)(x-2y)$ (6) $(x-5y)(5x-2y)$

10 완성 다음 식을 간단히 하여라.

(1) $(2x+1)(2x-1)-(2x-1)^2$ (2) $2(x-3)^2-(x-5)(x-4)$

(3) $(x+4)^2-(x-5)^2$ (4) $(2x-3)(3x+5)-(2x-1)^2$

11 완성 다음 식을 전개하여라.

(1) $(a+b+2)(a+b-5)$ (2) $(a+2b+1)(a+2b+3)$

(3) $(a-b-1)^2$ (4) $(x+2y-3)^2$

12 실력 곱셈 공식을 이용하여 다음을 계산하여라.

(1) 205^2 (2) 197^2 (3) 199×201

13 완성 정수 m을 7로 나누면 나머지가 5이고, 정수 n을 7로 나누면 나머지가 2라고 한다. 이 때, 두 수의 곱 mn을 7로 나눌 때의 나머지를 구하여라.

14 실력 $a^2=16$, $b^2=36$일 때, $\left(\frac{1}{2}a+\frac{1}{3}b\right)\left(\frac{1}{2}a-\frac{1}{3}b\right)$의 값을 구하여라.

15 완성 서술형 그림과 같이 한 변의 길이가 8m인 정사각형 모양의 땅을 가로는 xm 늘이고, 세로는 xm 줄여서 화단을 만들려고 한다. 처음 땅의 넓이와 화단의 넓이의 차를 구하여라. 〈5점〉

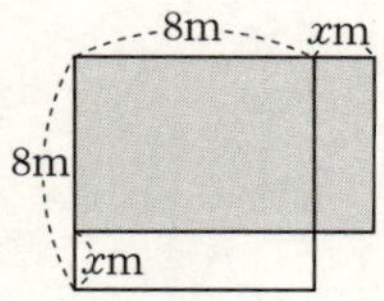

16 실력 $a+b=3$, $a^2+b^2=5$일 때, ab의 값을 구하여라.

17 실력 $x+\frac{1}{x}=7$일 때, $x^2+\frac{1}{x^2}$의 값을 구하여라.

18 완성 $xy=x+y$일 때, $3(x-1)(y-1)$의 값을 구하여라.

1 미지수가 2개인 일차방정식

기본원리 꿀꺽

1 미지수가 2개인 일차방정식

1 미지수가 2개인 일차방정식 : $2x+y=5$, $x-2y=3$, $2y=x+5$에서 미지수는 x, y의 2개이고 x, y에 대한 차수는 각각 1이다. 이와 같이, 미지수가 2개이고 차수가 1인 방정식을 **미지수가 2개인 일차방정식**이라고 한다.

2 미지수가 2개인 일차방정식의 일반형

미지수가 x, y의 2개인 일차방정식은 다음과 같이 나타낸다.

$$ax+by=c\ (a,\ b,\ c\text{는 상수},\ a\neq 0,\ b\neq 0)$$

예 다음 중 미지수가 x, y의 2개인 일차방정식은?

① $x+4y=0$　　② $x^2=3-y$

③ $5x-y=10$　　④ $x+3y=4+x$

풀이 ② x^2의 차수가 2이므로 일차방정식이 아니다. (이차방정식이다.)

④ $x+3y-x=4$에서 $3y=4$이므로 미지수가 1개인 일차방정식이다.

답 ①, ③

2 미지수가 2개인 일차방정식의 해

1 미지수가 x, y의 2개인 일차방정식을 만족하는 x, y의 값 또는 순서쌍 (x, y)를 **미지수가 2개인 일차방정식의 해**라고 한다.
또, 해를 모두 구하는 것을 **방정식을 푼다**고 한다.

2 미지수가 2개인 일차방정식의 해법

준 방정식을 $y=(x$에 관한 식$)$으로 변형시켜 x의 값을 대입한다.

예 x, y가 자연수일 때, 일차방정식 $2x+y=6$의 해를 구하여라.

풀이 $2x+y=6$에서 $y=6-2x$이므로 $y=6-2x$의 x에 $x=1, 2, 3, \cdots$을 대입한다.

$x=1$일 때 $y=6-2\times1=6-2=4$

$x=2$일 때 $y=6-2\times2=6-4=2$

$x=3$일 때 $y=6-2\times3=6-6=0$ (×)

따라서, 구하는 해는 $(x, y)=\mathbf{(1,\ 4)},\ \mathbf{(2,\ 2)}$

Note : 준 방정식을 $x=(y$에 관한 식$)$으로 변형하여 y의 값을 대입해도 된다.

필수예제

1 … 미지수가 2개인 일차방정식의 해

x, y가 자연수일 때, 일차방정식 $3x+y=10$을 풀어라.

요점 Check

준식을 다음과 같이 변형하여 푼다.
$y=$(x에 관한 식) 또는
$x=$(y에 관한 식)

풀이

$y=10-3x$에 $x=1, 2, 3, \cdots$을 대입하면

$x=1$이면 $y=10-3\times1=7$
$x=2$이면 $y=10-3\times2=4$
$x=3$이면 $y=10-3\times3=1$
$x=4$이면 $y=10-3\times4=-2(\times)$

따라서, 구하는 해는 $(x, y)=$**(1, 7), (2, 4), (3, 1)** ← 답

확인 01

x, y가 자연수일 때, 다음 일차방정식을 풀어라.

(1) $x+2y=8$　　(2) $2x+3y=12$

2 … 일차방정식의 활용

한 송이에 100원인 장미와 한 송이에 200원인 백합을 섞어서 1200원어치 샀다. 장미와 백합은 각각 몇 송이씩 샀는가?(단, 장미와 백합을 각각 한 송이 이상 사는 것으로 한다.)

요점 Check

장미 x송이의 값
⇨ $100x$원
백합 y송이의 값
⇨ $200y$원

풀이

장미를 x송이, 백합을 y송이 샀다고 하면
장미의 값이 $100x$, 백합의 값이 $200y$이므로
$100x+200y=1200$　… ㉠
㉠의 양변을 100으로 나누면 $x+2y=12$
$x=12-2y$에 $y=1, 2, 3, \cdots$을 대입하면

$y=1$일 때, $x=12-2\times1=10$
$y=2$일 때, $x=12-2\times2=8$
$y=3$일 때, $x=12-2\times3=6$
$y=4$일 때, $x=12-2\times4=4$
$y=5$일 때, $x=12-2\times5=2$
$y=6$일 때, $x=12-2\times6=0$

따라서, 방정식 ㉠의 해는 $(x, y)=$**(10, 1), (8, 2), (6, 3), (4, 4), (2, 5)** ← 답

확인 02

한 개에 200원 하는 귤과 한 개에 500원 하는 사과를 섞어서 2000원어치 샀다. 귤과 사과는 각각 몇 개씩 샀는가?(단, 귤과 사과를 각각 한 개 이상 사는 것으로 한다.)

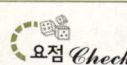

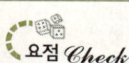

2 연립방정식과 그 해

기본원리 꿀꺽

1 미지수가 2개인 연립일차방정식

$\begin{cases} x+y=2 \\ 2x-y=1 \end{cases}$, $\begin{cases} x+y=7 \\ 2x+y=11 \end{cases}$, $\begin{cases} x-y=1 \\ 2x+3y=7 \end{cases}$ 등과 같이 미지수가 2개인 두 일차방정식을 한 쌍으로 묶은 것을 **연립일차방정식** 또는 간단히 **연립방정식**이라고 한다.

2 연립일차방정식의 해

1 연립방정식을 구성하는 x, y에 관한 두 방정식을 동시에 참이 되게 하는 미지수 x, y의 값의 쌍을 그 **연립방정식의 해**라고 한다.
또, 연립방정식의 해를 구하는 것을 **연립방정식을 푼다**고 한다.

2 **연립방정식의 풀이**

x, y가 자연수일 때, 연립방정식 $\begin{cases} x+y=5 & \cdots ㉠ \\ 2x+y=8 & \cdots ㉡ \end{cases}$ 을 풀어보자.

(1) $x+y=5$의 해

$y=5-x$에 $x=1, 2, 3, \cdots$을 대입하면

$x=1$일 때 $y=5-1=4$

$x=2$일 때 $y=5-2=3$

$x=3$일 때 $y=5-3=2$

$x=4$일 때 $y=5-4=1$

$x=5$일 때 $y=5-5=0$ (×)

따라서, 방정식 $x+y=5$의 해는

x	1	2	**3**	4
y	4	3	**2**	1

(2) $2x+y=8$의 해

$y=8-2x$에 $x=1, 2, 3, \cdots$을 대입하면

$x=1$일 때 $y=8-2\times1=6$

$x=2$일 때 $y=8-2\times2=4$

$x=3$일 때 $y=8-2\times3=2$

$x=4$일 때 $y=8-2\times4=0$ (×)

따라서, 방정식 $2x+y=8$의 해는

x	1	2	**3**
y	6	4	**2**

위의 표에서 공통으로 들어 있는 해는

$x=3$, $y=2$ 또는 순서쌍 $(3, 2)$

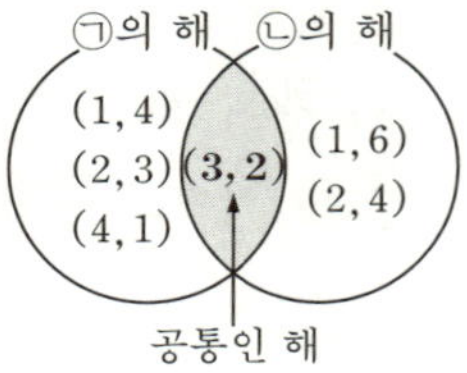

필수예제

1 … 연립방정식의 해

순서쌍 (2, 1)이 연립방정식 $\begin{cases} x+ay=4 \\ bx+y=5 \end{cases}$ 의 해일 때, a, b의 값을 구하여라.

요점 Check

순서쌍 (p, q)가 연립방정식의 해 ⇨ $x=p$, $y=q$가 두 일차방정식의 해이다.

풀이

$x=2$, $y=1$이 방정식 $x+ay=4$의 해이므로 $2+a=4$ $\therefore a=2$

$x=2$, $y=1$이 방정식 $bx+y=5$의 해이므로 $2b+1=5$ $\therefore b=2$

답 $a=2$, $b=2$

확인 01

두 집합 $A=\{(x, y) \mid 2x-y=2\}$, $B=\{(x, y) \mid ax-y=-2\}$에서 $A\cap B=\{(b, 6)\}$일 때, $a+b$의 값을 구하여라.

2 … 연립방정식의 풀이

x, y가 자연수일 때, 연립방정식 $\begin{cases} x+3y=11 & \cdots ㉠ \\ 4x-y=5 & \cdots ㉡ \end{cases}$ 을 풀어라.

요점 Check

연립방정식을 구성하는 두 일차방정식의 해를 구한 다음 공통인 해를 찾는다.

풀이

㉠ $x=11-3y$에서

$y=1$이면 $x=11-3\times1=8$

$y=2$이면 $x=11-3\times2=5$

$y=3$이면 $x=11-3\times3=2$

x	8	5	2
y	1	2	3

㉡ $y=4x-5$에서

$x=1$이면 $y=4\times1-5=-1$ (×)

$x=2$이면 $y=4\times2-5=3$

$x=3$이면 $y=4\times3-5=7$

x	1	2	3
y	-1	3	7

위 표에서 두 방정식의 공통인 해는 $x=2$, $y=3$이다.

따라서, 연립방정식의 해는 $x=2$, $y=3$ ← 답

확인 02

x, y가 자연수일 때, 다음 연립방정식을 풀어라.

(1) $\begin{cases} x+y=7 & \cdots ㉠ \\ 2x+y=11 & \cdots ㉡ \end{cases}$

(2) $\begin{cases} y=x+4 & \cdots ㉠ \\ x+3y=20 & \cdots ㉡ \end{cases}$

3 연립방정식의 풀이

기본원리 꿀꺽

1 가감법

▶ 연립방정식의 두 방정식을 더하거나 빼서 해를 구하는 방법이다.

1 소거하려는 문자의 계수의 절댓값이 같을 때 : 두 식을 더하거나 뺀다.

예 가감법을 이용하여 연립방정식 $\begin{cases} x+2y=13 & \cdots ㉠ \\ -x+y=2 & \cdots ㉡ \end{cases}$ 을 풀어라.

풀이 x를 소거하기 위해서 ㉠, ㉡을 각 변끼리 더하면 $3y=15$ $\quad\therefore y=5$

$y=5$를 ㉠에 대입하면 $x+10=13$

$x=13-10=3$ $\quad\therefore$ **$x=3,\ y=5$**

$$\begin{array}{rr} & x+2y=13 \\ +) & -x+\ y=\ 2 \\ \hline & 3y=15 \end{array}$$

2 소거하려는 문자의 계수의 절댓값이 다를 때 : 계수의 절댓값을 같게 고친 후 두 식을 더하거나 뺀다.

예 가감법을 이용하여 연립방정식 $\begin{cases} 4x+3y=11 & \cdots ㉠ \\ 2x+y=7 & \cdots ㉡ \end{cases}$ 을 풀어라.

풀이 x를 소거하기 위해서 ㉠, ㉡의 x의 계수를 같게 한다.

㉡의 양변에 2를 곱하고 각 변끼리 빼면

$y=-3$

이것을 ㉠에 대입하면

$4x+3\times(-3)=11,\ 4x-9=11,\ 4x=11+9=20$ $\quad\therefore x=5$

$\therefore$ **$x=5,\ y=-3$**

$$\begin{array}{rl} & 4x+3y=11 \cdots ㉠ \\ -) & 4x+2y=14 \cdots ㉡\times 2 \\ \hline & y=-3 \end{array}$$

2 대입법

▶ 연립방정식의 한 방정식을 나머지 방정식에 대입해서 해를 구하는 방법이다.

1 한 방정식이 $y=$(x에 관한 식)이면 이것을 나머지 방정식에 대입한다.

2 한 방정식이 $x=$(y에 관한 식)이면 이것을 나머지 방정식에 대입한다.

예 대입법을 이용하여 연립방정식 $\begin{cases} y=6-x & \cdots ㉠ \\ x+2y=10 & \cdots ㉡ \end{cases}$ 을 풀어라.

풀이 ㉠을 ㉡에 대입하면 $x+2(6-x)=10$

$x+12-2x=10,\ -x=10-12=-2$ $\quad\therefore x=2$

$x=2$를 ㉠에 대입하면 $y=6-2=4$ $\quad\therefore$ **$x=2,\ y=4$**

필수예제

1 ··· 가감법(1)

연립방정식 $\begin{cases} 4x+2y=26 & \cdots ㉠ \\ x-2y=4 & \cdots ㉡ \end{cases}$ 을 풀어라.

요점 Check

소거하려는 문자의 계수의 절댓값이 같으면 ⇨ 두 식을 변끼리 더하거나 뺀다.

풀이

y를 소거하기 위하여 ㉠+㉡을 하면 $5x=30$, $x=6$

$x=6$을 ㉡에 대입하면

$6-2y=4$, $-2y=-2$ $\therefore$ $y=1$

$$\begin{array}{rl} & 4x+2y=26 \\ +) & x-2y=\ \ 4 \\ \hline & 5x \qquad =30 \end{array}$$

답 $x=6$, $y=1$

확인 01

다음 연립방정식을 풀어라.

(1) $\begin{cases} 2x+3y=7 \\ 2x-y=3 \end{cases}$ (2) $\begin{cases} 3x+y=5 \\ 2x+y=4 \end{cases}$ (3) $\begin{cases} 7x-y=-8 \\ -7x-2y=5 \end{cases}$

2 ··· 가감법(2)

연립방정식 $\begin{cases} x+2y=10 & \cdots ㉠ \\ 2x-3y=-1 & \cdots ㉡ \end{cases}$ 을 풀어라.

요점 Check

x, y 중 소거할 문자를 정한다.

⬇

소거할 문자의 계수의 절댓값을 같게 한다.

⬇

두 식을 더하거나 뺀다.

풀이

x를 소거하기 위하여 ㉠×2를 하여 두 식을 변끼리 빼면 $7y=21$, $y=3$

$y=3$을 ㉠에 대입하면 $x+6=10$ $\therefore$ $x=4$

$$\begin{array}{rl} & 2x+4y=20 \ \cdots ㉠\times 2 \\ -) & 2x-3y=-1 \ \cdots ㉡ \\ \hline & 7y=21 \end{array}$$

답 $x=4$, $y=3$

확인 02

다음 연립방정식을 풀어라.

(1) $\begin{cases} 2x-3y=8 \\ 6x+2y=2 \end{cases}$ (2) $\begin{cases} 3x+2y=1 \\ 4x-3y=24 \end{cases}$ (3) $\begin{cases} 5x-3y=12 \\ 3x+2y=-8 \end{cases}$

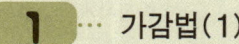

3 … 대입법(1)

연립방정식 $\begin{cases} y=4-x & \cdots ㉠ \\ 3x-2y=7 & \cdots ㉡ \end{cases}$ 을 대입법으로 풀어라.

요점 Check

$y=$(x에 관한 식) 또는 $x=$(y에 관한 식)을 다른 한 방정식에 대입해서 푼다.

풀이

㉠을 ㉡에 대입하면 $3x-2(4-x)=7$

$3x-8+2x=7$, $5x=7+8=15$ $\therefore x=3$

$x=3$을 ㉠에 대입하면 $y=4-3=1$

답 $x=3$, $y=1$

확인 03

다음 연립방정식을 대입법으로 풀어라.

(1) $\begin{cases} y=2x+1 \\ x+2y=12 \end{cases}$ (2) $\begin{cases} x+2y=21 \\ x=3y-4 \end{cases}$ (3) $\begin{cases} 3x+2y=9 \\ x=y-2 \end{cases}$

4 … 대입법(2)

연립방정식 $\begin{cases} 2x-y=3 & \cdots ㉠ \\ 5x-4y=6 & \cdots ㉡ \end{cases}$ 을 대입법으로 풀어라.

요점 Check

① 두 방정식 중 어느 한 방정식을 $y=$(x에 관한 식) 또는 $x=$(y에 관한 식)으로 놓는다.

② 이것을 나머지 방정식에 대입한다.

풀이

㉠을 y에 관하여 풀면 $y=2x-3$ … ㉢

㉢을 ㉡에 대입하면 $5x-4(2x-3)=6$

$5x-8x+12=6$, $-3x=6-12=-6$ $\therefore x=2$

$x=2$를 ㉢에 대입하면 $y=2\times2-3=1$

답 $x=2$, $y=1$

확인 04

다음 연립방정식을 대입법으로 풀어라.

(1) $\begin{cases} x-y=5 \\ 2x-3y=7 \end{cases}$ (2) $\begin{cases} 3x+2y=12 \\ 2x=y+1 \end{cases}$ (3) $\begin{cases} 3x+2y=7 \\ 2x-2y=-2 \end{cases}$

4 복잡한 꼴의 연립방정식

기본원리 꿀꺽

1 괄호가 있는 연립방정식의 풀이

▶ 먼저 괄호를 풀고 동류항을 간단히 한 후 푼다.

예 $\begin{cases} 3x+2(y-1)=3 \\ 3(x-2y)+5y=2 \end{cases} \xrightarrow[\text{동류항을 간단히}]{\text{괄호를 풀고}} \begin{cases} 3x+2y=5 \\ 3x-y=2 \end{cases}$

2 계수가 소수인 연립방정식의 풀이

▶ 방정식의 양변에 10, 100, 1000, …을 곱하여 계수를 정수로 고친 후 푼다.

예 $\begin{cases} 0.2x+0.1y=0.5 \\ 0.1x-0.2y=1 \end{cases} \xrightarrow[\text{곱한다}]{\text{양변에 10을}} \begin{cases} 2x+y=5 \\ x-2y=10 \end{cases}$

3 계수가 분수인 연립방정식의 풀이

▶ 방정식의 양변에 분모의 최소공배수를 곱하여 계수를 정수로 고친 후 푼다.

예 $\begin{cases} \frac{x}{2}-\frac{y}{3}=\frac{13}{6} \xrightarrow{\text{양변에 6을 곱한다}} \\ \frac{x}{3}-y=\frac{2}{3} \xrightarrow{\text{양변에 3을 곱한다}} \end{cases} \begin{cases} 3x-2y=13 \\ x-3y=2 \end{cases}$

4 A=B=C 꼴의 연립방정식의 풀이

▶ 다음 세 가지 모두 해가 같으므로 세 가지 중 어느 하나를 선택하여 푼다.

$\begin{cases} A=B \\ A=C \end{cases}$, $\begin{cases} A=B \\ B=C \end{cases}$, $\begin{cases} A=C \\ B=C \end{cases}$

예 $3x-y=5x+y=x+y+8$은 다음 셋 중 어느 하나를 선택하여 푼다.

① $\begin{cases} 3x-y=5x+y \\ 3x-y=x+y+8 \end{cases}$ ② $\begin{cases} 3x-y=5x+y \\ 5x+y=x+y+8 \end{cases}$ ③ $\begin{cases} 3x-y=x+y+8 \\ 5x+y=x+y+8 \end{cases}$

필수예제

1 … 괄호가 있는 연립방정식

연립방정식 $\begin{cases} 3x+2(y-1)=3 & \cdots ㉠ \\ 3(x-2y)+5y=2 & \cdots ㉡ \end{cases}$ 을 풀어라.

요점 Check

괄호를 풀고 동류항을 간단히 한 후 연립방정식을 푼다.

풀이

㉠에서 $3x+2y-2=3$
㉡에서 $3x-6y+5y=2$

$\begin{cases} 3x+2y=5 & \cdots ㉠' \\ 3x-y=2 & \cdots ㉡' \end{cases}$

㉠′−㉡′을 하면 $3y=3$, $y=1$
$y=1$을 ㉠′에 대입하면
$3x+2=5$, $3x=3$ $\quad \therefore x=1$

$$\begin{array}{r} 3x+2y=5 \\ -)\ 3x-\ \ y=2 \\ \hline 3y=3 \end{array}$$

답 $x=1$, $y=1$

확인 01

다음 연립방정식을 풀어라.

(1) $\begin{cases} 4x+3(y+2)=13 \\ 3(x-2y)+2y=24 \end{cases}$ (2) $\begin{cases} 3x-2(x+y)=1 \\ 5(2x+y)-2y=-13 \end{cases}$

2 … 계수가 소수인 연립방정식

연립방정식 $\begin{cases} 1.3x-y=-0.7 & \cdots ㉠ \\ 0.03x-0.1y=-0.17 & \cdots ㉡ \end{cases}$ 을 풀어라.

요점 Check

양변에 10, 100, 1000, …을 곱하여 계수를 정수로 고친 다음 연립방정식을 푼다.

풀이

㉠의 양변에 10을 곱하면
㉡의 양변에 100을 곱하면

$\begin{cases} 13x-10y=-7 & \cdots ㉠' \\ 3x-10y=-17 & \cdots ㉡' \end{cases}$

㉠′−㉡′을 하면 $10x=10$, $x=1$
$x=1$을 ㉠′에 대입하면
$13-10y=-7$, $-10y=-7-13=-20$ $\quad \therefore y=2$

$$\begin{array}{r} 13x-10y=-7 \\ -)\ \ 3x-10y=-17 \\ \hline 10x \qquad\ =10 \end{array}$$

답 $x=1$, $y=2$

확인 02

다음 연립방정식을 풀어라.

(1) $\begin{cases} 0.1x+0.2y=0.3 \\ 0.3x-0.2y=0.5 \end{cases}$ (2) $\begin{cases} 0.7x+0.2y=5.4 \\ 0.8x-0.4y=-2 \end{cases}$ (3) $\begin{cases} 0.5x-y=2 \\ 0.3x-1.2y=0.6 \end{cases}$

3 … 계수가 분수인 연립방정식

연립방정식 $\begin{cases} \frac{1}{5}x-\frac{1}{10}y=\frac{7}{5} & \cdots ㉠ \\ \frac{1}{4}x+\frac{1}{2}y=\frac{1}{2} & \cdots ㉡ \end{cases}$ 을 풀어라.

요점 Check

각 방정식의 양변에 분모의 최소공배수를 곱하여 계수를 정수로 고친 다음 연립방정식을 푼다.

풀이

㉠의 양변에 10을 곱하면 $2x-y=14$ … ㉠′

㉡의 양변에 4를 곱하면 $x+2y=2$ … ㉡′

㉠′×2+㉡′을 하면 $5x=30$, $x=6$

$x=6$을 ㉠′에 대입하면

$12-y=14$, $-y=2$ $\therefore y=-2$

$$\begin{array}{rl} 4x-2y=28 & \cdots ㉠'\times 2 \\ +)\ \ x+2y=\ 2 & \cdots ㉡' \\ \hline 5x\qquad =30 & \end{array}$$

답 $x=6$, $y=-2$

확인 03

다음 연립방정식을 풀어라.

(1) $\begin{cases} 5x+9y=-11 \\ \frac{2}{3}x+\frac{3}{4}y=\frac{1}{3} \end{cases}$ (2) $\begin{cases} 0.6x-0.5y=5.6 \\ \frac{1}{3}x-\frac{3}{2}y=8 \end{cases}$ (3) $\begin{cases} \frac{x}{2}-\frac{y}{3}=\frac{1}{6} \\ \frac{x}{3}-\frac{y}{4}=\frac{1}{12} \end{cases}$

4 … A=B=C 꼴의 연립방정식

연립방정식 $2x+y=x+2y+1=3x-y$를 풀어라.

요점 Check

A=B=C ⇨ $\begin{cases} A=B \\ A=C \end{cases}$, $\begin{cases} A=B \\ B=C \end{cases}$, $\begin{cases} A=C \\ B=C \end{cases}$

풀이

준 연립방정식은 연립방정식 $\begin{cases} 2x+y=x+2y+1 & \cdots ㉠ \\ x+2y+1=3x-y & \cdots ㉡ \end{cases}$ 과 해가 같다.

㉠에서 $2x+y-x-2y=1$ $\therefore x-y=1$ … ㉠′

㉡에서 $x+2y-3x+y=-1$ $\therefore -2x+3y=-1$ … ㉡′

㉠′×2+㉡′을 하면 $y=1$

$y=1$을 ㉠′에 대입하면 $x-1=1$ $\therefore x=2$

$$\begin{array}{rl} 2x-2y=2 \\ +)\ -2x+3y=-1 \\ \hline y=1 \end{array}$$

답 $x=2$, $y=1$

확인 04

다음 연립방정식을 풀어라.

(1) $2x+y=3x-y=5$ (2) $2x+y+3=4x-3y-2=6x+3y+3$

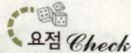

실력 높이기

01 기본 다음 중 일차방정식 $3x+y=10$의 해를 모두 찾으면? 〈정답 3개〉

① $(1, 10)$ ② $(2, 4)$ ③ $(3, 1)$

④ $(4, 2)$ ⑤ $(-3, 19)$

02 기본 x, y에 관한 방정식 $y-2x=5$에서 $(-1, a)$가 이 방정식의 해가 될 때 a의 값을 구하여라.

03 기본 x, y가 자연수일 때, 일차방정식 $3x+y=15$를 풀어라.

04 기본 연립방정식 $\begin{cases} 2ax-y=4 \\ ax+2by=1 \end{cases}$ 의 해가 $x=1$, $y=2$일 때, a, b의 값을 구하여라.

05 기본 다음 연립방정식을 풀어라. (가감법)

(1) $\begin{cases} x+y=6 \\ 3x-y=2 \end{cases}$ (2) $\begin{cases} x-3y=8 \\ x-2y=6 \end{cases}$

(3) $\begin{cases} 2x+y=5 \\ x+y=3 \end{cases}$ (4) $\begin{cases} 3x+2y=7 \\ x-2y=-3 \end{cases}$

06 실력 다음 연립방정식을 풀어라. (가감법)

(1) $\begin{cases} 7x+2y=12 \\ 3x-4y=10 \end{cases}$ (2) $\begin{cases} 2x+3y=8 \\ 6x+7y=20 \end{cases}$

(3) $\begin{cases} x-2y=-1 \\ 2x-3y=1 \end{cases}$ (4) $\begin{cases} x-3y=2 \\ 2x-y=-6 \end{cases}$

07 실력 다음 연립방정식을 풀어라. (가감법)

(1) $\begin{cases} 2x-3y=1 \\ 3x-2y=4 \end{cases}$ (2) $\begin{cases} 3x+2y=6 \\ 5x-3y=10 \end{cases}$

(3) $\begin{cases} 3x-4y=20 \\ 5x-3y=26 \end{cases}$ (4) $\begin{cases} -3x+7y=-4 \\ 4x+5y=-9 \end{cases}$

08 기본 다음 연립방정식을 풀어라. (대입법)

(1) $\begin{cases} y=x+3 \\ x+y=11 \end{cases}$ (2) $\begin{cases} y=-3x+18 \\ 2x+y=16 \end{cases}$

(3) $\begin{cases} x=9-2y \\ 2x-3y=4 \end{cases}$ (4) $\begin{cases} 2x=y-1 \\ 2x-3y=5 \end{cases}$

09 실력 다음 연립방정식을 풀어라. (대입법)

(1) $\begin{cases} 2x+y=6 \\ 2x-3y=-2 \end{cases}$　　(2) $\begin{cases} 4x-y=5 \\ 2x-3y=-5 \end{cases}$

(3) $\begin{cases} x+3y=-1 \\ 2x=3y-2 \end{cases}$　　(4) $\begin{cases} x+2y=9 \\ 3x-2y=3 \end{cases}$

10 실력 다음 연립방정식을 풀어라.

(1) $\begin{cases} x+4(y-1)=16 \\ 2(x+2)+2y=14 \end{cases}$　　(2) $\begin{cases} 4x-2(x+y)=6 \\ 3x+4(x-y)=27 \end{cases}$

(3) $\begin{cases} 6x+5(y+1)=2 \\ 2(x-2y)+y=13 \end{cases}$　　(4) $\begin{cases} 2(x+y)=x-4 \\ x+2(1-y)=4 \end{cases}$

11 실력 다음 연립방정식을 풀어라.

(1) $\begin{cases} 0.5x-y=2 \\ 0.3x-1.2y=0.6 \end{cases}$　　(2) $\begin{cases} 0.3x-0.4y=0.4 \\ 0.2x+0.3y=1.4 \end{cases}$

(3) $\begin{cases} 0.2x-0.1y=1.4 \\ 0.25x+0.5y=0.5 \end{cases}$　　(4) $\begin{cases} 0.3x-0.1y=0.3 \\ 0.02x+0.03y=0.13 \end{cases}$

12 완성 다음 연립방정식을 풀어라.

(1) $\begin{cases} \frac{x}{5}-\frac{y}{10}=\frac{7}{5} \\ \frac{x}{4}+\frac{y}{2}=\frac{1}{2} \end{cases}$　　(2) $\begin{cases} \frac{x}{3}+\frac{y}{2}=2 \\ \frac{3}{4}x-\frac{y}{3}=\frac{19}{12} \end{cases}$

(3) $\begin{cases} \frac{x}{5}-\frac{y}{4}=5 \\ \frac{x}{2}+\frac{y}{3}=1 \end{cases}$　　(4) $\begin{cases} 3(x-2y)+5y=6 \\ \frac{2x-y}{3}-\frac{x+3}{4}=\frac{2}{3} \end{cases}$

13 실력 연립방정식 $\begin{cases} x+y=6 \\ 4x-3y=-4 \end{cases}$의 해가 $3x-2y=k$를 만족할 때, k의 값을 구하여라.

14 완성 연립방정식 $\begin{cases} x-y=a \\ 3x+2y=9-a \end{cases}$의 해 (x, y)가 $x=2y$를 만족할 때, a의 값을 구하여라.

15 완성 서술형 일차방정식 $\frac{x}{3}+\frac{y}{4}=1$을 만족하는 x, y의 값의 비가 3 : 2일 때, x, y의 값을 구하여라. 〈5점〉

1 연립방정식의 활용

기본원리 꽉꽉

1 연립방정식의 활용 문제를 푸는 순서

1단계 : 구하는 것이 무엇인지 찾는다.
2단계 : 구하려는 것을 x, y로 놓는다.
3단계 : x, y를 사용하여 문제의 뜻에 맞게 연립방정식을 세운다.
4단계 : 연립방정식을 풀어서 x, y의 값을 구한다.
5단계 : 구한 x, y의 값이 문제의 뜻에 맞는지 확인한다.

예 어떤 농장에서 닭과 토끼를 기르고 있는데, 그 머리의 수는 150이고, 다리의 수는 400이라고 한다. 닭과 토끼는 각각 몇 마리가 있는가?

풀이 ❶ 구하는 것 : 닭과 토끼의 마리 수

❷ 닭을 x마리, 토끼를 y마리로 놓는다.

❸ (닭 머리의 수)+(토끼 머리의 수)=150이므로 $x+y=150$ ⋯ ㉠
(닭 머리의 수 → x, 토끼 머리의 수 → y)

(닭 다리의 수)+(토끼 다리의 수)=400이므로 $2x+4y=400$ ⋯ ㉡
(닭 다리의 수 → $2x$, 토끼 다리의 수 → $4y$)

❹ ㉠×2−㉡을 계산하면 $y=50$
$y=50$을 ㉠에 대입하면
$x+50=150$ ∴ $x=100$

$$\begin{array}{rr} & 2x+2y=300 \\ -) & 2x+4y=400 \\ \hline & -2y=-100 \end{array}$$

❺ (닭)+(토끼)=100+50=150 (○)
(닭 다리)+(토끼 다리)=100×2+50×4=200+200=400 (○)
따라서, **닭은 100마리, 토끼는 50마리**가 있다.

2 시간, 거리, 속력에 관한 문제

① $(시간)=\dfrac{(거리)}{(속력)}$　　② $(거리)=(시간)\times(속력)$

③ $(속력)=\dfrac{(거리)}{(시간)}$

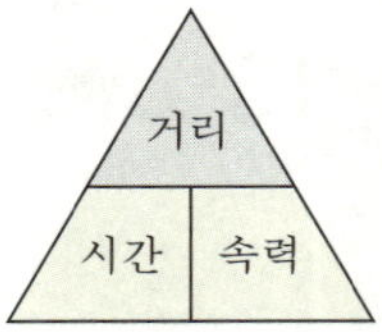

3 소금물의 농도에 관한 문제

① $(소금의\ 양)=(소금물의\ 양)\times\dfrac{(소금물의\ 농도)}{100}$

② $(소금물의\ 농도)=\dfrac{(소금의\ 양)}{(소금물의\ 양)}\times100(\%)$
(소금물의 양 → (소금)+(물))

필수예제

1 … 수에 관한 문제

현재 아버지와 아들의 나이의 합은 53살이고, 14년 후에는 아버지의 나이가 아들의 나이의 2배가 된다고 한다. 현재 아버지와 아들의 나이를 각각 구하여라.

요점 Check

① 구하는 것을 파악한다.
② 구하는 것을 x, y로 놓는다.
③ 문제의 뜻에 맞게 식을 세운다.
④ 연립방정식을 푼다.

풀이

〈구하는 것〉 아버지의 나이와 아들의 나이

아버지의 나이를 x살, 아들의 나이를 y살이라고 하면

(아버지의 나이)+(아들의 나이)=53이므로 $x+y=53$

14년 후의 $\begin{cases}(\text{아버지의 나이})=x+14\\(\text{아들의 나이})=y+14\end{cases}$

14년 후에 아버지의 나이가 아들의 나이의 2배가 되므로

$x+14=2(y+14)$, $x+14=2y+28$ $\therefore\ x-2y=14$

따라서, 연립방정식은 $\begin{cases}x+y=53 & \cdots ㉠\\x-2y=14 & \cdots ㉡\end{cases}$

㉠−㉡을 하면 $3y=39$ $\therefore\ y=13$

$$\begin{array}{rr} & x+\ y=53\\ -) & x-2y=14\\ \hline & 3y=39\end{array}$$

$y=13$을 ㉠에 대입하면

$x+13=53$ $\therefore\ x=53-13=40$

따라서, **아버지의 나이 : 40살, 아들의 나이 : 13살** ← 답

확인 01

다음 물음에 답하여라.

(1) 각 자리의 숫자의 합이 11인 두 자리의 자연수에서 십의 자리와 일의 자리의 숫자를 바꾸면 처음 수보다 45만큼 작아진다고 할 때, 이 자연수를 구하여라.

(2) 300원짜리와 500원짜리 과자를 합하여 10개 사고 3600원을 지불하였다. 300원짜리와 500원짜리 과자는 각각 몇 개씩 샀는가?

(3) A, B 두 사람이 가위바위보를 하여 이긴 사람은 계단을 2계단씩 올라가고, 진 사람은 1계단씩 내려가기로 하였다. 얼마 후 A는 처음의 위치보다 12계단을, B는 15계단을 올라가 있었다. 이 때, A가 이긴 횟수를 구하여라.

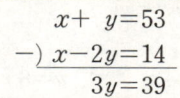

2 ··· 시간, 거리, 속력에 관한 문제

정상까지의 등산 코스로 A, B 두 코스가 있다. 정상까지 A코스로 시속 2km로 올라가 B코스로 시속 4km로 내려오는 데 모두 4시간 30분이 걸리고 거리는 13km이었다. A, B코스의 길이는 각각 몇 km인가?

요점 Check

(거리) = (시간) × (속력)

(시간) = $\frac{(거리)}{(속력)}$

(속력) = $\frac{(거리)}{(시간)}$

풀이

〈구하는 것〉 **A, B코스의 길이**

A코스의 길이를 $x$km, B코스의 길이를 $y$km라고 하면 다음과 같은 표를 만들 수 있다.

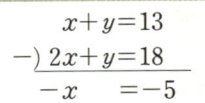

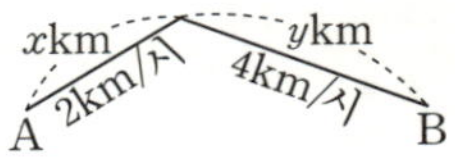

	A코스(올라갈 때)	B코스(내려올 때)	전체
거리	$x$km	$y$km	13km
속력	2km/시	4km/시	
걸린 시간	$\frac{x}{2}$시간	$\frac{y}{4}$시간	4시간 30분$\left(\frac{9}{2}\text{시간}\right)$

이 표로 연립방정식을 세우면 다음과 같다.

거리에서 $x+y=13$ ··· ㉠

시간에서 $\frac{x}{2}+\frac{y}{4}=\frac{9}{2}$ ··· ㉡

㉠−㉡×4를 하면

$-x=-5$ ∴ $x=5$

$x=5$를 ㉠에 대입하면 $5+y=13$ ∴ $y=8$

따라서, **A코스는 5km, B코스는 8km**이다. ← 답

$$\begin{array}{r} x+y=13 \\ -)\ 2x+y=18 \\ \hline -x\quad=-5 \end{array}$$

확인 02

다음 물음에 답하여라.

(1) 60km의 전국체전 성화 봉송 구간이 있다. 성화가 이 구간을 통과하는 데 시속 40km의 차량 봉송과 시속 15km의 주자 봉송을 합하여 2시간 30분이 걸렸다고 한다. 차량으로 봉송한 구간과 주자가 봉송한 구간을 각각 구하여라.

(2) 영구는 65km 떨어진 두 지점 A, B를 왕복하는 데 갈 때는 걸어서 1시간 간 다음 버스를 2시간 타고 갔고, 올 때는 버스를 1시간 타고 온 다음 3시간 걸었다. 영구의 걷는 속력과 버스의 속력을 각각 구하여라.

(3) 보트를 타고 40km 길이의 강을 강물이 흐르는 방향으로 가는 데는 2시간, 반대 방향으로 거슬러 가는 데는 4시간이 걸렸다. 강물이 흐르는 속력과 정지한 물에서의 보트의 속력을 각각 구하여라.

3 ··· 소금물의 농도에 관한 문제

3%의 소금물과 8%의 소금물을 섞어서 6%의 소금물 400g을 만들려고 한다. 3%의 소금물과 8%의 소금물을 각각 몇 g씩 섞으면 되는가?

요점 Check

- (소금의 양) $=$ (소금물의 양) $\times \dfrac{(\text{농도})}{100}$
- (소금물의 농도) $= \dfrac{(\text{소금의 양})}{(\text{소금물의 양})} \times 100$

풀이

〈구하는 것〉 3%와 8%의 소금물의 양

3%의 소금물을 xg, 8%의 소금물을 yg 섞어서 6%의 소금물 400g을 만들었다고 하자.

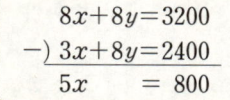

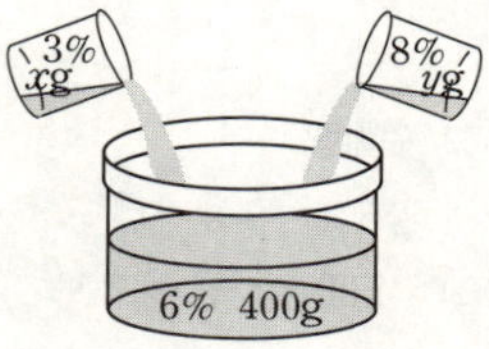

(3%의 소금물)+(8%의 소금물)=400g이므로

$x+y=400$ … ㉠

3%의 소금물 xg 속의 소금의 양 : $x\times0.03=0.03x$(g)

8%의 소금물 yg 속의 소금의 양 : $y\times0.08=0.08y$(g)

6%의 소금물 400g 속의 소금의 양 : $400\times\dfrac{6}{100}=24$(g)

소금의 양은 변하지 않으므로

$0.03x+0.08y=24$ $\therefore$ $3x+8y=2400$ … ㉡

㉠×8−㉡을 하면

$5x=800$ $\therefore$ $x=160$

$$\begin{array}{rl} & 8x+8y=3200 \\ -) & 3x+8y=2400 \\ \hline & 5x \quad\;\; = 800 \end{array}$$

$x=160$을 ㉠에 대입하면

$160+y=400$ $\therefore$ $y=400-160=240$

따라서, **3%의 소금물은 160g, 8%의 소금물은 240g** ← 답

확인 03

다음 물음에 답하여라.

(1) 7%의 설탕물과 10%의 설탕물을 섞어서 8%의 설탕물 600g을 만들려고 한다. 7%의 설탕물과 10%의 설탕물을 각각 몇 g씩 섞어야 하는가?

(2) A는 구리를 15%, 주석을 15% 포함한 합금이고, B는 구리를 10%, 주석을 30% 포함한 합금이다. 이 두 종류의 합금을 녹여서 구리를 250g, 주석을 450g 포함하는 합금 C를 만들려고 한다. A, B 합금은 각각 몇 g씩 필요한가?

4 … 증가, 감소 문제

어느 과수원에서 작년에 백도와 황도를 합하여 **500**상자를 수확하였다. 올해 수확한 양은 지난 해에 비해 백도는 **5%** 감소하였고 황도는 **10%** 증가하여 전체로는 **4%** 증가하였다고 한다. 백도와 황도의 올해 수확량은 각각 몇 상자인가?

요점 Check

작년의 수확량을 기준으로 한다.

$5\%\left(\frac{5}{100}\right)$ 감소 ⇨ −

$10\%\left(\frac{10}{100}\right)$ 증가 ⇨ +

풀이

〈구하는 것〉 백도와 황도의 올해 수확량

작년에 수확한 백도를 x상자, 황도를 y상자라고 하자.

(작년의 백도)+(작년의 황도)=500(상자)이므로 $x+y=500$ … ㉠

금년의 백도 수확량은 작년의 95%이므로 $x\times 0.95=0.95x$(상자)

금년의 황도 수확량은 작년의 110%이므로 $y\times 1.1=1.1y$(상자)

금년의 전체 수확량은 작년의 104%이므로 $500\times 1.04=520$(상자)

(금년의 백도)+(금년의 황도)=520(상자)이므로

$0.95x+1.1y=520$, $95x+110y=52000$ … ㉡

㉠×110−㉡을 하면

$15x=3000$ ∴ $x=200$ ← 작년의 백도 수확량

$$\begin{array}{rl} & 110x+110y=55000 \\ -) & 95x+110y=52000 \\ \hline & 15x \qquad\quad = 3000 \end{array}$$

$x=200$을 ㉠에 대입하면

$200+y=500$ ∴ $y=300$ ← 작년의 황도 수확량

따라서, 백도와 황도의 올해 수확량은 다음과 같다.

(백도)$=0.95x=0.95\times 200=$**190(상자)**

(황도)$=1.1y=1.1\times 300=$**330(상자)** ← 답

확인 04

다음 물음에 답하여라.

(1) A, B 두 마을에서 작년에 추수한 쌀은 312톤이었다. 금년에는 두 마을에서 같은 양씩 더 추수하였는데 작년에 비하면 A마을은 8%, B마을은 5% 더 추수한 셈이다. A, B 두 마을의 올해 쌀 수확량을 각각 구하여라.

(2) 어느 학교의 작년 학생 수는 1050명이고, 금년은 작년보다 남학생은 4% 증가하고, 여학생은 2% 감소하여 전체적으로 9명이 증가하였다. 금년의 남녀 학생 수를 각각 구하여라.

실력 높이기

01 실력 어머니와 아들의 나이의 합은 46살이고, 어머니와 아들의 나이의 차는 32살이라고 한다. 어머니와 아들의 나이를 각각 구하여라.

02 실력 형제가 수영을 하고 있다. 형이 수영한 시간은 동생보다 3분 더 많고 형과 동생이 수영한 시간의 합은 25분이다. 형과 동생이 수영한 시간을 각각 구하여라.

03 실력 어느 박물관의 입장료는 어른이 1200원, 학생이 600원이다. 6600원을 내고 어른과 학생 7명이 들어갔다면 어른과 학생은 각각 몇 명씩 들어갔는가?

04 완성 사과 4개와 배 2개의 값은 7000원이고, 배는 사과보다 3배 비싸다고 한다. 사과 1개와 배 1개의 값을 각각 구하여라.

05 완성 빵 2개와 우유 1개의 값은 1600원이고, 빵 3개와 우유 2개의 값은 2600원이다. 빵 1개와 우유 1개의 값은 각각 얼마인가?

06 완성 두 자리의 자연수가 있다. 십의 자리의 숫자의 2배는 일의 자리의 숫자보다 1이 크고, 십의 자리의 숫자와 일의 자리의 숫자를 바꾼 수는 처음 수보다 9가 크다. 이를 만족하는 두 자리의 자연수를 구하여라.

07 완성 서술형 혜선이는 집에서 1.5km 떨어진 기차역에 가는 데 시속 4km로 걷다가 도중에 시속 10km로 뛰어서 18분이 걸렸다. 걸어 간 거리와 뛰어 간 거리를 각각 구하여라. 〈5점〉

08 완성 서술형 5%의 설탕물과 8%의 설탕물을 섞어서 6%의 설탕물 300g을 만들었다. 이 때, 5%와 8%의 설탕물을 각각 몇 g씩 섞었는가? 〈5점〉

1 부등식과 그 성질

기본원리 꿀꺽

1 부등식과 그 해

1 부등식 : $7>6$, $x<200$, $x+3\geq10$, $2x+5\leq x+4$ 등과 같이 부등호를 사용하여 두 수 또는 두 식의 대소 관계를 나타낸 식을 **부등식**이라고 한다.

2 좌변, 우변, 양변 : 부등식에서 부등호의 왼쪽 부분을 **좌변**, 오른쪽 부분을 **우변**, 좌변과 우변을 통틀어서 **양변**이라고 한다.

$2x+1 > 3x-3$ (좌변: $2x+1$, 우변: $3x-3$, 양변)

3 부등식의 해 : 부등식을 참이 되게 하는 미지수의 값을 **부등식의 해**라고 하며, 부등식의 모든 해를 구하는 것을 **부등식을 푼다**고 한다.

예 x가 집합 $\{1, 2, 3\}$의 원소일 때, 부등식 $2x-1\geq2$를 풀어라.

풀이 $x=1$이면 $2\times1-1\geq2$, $1\geq2$이므로 거짓이다.
$x=2$이면 $2\times2-1\geq2$, $3\geq2$이므로 참이다.
$x=3$이면 $2\times3-1\geq2$, $5\geq2$이므로 참이다.
따라서, 부등식의 해는 **2, 3**이다.

2 부등식의 성질

1 부등식의 양변에 같은 수를 더하거나, 양변에서 같은 수를 빼어도 부등호의 방향은 바뀌지 않는다.

$a<b$이면 $\begin{cases} a+c<b+c \\ a-c<b-c \end{cases}$

예 $a<b$이면 $a+5<b+5$, $a-12<b-12$
$a\geq b$이면 $a+3\geq b+3$, $a-10\geq b-10$

2 부등식의 양변에 같은 양수를 곱하거나, 양변을 같은 양수로 나누어도 부등호의 방향은 바뀌지 않는다.

$a<b$, $c>0$이면
$ac<bc$, $\frac{a}{c}<\frac{b}{c}$

예 $a<b$이면 $5a<5b$, $\frac{a}{3}<\frac{b}{3}$

$a\geq b$이면 $12a\geq12b$, $\frac{a}{5}\geq\frac{b}{5}$

3 부등식의 양변에 같은 음수를 곱하거나, 양변을 같은 음수로 나누면 부등호의 방향이 바뀐다.

$a<b$, $c<0$이면
$ac>bc$, $\frac{a}{c}>\frac{b}{c}$

예 $a<b$이면 $-5a>-5b$, $-\frac{a}{3}>-\frac{b}{3}$

$a\geq b$이면 $-12a\leq-12b$, $-\frac{a}{5}\leq-\frac{b}{5}$

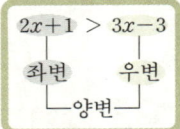

필수예제

1 ··· 문장을 부등식으로 나타내기

다음 수량의 대소 관계를 부등식으로 나타내어라.

(1) x의 3배는 x에 7을 더한 수보다 작다.

(2) 한 개에 300원 하는 사과 x개와 한 개에 500원 하는 배 2개의 값은 5000원 이상이다.

요점 Check

- a가 b보다 작다.
  ⇨ $a<b$
- a가 b 이상이다.
  ⇨ $a \geq b$

풀이

(1) x의 3배는 $3x$, x에 7을 더한 수는 $x+7$이므로 $\mathbf{3x<x+7}$ ← 답

(2) 한 개에 300원 하는 사과 x개의 값은 $300x$이므로 $\mathbf{300x+1000 \geq 5000}$ ← 답

확인 01

다음 관계를 부등식으로 나타내어라.

(1) x보다 7 큰 수는 5보다 작다.

(2) 무게가 2kg인 상자에 3kg인 물건 x개를 넣은 무게는 15kg 이하이다.

2 ··· 부등식의 해

x가 집합 $\{-2, -1, 0, 1, 2\}$의 원소일 때, 부등식 $3x+2<1$을 풀어라.

요점 Check

- 부등식의 해
  ⇨ 부등식을 참이 되게 하는 미지수의 값
- 부등식을 푼다.
  ⇨ 부등식의 해를 구하는 것

풀이

$x=-2, -1, 0, 1, 2$를 $3x+2<1$에 대입하여 참이 되는 것을 찾는다.

$x=-2$일 때 $3\times(-2)+2<1$ (참) ← $3\times(-2)+2=-4$

$x=-1$일 때 $3\times(-1)+2<1$ (참) ← $3\times(-1)+2=-1$

$x=0$일 때 $3\times0+2<1$ (거짓) ← $3\times0+2=2$

$x=1$일 때 $3\times1+2<1$ (거짓) ← $3\times1+2=5$

$x=2$일 때 $3\times2+2<1$ (거짓) ← $3\times2+2=8$

따라서, 구하는 해는 $\mathbf{-2, -1}$ ← 답

확인 02

x가 집합 $\{-1, 0, 1, 2\}$의 원소일 때, 다음 부등식을 풀어라.

(1) $5-x>3$

(2) $3x-1<2$

3 … 부등식의 성질

$a<b$일 때, 다음 ☐ 안에 알맞은 부등호를 써 넣어라.

(1) $2a-8$ ☐ $2b-8$　　(2) $-\frac{a}{2}+1$ ☐ $-\frac{b}{2}+1$

요점 Check

부등호의 방향이 바뀌는 경우 ⇨

① 양변에 같은 음수를 곱할 때

② 양변을 같은 음수로 나눌 때

풀이

(1) $a<b$의 양변에 2를 곱하면 $2a<2b$ ← 부등호의 방향 바뀌지 않음

$2a<2b$의 양변에서 8을 빼면 $2a-8<2b-8$ ← 부등호의 방향 바뀌지 않음

(2) $a<b$의 양변을 -2로 나누면 $-\frac{a}{2}>-\frac{b}{2}$ ← 부등호의 방향 바뀜

$-\frac{a}{2}>-\frac{b}{2}$의 양변에 1을 더하면 $-\frac{a}{2}+1>-\frac{b}{2}+1$ ← 부등호의 방향 바뀌지 않음

답 (1) $<$ (2) $>$

확인 03

다음과 같은 부등식이 성립할 때, a, b의 대소를 판정하여라.

(1) $a+2<b+2$　　(2) $a-5>b-5$

(3) $5a\geq 5b$　　(4) $-7a\leq -7b$

(5) $-\frac{a}{5}\geq -\frac{b}{5}$　　(6) $-\frac{a}{7}+3\leq -\frac{b}{7}+3$

4 … 식의 범위 구하기

$-2<x\leq 3$일 때, 다음 식의 값의 범위를 구하여라.

(1) $2x-1$　　(2) $-3x+2$

요점 Check

$-2<x\leq 3$의 각 변에 같은 수를 곱한 다음 적당한 수를 더하거나 뺀다.

풀이

(1) $-2<x\leq 3$의 각 변에 2를 곱하면 부등호의 방향은 바뀌지 않는다.

$\therefore -4<2x\leq 6$ … ㉠

㉠의 각 변에서 1을 빼면 $-4-1<2x-1\leq 6-1$ $\therefore \mathbf{-5<2x-1\leq 5}$ ← 답

(2) $-2<x\leq 3$의 각 변에 -3을 곱하면 부등호의 방향이 바뀐다.

$-2\times(-3)>x\times(-3)\geq 3\times(-3)$ $\therefore -9\leq -3x<6$ … ㉡

㉡의 각 변에 2를 더하면 $-9+2\leq -3x+2<6+2$ $\therefore \mathbf{-7\leq -3x+2<8}$ ← 답

확인 04

$x<4$일 때, 다음 식의 값의 범위를 구하여라.

(1) $x+5$　　(2) $x-5$　　(3) $-2x$　　(4) $\frac{x}{2}$

2 일차부등식

기본원리 꿀꺽

1 부등식의 해법

1 이항 : 부등식의 성질을 이용하여 부등식의 한 변에 있던 항을 다른 변으로 옮기는 것을 **이항**이라고 한다.

이항
$5x-2 \le 8$
$5x \le 8+2$

2 부등식의 해법

1단계 : x를 포함하는 항은 좌변으로 이항하고, 상수항은 우변으로 이항하여 다음과 같이 정리한다.

$$ax>b,\ ax<b,\ ax\ge b,\ ax\le b$$

2단계 : x의 계수 a로 양변을 나누어 다음 중 어느 하나로 나타낸다.

$$x>(\text{수}),\ x<(\text{수}),\ x\ge(\text{수}),\ x\le(\text{수})$$

Note: x의 계수 a로 양변을 나눌 때 $a<0$이면 부등호의 방향이 바뀐다.

예 부등식 $5x\ge3x+6$을 풀어라.

풀이 우변의 $3x$를 좌변으로 이항하면 $5x-3x\ge6$, $2x\ge6$
양변을 2로 나누면 $x\ge3$

2 부등식의 해를 수직선에 나타내는 방법

▶ 수직선에서 ●에 대응하는 수는 부등식의 해에 포함되고, ○에 대응하는 수는 부등식의 해에 포함되지 않는다.

(1)
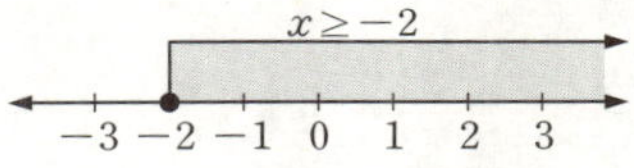

-2는 해에 포함된다

(2)
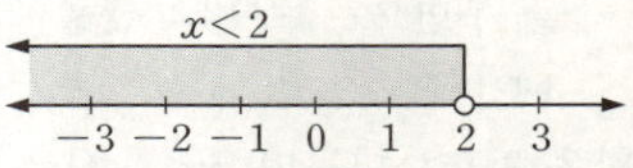

2는 해에 포함되지 않는다.

(3)
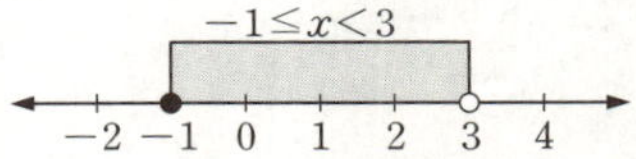

-1은 해에 포함되고 3은 포함되지 않는다.

(4)
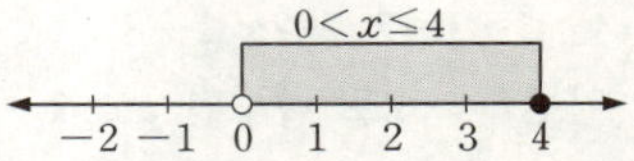

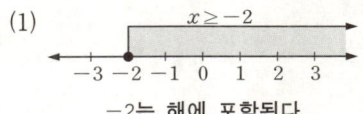

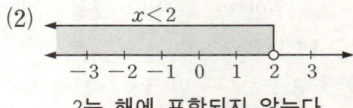

4는 해에 포함되고 0은 포함되지 않는다.

3 일차부등식

▶ $2x+8>0$, $x-3\le0$과 같이 부등식의 모든 항을 좌변으로 이항한 식이

$$(\text{일차식})>0,\ (\text{일차식})<0,\ (\text{일차식})\ge0,\ (\text{일차식})\le0$$

중의 어느 한 가지 꼴로 변형되는 부등식을 **일차부등식**이라고 한다.

필수예제

1 … 부등식의 해법

다음 부등식을 풀고 해를 수직선에 나타내어라.

(1) $2x+5>11$　　　(2) $-3x+2\geq17$

요점 Check

부등식의 해를 수직선에 나타낼 때

⇨ $\begin{cases} \geq, \leq \text{이면 } \bullet \\ >, < \text{이면 } \circ \end{cases}$

풀이

(1) 좌변의 5를 이항하면 $2x>11-5$, $2x>6$ … ㉠

㉠의 양변을 2로 나누면 $\boldsymbol{x>3}$ ← 답

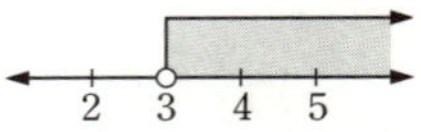

(2) 좌변의 2를 이항하면 $-3x\geq17-2$, $-3x\geq15$ … ㉡

㉡의 양변을 -3으로 나누면 $\boldsymbol{x\leq-5}$ ← 답

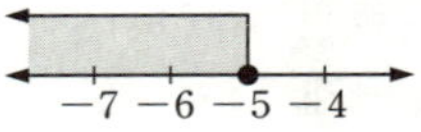

확인 01

다음 부등식을 풀고 해를 수직선에 나타내어라.

(1) $3x+1<-5$　　　(2) $-2x+5\leq11$

2 … 일차부등식의 풀이

다음 부등식을 풀어라.

(1) $4x-1<x-4$　　　(2) $2x+7\leq4x-1$

요점 Check

x를 포함하는 항은 좌변으로 이항하고, 상수항은 우변으로 이항하여 정리한 다음 x의 계수로 양변을 나눈다.

풀이

(1) 좌변의 -1을 우변으로, 우변의 x를 좌변으로 이항하면

$4x-x<-4+1$, $3x<-3$ … ㉠

㉠의 양변을 3으로 나누면 $\boldsymbol{x<-1}$ ← 답

(2) 좌변의 7을 우변으로, 우변의 $4x$를 좌변으로 이항하면

$2x-4x\leq-1-7$, $-2x\leq-8$ … ㉡

㉡의 양변을 -2로 나누면 $\boldsymbol{x\geq4}$ ← 답

Note : (1)

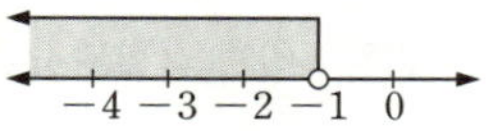

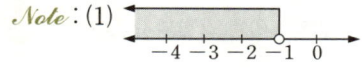

(2)

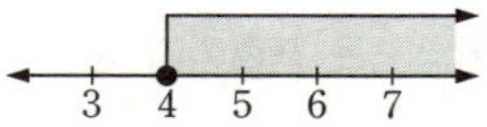

확인 02

다음 부등식을 풀어라.

(1) $5x\geq2x-9$　　　(2) $-4+4x\leq2x$

(3) $2x+1<4x-1$　　　(4) $x+5>4x-4$

3 복잡한 일차부등식의 풀이

기본원리 꿀꺽

1 일차부등식의 풀이 순서

1. 괄호가 있으면 괄호를 푼다.
2. 계수가 소수이면 양변에 10, 100, …을 곱해서 } 계수를 정수로 바꾼다.
3. 계수가 분수이면 분모의 최소공배수를 곱해서 } 계수를 정수로 바꾼다.
4. 양변을 정리하여 $ax>b$, $ax<b$, $ax\geq b$, $ax\leq b$와 같은 꼴로 고친다.
5. 양변을 x의 계수 a로 나눈다. (이 때, $a<0$이면 부등호의 방향이 바뀐다.)

예 부등식 $4x-3<3(x-2)$를 풀어라.

풀이 괄호를 풀면 $4x-3<3x-6$
좌변의 -3과 우변의 $3x$를 이항하면
$4x-3x<-6+3$ $\quad\therefore$ $\boldsymbol{x<-3}$

예 부등식 $0.3x\geq0.5x-1$을 풀어라.

풀이 양변에 10을 곱하면 $3x\geq5x-10$
우변의 $5x$를 이항하면 $3x-5x\geq-10$, $-2x\geq-10$ … ㉠
㉠의 양변을 -2로 나누면 $\boldsymbol{x\leq5}$

예 부등식 $\dfrac{x-1}{3}-\dfrac{3x}{2}<2$를 풀어라.

풀이 양변에 분모의 최소공배수 6을 곱하면 $2x-2-9x<12$, $-7x-2<12$
-2를 이항하면 $-7x<12+2$, $-7x<14$ … ㉡
㉡의 양변을 -7로 나누면 $\boldsymbol{x>-2}$

2 일차부등식에서 심화문제

1. **x의 계수가 문자인 경우** : $ax\geq b$ (단, $a\neq0$)의 해는
   (i) $a>0$일 때 $x\geq\dfrac{b}{a}$ (ii) $a<0$일 때 $x\leq\dfrac{b}{a}$
2. **부등식과 그 부등식의 해가 주어진 문제** : 부등식을 방정식으로 바꾸어 문제를 푼다.

예 일차부등식 $ax+6<0$의 해가 $x>2$일 때, a의 값을 구하여라.

풀이 일차방정식 $ax+6=0$의 해가 $x=2$라 하면 $2a+6=0$ $\quad\therefore$ $a=-3$

필수예제

1 ··· 괄호가 있는 부등식

다음 부등식을 풀어라.

(1) $2(x+3)>5(6-2x)$ (2) $8-(x+3)\geq 2(3x-1)$

요점 Check

괄호가 있는 부등식

⇨ 괄호를 풀고 정리하여 부등식을 푼다.

풀이

(1) 괄호를 풀면 $2x+6>30-10x$

6과 $-10x$를 이항하면 $2x+10x>30-6$, $12x>24$ ··· ㉠

㉠의 양변을 12로 나누면 $\boldsymbol{x>2}$ ← 답

(2) 괄호를 풀면 $8-x-3\geq 6x-2$, $5-x\geq 6x-2$

5와 $6x$를 이항하면 $-x-6x\geq -2-5$, $-7x\geq -7$ ··· ㉡

㉡의 양변을 -7로 나누면 $\boldsymbol{x\leq 1}$ ← 답

확인 01

다음 부등식을 풀어라.

(1) $3(x-2)<2(x+8)$ (2) $3(x-1)-5(x+1)>4$

(3) $2(3x-1)-3(x+1)<1$ (4) $4-(5+3x)\leq -2(x-2)$

2 ··· 계수가 소수인 부등식

다음 부등식을 풀어라.

(1) $2.4x-1.1\leq 2.2x+4.9$ (2) $0.3(2x-3)>x-0.3$

요점 Check

계수가 소수인 부등식

⇨ 양변에 10, 100, ···을 곱하여 계수를 정수로 바꾼다.

풀이

(1) 양변에 10을 곱하면 $24x-11\leq 22x+49$

-11과 $22x$를 이항하면 $24x-22x\leq 49+11$, $2x\leq 60$ ··· ㉠

㉠의 양변을 2로 나누면 $\boldsymbol{x\leq 30}$ ← 답

(2) 괄호를 풀면 $0.6x-0.9>x-0.3$ ··· ㉡

㉡의 양변에 10을 곱하면 $6x-9>10x-3$

-9와 $10x$를 이항하면 $6x-10x>-3+9$, $-4x>6$ ··· ㉢

㉢의 양변을 -4로 나누면 $\boldsymbol{x<-\frac{3}{2}}$ ← 답

확인 02

다음 부등식을 풀어라.

(1) $1.2x+0.7\leq 0.5x-4.2$ (2) $0.3x-0.5>0.8x-2$

(3) $0.4x-1.5<3(0.2x+0.7)$ (4) $1.2x+2(0.2x+4)\geq 1.6$

3 ··· 계수가 분수인 부등식

다음 부등식을 풀어라.

(1) $\frac{1}{3}x<\frac{3}{4}x+\frac{5}{3}$　　(2) $7-\frac{x+1}{2}\geq\frac{20}{3}x-15$

요점 Check

계수가 분수인 부등식

⇨ 부등식의 양변에 분모의 최소공배수를 곱하여 계수를 정수로 바꾼다.

풀이

(1) 양변에 분모의 최소공배수 12를 곱하면 $12\times\frac{1}{3}x<12\left(\frac{3}{4}x+\frac{5}{3}\right)$, $4x<9x+20$

$9x$를 이항하면 $4x-9x<20$, $-5x<20$ … ㉠

㉠의 양변을 -5로 나누면 $\boldsymbol{x>-4}$ ← 답

(2) 양변에 분모의 최소공배수 6을 곱하면 $6\left(7-\frac{x+1}{2}\right)\geq6\left(\frac{20}{3}x-15\right)$

$42-3(x+1)\geq40x-90$, $42-3x-3\geq40x-90$, $39-3x\geq40x-90$

39와 $40x$를 이항하면 $-3x-40x\geq-90-39$, $-43x\geq-129$ … ㉡

㉡의 양변을 -43으로 나누면 $\boldsymbol{x\leq3}$ ← 답

확인 03

다음 부등식을 풀어라.

(1) $\frac{x-5}{3}+1>\frac{1}{2}x$　　(2) $\frac{1}{2}x-1\geq\frac{3}{4}x+2$

4 ··· 일차부등식에서 심화문제

다음 물음에 답하여라.

(1) $a<0$일 때, x에 관한 부등식 $1-ax>3$을 풀어라.

(2) x에 관한 부등식 $2x-3<3a$의 해가 $x<12$일 때, a의 값을 구하여라.

요점 Check

$ax>b\ (a\neq0)$의 해

⇨ $\begin{cases} a>0\text{이면 } x>\frac{b}{a} \\ a<0\text{이면 } x<\frac{b}{a} \end{cases}$

풀이

(1) 1을 이항하면 $-ax>3-1$, $-ax>2$ … ㉠

$-a>0$이므로 양수 $-a$로 ㉠의 양변을 나누면 $\boldsymbol{x>-\frac{2}{a}}$ ← 답

(2) 방정식 $2x-3=3a$의 해가 $x=12$라 하면

$24-3=3a$, $21=3a$　　$\therefore$ $\boldsymbol{a=7}$ ← 답

확인 04

다음 물음에 답하여라.

(1) $a<0$일 때, x에 관한 부등식 $ax+a\leq0$을 풀어라.

(2) x에 관한 부등식 $x+a<3$의 해가 $x<7$일 때, a의 값을 구하여라.

실력 높이기

01 기본 $x<-1$일 때, 다음 식의 범위를 구하여라.

(1) $x+5$

(2) $x-5$

02 기본 다음 □ 안에 알맞은 부등호를 넣어라.

(1) $a+5>b+5$이면 a □ b

(2) $a<b$이면 $2a-3$ □ $2b-3$

(3) $-\frac{a}{10}\le-\frac{b}{10}$이면 a □ b

(4) $a\ge b$이면 $-\frac{a}{4}+2$ □ $-\frac{b}{4}+2$

03 실력 $-3+2a<-3+2b$일 때, □ 안에 알맞은 부등호를 넣어라.

(1) a □ b

(2) $-2a-5$ □ $-2b-5$

04 기본 다음 일차부등식을 풀어라.

(1) $x+2\ge9$

(2) $x-4<-6$

(3) $2x\ge16$

(4) $-\frac{2}{5}x>4$

05 기본 다음 일차부등식을 풀어라.

(1) $3x-5>4$

(2) $1-6x<19$

(3) $4x\le x-6$

(4) $2x-9\ge5x$

(5) $x+3\ge2x-7$

(6) $5x-6<-3x-4$

06 실력 다음 일차부등식을 풀어라.

(1) $3(x-2)<x$

(2) $x\ge2(x-4)$

(3) $5(x-1)\ge x+15$

(4) $5x-3(x+2)<4$

(5) $-(x-6)<3(x-2)$

(6) $3(x-2)\ge8-2(x+3)$

07 실력 다음 일차부등식을 풀어라.

(1) $0.6x-1.2\leq 0.5x$

(2) $0.2x-1>0.7x+0.5$

(3) $0.1x+0.9\geq 0.3(x-1)$

(4) $0.3(2x-3)>3.5x+2$

08 실력 다음 일차부등식을 풀어라.

(1) $\frac{2}{3}x+\frac{x}{2}<\frac{11}{6}$

(2) $\frac{1}{2}x-2\geq\frac{3}{4}x+1$

(3) $0.4x-\frac{1}{5}x<2.1+\frac{1}{2}x$

(4) $\frac{6}{5}x+1.2\leq 0.2(x+5)$

09 실력 부등식 $\frac{x-2}{4}-\frac{2x-3}{5}<1$을 참이 되게 하는 가장 작은 정수 x의 값을 구하여라.

10 실력 부등식 $\frac{x-2}{3}-\frac{2x-3}{4}>1$을 만족하는 가장 큰 정수 x의 값을 구하여라.

11 실력 $-1<x\leq 3$일 때, $5-2x$의 범위를 구하여라.

12 완성 부등식 $ax-6<0$의 해가 $x>-2$일 때, 상수 a의 값을 구하여라.

13 완성 $a<0$일 때, $1-ax>0$을 풀어라.

14 완성 $a<1$일 때, $(a-1)x<3a-3$의 해를 구하여라.

1 연립부등식

기본원리 꿀꺽

1 연립부등식

1 연립부등식의 뜻 : 2개 이상의 일차부등식을 한 쌍으로 묶어 나타낸 것을 **연립일차부등식** (또는 간단히 **연립부등식**)이라고 한다.

예 $\begin{cases} x<155 \\ x+10>160 \end{cases}$, $\begin{cases} x+1>3 \\ 2x-1\le 7 \end{cases}$, $\begin{cases} 0.2x<8 \\ 3x\ge x+2 \end{cases}$ 등은 모두 연립일차부등식이다.

2 연립부등식의 해 : 연립부등식의 각 부등식을 만족하는 미지수의 값을 그 **연립부등식의 해**라고 한다. 또한, 연립부등식의 모든 해를 구하는 것을 **연립부등식을 푼다**고 한다.

2 연립부등식의 해법

1 단계 : 연립부등식을 구성하는 각 부등식을 푼다.

2 단계 : 각 부등식의 해를 수직선에 나타내어 공통부분을 구한다.
└→ 이것이 해이다.

예 연립부등식 $\begin{cases} x-1>0 & \cdots ㉠ \\ x+1\le 5 & \cdots ㉡ \end{cases}$ 을 풀어라.

풀이 ㉠의 해를 구하면 $x>1$
㉡의 해를 구하면 $x\le 4$
㉠, ㉡의 해를 수직선에 나타내면 오른쪽과 같다.

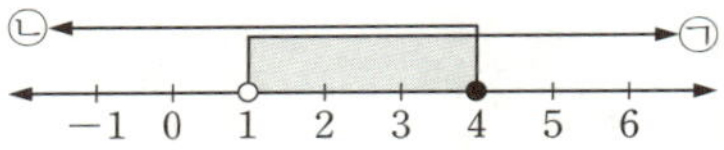

이 때, 두 부등식의 공통범위는 $1<x\le 4$이다. 따라서, 구하는 해는 $\mathbf{1<x\le 4}$

3 해가 특수한 연립부등식

$\begin{cases} x\le 1 & \cdots ㉠ \\ x\ge 1 & \cdots ㉡ \end{cases}$

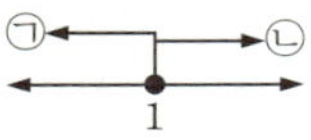

해는 $x=1$

$\begin{cases} x<1 & \cdots ㉢ \\ x>1 & \cdots ㉣ \end{cases}$

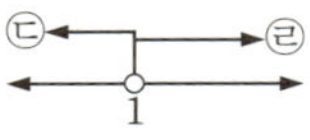

해가 없다.

$\begin{cases} x\le 1 & \cdots ㉤ \\ x>1 & \cdots ㉥ \end{cases}$

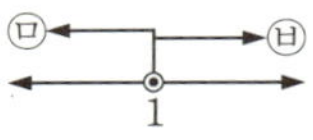

해가 없다.

$\begin{cases} x\le 1 & \cdots ㉦ \\ x>3 & \cdots ㉧ \end{cases}$

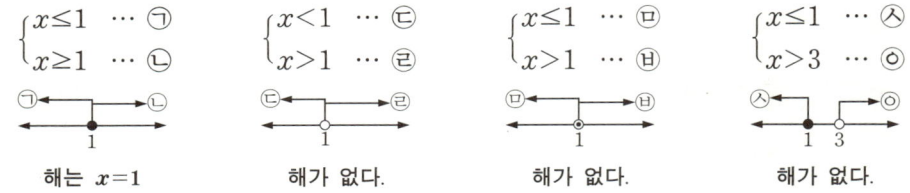

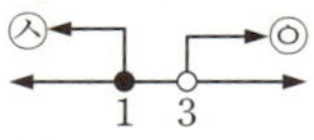

해가 없다.

4 A<B<C 꼴의 연립부등식

▶ A<B<C는 A<B, B<C를 한 식으로 나타낸 것이다. 따라서, 부등식 A<B<C는 연립부등식 $\begin{cases} \mathbf{A<B} \\ \mathbf{B<C} \end{cases}$ 의 꼴로 고쳐서 푼다.

Note : A<B<C 꼴의 부등식을 $\begin{cases} A<B \\ A<C \end{cases}$, $\begin{cases} A<C \\ B<C \end{cases}$ 와 같이 풀면 틀린다.

필수예제

1 … 연립부등식의 해법(1)

연립부등식 $\begin{cases} 2x-1>-5 & \cdots ㉠ \\ x+2\ge 4x-1 & \cdots ㉡ \end{cases}$ 을 풀어라.

요점 Check

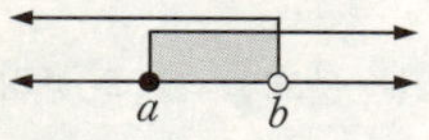

해는 $a\le x<b$

풀이

㉠을 풀면 $2x>-5+1$

$2x>-4 \quad \therefore x>-2$

㉡을 풀면 $x-4x\ge -1-2$

$-3x\ge -3 \quad \therefore x\le 1$

㉠, ㉡의 해를 수직선에 함께 나타내면 오른쪽과 같다.

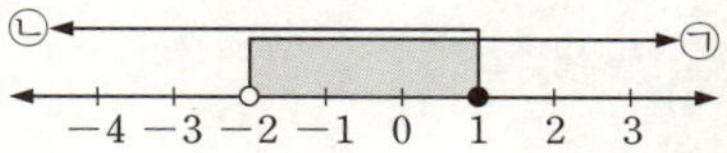

따라서, 구하는 해는 $-2<x\le 1$ ← 답

확인 01

다음 연립부등식을 풀어라.

(1) $\begin{cases} 3x+8\ge 2 \\ 2x-6<0 \end{cases}$ (2) $\begin{cases} 2x+9>7 \\ 5x\le 2x+9 \end{cases}$ (3) $\begin{cases} 3x+2>-10 \\ 11-5x\ge x-13 \end{cases}$

2 … 연립부등식의 해법(2)

연립부등식 $\begin{cases} 2x-5<1 & \cdots ㉠ \\ x+3\ge 3x+7 & \cdots ㉡ \end{cases}$ 을 풀어라.

요점 Check

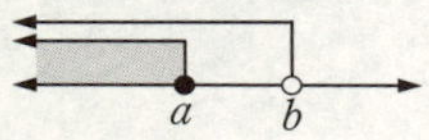

해는 $x\le a$

풀이

㉠을 풀면 $2x<1+5$

$2x<6 \quad \therefore x<3$

㉡을 풀면 $x-3x\ge 7-3$

$-2x\ge 4 \quad \therefore x\le -2$

㉠, ㉡의 해를 수직선에 함께 나타내면 오른쪽과 같다.

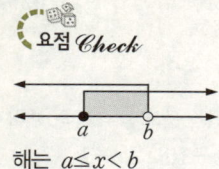

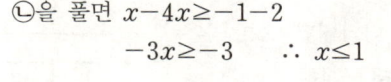

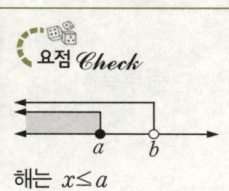

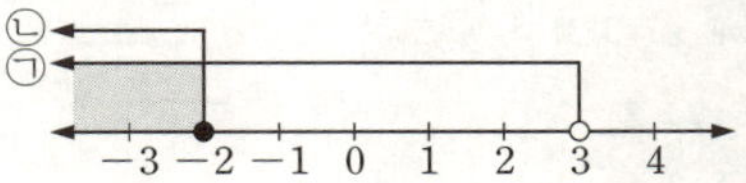

따라서, 구하는 해는 $x\le -2$ ← 답

확인 02

다음 연립부등식을 풀어라.

(1) $\begin{cases} 3x+6>-3 \\ 8-4x\le 0 \end{cases}$ (2) $\begin{cases} 2x+3>1 \\ 3x-1\ge 2x \end{cases}$ (3) $\begin{cases} 2x+2<x-1 \\ 5x\le 4x+1 \end{cases}$

3 ··· 해가 특수한 연립부등식(1)

연립부등식 $\begin{cases} 5(x-2) \geq 2(x+4)-9 & \cdots ㉠ \\ 0.3x-0.5 \geq 0.8x-2 & \cdots ㉡ \end{cases}$ 을 풀어라.

요점 Check

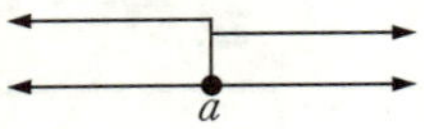

해는 $x=a$

풀이

㉠을 괄호를 풀고 정리하면

$5x-10 \geq 2x-1$

$5x-2x \geq -1+10$, $3x \geq 9$

$\therefore\ x \geq 3$

㉡의 양변에 10을 곱하면

$3x-5 \geq 8x-20$

$3x-8x \geq -20+5$, $-5x \geq -15$

$\therefore\ x \leq 3$

㉠, ㉡의 해를 수직선에 함께 나타내면 오른쪽과 같다. 따라서, 구하는 해는 $x=3$ ← 답

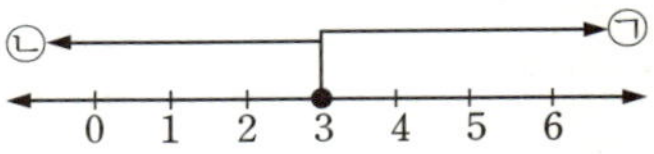

확인 03

다음 연립부등식을 풀어라.

(1) $\begin{cases} 5(6-2x) \geq 2(x+3) \\ \dfrac{x}{5}+\dfrac{x}{3} \geq \dfrac{16}{15} \end{cases}$

(2) $\begin{cases} 0.3x+1 \leq 0.6x-0.8 \\ 0.2x+1 \geq \dfrac{2x-1}{5} \end{cases}$

4 ··· 해가 특수한 연립부등식(2)

연립부등식 $\begin{cases} 0.5x-0.6 \geq 0.3x & \cdots ㉠ \\ \dfrac{2}{3}x+\dfrac{3}{4} < \dfrac{1}{12} & \cdots ㉡ \end{cases}$ 을 풀어라.

요점 Check

다음의 각 경우는 해가 없다.

①
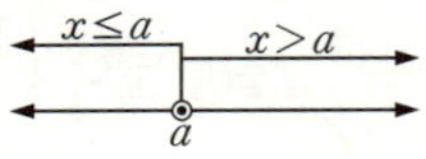

②
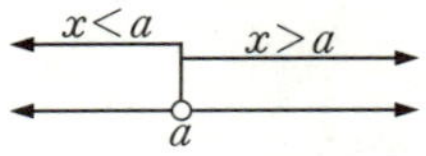

③
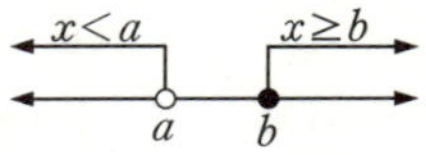

풀이

㉠의 양변에 10을 곱하면

$5x-6 \geq 3x$, $5x-3x \geq 6$

$2x \geq 6$ $\quad\therefore\ x \geq 3$

㉡의 양변에 12를 곱하면

$8x+9 < 1$, $8x < -8$

$\therefore\ x < -1$

㉠, ㉡의 해를 수직선에 함께 나타내면 오른쪽과 같다. 따라서, **해는 없다.** ← 답

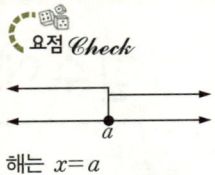

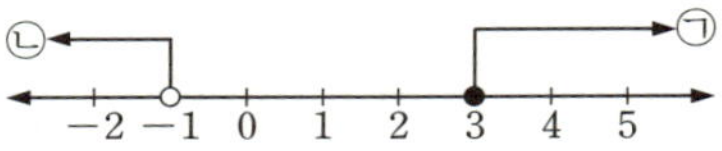

확인 04

다음 연립부등식을 풀어라.

(1) $\begin{cases} 4(x+1) \geq 3(6-x) \\ \dfrac{1}{4}x+\dfrac{3}{2} \leq -\dfrac{1}{2}x \end{cases}$

(2) $\begin{cases} 0.6x-0.2 > 0.4x+1.2 \\ \dfrac{x-4}{5}-\dfrac{1}{2}x > -2 \end{cases}$

5 ··· A<B<C 꼴의 연립부등식

연립부등식 $4x-2<x+1\le 3x+7$을 풀어라.

요점 Check

A<B<C 꼴의 연립부등식

⇨ $\begin{cases} A<B \\ B<C \end{cases}$ 를 푼다.

풀이

오른쪽 연립부등식을 풀면 된다. $\begin{cases} 4x-2<x+1 & \cdots ㉠ \\ x+1\le 3x+7 & \cdots ㉡ \end{cases}$

㉠을 풀면 $4x-x<1+2$

$3x<3 \quad \therefore x<1$

㉡을 풀면 $x-3x\le 7-1$

$-2x\le 6 \quad \therefore x\ge -3$

㉠, ㉡의 해를 수직선에 함께 나타내면 오른쪽과 같다.

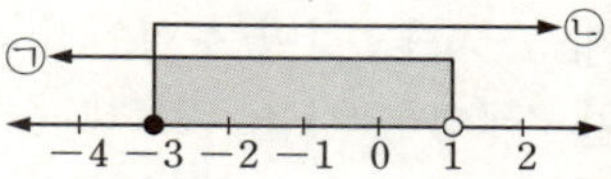

따라서, 구하는 해는 $-3\le x<1$ ← 답

확인 05

다음 연립부등식을 풀어라.

(1) $3x-1<2<2x+4$

(2) $4-x\le 3x-4<2(x+1)$

6 ··· 연립부등식의 심화문제

연립부등식 $\begin{cases} x-4>3x-8 \\ 2x-a>x+5 \end{cases}$ 의 해가 존재할 때, a의 값의 범위를 구하여라.

요점 Check

$\begin{cases} x<a \\ x>b \end{cases}$ 의 해가 존재할 조건

⇨ $b<a$

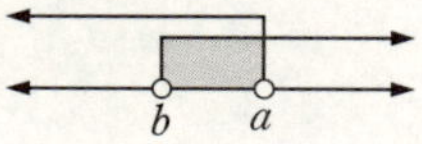

풀이

$x-4>3x-8$을 풀면 $x-3x>-8+4$

$-2x>-4 \quad \therefore x<2 \quad \cdots ㉠$

$2x-a>x+5$를 풀면 $2x-x>a+5$

$\therefore x>a+5 \quad \cdots ㉡$

연립부등식의 해가 존재하도록 ㉠, ㉡을 수직선에 나타내면 오른쪽과 같다.

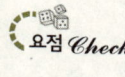

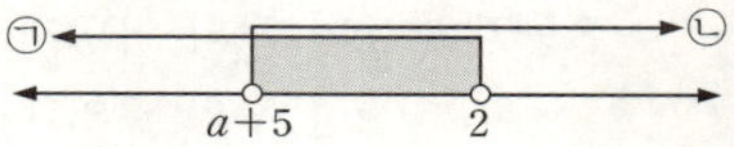

수직선에서 $a+5<2 \quad \therefore a<-3$ ← 답

확인 06

연립부등식 $\begin{cases} x+1>2x \\ 3x+1>2x+a \end{cases}$ 의 해가 존재하지 않을 때, a의 값의 범위를 구하여라.

2 일차부등식의 활용

기본원리 꿀꺽

1 일차부등식의 활용 문제를 푸는 방법

1 단계 : 구하는 것이 무엇인지 파악한다.
2 단계 : 구하는 것을 x로 놓는다.
3 단계 : 문제의 뜻에 따라 부등식을 세운다.
4 단계 : 부등식을 푼다.
5 단계 : 구한 해가 문제의 뜻에 맞는지 확인한다.

예 **한 개에 1500원 하는 참외를 몇 개 사고 800원 하는 과일 바구니에 담아 금액이 20000원 이하가 되는 선물 바구니를 만들려고 한다. 참외는 몇 개까지 살 수 있는가?**

풀이 **1 단계** : 구하는 것 : 살 수 있는 참외의 개수
2 단계 : 참외의 개수를 x라고 하자.
3 단계 : (참외 x개의 값)$=1500x$
(참외 x개의 값)+(바구니 값)≤ 20000
$\therefore\ 1500x+800\leq 20000$
4 단계 : 부등식을 풀면 $1500x\leq 20000-800$, $1500x\leq 19200$ $\quad\therefore\ x\leq 12.8$
따라서, 참외는 **12개**까지 살 수 있다.
5 단계 : $x=12$이면 $\underline{1500\times 12}+800\leq 20000$
→ 18000
따라서, 문제의 뜻에 적합하다.

예 **현재 아버지의 나이는 40세이고, 딸의 나이는 15세라고 한다. 아버지의 나이가 딸의 나이의 2배 이하가 되는 것은 몇 년 후부터인가?**

풀이 **1 단계** : 구하는 것 : 아버지의 나이가 딸의 나이의 2배 이하가 되는 해
2 단계 : x년 후에 아버지의 나이가 딸의 나이의 2배 이하가 된다고 하자.
3 단계 : (x년 후의 아버지의 나이)$=(40+x)$세
(x년 후의 딸의 나이)$=(15+x)$세
(x년 후의 아버지의 나이)$\leq 2\times$(x년 후의 딸의 나이)
$\therefore\ 40+x\leq 2(15+x)$
4 단계 : 부등식을 풀면 $40+x\leq 30+2x$, $x-2x\leq 30-40$
$-x\leq -10 \quad \therefore\ x\geq 10$
따라서, **10년** 후부터이다.
5 단계 : (10년 후의 아버지의 나이)$=50$세, (10년 후의 딸의 나이)$=25$세
따라서, 문제의 뜻에 적합하다.

필수예제

1 … 수에 관한 문제

차가 4인 두 정수의 합이 12보다 작을 때, 작은 정수는 어떤 수보다 작은가?

요점 Check

두 수의 차가 k일 때
⇨ 큰 수를 x라 하면 작은 수는 $x-k$이다.
(단, $k>0$)

풀이

두 정수 중에서 작은 수를 x라 하면 나머지 큰 정수는 $x+4$이다.
두 정수의 합이 12보다 작으므로 $x+(x+4)<12$, $2x+4<12$ $\therefore x<4$
따라서, 작은 정수는 **4보다 작다.** ← 답

확인 01

어떤 정수에서 5를 뺀 수의 2배는 30보다 클 때, 가장 작은 정수 x를 구하여라.

2 … 도형에 관한 문제

다음 물음에 답하여라.

(1) 삼각형의 세 변의 길이가 x, $x+3$, $x-5$일 때, x의 범위를 구하여라.

(2) 윗변의 길이가 10cm, 높이가 6cm인 사다리꼴의 넓이를 66cm^2 이하로 하려면 아랫변의 길이를 어떻게 정해야 하는가?

요점 Check

(1) 삼각형에서 두 변의 길이의 합은 가장 긴 변의 길이보다 크다.
(2) 사다리꼴의 넓이
$\dfrac{\{(\text{윗변})+(\text{아랫변})\}\times(\text{높이})}{2}$

풀이

(1) 삼각형의 두 변의 길이의 합은 가장 긴 변보다 크므로 $x+x-5>x+3$
$2x-5>x+3$, $2x-x>3+5$ $\therefore$ $\boldsymbol{x>8}$ ← 답

(2) 아랫변의 길이를 $x$cm라고 하면 $\dfrac{(10+x)\times 6}{2}\le 66$
$3(10+x)\le 66$, $30+3x\le 66$, $3x\le 66-30$, $3x\le 36$ $\therefore x\le 12$
따라서, **12cm 이하**로 정해야 한다. ← 답

확인 02

다음 물음에 답하여라.

(1) 삼각형의 세 변의 길이가 x, $x+2$, $x+5$일 때, x의 범위를 구하여라.

(2) 이등변삼각형에서 꼭지각의 크기를 밑각의 크기보다 작게 하려면 꼭지각을 몇 도로 해야 하는가?

3 … 금액에 관한 문제

한 송이에 800원 하는 장미와 한 송이에 1000원 하는 백합을 합하여 20 송이를 사는데 17000원이 넘지 않게 사려고 한다. 백합을 최대 몇 송이까지 살 수 있는가?

요점 Check

넘지 않는다 ⇨ 이하이다.

풀이

백합을 x송이 산다면 장미는 $(20-x)$송이를 사게 된다.

(백합의 값)$=1000x$원, (장미의 값)$=800(20-x)$원

(백합의 값)+(장미의 값)≤ 17000, $1000x+800(20-x)\le 17000$

부등식을 풀면 $1000x+16000-800x\le 17000$, $200x+16000\le 17000$

$200x\le 17000-16000$, $200x\le 1000$ $\therefore x\le 5$

따라서, 백합은 최대 5송이 살 수 있다. **답 5송이**

확인 03

동네 가게에서 1개에 1000원인 물건이 도매시장에서는 800원이라고 한다. 그런데 도매시장에 갔다 오려면 교통비가 1100원이 든다고 한다. 이 물건을 몇 개 이상 살 때, 도매시장에 가는 것이 이익인가?

4 … 속력과 거리

집에서 도로를 따라 산책을 하는 데 갈 때는 시속 3km, 올 때는 시속 2km로 걸어서 2시간 30분 이내에 돌아오려고 한다. 집에서 몇 km인 곳까지 갈 수 있는가?

요점 Check

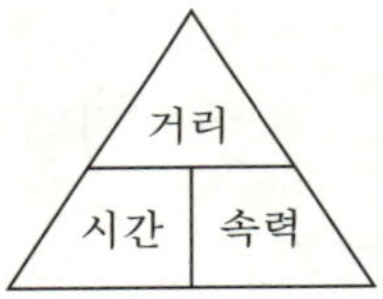

(시간)$=\dfrac{(\text{거리})}{(\text{속력})}$

풀이

산책하여 갈 수 있는 거리를 $x$km라고 하자.

(갈 때 걸린 시간)$=\dfrac{x}{3}$시간, (올 때 걸린 시간)$=\dfrac{x}{2}$시간

전체 걸리는 시간이 2시간 30분 이하이므로 $\dfrac{x}{3}+\dfrac{x}{2}\le\dfrac{5}{2}$

부등식의 양변에 6을 곱하면 $2x+3x\le 15$, $5x\le 15$ $\therefore x\le 3$

따라서, 3km까지 갈 수 있다. **답 3km**

확인 04

등산을 하는 데 올라갈 때는 시속 3km, 내려올 때는 시속 4km로 걸어서 전체 걸리는 시간을 2시간 20분 이내로 하려고 한다. 이 때, 몇 km까지 갈 수 있는가?

3 연립부등식의 활용

기본원리 꿀꺽

1 연립부등식의 활용 문제를 푸는 방법

1 단계 : 구하는 것이 무엇인지 파악한다.

2 단계 : 구하는 것을 x로 놓는다.

3 단계 : 문제의 뜻에 따라 연립부등식을 세운다.

4 단계 : 연립부등식을 푼다.

5 단계 : 구한 해가 문제의 뜻에 맞는지 확인한다.

예 사과 30개를 학생들에게 나누어 주려고 한다. 사과를 한 사람에게 4개씩 나누어 주면 사과가 남고, 5개씩 나누어 주면 사과가 부족하다. 학생은 모두 몇 명인가?

풀이 **1 단계** : 구하는 것 : 학생 수

2 단계 : 학생 수를 x명이라고 하자.

3 단계 : 사과를 4개씩 주면 사과가 남으므로 $4x<30$

사과를 5개씩 주면 사과가 부족하므로 $5x>30$

따라서, 연립부등식 $\begin{cases} 4x<30 & \cdots ㉠ \\ 5x>30 & \cdots ㉡ \end{cases}$ 을 얻는다.

4 단계 : ㉠, ㉡을 연립하여 풀면 $6<x<7.5$

x는 자연수이므로 $x=7$이고 학생 수는 **7명**

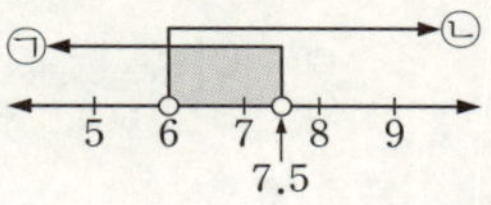

예 한 개에 300원인 빵과 한 개에 500원인 음료수를 합하여 23개를 사려고 한다. 그런데 음료수를 빵보다 더 많이 사고 값은 10000원 이내가 되게 하려고 한다. 500원짜리 음료수는 몇 개 살 수 있는가?

풀이 **1 단계** : 구하는 것 : 500원짜리 음료수의 개수

2 단계 : 음료수를 x개 산다면 빵은 $(23-x)$개 산다.

3 단계 : 음료수의 개수가 빵의 개수보다 많으므로 $x>23-x$

(음료수 값)$=500x$, (빵 값)$=300(23-x)$이고

(음료수 값)$+$(빵 값)≤ 10000이므로 $500x+300(23-x)\leq 10000$

따라서, 연립부등식 $\begin{cases} x>23-x & \cdots ㉠ \\ 500x+300(23-x)\leq 10000 & \cdots ㉡ \end{cases}$ 을 얻는다.

4 단계 : ㉠, ㉡을 연립하여 풀면 $11.5<x\leq 15.5$

그런데 x는 자연수이므로 $x=12, 13, 14, 15$이다.

즉, 살 수 있는 음료수의 개수는 **12개, 13개, 14개, 15개**이다.

필수예제

1 … 수에 관한 문제

연속하는 세 정수가 있다. 세 수의 합은 21보다 작지 않고, 작은 두 수의 합에서 큰 수를 뺀 값은 6보다 작다. 세 수를 구하여라.

요점 Check

연속하는 세 정수

$\Rightarrow \begin{cases} x,\ x+1,\ x+2 \\ x-1,\ x,\ x+1 \\ x-2,\ x-1,\ x \end{cases}$

(작지 않다)=(크거나 같다)

풀이

연속하는 세 정수를 $x-1$, x, $x+1$이라 하자.

(세 수의 합)$\geq$21이므로 $(x-1)+x+(x+1)\geq 21$에서 $3x\geq 21$ $\quad\therefore x\geq 7$ … ㉠

(작은 두 수의 합)$-$(큰 수)$<$6이므로

$(x-1)+x-(x+1)<6$에서 $x-2<6$ $\quad\therefore x<8$ … ㉡

㉠, ㉡에서 $7\leq x<8$이고 x는 정수이므로 $x=7$

따라서, 구하는 세 정수는 **6, 7, 8** ← 답

확인 01

윗변의 길이가 5cm, 아랫변의 길이가 7cm인 사다리꼴이 있다. 이 사다리꼴의 넓이가 $25cm^2$ 이상 $36cm^2$ 미만일 때, 이 사다리꼴의 높이의 범위를 구하여라.

2 … 농도 문제

12%의 소금물 200g에 물을 몇 g 더 넣으면 소금물의 농도가 5% 이상 6% 이하가 되는가?

요점 Check

- (소금의 양) $=$(소금물의 양)$\times\dfrac{(\text{농도})}{100}$
- (농도) $=\dfrac{(\text{소금의 양})}{(\text{소금물의 양})}\times 100$

풀이

12%의 소금물 200g에 물을 xg 더 넣는다고 하자. 이 때,

(소금물의 양)$=(200+x)$g, (소금의 양)$=200\times0.12=24$(g)

소금물의 농도가 5% 이상 6% 이하이므로

$5\leq\dfrac{24}{200+x}\times100\leq6$에서 $5\leq\dfrac{2400}{200+x}\leq6$ … ㉮

㉮의 각 변에 $200+x$를 곱하면 $5(200+x)\leq2400\leq6(200+x)$

$\therefore \begin{cases} 5(200+x)\leq2400 & \cdots ㉠ \\ 6(200+x)\geq2400 & \cdots ㉡ \end{cases}$

㉠에서 $x\leq280$, ㉡에서 $x\geq200$이므로 연립부등식의 해는 $200\leq x\leq280$

따라서, 더 넣는 물의 양은 **200g 이상 280g 이하**이다. ← 답

확인 02

5%의 소금물 200g이 있다. 여기서 물을 몇 g 증발시키면 농도가 8% 이상 10% 이하의 소금물이 되겠는가?

실력 높이기

01 기본 다음 연립부등식을 풀어라.

(1) $\begin{cases} x-2\geq 1 \\ x-1<7 \end{cases}$　　(2) $\begin{cases} x+3<10 \\ 2x+3>x+7 \end{cases}$

(3) $\begin{cases} 2x+1>5 \\ 3x-7\leq 14 \end{cases}$　　(4) $\begin{cases} 3-x>-1 \\ 3x-1\geq 2 \end{cases}$

02 기본 다음 연립부등식을 풀어라.

(1) $\begin{cases} 6x-3>3x+9 \\ 2<x+3 \end{cases}$　　(2) $\begin{cases} 3x+7>x+1 \\ 4-2x\leq x-2 \end{cases}$

(3) $\begin{cases} -2x+4>x+7 \\ -3x+3\geq -12 \end{cases}$　　(4) $\begin{cases} 2(x-1)\geq x \\ 3x+6<4(x-2) \end{cases}$

03 기본 다음 연립부등식을 풀어라.

(1) $\begin{cases} 2x+5\leq -1 \\ 5x+4\geq 3x-2 \end{cases}$　　(2) $\begin{cases} 2x+7\leq -3 \\ 5x-4\geq 3x-14 \end{cases}$

(3) $\begin{cases} 3-x<2 \\ 3(x+1)\leq -3 \end{cases}$　　(4) $\begin{cases} 2x+3\leq 1 \\ 3x-1>2 \end{cases}$

04 기본 다음 연립부등식을 풀어라.

(1) $-5<2x-1<1$　　(2) $-2<3x+4<19$

(3) $x-2<2x\leq x+5$　　(4) $5x+9\leq 3x+7<4x+11$

05 실력 다음 연립부등식을 풀어라.

(1) $\begin{cases} 2(2x-3)\leq 3x-5 \\ 3x+6>5-2(x-3) \end{cases}$　　(2) $\begin{cases} 2x-(5x+4)\leq 5 \\ 4-3(x-1)\geq 7x-3 \end{cases}$

(3) $\begin{cases} 4x-3(x+2)<5 \\ 0.6x-1.2\leq 0.5x \end{cases}$　　(4) $\begin{cases} 0.3(x-1)\geq 0.1x+0.9 \\ x\leq 2(x-4) \end{cases}$

06 실력 다음 연립부등식을 풀어라.

(1) $\begin{cases} 5x-6\leq -3x-14 \\ \frac{2}{3}x+\frac{x}{2}\geq -\frac{7}{6} \end{cases}$　　(2) $\begin{cases} \frac{1}{2}x-1\geq \frac{3}{4}x+2 \\ 5(x-1)\geq x+11 \end{cases}$

(3) $\begin{cases} \frac{x+5}{3}-\frac{x-1}{4}\leq 1 \\ 0.4-0.3x>-0.1x+1.3 \end{cases}$　　(4) $\begin{cases} \frac{1-5x}{3}-2<\frac{1}{2}-(2x-3) \\ 1.4x-4.3\geq 2x-3.1 \end{cases}$

07 실력 두 부등식 $3x+7<x-3$과 $8-2x>3x-2$의 해의 집합을 각각 A, B라 할 때, $A^c\cap B$를 구하여라.

08 실력 연립부등식 $\begin{cases}x+2>3\\3x-5\le1\end{cases}$ 을 만족하는 정수를 구하여라.

09 실력 연립부등식 $\frac{2x+5}{3}<\frac{x+6}{2}\le\frac{3x+7}{4}$을 만족하는 정수를 모두 구하여라.

10 실력 서술형 부등식 $x<\frac{4x-a}{2}<6$의 해가 $b<x<4$라고 할 때, 두 수 a, b의 값을 구하여라. 〈5점〉

11 완성 두 집합 $A=\{x\mid3x-2<7\}$, $B=\{x\mid x>a\}$에 대하여 $A\cap B$의 원소 중 정수가 1개뿐일 때, a의 값의 범위를 구하여라.

12 완성 어느 음악회의 학생 입장료는 6000원이고, 30명 이상의 단체에 대해서는 입장료의 20%를 할인해 준다고 한다. 몇 명 이상일 때, 30명의 단체로 입장하는 것이 유리한가?

13 완성 역에서 기차를 기다리는 데 기차가 출발할 때까지 1시간의 여유가 있다. 이 시간을 이용하여 시속 4km로 걸어서 할머니께 드릴 선물을 사려고 한다. 선물을 사는 데 15분이 걸린다면 기차역에서 몇 km 내에 있는 상점을 이용해야 하는가?

14 완성 연속하는 세 홀수가 있다. 세 홀수의 합이 39보다 크고 51보다 작을 때, 세 홀수를 구하여라.

15 완성 서술형 농도가 12%인 소금물 500g에 물을 더 넣어서 소금물의 농도를 5% 이상 6% 이하로 하려고 한다. 이 때, 물은 얼마나 더 넣어야 하는가? 〈5점〉

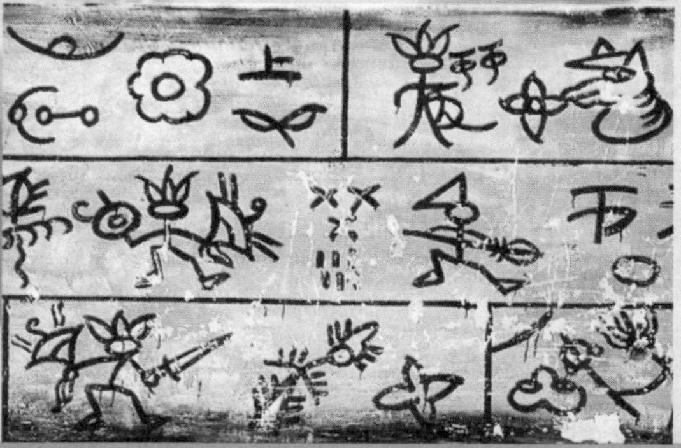

Ⅲ. 함수

1 일차함수와 그래프의 평행이동

기본원리 꿀꺽

1 일차함수

함수 $y=f(x)$에서 **$y=ax+b$($a\neq0$, a, b는 상수)**와 같이 y를 x에 관한 일차식으로 나타낼 때, 이 함수 f를 **일차함수**라고 한다.

> 일차함수
> $y=$(x에 관한 일차식)

예 $y=3x+1$, $y=\frac{1}{2}x-5$, $y=-3x$는 모두 일차함수이다.

Note: $y=ax+b$에서 일차함수는 반드시 $a\neq0$이어야 하고 b는 0이어도 된다.
즉, $y=ax$ ($a\neq0$)도 일차함수이다.

2 $y=ax$ ($a\neq0$)의 그래프

1. 원점 (0, 0)을 지나는 직선이다.
2. **$a>0$일 때** : 오른쪽 위로 향한다.
3. **$a<0$일 때** : 오른쪽 아래로 향한다.

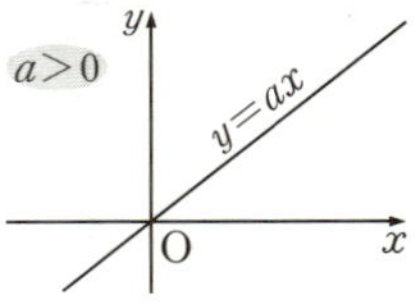

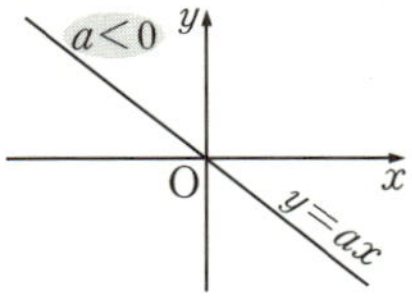

3 $y=ax+b$ ($a\neq0$)의 그래프

1. 일차함수 $y=ax$의 그래프를 **y축의 방향으로 b만큼 평행이동**한 것이다.
2. **$b>0$일 때** : y축의 양의 방향(위쪽)으로 b만큼 평행이동

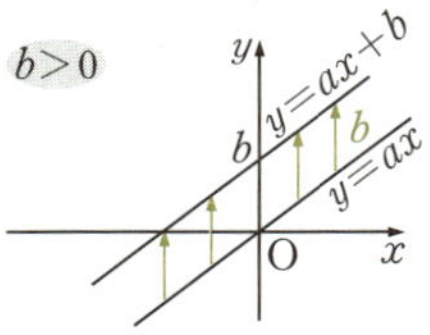

예 $y=x+3$: $y=x$의 그래프를 y축의 방향으로 3만큼 평행이동

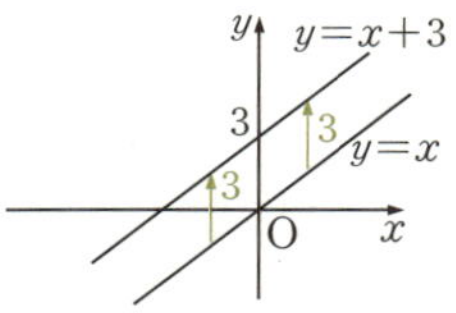

3. **$b<0$일 때** : y축의 음의 방향(아래쪽)으로 $|b|$만큼 평행이동

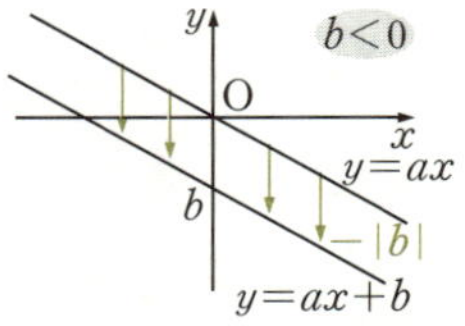

예 $y=x-3$: $y=x$의 그래프를 y축의 방향으로 -3만큼 평행이동

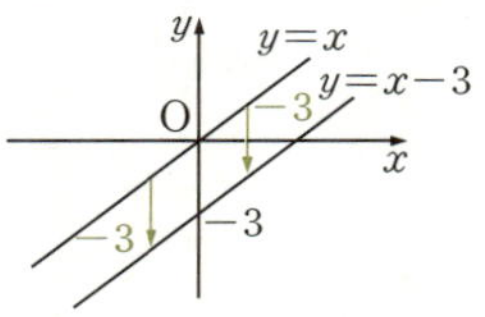

필수예제

1 … 평행이동한 그래프의 식

다음 함수의 그래프는 [ ] 안의 일차함수의 그래프를 어떻게 평행이동한 것인가?

(1) $y=3x+4$ $[y=3x]$　　(2) $y=-2x-7$ $[y=-2x]$

(3) $y=4x-5$ $[y=4x]$　　(4) $y=-\frac{2}{5}x+1$ $\left[y=-\frac{2}{5}x\right]$

요점 Check

$y=ax+b$의 그래프
⇨ $y=ax$의 그래프를 y축의 방향으로 b만큼 평행이동한 그래프

풀이

(1) y축의 방향으로 4만큼 평행이동　　(2) y축의 방향으로 -7만큼 평행이동
(3) y축의 방향으로 -5만큼 평행이동　　(4) y축의 방향으로 1만큼 평행이동

확인 01

다음 일차함수의 그래프를 y축의 방향으로 [ ] 안의 값만큼 평행이동한 그래프를 나타내는 일차함수를 구하여라.

(1) $y=2x$ $[5]$　　(2) $y=-x$ $[-4]$　　(3) $y=\frac{2}{3}x$ $[2]$

2 … 평행이동한 그래프가 지나는 점

일차함수 $y=2x$의 그래프를 y축의 방향으로 3만큼 평행이동한 그래프가 점 $(3, a)$를 지날 때, a의 값을 구하여라.

요점 Check

$y=ax$의 그래프를 y축의 방향으로 b만큼 평행이동한 그래프 ⇨ $y=ax+b$

풀이

$y=2x$의 그래프를 y축의 방향으로 3만큼 평행이동한 그래프의 식은 $y=2x+3$ … ㉠
㉠의 그래프가 점 $(3, a)$를 지나므로 $a=2\times3+3=$**9** ← 답

확인 02

다음 물음에 답하여라.

(1) 일차함수 $y=-3x$의 그래프를 y축의 음의 방향으로 5만큼 평행이동하였더니 점 $(1, k)$를 지났다. 이 때, k의 값을 구하여라.

(2) 일차함수 $y=-2x$의 그래프를 y축의 방향으로 b만큼 평행이동한 그래프를 나타내는 일차함수가 $y=ax-7$일 때, a, b의 값을 구하여라.

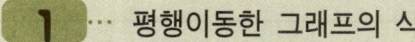

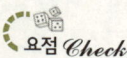

2 일차함수의 그래프의 x절편과 y절편

기본원리 꿀꺽

1 $y=ax+b$의 그래프의 x절편, y절편

1 **x절편** : 그래프가 x축과 만나는 점의 x좌표를 **x절편**이라고 한다.

2 **y절편** : 그래프가 y축과 만나는 점의 y좌표를 **y절편**이라고 한다.

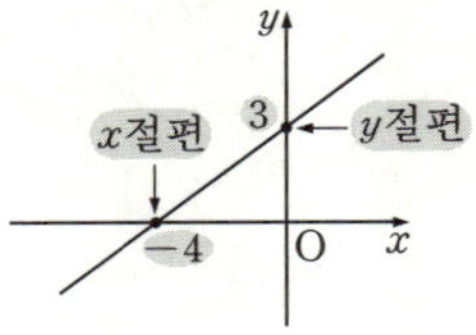

예 오른쪽 그래프에서 x절편은 -4, y절편은 3이다.

2 $y=ax+b$의 그래프에서 절편 구하기

1 **x절편** : $y=0$일 때 x의 값이 x절편이므로 $y=ax+b$에 $y=0$을 대입하여 x의 값을 구하면 된다. 즉, $0=ax+b$, $-ax=b$ $\quad\therefore$ $\boldsymbol{x=-\frac{b}{a}}$ ⟵ **x절편**

2 **y절편** : $x=0$일 때 y의 값이 y절편이므로 $y=ax+b$에 $x=0$을 대입하여 y의 값을 구하면 된다. 즉, $y=a\times0+b=b$ $\quad\therefore$ $\boldsymbol{y=b}$ ⟵ **y절편**

3 x절편의 좌표 : $\left(-\frac{b}{a},\ 0\right)$, y절편의 좌표 : $(0,\ b)$

예 $y=-2x+4$의 그래프의 x절편과 y절편을 구하여라.

풀이 x절편 : $y=0$이면 $0=-2x+4$, $x=2$, 즉 x절편은 2, 좌표는 $(2,\ 0)$
y절편 : $x=0$이면 $y=0+4=4$, 즉 y절편은 4, 좌표는 $(0,\ 4)$

3 절편을 이용하여 $y=ax+b$의 그래프 그리기

1단계 : x절편과 y절편을 구한다.

2단계 : x절편과 y절편을 지나는 직선을 그린다.

예 $y=-2x+6$의 그래프를 x절편과 y절편을 이용하여 그려라.

풀이 x절편 : $y=0$이면 $0=-2x+6$에서 $2x=6$ $\quad\therefore$ $x=3$
따라서, x절편의 좌표는 $(3,\ 0)$
y절편 : $x=0$이면 $y=-2\times0+6=6$에서 $y=6$
따라서, y절편의 좌표는 $(0,\ 6)$
두 점 $(3,\ 0)$, $(0,\ 6)$을 지나는 직선을 그리면 오른쪽과 같다.

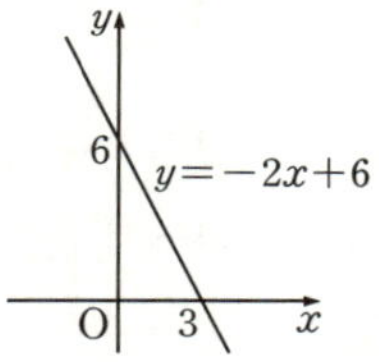

필수예제

1 … $y=ax+b$의 그래프에서 절편 구하기

다음 일차함수의 그래프의 x절편과 y절편을 구하여라.

(1) $y=2x+6$ (2) $y=-2x+2$

요점 Check

- x절편 ⇨ $y=ax+b$에 $y=0$을 대입
- y절편 ⇨ $y=ax+b$에 $x=0$을 대입

풀이

(1) x절편 : $y=0$을 대입하면 $0=2x+6$, $-2x=6$ $\therefore x=-3$
y절편 : $x=0$을 대입하면 $y=2\times0+6=6$ $\therefore y=6$
따라서, x절편은 **−3**, y절편은 **6** ← 답

(2) x절편 : $y=0$을 대입하면 $0=-2x+2$, $2x=2$ $\therefore x=1$
y절편 : $x=0$을 대입하면 $y=-2\times0+2=2$ $\therefore y=2$
따라서, x절편은 **1**, y절편은 **2** ← 답

확인 01

다음 일차함수의 그래프의 x절편과 y절편을 구하여라.

(1) $y=x+2$ (2) $y=-5x+10$

(3) $y=\frac{1}{2}x+5$ (4) $y=-\frac{2}{3}x-4$

2 … 절편을 이용하여 그래프 그리기

일차함수 $y=2x-4$의 그래프를 x절편과 y절편을 이용하여 그려라.

요점 Check

절편을 이용하여 그래프 그리기

① x절편, y절편을 구한다.
② 두 절편의 좌표를 지나는 직선을 그린다.

풀이

x절편 : $y=0$을 대입하면 $0=2x-4$, $-2x=-4$ $\therefore x=2$
따라서, x절편은 2이고 좌표는 $(2, 0)$이다.
y절편 : $x=0$을 대입하면 $y=2\times0-4=-4$ $\therefore y=-4$
따라서, y절편은 -4이고 좌표는 $(0, -4)$이다.
두 점 $(2, 0)$, $(0, -4)$를 지나는 직선을 그리면 오른쪽과 같다.

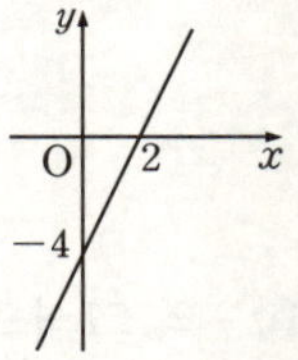

확인 02

다음 일차함수의 그래프를 x절편과 y절편을 이용하여 그려라.

(1) $y=x-3$ (2) $y=-2x+4$ (3) $y=\frac{2}{3}x-4$

실력 높이기

01 기본 다음 함수 중에서 일차함수를 모두 찾으면? 〈정답 3개〉

① $y=-3x+4$　② $y=x^2$　③ $y=x$

④ $y=\frac{8}{x}$　⑤ $y=3x$　⑥ $y=9$

02 기본 상수항이 -3이고 $x=5$일 때, $y=2$인 일차함수를 구하여라.

03 기본 $x=2$일 때 $y=a$이고, $x=b$일 때 $y=3$인 일차함수가 $y=-2x+1$일 때 상수 a, b의 값을 구하여라.

04 기본 다음 중에서 일차함수 $y=3x-2$의 그래프 위에 있는 점을 모두 찾으면? 〈정답 3개〉

① $(1, 5)$　② $(2, 3)$　③ $(0, -2)$

④ $(3, 7)$　⑤ $(-1, -1)$　⑥ $(-2, -8)$

05 기본 다음 일차함수의 그래프는 일차함수 $y=4x$의 그래프를 y축의 방향으로 얼마만큼 평행이동한 것인가?

(1) $y=4x+5$　(2) $y=4x-\frac{5}{2}$　(3) $y=4x+\frac{1}{4}$

06 실력 다음 일차함수의 그래프를 x절편과 y절편을 이용하여 그려라.

(1) $y=x-2$　(2) $y=3x-6$　(3) $y=-x+3$

07 완성 일차함수 $y=ax+b$의 그래프의 x절편이 2, y절편이 3일 때 a, b의 값을 구하여라.

3 일차함수의 그래프의 기울기

기본원리 꿀꺽

1 $y=ax+b$의 그래프의 기울기

1 $y=ax+b$에서 x의 계수 a를 이 그래프의 **기울기**라고 한다.

예) $y=3x+4$의 그래프에서 기울기는 3, y절편은 4이다.

$y=ax+b$ (↑ a: 기울기, ↑ b: y절편)

2 $y=ax+b$의 기울기는 다음과 같다.

$$(\text{기울기})=\frac{(y\text{의 값의 증가량})}{(x\text{의 값의 증가량})}=a$$

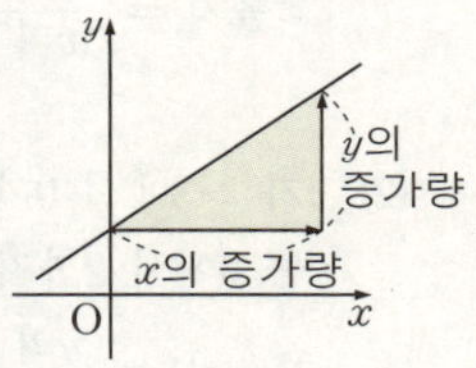

3 기울기 a는 x의 값이 1만큼 증가할 때, y의 값이 증가하는 양을 나타낸다.

예) (1) $y=3x-2$는 x의 값이 1만큼 증가하면 y의 값은 3만큼 증가한다.
(2) $y=-2x+5$는 x의 값이 1만큼 증가하면 y의 값은 -2만큼 증가한다.

2 기울기와 y절편을 이용하여 그래프 그리기

1 그래프를 그릴 때 기울기의 의미

(1) 기울기가 $\frac{4}{3}$ ⇨ x가 오른쪽으로 3 증가할 때, y는 위로 4 증가한다.

(2) 기울기가 $-\frac{2}{5}$ ⇨ x가 오른쪽으로 5 증가할 때, y는 아래로 2 증가한다.

2 기울기와 y절편을 이용하여 그래프를 그리는 방법

1 단계 : y절편이 b이면 $(0, b)$인 점을 잡는다.
2 단계 : 기울기를 이용하여 다른 한 점을 잡는다.
3 단계 : 위의 두 점을 지나는 직선을 그린다.

예) $y=-\frac{2}{3}x+3$의 그래프를 기울기와 y절편을 이용하여 그려라.

풀이 **1 단계** : y절편이 3이므로 점 $(0, 3)$을 잡는다.

2 단계 : 기울기가 $-\frac{2}{3}$이므로 x가 오른쪽으로 3만큼 증가할 때, y는 아래로 2만큼 증가한다. 따라서, 점 $(0, 3)$에서 오른쪽으로 3, 아래로 2만큼 간 점은 $(3, 1)$이다.

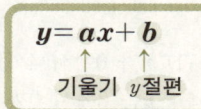

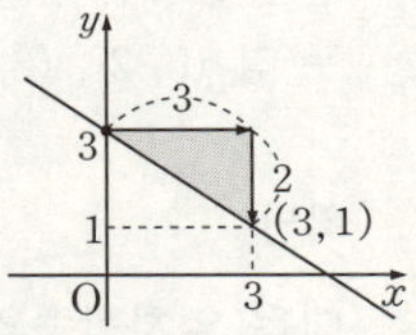

3 단계 : 두 점 $(0, 3)$, $(3, 1)$을 지나는 직선을 그리면 위와 같다.

필수예제

1 … $y=ax+b$의 그래프의 기울기

그림에서 그래프 (1), (2)의 기울기를 구하여라.

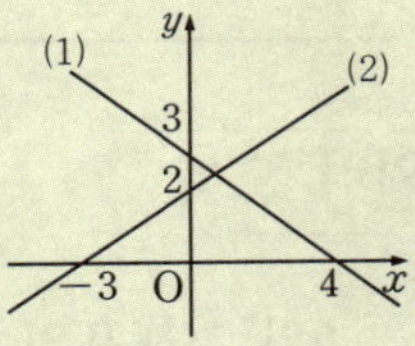

요점 Check

기울기

⇨ $\dfrac{(y\text{의 값의 증가량})}{(x\text{의 값의 증가량})}$

풀이

(1) x가 0에서 4까지 4만큼 증가할 때
y는 3에서 0까지 -3만큼 증가하므로
$(\text{기울기})=\dfrac{(y\text{의 값의 증가량})}{(x\text{의 값의 증가량})}=-\dfrac{3}{4}$ ← 답

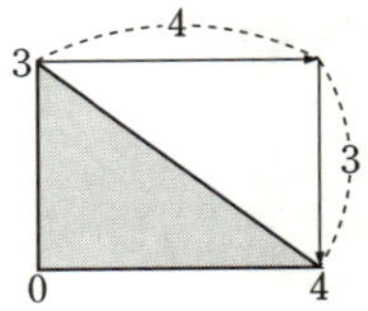

(2) x가 -3에서 0까지 3만큼 증가할 때
y는 0에서 2까지 2만큼 증가하므로
$(\text{기울기})=\dfrac{(y\text{의 값의 증가량})}{(x\text{의 값의 증가량})}=\dfrac{2}{3}$ ← 답

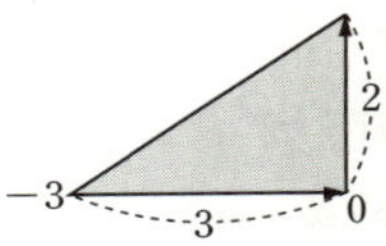

확인 01

다음 두 점 A, B를 지나는 일차함수의 그래프의 기울기를 구하여라.

(1) A(3, 1), B(5, 2)　　(2) A(−5, −2), B(1, 6)

2 … $y=ax+b$의 그래프 그리기

일차함수 $y=-\dfrac{4}{3}x+2$의 그래프를 그려라.

요점 Check

기울기가 $-\dfrac{4}{3}$

⇨ x가 오른쪽으로 3만큼 증가할 때, y는 아래로 4만큼 증가한다.

풀이

y절편이 2이므로 이 그래프는 점 (0, 2)를 지난다.

기울기가 $-\dfrac{4}{3}$이므로 x가 오른쪽으로 3만큼 증가할 때, y는 아래로 4만큼 증가한다.

따라서, 이 그래프는 점 (0, 2)에서 오른쪽으로 3, 아래로 4만큼 증가한 점 (3, −2)를 지난다.

두 점 (0, 2), (3, −2)를 지나는 직선을 그리면 오른쪽과 같다.

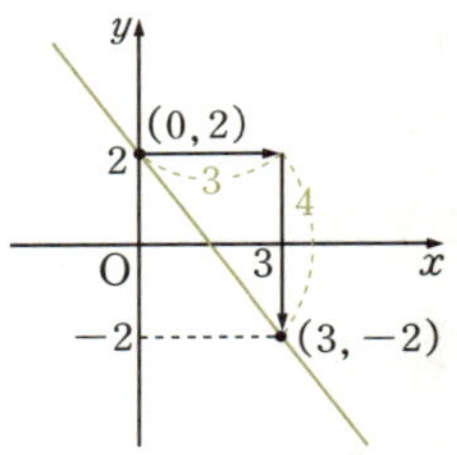

확인 02

다음 일차함수의 그래프를 기울기와 y절편을 이용하여 그려라.

(1) $y=x+3$　　(2) $y=-2x+4$　　(3) $y=\dfrac{4}{3}x-2$

4 일차함수의 그래프의 성질

기본원리 꿀꺽

1 일차함수 $y=ax+b$의 그래프

일차함수 $y=ax+b$의 그래프는 기울기가 a이고 y절편이 b인 직선이다.

1 **$a>0$이면** : x의 값이 **증가**할 때 y의 값도 **증가**하므로 **오른쪽 위**로 향하는 직선이다. (↗)

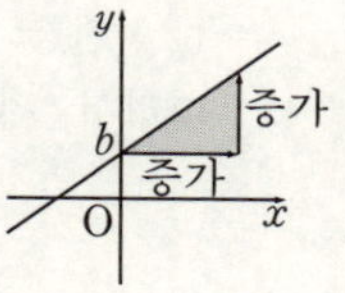

2 **$a<0$이면** : x의 값이 **증가**할 때 y의 값은 **감소**하므로 **오른쪽 아래**로 향하는 직선이다. (↘)

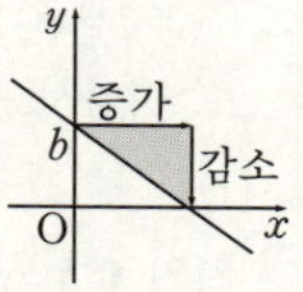

2 일차함수 $y=ax+b$의 그래프와 a, b의 부호

1

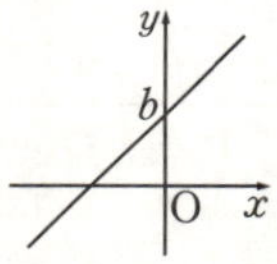

$a>0$, $b>0$

2

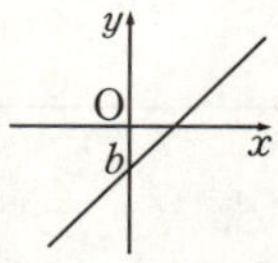

$a>0$, $b<0$

3

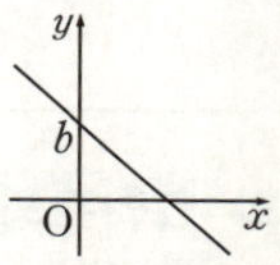

$a<0$, $b>0$

4

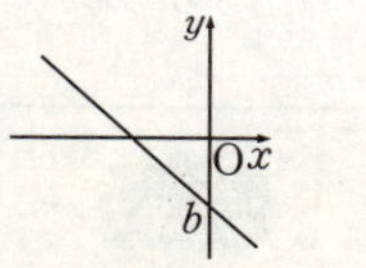

$a<0$, $b<0$

3 일차함수의 그래프의 기울기와 평행

1 기울기가 같은 두 일차함수의 그래프는 서로 평행하거나 일치한다.

2 서로 평행한 두 일차함수의 그래프의 기울기는 같다.

4 두 일차함수의 그래프의 위치 관계

1 **평행조건** : 두 직선의 기울기는 같고 y절편은 다르다.

$\begin{cases} y=ax+b \\ y=a'x+b' \end{cases}$ 에서 $a=a'$, $b\neq b'$이면 서로 평행하다.

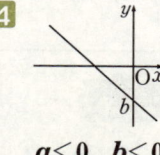

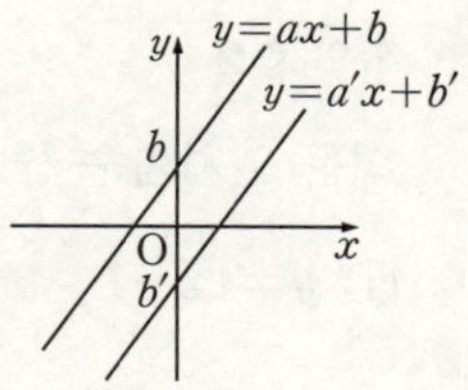

2 **일치조건** : 두 직선의 기울기가 같고 y절편도 같다.

$\begin{cases} y=ax+b \\ y=a'x+b' \end{cases}$ 에서 $a=a'$, $b=b'$이면 서로 일치한다.

필수예제

1 … 일차함수의 그래프가 지나는 사분면

다음 일차함수의 그래프는 제 몇 사분면을 지나는가?

(1) $y=x-3$　　　(2) $y=-2x+2$

요점 Check

$y=ax+b$의 그래프가 지나는 사분면 ⇨ 그래프의 기울기와 y절편을 조사한다.

풀이

(1) (기울기)$=1>0$ ⇨ 그래프는 오른쪽 위로 향한다.
(y절편)$=-3<0$ ⇨ y절편은 x축의 아래쪽에 있다.
따라서, **제 1, 3, 4사분면**을 지난다. ← 답

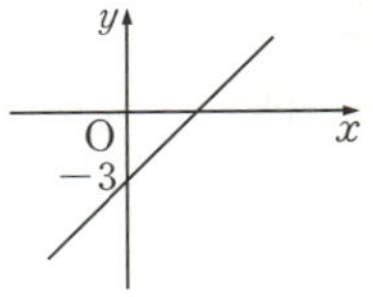

(2) (기울기)$=-2<0$ ⇨ 그래프는 오른쪽 아래로 향한다.
(y절편)$=2>0$ ⇨ y절편은 x축의 위쪽에 있다.
따라서, **제 1, 2, 4사분면**을 지난다. ← 답

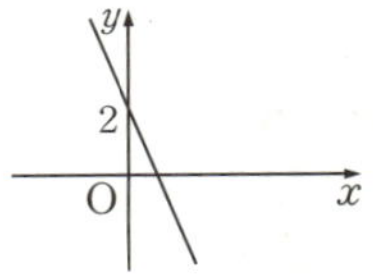

확인 01

a, b의 부호가 다음과 같을 때, 일차함수 $y=ax+b$의 그래프가 지나는 사분면을 모두 써라.

(1) $a>0$, $b>0$　　　(2) $a<0$, $b<0$

2 … 일차함수의 그래프의 위치 관계

다음 물음에 답하여라.

(1) $y=-3x+b$와 $y=ax+5$의 그래프가 서로 평행할 조건을 구하여라.

(2) $y=ax$의 그래프를 y축의 방향으로 7만큼 평행이동하면 $y=3x+b$의 그래프와 일치한다. 이 때, a, b의 값을 구하여라.

요점 Check

$y=ax+b$와 $y=a'x+b'$의 그래프에서

평행 ⇨ $a=a'$, $b\neq b'$

일치 ⇨ $a=a'$, $b=b'$

풀이

(1) 두 그래프가 평행하면 기울기는 같고 y절편은 다르므로 $\boldsymbol{a=-3,\ b\neq 5}$ ← 답

(2) $y=ax$의 그래프를 y축의 방향으로 7만큼 평행이동하면 $y=ax+7$
두 그래프가 일치하면 기울기가 같고 y절편도 같으므로
$y=ax+7$과 $y=3x+b$에서 $\boldsymbol{a=3,\ b=7}$ ← 답

확인 02

다음 일차함수 중에서 그 그래프가 서로 평행한 것끼리 짝지어라.

① $y=4x-1$　　② $y=-\frac{1}{2}x+3$　　③ $y=\frac{2}{3}x+2$

④ $y=\frac{2}{3}x-1$　　⑤ $y=-\frac{1}{2}x$　　⑥ $y=4x-\frac{1}{4}$

실력 높이기

01 기본 다음 일차함수에서 x의 값이 1만큼 증가할 때, y의 값은 얼마만큼 증가하는가?

(1) $y=2x$　(2) $y=2x+1$　(3) $y=3x$

(4) $y=3x-2$　(5) $y=-5x+1$　(6) $y=-5x-10$

02 기본 다음 일차함수 중에서 x의 값이 증가할 때 y의 값도 증가하는 것은? 〈정답 3개〉

① $y=5x+2$　② $y=-2x-3$　③ $y=-4x+6$

④ $y=\frac{1}{4}x-3$　⑤ $y=\frac{2}{7}x-6$

03 기본 어느 일차함수의 그래프에서 x의 값이 4만큼 증가할 때 y의 값은 -12만큼 증가한다고 한다. 이 일차함수의 그래프의 기울기를 구하여라.

04 기본 $x=-2$일 때 $y=-5$이고, $x=1$일 때 $y=-4$인 일차함수의 그래프의 기울기를 구하여라.

05 기본 일차함수 (1), (2), (3)의 그래프가 오른쪽 그림과 같을 때, 각 그래프의 기울기를 구하여라.

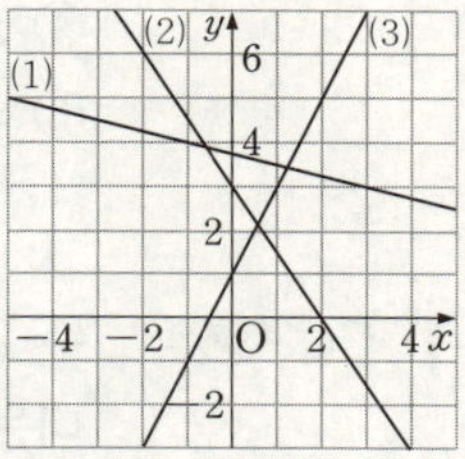

06 실력 오른쪽 그림에서 다음 일차함수의 그래프를 찾아라.

(1) $y=-\frac{1}{3}x-1$　(2) $y=\frac{1}{3}x-1$

(3) $y=\frac{2}{3}x+2$　(4) $y=-x+3$

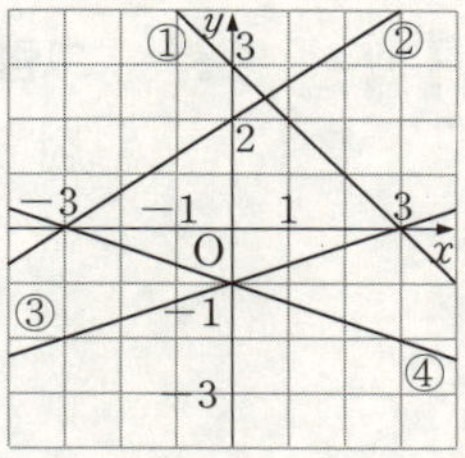

07 실력 일차함수 $y=2x+b$의 그래프를 y축의 방향으로 -3만큼 평행이동하였더니 일차함수 $y=ax-4$의 그래프와 겹쳤다. 이 때, 상수 a, b의 값을 구하여라.

08 완성 일차함수 $y=-\frac{1}{2}x+5$의 그래프와 x축, y축으로 둘러싸인 부분의 넓이를 구하여라.

09 실력 그림은 일차함수 $y=ax+b$의 그래프이다. 이 그래프와 일차함수 $mx-y=1$의 그래프가 서로 평행할 때, m의 값을 구하여라.

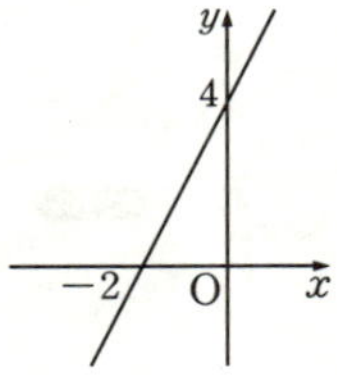

10 실력 일차함수 $y=-4x+a$와 $y=bx-6$의 그래프가 만나는 점의 좌표가 $(1, -2)$일 때, 상수 a, b의 값을 구하여라.

11 실력 일차함수 $y=ax+5$의 그래프는 일차함수 $y=3x+2$의 그래프와 평행하고 점 $(1, b)$를 지난다. 이 때, 상수 a, b의 값을 구하여라.

12 완성 일차함수 $y=-2x+3$의 그래프에 대한 설명으로 옳은 것을 모두 찾으면? 〈정답 2개〉

① 점 $(-2, 3)$을 지난다.
② 제 1, 2, 4사분면을 지난다.
③ x의 값이 증가하면 y의 값도 증가한다.
④ x절편이 -2이고 y절편은 3이다.
⑤ $y=-2x$의 그래프를 y축의 방향으로 3만큼 평행이동한 것이다.

13 완성 두 일차함수 $y=2x+6$과 $y=mx+n$의 그래프가 서로 평행하고, 두 그래프가 x축과 만나는 점을 각각 A, B라고 할 때, $\overline{AB}=4$이다. 이 때, 상수 m, n의 값을 구하여라.

(단, $n>0$)

14 완성 그림과 같이 두 일차함수 $y=ax+b$와 $y=-2x+6$의 그래프가 점 A에서 만날 때, 상수 a, b의 값을 구하여라.

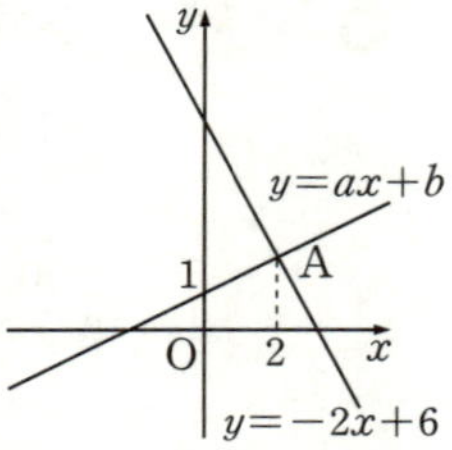

1 일차함수와 일차방정식

기본원리 꿀꺽

1 직선의 방정식

x, y가 수 전체의 집합일 때, 방정식 $ax+by=c$ ($a\neq0$ 또는 $b\neq0$)의 해는 무수히 많다. 그러므로 이 해를 좌표평면에 나타내면 직선이 된다. 이런 뜻에서 일차방정식 $\boldsymbol{ax+by=c}$ **(**$\boldsymbol{a\neq0}$ **또는** $\boldsymbol{b\neq0}$**)**를 **직선의 방정식**이라 한다.

예) 오른쪽 그래프는 일차방정식 $x+y=2$의 해를 나타내는 그래프이다. 또한, 일차방정식 $x+y=2$는 오른쪽 그래프를 나타내는 직선의 방정식이다.

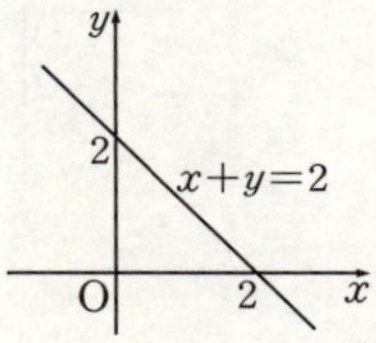

2 일차방정식과 일차함수

$ax+by=c$를 y에 관하여 풀면 $y=-\frac{a}{b}x+\frac{c}{b}$이다.

따라서, 미지수가 2개인 일차방정식 $\boldsymbol{ax+by=c}$ **(**$\boldsymbol{a\neq0}$**이고** $\boldsymbol{b\neq0}$**)**의 그래프와 일차함수 $\boldsymbol{y=-\frac{a}{b}x+\frac{c}{b}}$의 그래프는 같다.

일차방정식 $ax+by=c$ $\xrightarrow[\text{푼다}]{y\text{에 대하여}}$ 일차함수 $y=-\frac{a}{b}x+\frac{c}{b}$

예) 일차방정식 $x+y-9=0$을 y에 관하여 풀면 $y=-x+9$이므로 $x+y-9=0$의 그래프는 일차함수 $y=-x+9$의 그래프와 같다.

3 x축, y축에 평행한 직선의 방정식

1 **$\boldsymbol{x=k}$의 그래프** : 점 $(\boldsymbol{k}, \boldsymbol{0})$을 지나고 y축에 평행한 직선이다.

예) $x=2$의 그래프는 점 $(2, 0)$을 지나고 y축에 평행한 직선이다.

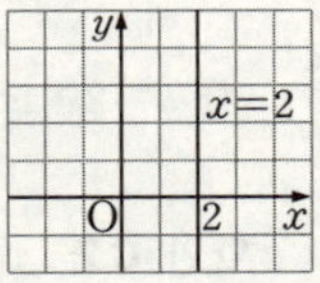

2 **$\boldsymbol{y=k}$의 그래프** : 점 $(\boldsymbol{0}, \boldsymbol{k})$를 지나고 x축에 평행한 직선이다.

예) $y=3$의 그래프는 점 $(0, 3)$을 지나고 x축에 평행한 직선이다.

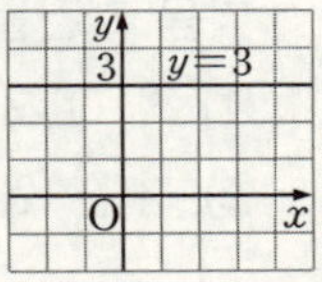

필수예제

1 … $ax+by=c$ ($a\neq0$이고 $b\neq0$)의 그래프

다음 일차방정식의 그래프를 그려라.

(1) $2x-3y=6$　　(2) $x+2y+4=0$

요점 Check

$ax+by=c$
($a\neq0$이고 $b\neq0$)

⇨ (x절편) $=\frac{c}{a}$

⇨ (y절편) $=\frac{c}{b}$

풀이

(1) x절편은 $2x=6$　∴ $x=3$
y절편은 $-3y=6$　∴ $y=-2$

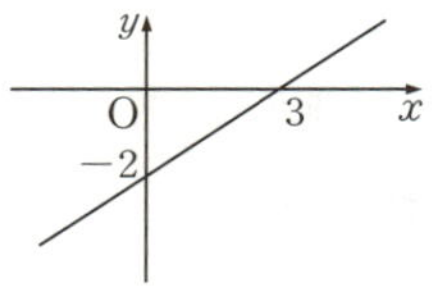

(2) x절편은 $x+4=0$　∴ $x=-4$
y절편은 $2y+4=0$　∴ $y=-2$

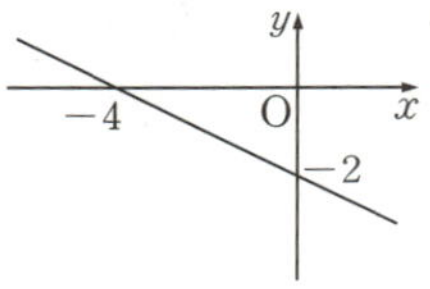

확인 01

다음 일차방정식의 그래프를 그려라.

(1) $2x+5y=10$　(2) $3x-4y-12=0$　(3) $2x-5y+10=0$

2 … x축, y축에 평행한 직선

다음 일차방정식의 그래프를 그려라.

(1) $x+3=0$　(2) $2x-2=0$

(3) $3y+6=0$　(4) $2y-4=0$

요점 Check

- $x=k$의 그래프
⇨ 점 $(k,\ 0)$을 지나고 y축에 평행한 직선이다.
- $y=k$의 그래프
⇨ 점 $(0,\ k)$를 지나고 x축에 평행한 직선이다.

풀이

(1) $x=-3$이므로 점 $(-3,\ 0)$을 지나고 y축에 평행한 직선이다.
(2) $x=1$이므로 점 $(1,\ 0)$을 지나고 y축에 평행한 직선이다.
(3) $y=-2$이므로 점 $(0,\ -2)$를 지나고 x축에 평행한 직선이다.
(4) $y=2$이므로 점 $(0,\ 2)$를 지나고 x축에 평행한 직선이다.

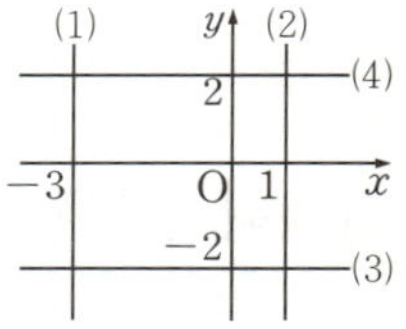

확인 02

다음 조건을 만족하는 직선의 방정식을 구하여라.

(1) 점 $(1,\ 4)$를 지나고 x축에 평행한 직선의 방정식

(2) 점 $(-2,\ 3)$을 지나고 y축에 평행한 직선의 방정식

2 직선의 방정식

기본원리 꿀꺽

1 기울기와 y절편이 주어질 때

기울기가 a이고 y절편이 b인 직선의 방정식은 $y=ax+b$이다.

예 기울기가 3이고 y절편이 -1인 직선의 방정식은 $\boldsymbol{y=3x-1}$

2 기울기와 한 점이 주어질 때

기울기가 a이고 점 (x_1, y_1)을 지나는 직선의 방정식은 다음 순서로 구한다.

1 단계 : 기울기가 a이므로 직선의 방정식을 $y=ax+b$로 놓는다.

2 단계 : $y=ax+b$에 $x=x_1$, $y=y_1$을 대입한다.

예 기울기가 2이고 점 $(-1, 5)$를 지나는 직선의 방정식을 구하여라.

풀이 $y=ax+b$에서 $a=2$이므로 $y=2x+b$에 $x=-1$, $y=5$를 대입한다.
$5=-2+b$에서 $b=7$ $\therefore$ $\boldsymbol{y=2x+7}$

3 x절편, y절편이 주어질 때

x절편이 a, y절편이 b인 직선의 방정식은 $y=mx+b$에 x절편의 좌표를 대입하여 m의 값을 구하면 된다.

예 x절편이 2이고 y절편이 -4인 직선의 방정식을 구하여라.

풀이 y절편이 -4이므로 직선의 방정식을 $y=mx-4$라고 하자.
$y=mx-4$에 $x=2$, $y=0$을 대입하면 $0=2m-4$, $m=2$ $\therefore$ $\boldsymbol{y=2x-4}$

4 두 점이 주어질 때

두 점 (x_1, y_1), (x_2, y_2)를 지나는 직선의 방정식은 다음 2가지 방법으로 구할 수 있다.

1 $y=ax+b$에 (x_1, y_1), (x_2, y_2)를 대입하여 a, b의 값을 구하면 된다.

2 (두 점을 지나는 직선의 기울기) $=\dfrac{(y\text{의 값의 증가량})}{(x\text{의 값의 증가량})}=\dfrac{y_2-y_1}{x_2-x_1}$임을 이용한다.

예 두 점 $(1, 1)$, $(2, 4)$를 지나는 직선의 방정식을 구하여라.

풀이 $x_1=1$, $y_1=1$, $x_2=2$, $y_2=4$이므로 (기울기) $=\dfrac{4-1}{2-1}=3$
$y=3x+b$에 $(1, 1)$을 대입하면 $1=3+b$, $b=-2$ $\therefore$ $\boldsymbol{y=3x-2}$

필수예제

1 … 기울기와 y절편이 주어질 때

다음 직선의 방정식을 구하여라.

(1) 기울기가 3이고 y절편이 -5인 직선

(2) 직선 $y=2x+1$에 평행하고 y절편이 10인 직선

요점 Check

기울기가 a이고 y절편이 b인 직선의 방정식
⇨ $y=ax+b$

풀이

구하는 직선의 방정식을 $y=ax+b$라고 하자.

(1) $a=3$, $b=-5$이므로 $\boldsymbol{y=3x-5}$ ← 답

(2) 직선 $y=2x+1$과 $y=ax+b$가 평행하므로 $a=2$
직선 $y=ax+b$의 y절편이 10이므로 $b=10$ $\therefore$ $\boldsymbol{y=2x+10}$ ← 답

확인 01

그림에서 (1)~(4)의 그래프를 나타내는 식을 구하여라.

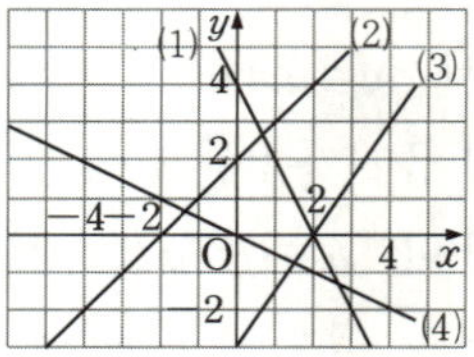

2 … 기울기와 한 점이 주어질 때

다음 직선의 방정식을 구하여라.

(1) 점 $(-1, -1)$을 지나고 기울기가 -2인 직선

(2) 점 $(-1, 9)$를 지나고 직선 $y=-3x+4$에 평행인 직선

요점 Check

기울기가 a이고 점 (x_1, y_1)을 지나는 직선의 방정식
⇨ $y=ax+b$에 점 (x_1, y_1)을 대입한다.

풀이

구하는 직선의 방정식을 $y=ax+b$라고 하자.

(1) 기울기가 -2이므로 $a=-2$ $\therefore$ $y=-2x+b$
$y=-2x+b$에 $x=-1$, $y=-1$을 대입하면 $-1=2+b$, $b=-3$
$\therefore$ $\boldsymbol{y=-2x-3}$ ← 답

(2) 직선 $y=-3x+4$와 $y=ax+b$가 평행하므로 $a=-3$ $\therefore$ $y=-3x+b$
$y=-3x+b$에 $x=-1$, $y=9$를 대입하면 $9=3+b$, $b=6$ $\therefore$ $\boldsymbol{y=-3x+6}$ ← 답

확인 02

다음 직선의 방정식을 구하여라.

(1) 기울기가 5이고 점 $(0, 2)$를 지나는 직선

(2) 점 $(8, -5)$를 지나고 직선 $y=-5x-2$에 평행인 직선

3 … x절편, y절편이 주어질 때

x절편과 y절편이 다음과 같은 직선의 방정식을 구하여라.

(1) x절편이 2, y절편이 4　　(2) x절편이 -5, y절편이 5

요점 Check

x절편이 a, y절편이 b인 직선의 방정식

⇨ $y=mx+b$에 x절편의 좌표를 대입하여 m의 값을 구한다.

풀이

구하는 직선의 방정식을 $y=ax+b$라고 하자.

(1) y절편이 4이므로 $b=4$　$\therefore y=ax+4$

$y=ax+4$에 $x=2$, $y=0$을 대입하면 $0=2a+4$　$\therefore a=-2$

$\therefore$ $\boldsymbol{y=-2x+4}$ ← 답

(2) y절편이 5이므로 $b=5$　$\therefore y=ax+5$

$y=ax+5$에 $x=-5$, $y=0$을 대입하면 $0=-5a+5$　$\therefore a=1$

$\therefore$ $\boldsymbol{y=x+5}$ ← 답

확인 03

x절편과 y절편이 다음과 같은 직선의 방정식을 구하여라.

(1) x절편이 -3, y절편이 2　　(2) x절편이 -2, y절편이 6

4 … 두 점이 주어질 때

다음 두 점을 지나는 직선의 방정식을 구하여라.

(1) $(-1, -4)$, $(2, 2)$　　(2) $(2, -1)$, $(4, 5)$

요점 Check

두 점 (x_1, y_1), (x_2, y_2)를 지나는 직선의 기울기

⇨ $\dfrac{y_2-y_1}{x_2-x_1}$

풀이

구하는 직선의 방정식을 $y=ax+b$라고 하자.

(1) x의 값 : $-1 \longrightarrow 2$　$\therefore$ (x의 값의 증가량)$=2-(-1)=3$

y의 값 : $-4 \longrightarrow 2$　$\therefore$ (y의 값의 증가량)$=2-(-4)=6$

$a=\dfrac{(y\text{의 값의 증가량})}{(x\text{의 값의 증가량})}=\dfrac{6}{3}=2$　$\therefore y=2x+b$

$y=2x+b$에 $x=2$, $y=2$를 대입하면 $2=4+b$, $b=-2$　$\therefore$ $\boldsymbol{y=2x-2}$ ← 답

(2) x의 값 : $2 \longrightarrow 4$　$\therefore$ (x의 값의 증가량)$=4-2=2$

y의 값 : $-1 \longrightarrow 5$　$\therefore$ (y의 값의 증가량)$=5-(-1)=6$

$a=\dfrac{(y\text{의 값의 증가량})}{(x\text{의 값의 증가량})}=\dfrac{6}{2}=3$　$\therefore y=3x+b$

$y=3x+b$에 $x=2$, $y=-1$을 대입하면 $-1=6+b$, $b=-7$　$\therefore$ $\boldsymbol{y=3x-7}$ ← 답

확인 04

다음 두 점을 지나는 직선의 방정식을 구하여라.

(1) $(1, -5)$, $(2, -3)$　　(2) $(4, 0)$, $(6, 3)$

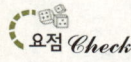

3 연립방정식과 그래프

기본원리 꿀꺽

1 연립방정식의 해와 그래프

연립방정식 $\begin{cases} ax+by=c & \cdots ㉠ \\ a'x+b'y=c' & \cdots ㉡ \end{cases}$ 의 해를 $x=m$, $y=n$이라 고 하면 점 $P(m, n)$은 두 직선 ㉠, ㉡의 교점의 좌표와 같다.

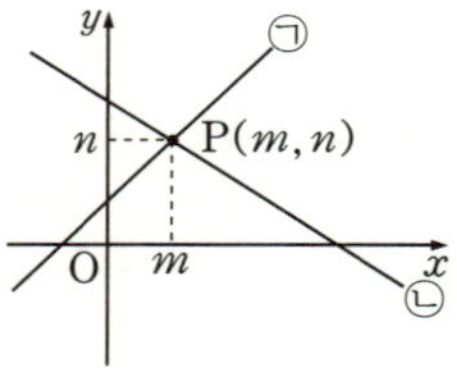

예 연립방정식 $\begin{cases} 2x-y=1 & \cdots ㉠ \\ x+y=5 & \cdots ㉡ \end{cases}$ 의 해는 $x=2$, $y=3$이다.

이 때, 점 (2, 3)은 두 직선 ㉠, ㉡의 교점의 좌표이다.

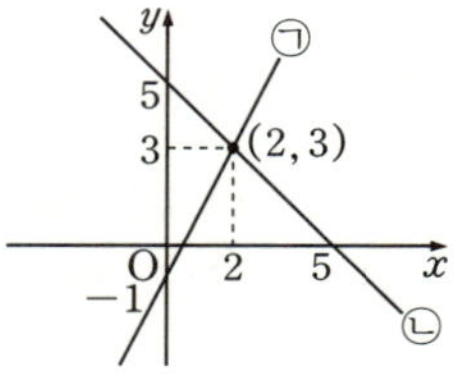

2 두 직선의 위치 관계와 연립방정식의 해

1 두 직선이 한 점에서 만나면 해는 한 쌍이다.

두 직선 $ax+by=c$, $a'x+b'y=c'$의 기울기가 다르면 두 직선은 한 점에서 만난다.

이 때, 연립방정식 $\begin{cases} ax+by=c \\ a'x+b'y=c' \end{cases}$ 의 해는 한 쌍만 존재한다.

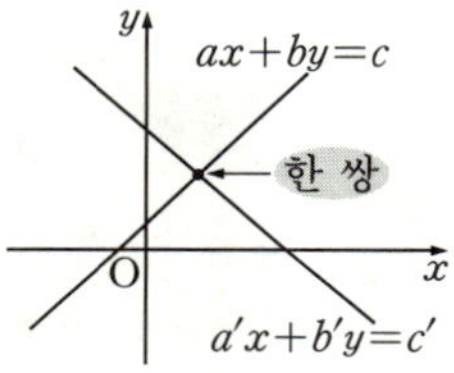

2 두 직선이 일치하면 해는 무수히 많다.

두 직선 $ax+by=c$, $a'x+b'y=c'$의 기울기가 같고 y절편이 같으면 두 직선은 일치한다.

이 때, 연립방정식 $\begin{cases} ax+by=c \\ a'x+b'y=c' \end{cases}$ 의 해는 무수히 많다.

예 연립방정식 $\begin{cases} 2x+2y=2 \\ x+y=1 \end{cases}$ 의 해는 무수히 많다.

3 두 직선이 평행하면 해가 없다.

두 직선 $ax+by=c$, $a'x+b'y=c'$의 기울기는 같고, y절편이 다르면 두 그래프는 평행하다.

이 때, 연립방정식 $\begin{cases} ax+by=c \\ a'x+b'y=c' \end{cases}$ 의 해는 없다.

예 연립방정식 $\begin{cases} x+y=-1 \\ x+y=1 \end{cases}$ 의 해는 없다.

필수예제

1 … 연립방정식의 해와 그래프

연립방정식 $\begin{cases} \boldsymbol{x-y=1} & \cdots ㉠ \\ \boldsymbol{x-3y=-3} & \cdots ㉡ \end{cases}$ 에 대하여 다음을 구하여라.

(1) 연립방정식의 해를 구하여라.

(2) 두 직선 ㉠, ㉡의 교점의 좌표를 구하여라.

풀이

(1) 오른쪽 계산에서 $y=2$

$y=2$를 ㉠에 대입하면 $x-2=1$ $\quad \therefore x=3$

따라서, 연립방정식의 해는 $\boldsymbol{x=3,\ y=2}$ ← 답

(2) $\boldsymbol{(3,\ 2)}$

$$\begin{array}{rl} & x-\ y=\ 1 \\ -) & x-3y=-3 \\ \hline & 2y=\ 4 \quad \therefore y=2 \end{array}$$

요점 Check

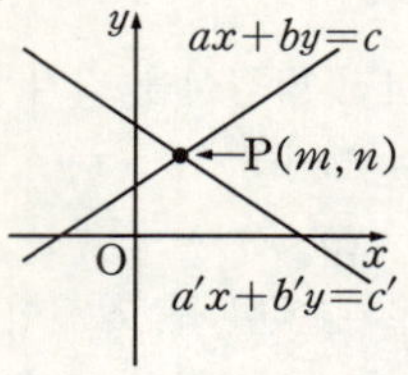

연립방정식 $\begin{cases} ax+by=c \\ a'x+b'y=c' \end{cases}$ 의 해는 $x=m,\ y=n$이다.

확인 01

두 직선 ㉠과 ㉡, ㉢과 ㉣의 교점의 좌표를 각각 구하여라.

(1) $\begin{cases} x-y=4 & \cdots ㉠ \\ 2x+y=8 & \cdots ㉡ \end{cases}$

(2) $\begin{cases} x+y=3 & \cdots ㉢ \\ x-2y=9 & \cdots ㉣ \end{cases}$

2 … 연립방정식의 해 (두 직선이 일치할 때)

연립방정식 $\begin{cases} \boldsymbol{x-y=3} & \cdots ㉠ \\ \boldsymbol{2x-2y=6} & \cdots ㉡ \end{cases}$ 을 풀어라.

요점 Check

두 직선 $ax+by=c$, $a'x+b'y=c'$이 일치할 때

⇨ $\begin{cases} ax+by=c \\ a'x+b'y=c' \end{cases}$ 의 해는 무수히 많다.

풀이

주어진 방정식을 각각 y에 관하여 풀면

$\begin{cases} y=x-3 & \cdots ㉠ \\ y=x-3 & \cdots ㉡ \end{cases}$ 이 되어 서로 같다.

따라서, 두 방정식의 그래프가 일치하며 교점은 무수히 많다.

즉, 연립방정식의 해는 무수히 많고, 이 때 해는 $x-y=3$을 만족하는 모든 수이다.

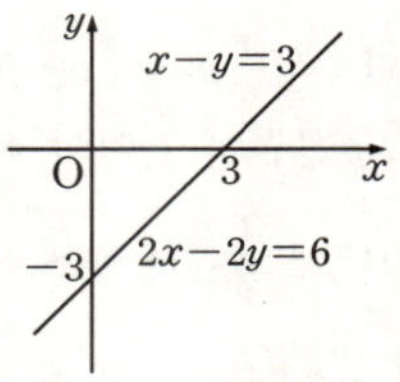

답 $\boldsymbol{x-y=3}$을 만족하는 모든 수

확인 02

다음 연립방정식을 풀어라.

(1) $\begin{cases} 3x+y=1 & \cdots ㉠ \\ 9x+3y=3 & \cdots ㉡ \end{cases}$

(2) $\begin{cases} 4x-2y=12 & \cdots ㉢ \\ 8x-4y=24 & \cdots ㉣ \end{cases}$

3 ··· 연립방정식의 해 (두 직선이 평행할 때)

연립방정식 $\begin{cases} 2x-y=-3 & \cdots ㉠ \\ 2x-y=2 & \cdots ㉡ \end{cases}$ 을 풀어라.

풀이

주어진 방정식을 각각 y에 관하여 풀면

$\begin{cases} y=2x+3 & \cdots ㉠ \\ y=2x-2 & \cdots ㉡ \end{cases}$ 이므로 그래프를 그리면 오른쪽 그림과 같이 서로 평행한 두 직선이다.

이 때, 두 직선은 만나지 않으므로 교점이 없다.

즉, 연립방정식의 **해는 없다.** ← 답

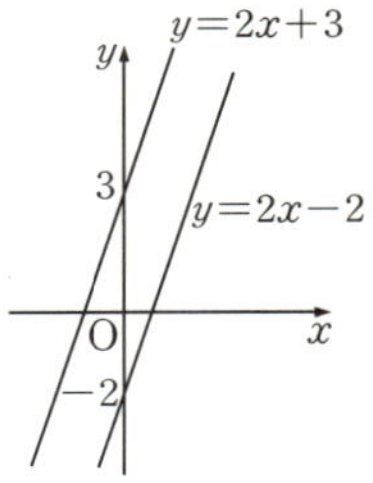

요점 Check

두 직선 $ax+by=c$, $a'x+b'y=c'$이 평행할 때

⇨ $\begin{cases} ax+by=c \\ a'x+b'y=c' \end{cases}$ 의 해는 없다.

확인 03

다음 연립방정식을 풀어라.

(1) $\begin{cases} 3x+y=2 & \cdots ㉠ \\ 9x+3y=9 & \cdots ㉡ \end{cases}$

(2) $\begin{cases} x-2y=0 & \cdots ㉢ \\ 3x-6y=3 & \cdots ㉣ \end{cases}$

4 ··· 연립방정식이 특수한 해를 가질 조건

연립방정식 $\begin{cases} 2x+2y=2b & \cdots ㉠ \\ 3ax-y=4 & \cdots ㉡ \end{cases}$ 이 다음 조건을 만족할 때, a, b의 값을 구하여라.

(1) 해가 무수히 많다

(2) 해가 없다

풀이

두 방정식을 y에 관하여 풀면 ㉠은 $y=-x+b$, ㉡은 $y=3ax-4$이다.

(1) 두 직선의 기울기가 같고 y절편이 같아야 하므로

$-1=3a$, $b=-4$ $\quad\therefore$ $\boldsymbol{a=-\frac{1}{3}}$, $\boldsymbol{b=-4}$ ← 답

(2) 두 직선의 기울기는 같고 y절편은 다르므로 $\boldsymbol{a=-\frac{1}{3}}$, $\boldsymbol{b\neq-4}$ ← 답

요점 Check

$\begin{cases} ax+by=c \\ a'x+b'y=c' \end{cases}$ 의 해가 무수히 많을 조건

⇨ 두 직선의 기울기가 같고 y절편이 같다.

$\begin{cases} ax+by=c \\ a'x+b'y=c' \end{cases}$ 의 해가 없을 조건

⇨ 두 직선의 기울기는 같고 y절편은 다르다.

확인 04

연립방정식 $\begin{cases} 4x-2y=b & \cdots ㉠ \\ ax+y=2 & \cdots ㉡ \end{cases}$ 이 다음 조건을 만족할 때, a, b의 값을 구하여라.

(1) 해가 무수히 많다

(2) 해가 없다

실력 높이기

01 기본 다음 일차방정식을 일차함수로 나타내어라.

(1) $x+2y-6=0$ (2) $4x+3y-1=0$

02 기본 다음 직선의 방정식을 구하여라.

(1) 기울기가 -3이고 y절편이 -2인 직선

(2) 기울기가 4이고 점 $(-1,\ -1)$을 지나는 직선

(3) x절편이 2, y절편이 -8인 직선

(4) 두 점 $(2,\ 5)$, $(4,\ -3)$을 지나는 직선

03 기본 다음 직선의 방정식을 구하여라.

(1) 직선 $y=-2x+5$에 평행하고 y절편이 -1인 직선

(2) 기울기가 -5이고 x절편이 3인 직선

(3) 점 $(2,\ 7)$을 지나고 직선 $y=2x-1$에 평행한 직선

04 실력 x절편이 2, y절편이 4인 직선을 나타내는 일차방정식이 $ax+y+c=0$일 때, 상수 a, c의 값을 구하여라.

05 실력 그림은 일차방정식 $ax+by-2=0$의 해를 나타내는 그래프이다. 상수 a, b의 부호를 정하여라.

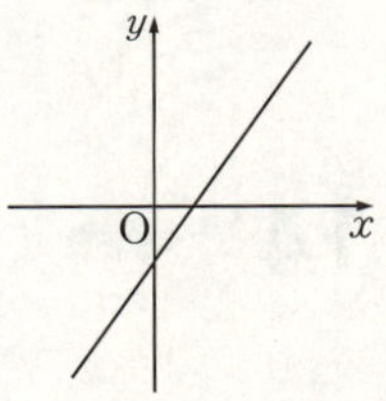

06 실력 일차함수 $y=-2x+b$의 정의역이 $\{x \mid 1 \le x \le a\}$이고 치역이 $\{y \mid -1 \le y \le 3\}$일 때, 상수 a, b의 값을 구하여라.

07 완성 직선 $y=ax+1$이 두 점 $\mathrm{A}(1,\ 5)$, $\mathrm{B}(3,\ 0)$을 이은 선분 AB와 만나도록 상수 a의 값의 범위를 구하여라.

08 실력 세 점 $(-2, -3)$, $(2, -1)$, $(m, 4)$가 한 직선 위에 있을 때, m의 값을 구하여라.

09 완성 두 점 $(2, 3)$, $(4, -5)$를 지나는 직선과 평행하며 점 $(1, -1)$을 지나는 직선의 방정식을 구하여라.

10 완성 직선 $ax+3y=6$과 x축, y축의 양의 부분으로 둘러싸인 삼각형의 넓이가 6일 때, 양수 a의 값을 구하여라.

11 완성 직선 $y=3x-3$에 평행한 직선 l이 점 $(-1, 3)$을 지날 때, 직선 l과 x축, y축으로 둘러싸인 부분의 넓이를 구하여라.

12 실력 연립방정식 $\begin{cases} ax+y=5 \\ 2x-y=b \end{cases}$의 해가 무수히 많을 때, 상수 a, b의 값을 구하여라.

13 실력 연립방정식 $\begin{cases} x-2y=3 \\ -2x+4y=a \end{cases}$의 해가 없을 조건을 구하여라.

14 완성 일차함수 $y=2x+b$의 그래프가 두 직선 $x+2y=4$, $-x+4y=2$의 교점을 지날 때, 상수 b의 값을 구하여라.

15 완성 서술형 일차함수 $y=\frac{4}{5}x+8$의 그래프가 y축, x축과 만나는 점을 각각 A, B라 하자. 그림의 △ABC의 넓이가 24일 때, 두 점 A, C를 지나는 직선의 방정식을 구하여라. 〈5점〉

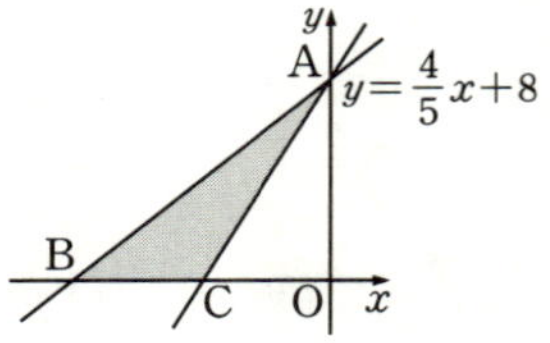

Ⅳ. 확률과 통계

1 경우의 수

기본원리 꿀꺽

1 사건과 경우의 수

1 **사건** : 동전을 한 개 던질 때, 「앞면이 나온다」, 「뒷면이 나온다」 등과 같이 실험이나 관찰에 의하여 발생한 결과를 **사건**이라고 한다.

2 **경우의 수** : 어떤 사건이 일어나는 가짓수를 **경우의 수**라고 한다.

2 사건 A 또는 B가 일어나는 경우의 수

두 사건 A, B가 동시에 일어나지 않을 때, 사건 A가 일어나는 경우의 수가 m가지이고, 사건 B가 일어나는 경우의 수가 n가지이면 사건 A 또는 사건 B가 일어나는 경우의 수는 $\boldsymbol{m+n}$가지이다. ← A, B가 일어나는 경우의 수의 합

예 A시에서 B시로 가는 기차는 하루에 3번, 버스는 5번 있다고 한다.
A시에서 B시로 기차나 버스를 타고 가는 경우의 수를 구하여라.

풀이 기차로 가는 경우의 수 ⇨ 3가지, 버스로 가는 경우의 수 ⇨ 5가지
두 사건은 동시에 일어날 수 없으므로 경우의 수는 $3+5=8$(**가지**)

3 사건 A, B가 동시에 일어나는 경우의 수

사건 A가 일어나는 경우의 수가 m가지이고, 그 각각의 경우에 대하여 사건 B가 일어나는 경우의 수가 n가지이면 두 사건 A, B가 동시에 일어나는 경우의 수는 $\boldsymbol{m\times n}$가지이다. ← A, B가 일어나는 경우의 수의 곱

예 동전 1개와 주사위 1개를 동시에 던질 때, 일어나는 모든 경우의 수를 구하여라.

풀이 동전을 던질 때 일어나는 경우의 수 ⇨ 앞면과 뒷면의 2가지
주사위를 던질 때 일어나는 경우의 수 ⇨ 1, 2, 3, 4, 5, 6의 6가지
따라서, 구하는 경우의 수는 $2\times6=12$(**가지**)

Note : 동전 주사위 동전 주사위

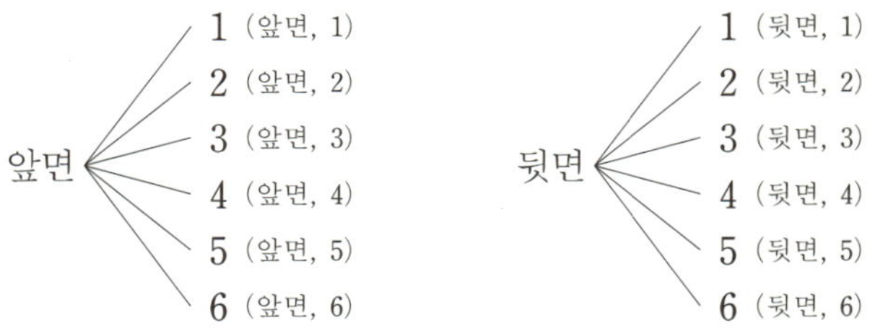

필수예제

1 … 경우의 수

한 개의 주사위를 던질 때, 다음 사건이 일어날 경우의 수를 구하여라.

(1) 홀수의 눈이 나온다. (2) 2보다 큰 수의 눈이 나온다.

(3) 소수의 눈이 나온다. (4) 3의 배수의 눈이 나온다.

요점 Check

한 개의 주사위를 던질 때 나올 수 있는 모든 경우
⇨ 1, 2, 3, 4, 5, 6

풀이

(1) 1, 3, 5의 **3가지** ← 답
(2) 3, 4, 5, 6의 **4가지** ← 답
(3) 2, 3, 5의 **3가지** ← 답
(4) 3, 6의 **2가지** ← 답

확인 01

1에서 10까지의 수가 각각 적힌 카드가 10장 있다. 이 중에서 카드 한 장을 뽑을 때, 다음 경우의 수를 구하여라.

(1) 4의 배수가 나온다. (2) 10의 약수가 나온다.

2 … 사건 A 또는 B가 일어나는 경우의 수

상자 속에 1에서 9까지의 수가 각각 적힌 공이 9개 있다. 이 중에서 한 개의 공을 꺼낼 때, 3의 배수 또는 4의 배수가 적힌 공이 나오는 경우의 수를 구하여라.

요점 Check

사건 A 또는 B가 일어나는 경우의 수 ⇨ 두 사건이 일어날 경우의 수의 합과 같다.

풀이

3의 배수가 적힌 공이 나오는 경우는 3, 6, 9의 3가지,
4의 배수가 적힌 공이 나오는 경우는 4, 8의 2가지이다.
이 사건은 동시에 일어나지 않으므로 구하는 경우의 수는 $3+2=$**5(가지)** ← 답

확인 02

1에서 10까지의 수가 각각 적힌 카드 10장이 있다. 이 중에서 동시에 2장을 뽑을 때, 카드에 적힌 두 수의 합이 5 또는 7이 되는 경우의 수를 구하여라.

1	2	3	4	5
6	7	8	9	10

3 ··· 사건 A, B가 동시에 일어나는 경우의 수

3개의 자음 ㄱ, ㄴ, ㄷ과 4개의 모음 ㅏ, ㅓ, ㅗ, ㅜ가 있다. 자음 1개와 모음 1개를 짝지어 만들 수 있는 글자는 모두 몇 가지인가?

요점 Check

사건 A, B가 동시에 일어나는 경우의 수 ⇨ 두 사건이 일어나는 경우의 수의 곱과 같다.

풀이

만들 수 있는 모든 글자는 다음과 같다.

ㄱ ─ ㅏ … 가, ㅓ … 거, ㅗ … 고, ㅜ … 구

ㄴ ─ ㅏ … 나, ㅓ … 너, ㅗ … 노, ㅜ … 누

ㄷ ─ ㅏ … 다, ㅓ … 더, ㅗ … 도, ㅜ … 두

따라서, 3개의 자음 ㄱ, ㄴ, ㄷ에 대하여 4개의 모음 ㅏ, ㅓ, ㅗ, ㅜ를 짝지어 만들 수 있는 글자는 $3\times4=$**12(가지)** ← 답

확인 03

서울을 출발하여 부산을 거쳐 제주에 가려고 한다. 서울에서 부산까지는 3개의 열차편을 이용할 수 있고, 부산에서 제주까지는 2개의 항공편을 이용할 수 있다. 서울에서 부산을 거쳐 제주까지 가는 방법은 몇 가지인가?

4 ··· 사건 A, B가 동시에 일어나는 경우의 수

A, B 두 사람이 가위바위보를 할 때, 다음을 구하여라.

(1) 일어날 수 있는 모든 경우의 수

(2) 승패가 결정될 경우의 수

요점 Check

• A가 낼 수 있는 경우
⇨ 가위, 바위, 보의 3가지
• B가 낼 수 있는 경우
⇨ 가위, 바위, 보의 3가지

풀이

(1)

A	B	(A, B)	A	B	(A, B)	A	B	(A, B)
가위	가위	(가위, 가위)	바위	가위	(바위, 가위)	보	가위	(보, 가위)
	바위	(가위, 바위)		바위	(바위, 바위)		바위	(보, 바위)
	보	(가위, 보)		보	(바위, 보)		보	(보, 보)

따라서, 일어날 수 있는 모든 경우의 수는 $3\times3=$**9(가지)** ← 답

(2) 승패가 결정되는 경우는 (가위, 바위), (가위, 보), (바위, 가위), (바위, 보), (보, 가위), (보, 바위)의 **6가지** ← 답

Note : 비기는 경우는 (가위, 가위), (바위, 바위), (보, 보)의 3가지이다.

확인 04

문이 4개가 있는 극장이 있다. 어느 한 쪽의 문으로 들어와서 다른 쪽 문으로 나가려고 할 때, 일어날 수 있는 모든 경우의 수를 구하여라.

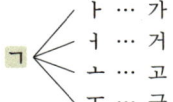

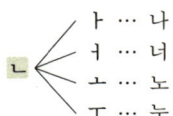

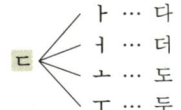

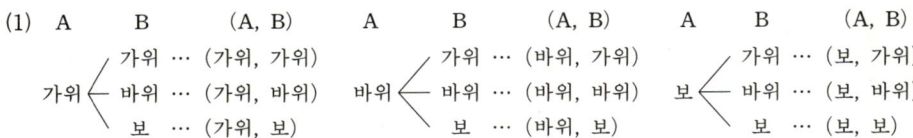

2 여러 가지 경우의 수

기본원리 꿀꺽

1 일렬로 세우는 경우의 수

1. n명을 일렬로 세우는 경우의 수는 $n\times(n-1)\times(n-2)\times\cdots\times2\times1$(가지)
2. n명 중에서 2명을 뽑아 일렬로 세우는 경우의 수는 $n\times(n-1)$(가지)
3. **이웃하여 설 때의 경우의 수**

1 단계 : 이웃하는 것을 괄호로 묶은 다음 이것을 하나로 생각한다.

2 단계 : 묶은 것과 나머지 것을 일렬로 세우는 경우의 수를 구한다.

3 단계 : 묶음 안에서 자리를 바꾸는 경우의 수를 곱한다.

예) A, B, C, D가 일렬로 설 때, A, B가 이웃하여 서는 경우의 수를 구하여라.

풀이 AB, C, D 세 명이 한 줄로 서는 경우의 수는 $3\times2\times1=6$(가지) … ㉠

A, B의 위치를 바꾸는 경우는 AB, BA의 2가지 … ㉡

따라서, 구하는 경우의 수는 $6\times2=\mathbf{12}$(가지) ← ㉠×㉡

2 회장, 부회장을 뽑는 경우의 수

1. n명 중에서 회장 1명, 부회장 1명을 뽑는 경우의 수 : $n\times(n-1)$(가지)

예) A, B, C 3명 중에서 회장 1명, 부회장 1명을 뽑는 경우의 수는

$3\times(3-1)=3\times2=\mathbf{6}$(가지)

2. n명 중에서 회장 1명, 부회장 1명, 총무 1명을 뽑는 경우의 수 :

$n\times(n-1)\times(n-2)$(가지)

예) A, B, C, D 4명 중에서 회장 1명, 부회장 1명, 총무 1명을 뽑는 경우의 수는

$4\times(4-1)\times(4-2)=4\times3\times2=\mathbf{24}$(가지)

3 대표를 뽑는 경우의 수

n명 중에서 대표 2명을 뽑는 경우의 수는 $\frac{n(n-1)}{2}$(가지)

예) A, B, C 3명 중에서 대표 2명을 뽑는 경우의 수는 $\frac{3\times(3-1)}{2}=\frac{3\times2}{2}=\mathbf{3}$(가지)

필수예제

1 … 경우의 수

A, B, C 동전 3개를 동시에 던질 때, 다음을 구하여라.

(1) 모든 경우의 수　　　　　(2) 한 개만 앞면이 나오는 경우의 수

요점 Check

- 동전의 앞면 : H(Head)
- 동전의 뒷면 : T(Tail)

풀이

동전의 앞면을 H, 동전의 뒷면을 T라 하면 오른쪽과 같이 나타낼 수 있다.

(1) 모든 경우의 수는

$2\times2\times2=8$(**가지**) ← 답

(2) 한 개만 앞면이 나오는 경우는

HTT, THT, TTH의 **3가지** ← 답

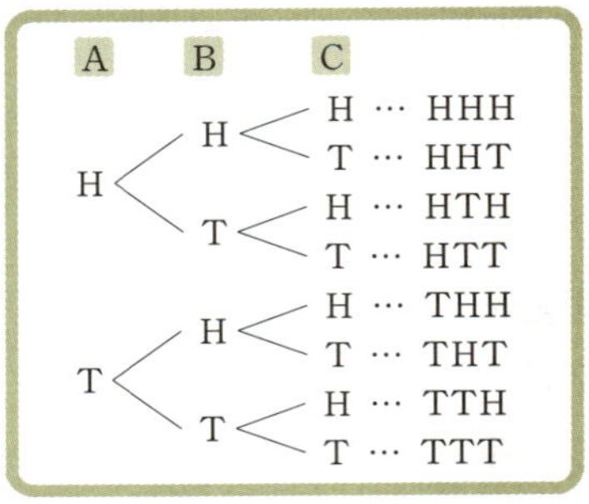

확인 01

2개의 주사위 A, B를 동시에 던질 때, 다음 경우의 수를 구하여라.

(1) 모든 경우의 수　　　　　(2) 눈의 합이 7인 경우의 수

2 … 일렬로 세우는 경우의 수

A, B, C, D, E 5명이 일렬로 설 때, 다음 경우의 수를 구하여라.

(1) 모든 경우의 수

(2) A, B 두 사람이 이웃하여 서는 경우의 수

요점 Check

n명이 일렬로 설 때의 경우의 수

⇨ $n\times(n-1)\times\cdots\times2\times1$

풀이

(1) $5\times4\times3\times2\times1=$**120**(**가지**) ← 답

(2) A, B를 묶어 한 사람으로 생각하면 AB, C, D, E 4명이 일렬로 서는 경우와 같다. 이 때의 경우의 수는 $4\times3\times2\times1=24$(가지)

그런데 A, B가 위치를 바꾸는 경우가 AB, BA의 2가지가 있다.

따라서, 구하는 경우의 수는 $24\times2=$**48**(**가지**) ← 답

확인 02

A, B, C, D, E, F 6명이 일렬로 설 때, 다음 경우의 수를 구하여라.

(1) 모든 경우의 수　　　　　(2) C, D 두 사람이 이웃하여 서는 경우의 수

3 ··· 회장, 부회장을 뽑는 경우의 수

A, B, C, D, E 5명 중에서 회장 1명, 부회장 1명을 뽑는 경우의 수를 구하여라.

풀이

(i) 회장을 뽑는 방법 : A, B, C, D, E 중에서 한 명을 뽑으므로 경우의 수는 5가지이다.

(ii) 부회장을 뽑는 방법 :

- A가 회장으로 뽑혔을 때 ⇨ B, C, D, E 중에서 한 명을 뽑으므로 경우의 수는 4가지이다.
- B가 회장으로 뽑혔을 때 ⇨ A, C, D, E 중에서 한 명을 뽑으므로 경우의 수는 4가지이다.
- C, D, E가 회장으로 뽑혔을 때도 부회장을 뽑는 경우의 수는 각각 4가지씩이다.

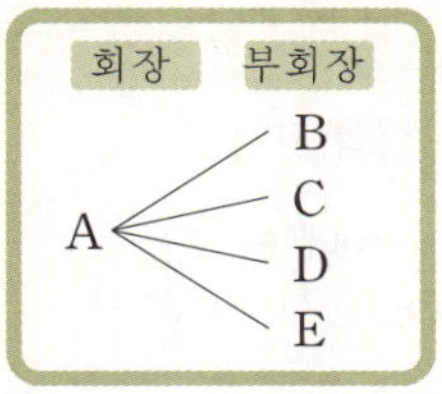

(i), (ii)에서 구하는 경우의 수는 $5 \times 4 = 20$(가지) ← 답

요점 Check

- n명 중에서 회장 1명, 부회장 1명을 뽑는 경우의 수 ⇨ $n \times (n-1)$
- n명 중에서 회장 1명, 부회장 1명, 총무 1명을 뽑는 경우의 수 ⇨ $n \times (n-1) \times (n-2)$

확인 03

A, B, C, D, E 5명 중에서 회장 1명, 부회장 1명, 총무 1명을 뽑는 경우의 수를 구하여라.

4 ··· 정수 만들기

1에서 4까지의 숫자가 각각 적힌 4장의 카드에서 2장을 뽑아서 만들 수 있는 두 자리의 수는 모두 몇 가지인가?

[1] [2] [3] [4]

풀이

십의 자리에 올 수 있는 숫자는 1, 2, 3, 4의 4가지이다.

그 각각에 대하여 일의 자리에 올 수 있는 숫자는 십의 자리에 온 숫자를 제외한 나머지 세 숫자 중의 하나이어야 하므로 3가지이다.

따라서, 만들 수 있는 두 자리의 수는 $4 \times 3 = 12$(가지) ← 답

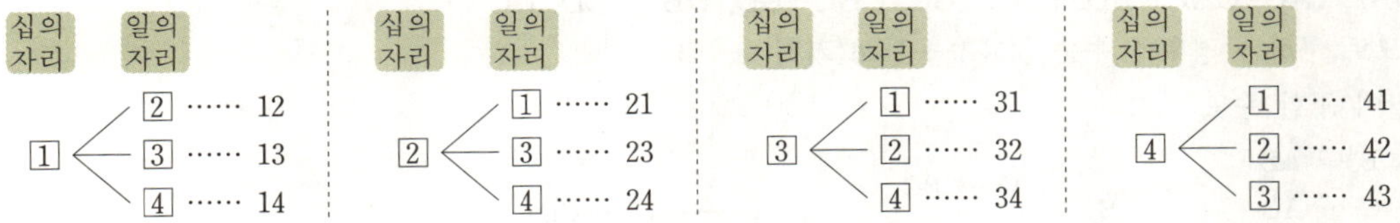

요점 Check

n개의 숫자 중에서 2개를 뽑아 만들 수 있는 두 자리 정수의 개수 ⇨ $n \times (n-1)$

확인 04

1에서 3까지의 숫자가 각각 적힌 3장의 카드로 만들 수 있는 세 자리의 정수는 모두 몇 가지인가?

5 ··· 0이 포함된 정수 만들기

0에서 4까지 적힌 5장의 카드에서 3장을 뽑아 만들 수 있는 세 자리의 정수는 모두 몇 가지인가?

[0] [1] [2] [3] [4]

요점 Check

0을 포함한 정수
⇨ 가장 앞 자리에는 0이 올 수 없다.

풀이

백의 자리	십의 자리	일의 자리
↓	↓	↓
0을 제외한 4가지	백의 자리에 온 수를 제외한 4가지 (0포함)	백, 십의 자리에 온 수를 제외한 3가지 (0포함)

- 백의 자리 ⇨ 0은 올 수 없으므로 1, 2, 3, 4의 4가지가 올 수 있다.
- 십의 자리 ⇨ 백의 자리에 뽑힌 한 장을 제외한 4가지가 올 수 있다.
  (십의 자리에는 0이 올 수 있으므로 4가지이다.)
- 일의 자리 ⇨ 백의 자리와 십의 자리에 뽑힌 두 장을 제외한 3가지가 올 수 있다.
  (일의 자리에도 0이 올 수 있으므로 3가지이다.)

따라서, 구하는 경우의 수는 $4\times4\times3=$**48(가지)** ← 답

확인 05

0에서 3까지의 숫자가 적힌 4장의 카드에서 3장을 뽑아 만들 수 있는 세 자리의 정수는 모두 몇 가지인가?

6 ··· 대표를 뽑는 경우의 수

A, B, C, D 4명 중에서 대표 2명을 뽑는 경우의 수를 구하여라.

요점 Check

n명 중에서 대표 2명을 뽑는 경우의 수
⇨ $\frac{n\times(n-1)}{2}$

풀이

A	대표	B	대표	C	대표	D	대표
B	AB	A	BA	A	CA	A	DA
C	AC	C	BC	B	CB	B	DB
D	AD	D	BD	D	CD	C	DC

위에서 (AB, BA), (AC, CA), (AD, DA), (BC, CB), (BD, DB), (CD, DC)는 각각 같은 경우이므로 구하는 경우의 수는 $(4\times3)\div2=$**6(가지)** ← 답

Note : 다음과 같이 구할 수도 있다.

A — B ··· AB, C ··· AC, D ··· AD

B — C ··· BC, D ··· BD

C — D ··· CD

확인 06

집합 A$=\{a, b, c, d, e\}$의 부분집합 중 원소가 2개인 것의 개수를 구하여라.

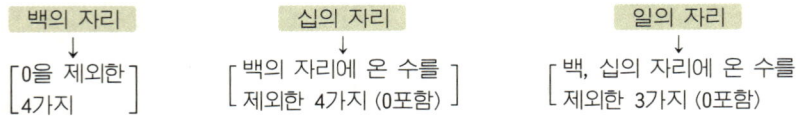

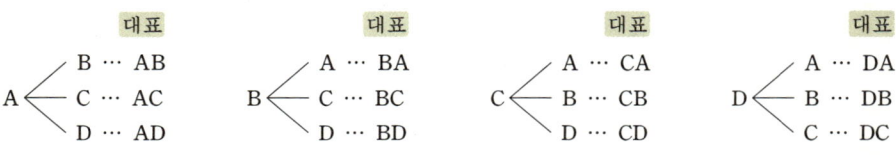

실력 높이기

01 기본 100원, 50원, 10원짜리 동전이 각각 5개씩 있을 때, 각 동전을 1개 이상 사용하여 650원을 지불하는 경우의 수를 구하여라.

02 기본 한 개의 주사위를 던질 때 3보다 작거나 4보다 큰 눈이 나오는 경우의 수를 구하여라.

03 기본 그림과 같이 세 마을이 연결되어 있다. A마을에서 C마을까지 가는 경우의 수를 구하여라.

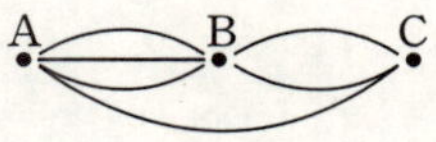

04 실력 A, B 두 개의 주사위를 던질 때, 나오는 눈의 합이 3 또는 7일 경우의 수를 구하여라.

05 완성 A, B 두 개의 주사위를 던질 때, 두 주사위의 눈의 차가 4 이하일 경우의 수를 구하여라.

06 기본 네 사람이 3인용과 1인용 소파에 나누어 앉는 경우의 수를 구하여라. (단, 3인용 소파에 앉는 순서는 무시한다.)

07 실력 100원짜리 동전 1개, 500원짜리 동전 1개 그리고 주사위 1개를 동시에 던질 때, 다음을 구하여라.

(1) 모든 경우의 수 (2) 주사위의 눈이 4 이상일 경우의 수

08 기본 부모님, 형, 누나, 민수가 나란히 서서 가족 사진을 찍으려고 한다. 부모님이 이웃하여 찍게되는 경우의 수를 구하여라.

09 기본 A, B, C, D, E 5명이 한 줄로 설 때, A는 가장 앞, C는 가장 뒤에 서는 경우의 수를 구하여라.

10 기본 400m 계주 선수로 A, B, C, D 네 명이 출전하기로 하였다. B를 마지막 주자로 정할 때, 달리는 순서는 몇 가지 방법으로 정할 수 있는가?

11 실력 그림과 같은 원판에 빨강, 주황, 노랑, 초록, 파랑의 5가지 색 중에서 3가지를 택하여 칠하려고 한다. 가, 나, 다에 서로 다른 색을 칠할 수 있는 모든 경우의 수를 구하여라.

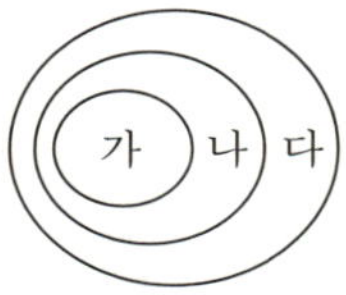

12 기본 A, B, C, D 4명의 후보 중에서 대표 3명을 뽑을 수 있는 모든 경우의 수를 구하여라.

13 실력 친구 5명이 한 사람도 빠짐없이 악수를 주고 받았다. 악수는 모두 몇 번 한 셈인가?

14 실력 원 위에 A, B, C, D, E 5개의 점이 있다. 두 점을 잇는 선분은 몇 개 만들 수 있는가?

15 기본 숫자 1, 2, 3, 4가 적혀 있는 4장의 카드 중에서 3장을 뽑아서 만들 수 있는 세 자리의 자연수는 모두 몇 가지인가?

16 기본 2, 3, 5, 7, 11의 수가 적힌 5장의 카드에서 2장을 뽑아서 만들 수 있는 분수는 몇 가지인가?

17 실력 0에서 4까지의 숫자가 적힌 5장의 카드에서 2장을 뽑아 만들 수 있는 두 자리의 자연수는 몇 가지인가?

18 실력 1에서 4까지의 숫자가 적힌 4장의 카드에서 3장을 뽑아 세 자리의 정수를 만들 때, 홀수는 몇 가지인가?

19 완성 0, 1, 2, 3, 4의 숫자가 각각 적힌 5장의 카드가 있다. 이 중에서 2장을 뽑아 두 자리의 정수를 만들 때, 짝수가 되는 경우의 수를 구하여라.

1 확률의 뜻과 성질

기본원리 꿀꺽

1 확률의 뜻

어떤 사건이 일어날 가능성을 수로 나타낸 것이 **확률**이다.

$$(\text{사건 A가 일어날 확률})=\frac{(\text{사건 A가 일어나는 경우의 수})}{(\text{모든 경우의 수})}$$

예 주사위 한 개를 던질 때 3의 배수의 눈이 나올 확률을 구하여라.

풀이 주사위 한 개를 던질 때 나올 수 있는 모든 경우의 수는 6가지이다.
또한 3의 배수의 눈 즉, 3과 6이 나오는 경우의 수는 2이므로 확률은

$$\frac{(\text{3의 배수의 눈이 나오는 경우의 수})}{(\text{모든 경우의 수})}=\frac{2}{6}=\frac{1}{3}$$

2 확률의 성질

1 어떤 사건이 일어날 확률을 p라고 하면 $0\le p\le 1$ 이다.

2 반드시 일어나는 사건의 확률은 **1** 이다.

3 절대로 일어날 수 없는 사건의 확률은 **0** 이다.

예 한 개의 주사위를 던질 때, 다음 확률을 구하여라.

(1) 7의 눈이 나올 확률　　　(3) 6 이하의 눈이 나올 확률

풀이 (1) 주사위에는 7의 눈이 없으므로 7의 눈이 나올 확률은 $\frac{0}{6}=0$

(2) 주사위의 눈은 모두 6 이하이므로 확률은 $\frac{6}{6}=1$

3 사건 A가 일어나지 않을 확률

어떤 사건 A가 일어날 확률을 p라고 하면

$$(\text{사건 A가 일어나지 않을 확률})=1-p$$

예 100개의 복권 중에서 당첨 복권이 30개 있다고 한다. 이들 복권 중에서 임의로 하나를 택할 때, 다음을 구하여라.

(1) 당첨될 확률　　　(2) 당첨되지 않을 확률

풀이 (1) $\frac{30}{100}=\frac{3}{10}$　　　(2) $1-\frac{3}{10}=\frac{7}{10}$

필수예제

1 … 확률의 뜻

1에서 10까지의 수가 각각 적힌 카드 10장에서 한 장을 뽑을 때, 그 카드의 숫자가 다음과 같을 확률을 구하여라.

(1) 3의 배수　　　　(2) 10의 약수

요점 Check

(사건 A가 일어날 확률)
$=\dfrac{(\text{A가 일어날 경우의 수})}{(\text{모든 경우의 수})}$

풀이

모든 경우의 수는 1, 2, 3, …, 9, 10의 10가지이다.

(1) 3의 배수는 3, 6, 9의 3가지이므로 구하는 확률은 $\dfrac{3}{10}$ ← 답

(2) 10의 약수는 1, 2, 5, 10의 4가지이므로 구하는 확률은 $\dfrac{4}{10}=\dfrac{2}{5}$ ← 답

확인 01

상자 안에 빨간 구슬이 16개, 노란 구슬이 6개, 흰 구슬이 8개 들어 있다. 이 중에서 임의로 한 개의 구슬을 꺼낼 때, 다음을 구하여라.

(1) 빨간 구슬이 나올 확률　　　　(2) 흰 구슬이 나올 확률

2 … 동전 문제

동전 3개를 동시에 던질 때, 다음과 같이 나올 확률을 구하여라.

(1) 앞면이 2개, 뒷면이 1개　　　　(2) 모두 앞면

요점 Check

- 동전을 던지는 문제
⇨ 수형도(나뭇가지 그림)를 그려서 구한다.
- H(Head) ⇨ 앞면
T(Tail) ⇨ 뒷면

풀이

동전 3개를 던질 때 일어날 수 있는 모든 경우의 수는 $2\times2\times2=8$(가지)

(1) 앞면이 2개, 뒷면이 1개인 경우는 HHT, HTH, THH의 3가지이므로 구하는 확률은 $\dfrac{3}{8}$ ← 답

(2) 모두 앞면이 나오는 경우는 HHH의 1가지이므로 구하는 확률은 $\dfrac{1}{8}$ ← 답

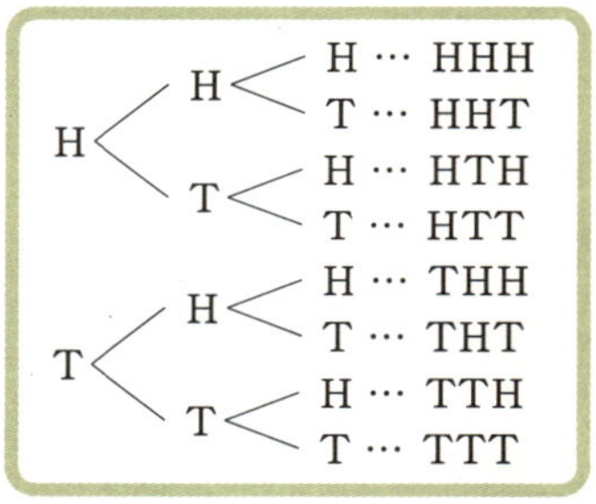

확인 02

동전 한 개와 주사위 한 개를 동시에 던질 때, 동전은 뒷면이 나오고 주사위는 홀수의 눈이 나올 확률을 구하여라.

3 … 주사위 문제

두 개의 주사위 A, B를 동시에 던질 때, 다음을 구하여라.

(1) 나온 눈의 합이 5가 될 확률　　(2) 나온 눈의 합이 8이 될 확률

풀이

주사위 2개를 던질 때 나올 수 있는 모든 경우의 수는 $6\times6=36$(가지)

(1) 눈의 합이 5인 경우는 (1, 4), (4, 1), (2, 3), (3, 2)의 4가지이므로

구하는 확률은 $\frac{4}{36}=\frac{1}{9}$ ← 답

(2) 눈의 합이 8인 경우는 (2, 6), (6, 2), (3, 5), (5, 3), (4, 4)의 5가지이므로

구하는 확률은 $\frac{5}{36}$ ← 답

요점 Check

주사위 2개를 던질 때 나온 눈의 합과 각 경우의 수는 다음과 같다.

눈의 합	경우의 수
2	1
3	2
4	3
5	4
6	5
7	6
8	5
9	4
10	3
11	2
12	1

확인 03

두 개의 주사위 A, B를 동시에 던질 때, 다음을 구하여라.

(1) 서로 같은 눈이 나올 확률　　(2) 나온 눈의 차가 2가 될 확률

4 … 정수 문제

3, 4, 5, 6이 적힌 4장의 카드 중에서 2장을 뽑아 두 자리의 정수를 만들 때, 그 수가 3의 배수일 확률을 구하여라.

풀이

모든 경우의 수는 $4\times3=12$(가지)

3 ─ 4 … 34, 5 … 35, 6 … 36
4 ─ 3 … 43, 5 … 45, 6 … 46
5 ─ 3 … 53, 4 … 54, 6 … 56
6 ─ 3 … 63, 4 … 64, 5 … 65

이 때, 3의 배수인 경우는 36, 45, 54, 63의 4가지이므로

구하는 확률은 $\frac{4}{12}=\frac{1}{3}$ ← 답

요점 Check

- 정수 문제
⇨ 수형도를 그린다.
- 3의 배수 판정
⇨ 각 자리의 수의 합이 3의 배수인 수가 3의 배수이다.
3+6, 5+4

확인 04

1, 2, 3이 적힌 3개의 구슬로 세 자리의 정수를 만들 때, 다음을 구하여라.

(1) 그 수가 200 미만일 확률　　(2) 그 수가 320 이상일 확률

5 ··· 확률의 성질

흰 공 4개, 붉은 공 3개가 들어 있는 주머니에서 한 개의 공을 꺼낼 때, 다음을 구하여라.

(1) 흰 공이 나올 확률　　(2) 검은 공이 나올 확률

(3) 흰 공 또는 붉은 공이 나올 확률

요점 Check

- $0 \le$ (확률) ≤ 1
- 항상 일어날 확률 ⇨ 1
- 절대로 일어나지 않을 확률 ⇨ 0

풀이

모든 경우의 수는 7가지이다.

(1) 흰 공이 4개이므로 구하는 확률은 $\mathbf{\frac{4}{7}}$ ← 답

(2) 검은 공이 없으므로 구하는 확률은 $\frac{0}{7}=\mathbf{0}$ ← 답

(3) 7개 모두 흰 공 또는 붉은 공이므로 구하는 확률은 $\frac{7}{7}=\mathbf{1}$ ← 답

확인 05

A, B 두 개의 주사위를 동시에 던질 때, 다음을 구하여라.

(1) 두 눈의 합이 1일 확률　　(2) 두 눈의 합이 4일 확률

(3) 두 눈의 합이 12 이하일 확률

6 ··· 사건 A가 일어나지 않을 확률

A, B 두 개의 주사위를 동시에 던질 때, 다음을 구하여라.

(1) 눈의 합이 5 미만일 확률　　(2) 눈의 합이 5 이상일 확률

요점 Check

사건 A가 일어날 확률을 p라고 할 때, 사건 A가 일어나지 않을 확률 ⇨ $1-p$

풀이

모든 경우의 수는 $6\times6=36$(가지)이다.

(1) 눈의 합이 5 미만인 경우는 (1, 1), (1, 2), (2, 1), (1, 3), (3, 1), (2, 2)의 6가지이므로 구하는 확률은 $\frac{6}{36}=\mathbf{\frac{1}{6}}$ ← 답

(2) 눈의 합이 5 이상인 경우는 눈의 합이 5 미만인 경우가 아닌 경우이므로 구하는 확률은 $1-\frac{1}{6}=\mathbf{\frac{5}{6}}$ ← 답

확인 06

1에서 10까지의 수가 적힌 카드가 10장 있다. 이 중에서 카드 한 장을 뽑을 때, 다음을 구하여라.

(1) 소수일 확률　　(2) 소수가 아닐 확률

2 확률의 계산

기본원리 꿀꺽

1 사건 A가 「적어도 한 번」은 일어날 확률

다음 순서로 구한다.

1 단계 : 사건 A가 일어나지 않을 확률을 구한다.

2 단계 : (사건 A가 적어도 한 번 일어날 확률)=1−(사건 A가 일어나지 않을 확률)

예 동전 2개를 던질 때 앞면이 적어도 한 개 나올 확률을 구하여라.

풀이 **1 단계** : 앞면이 한 개도 나오지 않을 확률 즉, 모두 뒷면이 나올 확률을 구한다.
일어날 모든 경우는 (앞, 앞), (앞, 뒤), (뒤, 앞), (뒤, 뒤)이므로
모두 뒷면이 나올 확률은 $\frac{1}{4}$

2 단계 : 구하는 확률은 $1-\frac{1}{4}=\frac{3}{4}$

2 사건 A 또는 사건 B가 일어날 확률

사건 A, B가 동시에 일어나지 않을 때, 사건 A가 일어날 확률을 p, 사건 B가 일어날 확률을 q라고 하면

(사건 A 또는 사건 B가 일어날 확률)=$p+q$ ← 두 확률의 합

예 주머니 속에 빨간 공이 4개, 노란 공이 5개, 파란 공이 3개 들어 있다. 이 주머니에서 공 한 개를 꺼낼 때, 빨간 공 또는 파란 공이 나올 확률을 구하여라.

풀이 (빨간 공이 나올 확률)=$\frac{4}{12}$, (파란 공이 나올 확률)=$\frac{3}{12}$

따라서, 구하는 확률은 $\frac{4}{12}+\frac{3}{12}=\frac{7}{12}$

3 사건 A, B가 동시에 일어날 확률

사건 A, B가 서로 영향을 끼치지 않을 때, 사건 A가 일어날 확률을 p, 사건 B가 일어날 확률을 q라고 하면

(사건 A, B가 동시에 일어날 확률)=$p\times q$ ← 두 확률의 곱

예 동전 한 개와 주사위 한 개를 동시에 던질 때, 동전은 앞면이 나오고, 주사위는 5의 약수의 눈이 나올 확률을 구하여라.

풀이 (동전의 앞면이 나올 확률)=$\frac{1}{2}$

5의 약수는 1, 5의 2가지이므로 (5의 약수의 눈이 나올 확률)=$\frac{2}{6}=\frac{1}{3}$

따라서, 구하는 확률은 $\frac{1}{2}\times\frac{1}{3}=\frac{1}{6}$

필수예제

1 … 사건 A가 적어도 한 번은 일어날 확률

서로 다른 두 개의 주사위를 던질 때, 홀수의 눈이 적어도 한 개 나올 확률을 구하여라.

요점 Check

(홀수의 눈이 적어도 한 번 나올 확률)
$=1-$(짝수만 나올 확률)

풀이

먼저 홀수의 눈이 하나도 나오지 않을 확률 즉, 짝수만 나올 확률을 구한다.
짝수만 나오는 경우의 수는 다음 9가지이다.
(2, 2), (2, 4), (2, 6), (4, 2), (4, 4), (4, 6), (6, 2), (6, 4), (6, 6)

$\therefore$ (짝수만 나올 확률)$=\frac{9}{36}=\frac{1}{4}$

따라서, 홀수의 눈이 적어도 한 번 나올 확률은 $1-\frac{1}{4}=\mathbf{\frac{3}{4}}$ ← 답

확인 01

서로 다른 두 개의 주사위를 동시에 던질 때, 적어도 한 번은 2 이상의 눈이 나올 확률을 구하여라.

2 … 사건 A 또는 사건 B가 일어날 확률

오른쪽 표는 2학년 학생들의 혈액형을 조사한 것이다. 이 중에서 임의로 한 명을 뽑을 때, 혈액형이 A형 또는 B형일 확률을 구하여라.

혈액형	A	B	O	AB
학생 수(명)	44	13	36	7

요점 Check

(사건 A 또는 사건 B가 일어날 확률)
$=$(사건 A가 일어날 확률)
$+$(사건 B가 일어날 확률)

풀이

2학년 전체 학생 수는 $44+13+36+7=100$(명)

(혈액형이 A형일 확률)$=\frac{44}{100}$, (혈액형이 B형일 확률)$=\frac{13}{100}$

그런데 이들은 동시에 일어나지 않으므로 구하는 확률은 $\frac{44}{100}+\frac{13}{100}=\mathbf{\frac{57}{100}}$ ← 답

확인 02

A, B 두 개의 주사위를 차례로 던질 때, 나오는 눈의 합이 4 또는 9가 될 확률을 구하여라.

3 … 사건 A, B가 동시에 일어날 확률

A, B 두 개의 주사위를 동시에 던질 때, A는 홀수의 눈, B는 5 이상의 눈이 나올 확률을 구하여라.

요점 Check

(사건 A, B가 동시에 일어날 확률)
=(사건 A가 일어날 확률)
×(사건 B가 일어날 확률)

풀이

A 주사위에서 홀수의 눈이 나올 확률은 $\frac{3}{6}=\frac{1}{2}$

B 주사위에서 5 이상의 눈이 나올 확률은 $\frac{2}{6}=\frac{1}{3}$

그런데 이들은 서로 영향을 끼치지 않으므로 구하는 확률은 $\frac{1}{2}\times\frac{1}{3}=\mathbf{\frac{1}{6}}$ ← 답

확인 03

동전 한 개와 주사위 한 개를 동시에 던질 때, 동전은 앞면, 주사위는 3의 배수의 눈이 나올 확률을 구하여라.

4 … 연속해서 뽑을 때의 확률

주머니 속에 5개의 제비가 들어 있고, 이 중에서 당첨 제비가 2개 들어 있다. 이 주머니에서 차례로 한 개씩 두 번 뽑을 때, 두 번 모두 당첨될 확률을 구하여라.

(1) 한 번 뽑은 제비를 다시 넣을 때

(2) 한 번 뽑은 제비를 다시 넣지 않을 때

요점 Check

- 뽑은 것을 다시 넣는 경우
⇨ 처음 뽑을 때의 확률과 두 번째 뽑을 때의 확률이 같다.
- 뽑은 것을 다시 넣지 않는 경우
⇨ 처음 뽑을 때의 확률과 두 번째 뽑을 때의 확률이 다르다.

풀이

(1) 처음에 당첨될 확률은 $\frac{2}{5}$, 두 번째에 당첨될 확률은 $\frac{2}{5}$

따라서, 구하는 확률은 $\frac{2}{5}\times\frac{2}{5}=\mathbf{\frac{4}{25}}$ ← 답

(2) 처음에 당첨될 확률은 $\frac{2}{5}$, 두 번째에 당첨될 확률은 $\frac{1}{4}$

따라서, 구하는 확률은 $\frac{2}{5}\times\frac{1}{4}=\frac{2}{20}=\mathbf{\frac{1}{10}}$ ← 답

Note : (2) 처음에 당첨 제비를 뽑았으므로 두 번째 뽑을 때에는 주머니 속에 제비가 4개, 그 중에 당첨 제비가 1개 들어 있다.

확인 04

주머니 속에 흰 구슬이 10개, 붉은 구슬이 6개 들어 있다. 주머니에서 차례로 한 개씩 두 번 뽑을 때, 두 번 모두 붉은 구슬이 나올 확률을 구하여라.

(1) 처음에 꺼낸 구슬을 다시 넣을 때

(2) 처음에 꺼낸 구슬을 다시 넣지 않을 때

실력 높이기

01 기본 그림과 같은 6등분된 원판이 돌고 있다. 이것을 활로 쏘아 맞힐 때 화살이 6의 약수에 꽂힐 확률을 구하여라. (단, 경계선 위에는 화살이 꽂히지 않는다.)

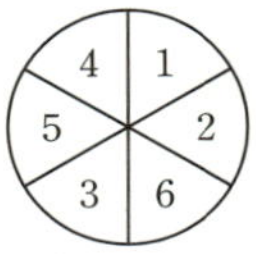

02 기본 일기예보에서 내일 비가 올 확률이 40%라고 한다. 내일 비가 오지 않을 확률을 구하여라.

03 기본 정수와 민기가 ○, × 퀴즈를 풀고 있다. 한 게임에서 정수는 ○, 민기는 ×를 들 확률을 구하여라.

04 실력 집합 $A=\{x, y, z\}$의 부분집합을 만들 때, 원소 x가 반드시 포함될 확률을 구하여라.

05 기본 두 개의 주사위 A, B를 동시에 던질 때, A의 눈의 수가 B의 눈의 수보다 클 확률을 구하여라.

06 기본 1번에서 35번까지 있는 학급에서 한 학생을 뽑아 당번을 시키려고 할 때, 번호가 6의 배수 또는 7의 배수일 확률을 구하여라.

07 기본 주머니 속에 1에서 10까지의 숫자가 적힌 구슬이 10개 들어 있다. 처음에 1개를 뽑아 번호를 읽고, 다시 넣은 다음 다시 1개를 뽑아 그 번호를 읽을 때, 처음에는 소수, 나중에는 6의 약수가 나올 확률을 구하여라.

08 실력 바둑통에 검은 돌이 20개, 흰 돌이 16개 들어 있다. 이 통에서 차례로 2개를 꺼낼 때, 처음에는 흰 돌, 나중에는 검은 돌이 나올 확률을 구하여라. (단, 꺼낸 돌은 다시 집어 넣지 않는다.)

09 기본 10발을 쏘면 4발씩 명중시키는 사냥꾼이 2발을 쏘아서 2발 모두 명중시킬 확률을 구하여라.

10 실력 1, 2, 3, 4의 숫자가 각각 적혀 있는 4장의 카드에서 임의로 두 장을 뽑아 두 자리의 정수를 만들 때, 그 수가 23 이하일 확률을 구하여라.

11 실력 세 장의 카드 [1] [2] [3]이 있다. 이 카드를 상자에 넣고 한 장을 뽑아 그 카드를 읽고 다시 넣는다. 이것을 세 번 되풀이 할 때, 세 번 모두 같은 숫자의 카드가 나올 확률을 구하여라.

12 실력 A, B, C, D 네 명의 후보 중에서 대표 2명을 뽑을 때, A가 뽑힐 확률을 구하여라.

13 실력 자연수 1, 2, 3을 배열할 때, 크기 순서로 배열될 확률을 구하여라.

14 실력 길이가 4cm, 5cm, 6cm, 9cm인 끈이 각각 하나씩 있다. 이 끈 중에서 3개의 끈을 골라 삼각형을 만들 때, 삼각형이 만들어질 확률을 구하여라.

15 완성 서술형 두 개의 주사위를 동시에 던져서 나온 눈의 수를 a, b라고 할 때, 방정식 $ax-b=0$의 해가 $x=1$ 또는 $x=6$일 확률을 구하여라. 〈5점〉

16 완성 사격 선수 A, B가 목표물을 명중할 확률이 각각 $\frac{2}{3}$, $\frac{3}{4}$이다. 두 사람이 동시에 한 목표물을 사격할 때, 두 사람 중 적어도 한 사람이 명중할 확률을 구하여라.

17 완성 민규는 한 곳에 머무르면 4번에 한 번 꼴로 우산을 분실한다. 비오는 어느 날 학교에서 도서관, 서점을 거쳐서 집에 왔을 때, 우산을 서점에 놓고 올 확률을 구하여라.

18 완성 A, B, C 세 사람이 가방을 운동장에 놓고 농구를 하였다. 농구가 끝난 후 무심코 가방을 하나씩 들었을 때, 3명 모두 자기 가방을 들 확률을 구하여라.

역설적인 지도자의 십계명

1. 세상 사람들은 비논리적이고 비합리적으로 생각한다.
   그러나 그들을 사랑하라.

2. 당신이 선행을 하면 생색낸다고 하여 비난을 받을지도 모른다.
   그러나 선을 행하라.

3. 당신이 성공을 하면 그릇된 친구와 원수도 생길지 모른다.
   그러나 성공하라.

4. 오늘 좋은 일을 해도 내일이면 허사가 될 수 있다.
   그러나 좋은 일은 하라.

5. 정직하고 솔직하면 불이익을 당하거나 불리한 위치에 놓일 수도 있다.
   그러나 정직하고 솔직하라.

6. 대의를 품은 이가 졸장부에 의해 넘어질 수도 있다.
   그러나 생각을 크게 하라.

7. 세상 사람들은 약자 편을 들면서도 강자만을 따른다.
   그러나 소수의 약자들을 위해 투쟁하라.

8. 오랫동안 공들여 쌓은 탑이 무너질 수도 있다.
   그러나 탑을 계속 쌓아 올리라.

9. 필요한 사람들에게 도움을 주고도 공격을 받을 수 있다.
   그러나 도움을 주라.

10. 당신이 가진 가장 좋은 것을 세상에 주고도 발로 차일 수 있다.
    그러나 최선의 것을 세상에 주라.

-차동엽 지음 무지개 원리에서

Ⅴ. 기하

1 명제

기본원리 꿀꺽

1 명제의 뜻

「3은 소수이다. $2+4=10$」과 같이 참인지 거짓인지를 판별할 수 있는 문장이나 식을 **명제**라고 한다.

예 (1) 12는 3의 배수이다. ⇨ 참인 명제이다.
(2) 모든 정삼각형은 합동이다. ⇨ 거짓인 명제이다.
(3) $x+4=10$ ⇨ 참, 거짓을 판별할 수 없으므로 명제가 아니다.

2 명제의 꼴

1 **명제의 꼴** : 명제는 「p이면 q이다」의 꼴로 나타낸다.

2 기호 : 명제 「p이면 q이다」를 기호 $p \longrightarrow q$로 나타낸다.

p이면 q이다
$p \longrightarrow q$

예 다음 명제에서 p, q를 말하여라.
(1) 두 수 a, b가 정수이면 $a+b$도 정수이다.
(2) $x=3$이면 $2x-4=2$이다.

풀이 (1) p : 두 수 a, b가 정수이다. q : $a+b$는 정수이다.
(2) p : $x=3$이다. q : $2x-4=2$이다.

3 가정과 결론

명제 $p \longrightarrow q$에서 **p를 가정, q를 결론**이라고 한다.

$p \longrightarrow q$
가정 결론

예 다음 명제에서 가정과 결론을 말하여라.
(1) $x+3=5$이면 $x=2$이다.
(2) 합동인 두 삼각형의 넓이는 같다.

풀이 (1) [가정] $x+3=5$이다. [결론] $x=2$이다.
(2) [가정] 두 삼각형이 합동이다. [결론] 두 삼각형의 넓이가 같다.

4 명제 $p \longrightarrow q$의 역

명제 $p \longrightarrow q$에서 가정과 결론을 서로 바꾸어 놓은 명제 $q \longrightarrow p$를 처음 명제의 **역**이라고 한다.

$p \longrightarrow q$ ←역→ $q \longrightarrow p$

예 다음 명제의 역을 말하여라.
(1) $a>b$이면 $a+c>b+c$이다. (2) 6의 배수는 3의 배수이다.

풀이 (1) $a+c>b+c$이면 $a>b$이다. (2) 3의 배수는 6의 배수이다.

필수예제

1 … 명제

다음 중 명제인 것을 모두 찾으면? 〈정답 2개〉

① $x-4=1$
② $a=b$이면 $a+3=b+3$이다.
③ 오늘은 맑은 날이다.
④ $x+6\geq 2x+1$
⑤ 사각형의 내각의 크기의 합은 180°이다.

요점 Check

의문문, 명령문, 감탄문 등은 참, 거짓을 판별할 수 없으므로 명제가 아니다.

풀이

①, ④는 x의 값에 따라 참이 되기도 하고 거짓이 되기도 하므로 명제가 아니다.
③ 참, 거짓을 판별할 수 없으므로 명제가 아니다.

답 ②, ⑤

확인 01

다음 중 명제가 아닌 것은?

① 모든 원은 합동이다.
② 환경을 보호하자.
③ 사자는 동물이다.
④ 맞꼭지각의 크기는 같다.

2 … 명제의 참과 거짓

다음 명제의 참, 거짓을 판별하여라.

(1) 4의 배수는 8의 배수이다.
(2) $x+5=x+3$
(3) 정삼각형은 이등변삼각형이다.
(4) $x=2$이면 $x+5>6$
(5) 두 홀수의 합은 홀수이다.

요점 Check

명제 $p \longrightarrow q$에서 p를 만족하는 집합을 P, q를 만족하는 집합을 Q라고 하면
$P\subset Q$ ⇨ $p \rightarrow q$는 참
$P\not\subset Q$ ⇨ $p \rightarrow q$는 거짓

풀이

(1) 4의 배수 4, 12는 8의 배수가 아니다.
(2) $x+5-x=x+3-x$에서 $5=3$이므로 거짓이다.
(4) $x=2$이면 $2+5>6$이므로 참이다.
(5) 두 홀수의 합은 짝수이다.

답 (1) **거짓** (2) **거짓** (3) **참** (4) **참** (5) **거짓**

확인 02

다음 명제의 참, 거짓을 판별하여라.

(1) 대한민국의 수도는 서울이다.
(2) a, b가 짝수이면 $a+b$도 짝수이다.
(3) 12의 약수는 6의 약수이다.

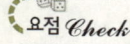

3 ··· 가정과 결론

다음 명제의 가정과 결론을 말하여라.

(1) 평행한 두 직선의 엇각의 크기는 같다.

(2) 두 짝수의 합은 짝수이다.

(3) 직사각형의 두 대각선의 길이는 같다.

요점 Check

주어진 명제를 $p \to q$의 꼴로 고친 다음에 가정과 결론을 찾는다.

$p \longrightarrow q$

↑ 가정　　↑ 결론

풀이

(1) 두 직선이 평행하면 엇각의 크기는 같다.
[가정] 두 직선이 평행하다.　　[결론] 엇각의 크기는 같다.

(2) 두 수가 짝수이면 그 두 수의 합은 짝수이다.
[가정] 두 수가 짝수이다.　　[결론] 두 수의 합은 짝수이다.

(3) 직사각형이면 두 대각선의 길이는 같다.
[가정] 한 사각형이 직사각형이다.　　[결론] 두 대각선의 길이는 같다.

확인 03

다음 명제의 가정과 결론을 말하여라.

(1) 정삼각형의 세 내각의 크기는 같다.

(2) 다각형의 외각의 크기의 합은 360°이다.

(3) 두 직선이 한 점에서 만나면 맞꼭지각의 크기는 같다.

4 ··· 명제의 역

다음 명제의 역을 쓰고, 역의 참, 거짓을 조사하여라.

(1) 6의 배수는 3의 배수이다.

(2) $a=b$이면 $ax=bx$이다.

(3) ab가 홀수이면 a, b도 홀수이다.

요점 Check

- 명제 $p \longrightarrow q$의 역
⇨ $q \longrightarrow p$
- 명제 $p \longrightarrow q$가 참이라고 해서 그 역 $q \longrightarrow p$도 반드시 참은 아니다.

풀이

(1) 역 : 3의 배수는 6의 배수이다. 〈거짓〉 [3의 배수 9는 6의 배수가 아니다.]

(2) 역 : $ax=bx$이면 $a=b$이다. 〈거짓〉 [$x=0$일 때는 $5\times0=6\times0$이지만 $5\neq6$이다.]

(3) 역 : a, b가 홀수이면 ab도 홀수이다. 〈참〉

확인 04

다음 명제의 역을 쓰고, 역의 참, 거짓을 조사하여라.

(1) 어떤 수가 정수이면 그 수는 유리수이다.

(2) $a=b$이면 $a+c=b+c$이다.

(3) 두 삼각형이 합동이면 대응하는 세 변의 길이는 같다.

2 정의와 정리

기본원리 꿀꺽

1 정의

1 정의 : 용어의 뜻을 명확하게 정한 문장을 그 용어의 **정의**라고 한다.
(용어의 정의는 용어의 뜻에 대한 약속이다.)

2 여러 가지 용어의 정의

(1) 이등변삼각형 : 두 변의 길이가 같은 삼각형
(2) 정삼각형 : 세 변의 길이가 같은 삼각형
(3) 직각삼각형 : 한 내각의 크기가 직각인 삼각형
(4) 예각삼각형 : 세 내각의 크기가 모두 예각인 삼각형
(5) 둔각삼각형 : 한 내각의 크기가 둔각인 삼각형
(6) 사다리꼴 : 한 쌍의 대변이 평행한 사각형
(7) 평행사변형 : 두 쌍의 대변이 각각 평행한 사각형
(8) 직사각형 : 네 내각의 크기가 모두 같은 사각형
(9) 마름모 : 네 변의 길이가 모두 같은 사각형
(10) 정사각형 : 네 변의 길이가 모두 같고, 네 내각의 크기가 모두 같은 사각형
(11) 대각선 : 다각형에서 이웃하지 않은 두 꼭짓점을 연결한 선분
(12) 선분 AB : 두 점 A, B를 잇는 가장 짧은 선
(13) 평행선 : 한 평면 위에서 만나지 않는 두 직선
(14) 맞꼭지각 : 서로 다른 두 직선이 만나서 생기는 각 중에서 마주보는 각

2 증명

어떤 명제의 가정에서 출발하여
(i) 기본이 되는 성질 (ii) 이미 옳다고 밝혀진 사실
을 바탕으로 하여 이 **명제가 참임을 밝히는 것을 증명**이라고 한다.

3 정리

1 정리 : 증명된 명제 중에서 기본이 되는 것을 **정리**라고 한다.

2 여러 가지 정리

(1) 삼각형의 내각의 크기의 합은 180°이다.
(2) 정삼각형은 세 내각의 크기가 같다.
(3) 이등변삼각형은 두 밑각의 크기가 같다.
(4) 평행선이 한 직선과 만날 때 동위각과 엇각의 크기는 서로 같다.
(5) 맞꼭지각의 크기는 서로 같다.
(6) 삼각형의 합동조건은 모두 정리이다.

필수예제

1 … 용어의 정의

다음 중 용어의 정의가 옳지 않은 것을 모두 찾으면? 〈정답 2개〉

① 이등변삼각형 : 두 밑각의 크기가 같은 삼각형
② 정삼각형 : 세 내각의 크기가 같은 삼각형
③ 예각삼각형 : 세 내각의 크기가 모두 예각인 삼각형
④ 둔각삼각형 : 한 내각의 크기가 둔각인 삼각형
⑤ 직각삼각형 : 한 내각의 크기가 직각인 삼각형

요점 Check

용어의 정의
⇨ 용어의 뜻에 대한 약속이다.

풀이

① 이등변삼각형 : 두 변의 길이가 같은 삼각형
② 정삼각형 : 세 변의 길이가 같은 삼각형 답 ①, ②

확인 01

다음 용어의 정의를 써라.

(1) 정사각형 (2) 평행사변형
(3) 직사각형 (4) 마름모

2 … 정리

다음 중 정리가 아닌 것은?

① 이등변삼각형의 두 밑각의 크기는 같다.
② 맞꼭지각의 크기는 같다.
③ 오각형의 내각의 크기의 합은 540°이다.
④ 사다리꼴은 한 쌍의 대변이 평행하다.
⑤ 평행선이 한 직선과 만날 때, 동위각의 크기는 같다.

요점 Check

정리
⇨ 증명된 명제 중에서 기본이 되는 것

풀이

④ 「사다리꼴은 한 쌍의 대변이 평행하다」는 사다리꼴의 정의이다. 답 ④

확인 02

다음 중 정리가 아닌 것은?

① 정사각형의 한 내각의 크기는 90°이다.
② 합동인 삼각형에서 대응하는 변의 길이는 같다.
③ 엇각의 크기가 같은 두 직선은 평행하다.
④ 직사각형의 대각선의 길이는 같다.
⑤ 다각형은 여러 개의 선분으로 둘러싸여 있는 도형이다.

3 이등변삼각형의 성질

기본원리 꿀꺽

1 이등변삼각형

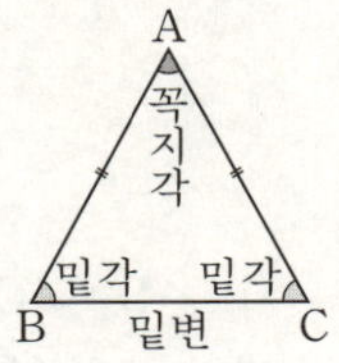

1. **정의** : 두 변의 길이가 같은 삼각형 ⇨ △ABC에서 $\overline{AB}=\overline{AC}$
2. **꼭지각** : 길이가 같은 두 변 사이에 끼인각 ⇨ ∠A
3. **밑변** : 꼭지각의 대변 ⇨ $\overline{BC}$
4. **밑각** : 밑변의 양 끝각 ⇨ ∠B와 ∠C

2 이등변삼각형의 성질

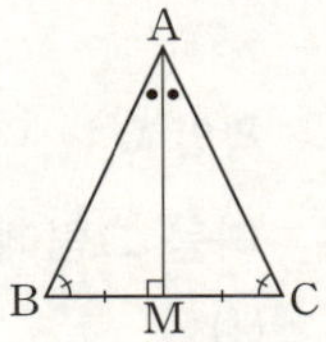

1. 이등변삼각형의 두 밑각의 크기는 같다.
   즉, △ABC에서 $\overline{AB}=\overline{AC}$이면 ∠B=∠C이다.
2. 이등변삼각형의 꼭지각의 이등분선은 밑변을 수직이등분한다.
   즉, 이등변삼각형 ABC에서 ∠BAM=∠CAM이면
   $\overline{AM}\perp\overline{BC}$, $\overline{BM}=\overline{CM}$이다.

예 다음 그림에서 x, y의 값을 구하여라.

(1)

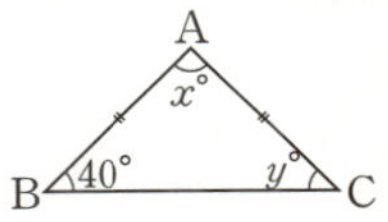

(2)

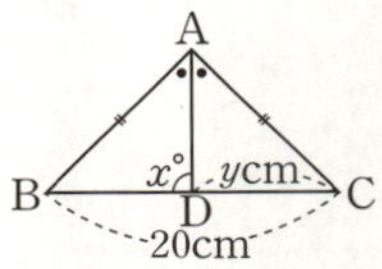

풀이 (1) ∠B=∠C이므로 $y=40$, $x=180-(40+40)=100$
(2) $\overline{AD}\perp\overline{BC}$이므로 $x=90$, $\overline{BD}=\overline{CD}$이므로 $y=10$

3 이등변삼각형이 되기 위한 조건

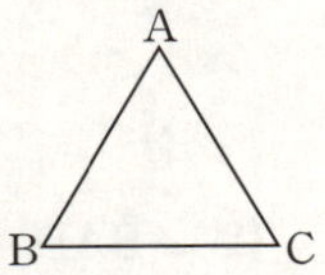

두 내각의 크기가 같은 삼각형은 이등변삼각형이다.
즉, △ABC에서 ∠B=∠C이면 $\overline{AB}=\overline{BC}$이다.

예 다음 그림에서 x의 값을 구하여라.

(1)

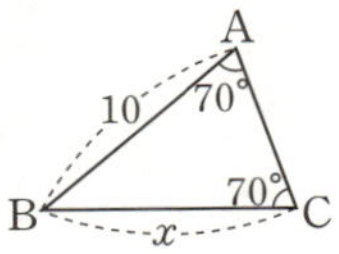

(2)

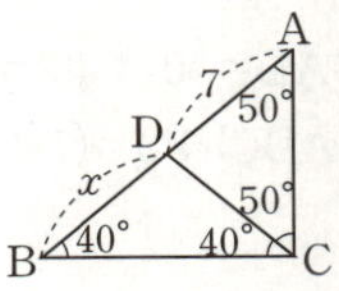

풀이 (1) ∠A=∠C이므로 $\overline{AB}=\overline{BC}$ ∴ $x=10$
(2) △DAC에서 ∠A=∠ACD이므로 $\overline{DA}=\overline{DC}=7$
△DBC에서 ∠B=∠DCB이므로 $\overline{DB}=\overline{DC}=7$ ∴ $x=7$

Note : 이등변삼각형의 성질에 대한 증명은 해답편을 참고하라.

필수예제

1 … 이등변삼각형의 내각의 크기

다음 그림에서 $\angle x$의 크기를 구하여라.

(1)
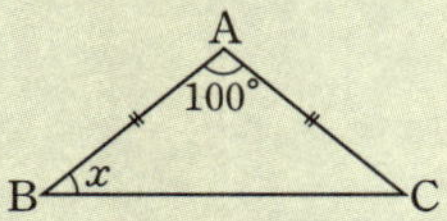

(2)
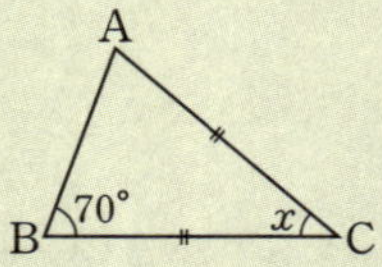

(3)
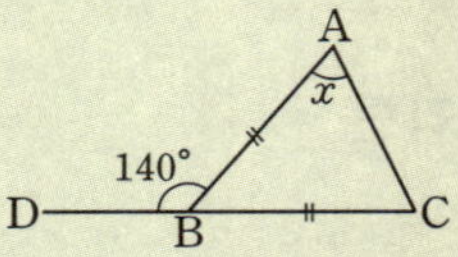

요점 Check

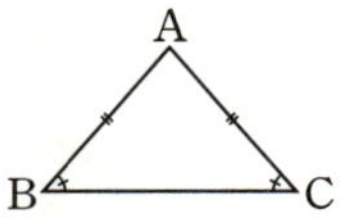

△ABC에서 $\overline{AB}=\overline{AC}$이면 $\angle B=\angle C$

풀이

(1) $\angle B=\angle C=\angle x$이므로 $\angle x+\angle x+100°=180°$ $\quad\therefore\ \angle x=\mathbf{40°}$ ← 답

(2) $\angle A=\angle B=70°$이므로 $70°+70°+\angle x=180°$ $\quad\therefore\ \angle x=\mathbf{40°}$ ← 답

(3) $\angle A+\angle C=\angle ABD=140°$, $\angle A=\angle C=\angle x$이므로
$\angle x+\angle x=140°$ $\quad\therefore\ \angle x=\mathbf{70°}$ ← 답

확인 01

다음 그림에서 $\angle x$의 크기를 구하여라.

(1)
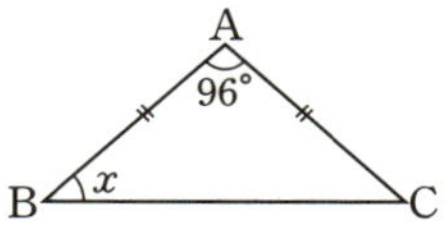

(2)
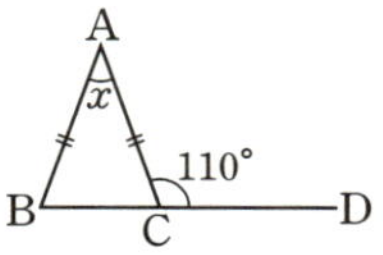

(3)
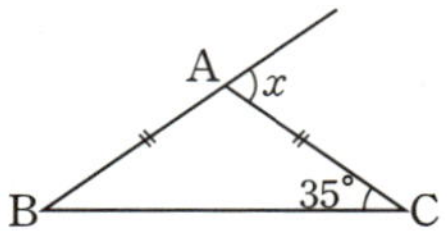

2 … 이등변삼각형의 성질 (1)

그림에서 $\overline{AD}=\overline{BD}=\overline{CD}$이고, $\angle B=40°$일 때, 다음 각의 크기를 구하여라.

(1) $\angle BAD$ (2) $\angle ADC$ (3) $\angle DAC$

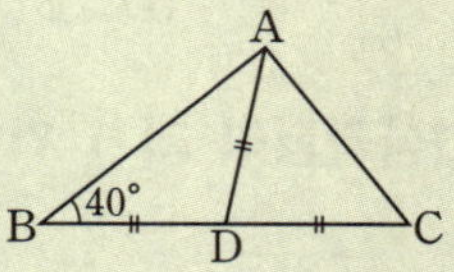

요점 Check

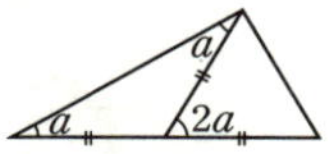

풀이

(1) $\angle BAD=\angle B=\mathbf{40°}$ ← 답

(2) $\angle ADC=\angle B+\angle BAD=40°+40°=\mathbf{80°}$ ← 답

(3) $\angle DAC=(180°-\angle ADC)\div 2=(180°-80°)\div 2=\mathbf{50°}$ ← 답

확인 02

그림에서 $\overline{AD}=\overline{BD}=\overline{CD}$이고, $\angle B=35°$일 때, 다음 각의 크기를 구하여라.

(1) $\angle BAD$ (2) $\angle ADC$ (3) $\angle DAC$

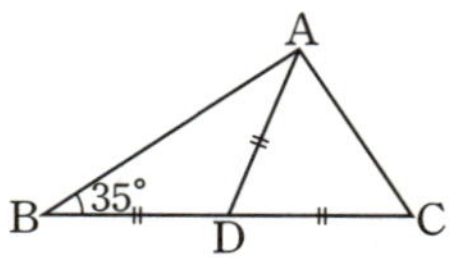

3 … 이등변삼각형의 성질 (2)

오른쪽 $\triangle ABC$에서 $\overline{BA}=\overline{BC}$이고, $\angle BAD=\angle CAD$이다. $\overline{AC}=10cm$일 때, 다음을 구하여라.

(1) $\angle B$의 크기 (2) $\angle BAD$의 크기

(3) $\angle ADC$의 크기 (4) $\overline{AD}$의 길이

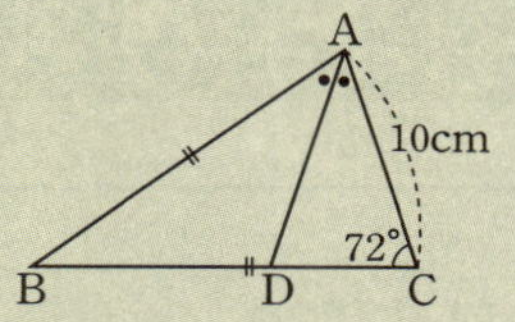

요점 Check

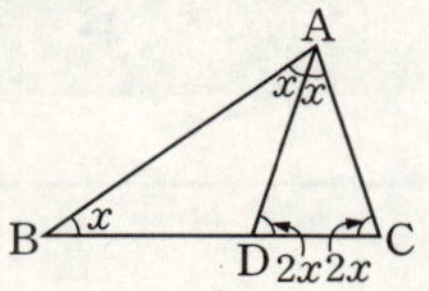

풀이

(1) $\angle BAC=\angle C=72°$이므로 $\angle B=180°-(72°+72°)=\mathbf{36°}$ ← 답

(2) $\angle BAC=72°$이고, $\angle BAD=\angle CAD$이므로 $\angle BAD=72°\div 2=\mathbf{36°}$ ← 답

(3) $\angle ADC=\angle B+\angle BAD=36°+36°=\mathbf{72°}$ ← 답

(4) $\angle ADC=\angle C$이므로 $\triangle ADC$는 이등변삼각형이다. 따라서, $\overline{AD}=\overline{AC}=\mathbf{10cm}$ ← 답

확인 03

그림에서 $\overline{AB}=\overline{AC}=\overline{DC}$이고, $\angle B=40°$일 때, $\angle x$, $\angle y$의 크기를 구하여라.

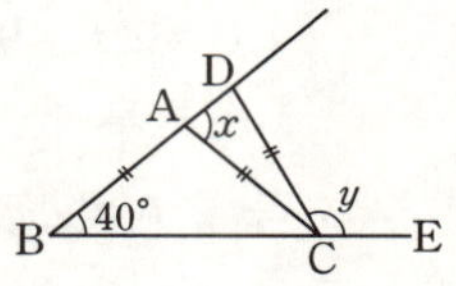

4 … 이등변삼각형의 성질 (3)

그림의 $\triangle ABC$에서 $\overline{AB}=\overline{AC}$이다. 점 D는 $\angle B$의 이등분선과 $\angle C$의 외각의 이등분선의 교점이다. $\angle A=60°$일 때, $\angle x$의 크기를 구하여라.

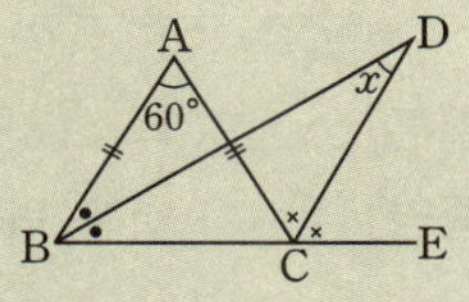

요점 Check

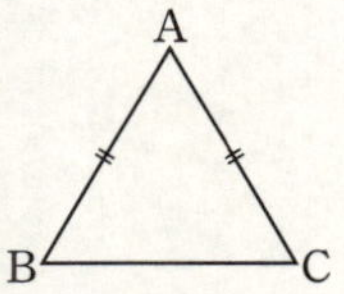

$\angle B=\angle C=\frac{1}{2}(180°-\angle A)$

풀이

$\angle ABC=\angle ACB=(180°-60°)\div 2=60°$

$\therefore\ \angle DBC=60°\div 2=30°$

$\angle ACE=180°-\angle ACB=180°-60°=120°$

$\therefore\ \angle ACD=120°\div 2=60°$

$\triangle DBC$에서 $30°+120°+\angle x=180°$ $\therefore\ \angle x=\mathbf{30°}$ ← 답

확인 04

그림의 $\triangle ABC$에서 $\overline{AB}=\overline{AC}$이고, $\angle A=80°$이다. $\angle B$의 이등분선과 $\angle C$의 외각의 이등분선의 교점을 D라 할 때, $\angle x$의 크기를 구하여라.

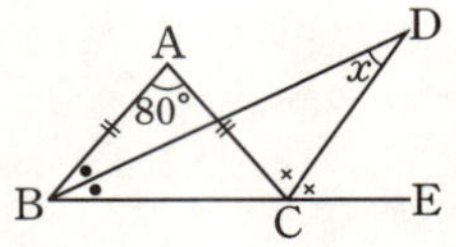

4 직각삼각형의 합동조건

기본원리 꿀꺽

1 직각삼각형의 합동조건

1 빗변의 길이와 한 예각의 크기가 각각 같은 두 직각삼각형은 합동이다.

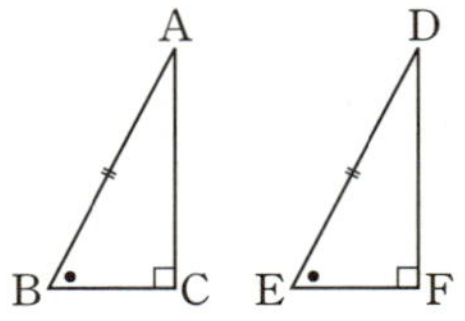

[가정] $\angle C=\angle F=90°$

$\overline{AB}=\overline{DE}$, $\angle B=\angle E$

[결론] $\triangle ABC\equiv\triangle DEF$

[증명] $\overline{AB}=\overline{DE}$ (가정) … ㉠

$\angle B=\angle E$ (가정) … ㉡

$\angle C=\angle F=90°$ (가정)이므로

㉡으로부터 $\angle A=90°-\angle B=90°-\angle E=\angle D$

즉 $\angle A=\angle D$ … ㉢

㉠, ㉡, ㉢으로부터 $\triangle ABC\equiv\triangle DEF$ (ASA 합동)

2 빗변의 길이와 다른 한 변의 길이가 각각 같은 두 직각삼각형은 합동이다.

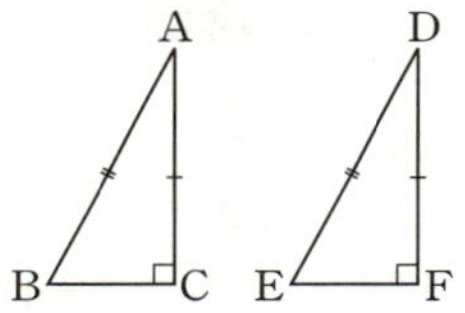

[가정] $\angle C=\angle F=90°$

$\overline{AB}=\overline{DE}$, $\overline{AC}=\overline{DF}$

[결론] $\triangle ABC\equiv\triangle DEF$

[증명] 길이가 같은 변 AC와 변 DF를 포개어 놓으면

$\angle ACB+\angle ACE=180°$이므로 세 점 B, C(F), E는 한 직선 위에 있게 되어 $\triangle ABE$가 된다.

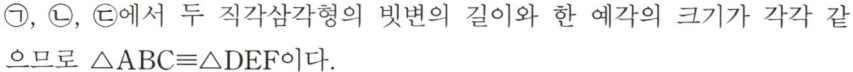

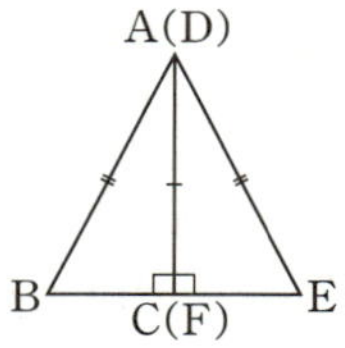

이 때, $\overline{AB}=\overline{AE}$이므로 $\triangle ABE$는 이등변삼각형이다.

$\therefore$ $\angle B=\angle E$ … ㉠

또한 $\angle C=\angle F=90°$ (가정) … ㉡

$\overline{AB}=\overline{DE}$ (가정) … ㉢

㉠, ㉡, ㉢에서 두 직각삼각형의 빗변의 길이와 한 예각의 크기가 각각 같으므로 $\triangle ABC\equiv\triangle DEF$이다.

Note : 직각삼각형의 합동조건을 적용할 때는 반드시 대응하는 빗변의 길이가 같아야 한다.

필수예제

1 … 직각삼각형의 합동조건

다음 직각삼각형 중에서 서로 합동인 것을 찾아라.

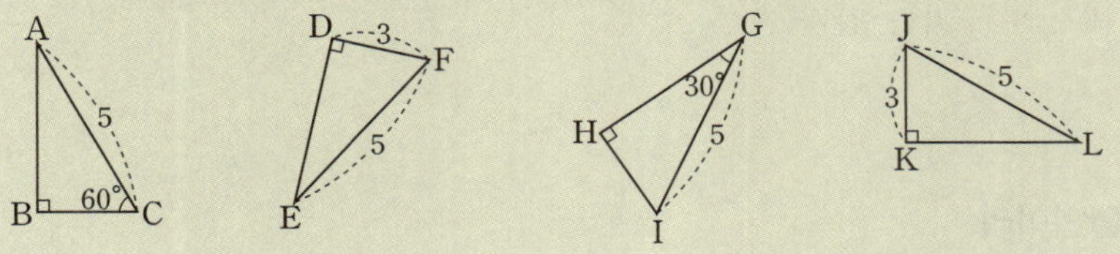

요점 Check

- 직각삼각형의 합동조건
  ① 빗변의 길이와 한 예각의 크기가 같을 때 (RHA 합동)
  ② 빗변의 길이와 다른 한 변의 길이가 같을 때 (RHS 합동)
- R－Right Angle (직각)
- H－Hypotenuse (빗변)
- A－Angle (각)
- S－Side (변)

풀이

△**ABC**≡△**GHI** (빗변의 길이와 한 예각의 크기가 같음)

△**DEF**≡△**KLJ** (빗변의 길이와 다른 한 변의 길이가 같음)

확인 01

다음 직각삼각형 중에서 서로 합동인 것을 찾아라.

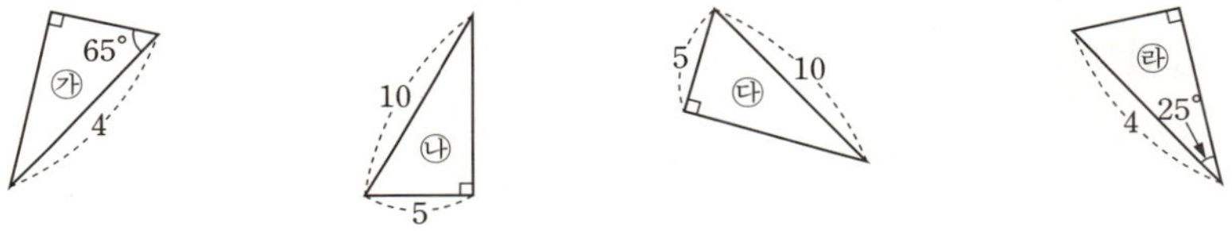

2 … 직각삼각형의 합동조건의 활용

$\overline{AB}=\overline{AC}$인 직각이등변삼각형 **ABC**의 직각인 꼭짓점 **A**를 지나는 직선 l을 긋고, 점 **B, C**에서 직선 l에 내린 수선의 발을 각각 **D, E**라 할 때, $\overline{DE}$의 길이를 구하여라.

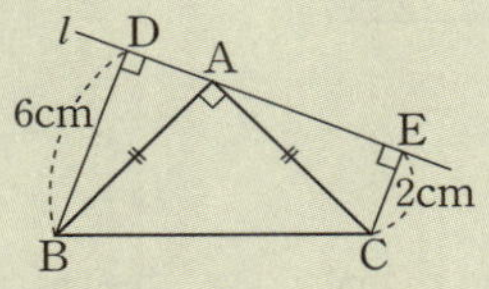

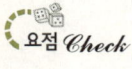

요점 Check

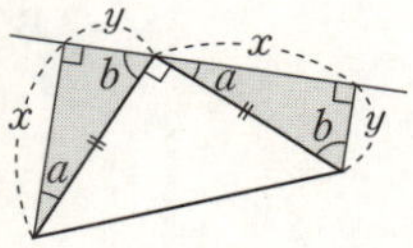

풀이

△BAD와 △ACE에서 $\overline{AB}=\overline{CA}$ (가정) … ㉠

$\angle BDA=\angle AEC=90°$ … ㉡

$\angle BAD=90°-\angle CAE=\angle ACE$ … ㉢

㉠, ㉡, ㉢에서 △BAD≡△ACE (RHA 합동)

$\overline{BD}=\overline{AE}=6$cm, $\overline{AD}=\overline{CE}=2$cm　∴ $\overline{DE}=6+2=8$(cm)

답 **8cm**

확인 02

그림에서 $\overline{AD}=$**4cm**, $\overline{AE}=$**10cm**일 때, □**DBCE**의 넓이를 구하여라.

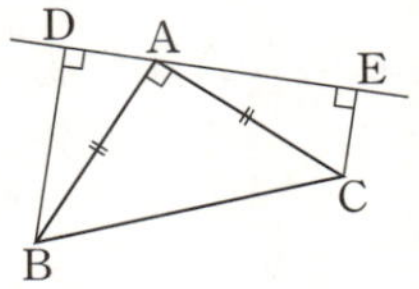

실력 높이기

01 기본 **다음 명제의 가정과 결론을 말하여라.**

(1) $x=y$이면 $x+z=y+z$이다.

(2) $x=1$이면 $2x+3=5$이다.

(3) 정사각형의 네 내각의 크기는 같다.

02 기본 **다음 명제의 역을 말하여라.**

(1) 2의 배수이면 4의 배수이다.

(2) $a>b$이면 $a+c>b+c$이다.

(3) $\triangle ABC \equiv \triangle DEF$이면 $\angle A=\angle D$이다.

(4) 정사각형의 네 변의 길이는 모두 같다.

03 실력 다음 명제의 역이 참인 것을 모두 찾으면? 〈정답 3개〉

① $a=1$이고 $b=2$이면 $a+b=3$이다.

② $A>B$이면 $A-C>B-C$이다.

③ $x=2$이면 $3x-5=x-1$이다.

④ $\triangle ABC$가 예각삼각형이면 $\angle A<90°$이다.

⑤ 한 내각이 60°인 이등변삼각형은 정삼각형이다.

04 기본 **다음 삼각형에서 $\overline{AB}=\overline{AC}$일 때, x, y의 값을 구하여라.**

(1)

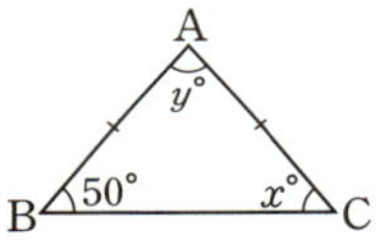

(2)

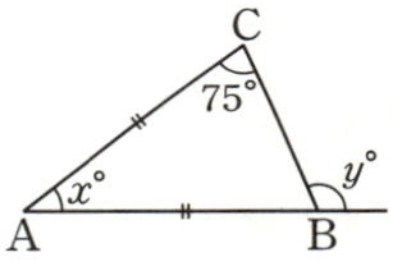

05 기본 **다음 그림에서 x의 값을 구하여라.**

(1)

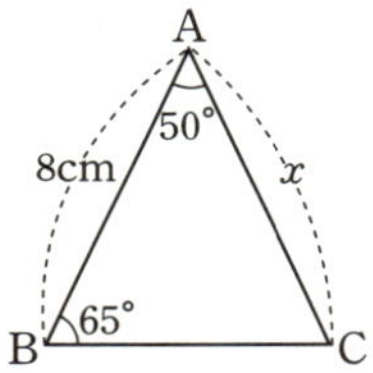

(2)

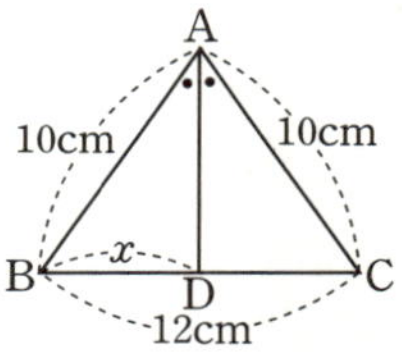

06 기본 **그림의 이등변삼각형 ABC에서 선분 AD는 $\angle A$의 이등분선이고, $\overline{BC}=20$cm이다. 다음 □ 안에 알맞은 수를 써 넣어라.**

$\overline{DC}=$□cm, $\angle ADB=$□°

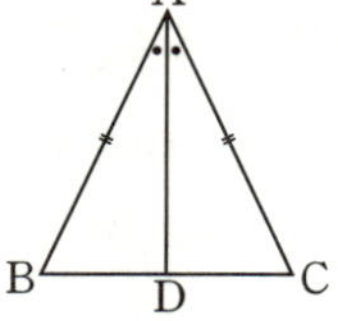

07 실력 오른쪽 그림의 $\triangle ABC$에서 $\overline{BC}$ 위의 한 점 M에 대하여 $\overline{AM}=\overline{BM}=\overline{CM}$일 때, $\angle A$의 크기를 구하여라.

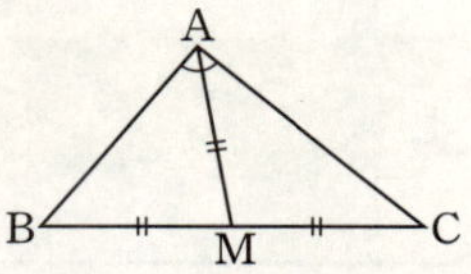

08 실력 $\triangle ABC$는 $\overline{AB}=\overline{AC}$인 이등변삼각형이다. $\angle B=2\angle A$일 때, $\angle A$, $\angle B$, $\angle C$의 크기를 각각 구하여라.

09 완성 그림에서 $\triangle ABC$는 $\overline{AB}=\overline{AC}$인 이등변삼각형이다. 점 D, E, F는 각각 $\overline{AB}$, $\overline{BC}$, $\overline{CA}$ 위의 점이고, $\overline{BD}=\overline{BE}$, $\overline{CE}=\overline{CF}$이다. $\angle A=80°$일 때, $\angle DEF$의 크기를 구하여라.

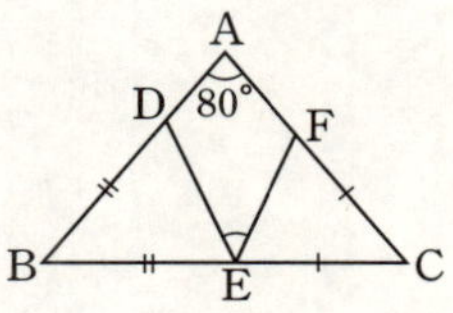

10 완성 그림에서 $\overline{AB}=\overline{AC}=\overline{AD}$이고, $\angle BAD=90°$이다. $\angle BCD$의 크기를 구하여라.

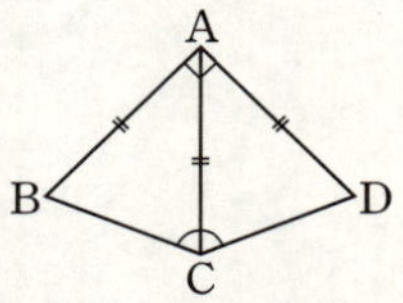

11 완성 그림에서 $\angle CDE=120°$이고, 점 B, C는 각각 $\overline{AD}$, $\overline{AE}$ 위에 있다. $\overline{AB}=\overline{BC}=\overline{CD}=\overline{DE}$일 때, $\angle A$의 크기를 구하여라.

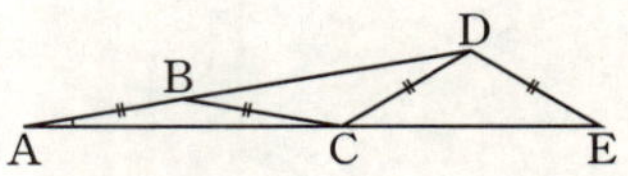

12 기본 다음에 주어진 직각삼각형 중에서 합동인 것끼리 짝지어 보고, 그 때의 직각삼각형의 합동조건을 말하여라.

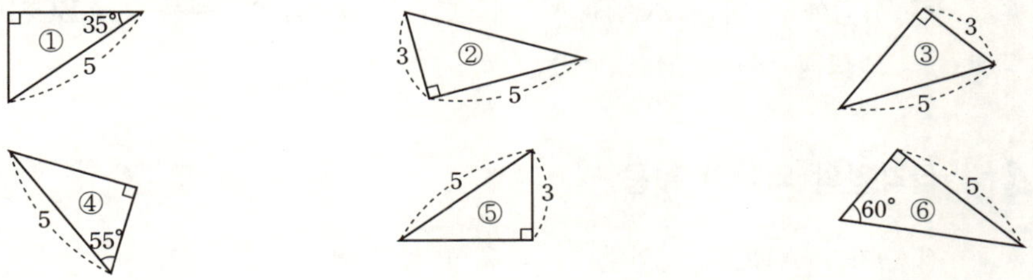

13 실력 그림의 $\triangle ABC$는 $\overline{AB}=\overline{AC}$인 이등변삼각형이다. 밑변 BC의 중점 M에서 두 변 AB, AC에 내린 수선의 발을 각각 D, E라 하고, $\overline{MD}=5\text{cm}$라고 할 때, $\overline{ME}$의 길이는 얼마인가?

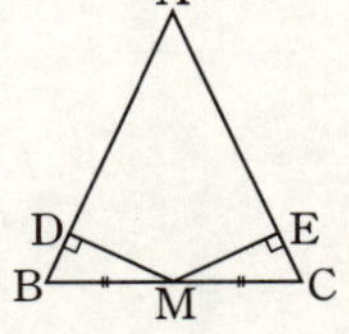

1 삼각형의 외심

기본원리 꿀꺽

1 선분의 수직이등분선의 성질

1 선분의 수직이등분선 위의 점은 그 선분의 양 끝점에서 같은 거리에 있다.

2 선분의 양 끝점에서 같은 거리에 있는 점은 그 선분의 수직이등분선 위에 있다. (위 **1**의 역)

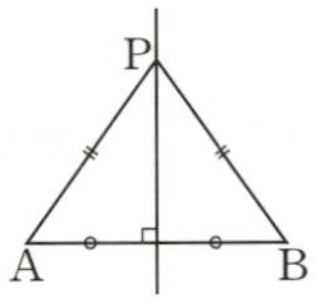

2 삼각형의 외심

1 **삼각형의 외심** : 그림과 같이 $\triangle$ABC의 세 변의 수직이등분선은 한 점 O에서 만난다. 이 때, 점 O를 $\triangle$ABC의 **외심**이라고 한다. 즉, 삼각형의 세 변의 수직이등분선의 교점을 **삼각형의 외심**이라고 한다.

2 삼각형의 외심에서 삼각형의 세 꼭짓점에 이르는 거리는 같다. 즉, $\overline{OA}=\overline{OB}=\overline{OC}$이다.

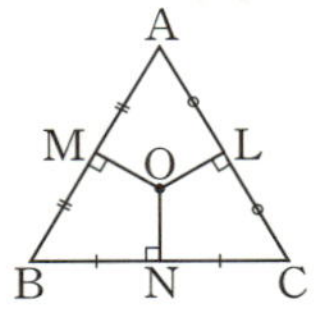

3 외접과 외접원

1 $\triangle$ABC의 외심을 O라 하면 $\overline{OA}=\overline{OB}=\overline{OC}$이므로 점 O를 중심으로 하고 반지름이 $\overline{OA}$인 원을 그리면, 그림과 같이 세 점 A, B, C를 지나는 원 O를 그릴 수 있다.

2 그림에서 원은 $\triangle$ABC에 **외접**한다고 하며, 이 원을 $\triangle$ABC의 **외접원**이라고 한다.

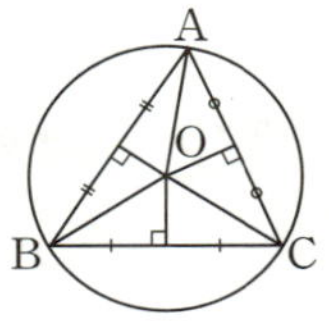

4 삼각형의 외심의 활용

점 O가 $\triangle$ABC의 외심일 때, 다음이 성립한다.

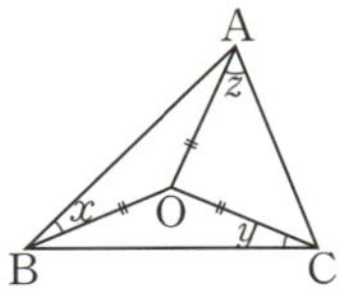

$\angle x+\angle y+\angle z=90^\circ$

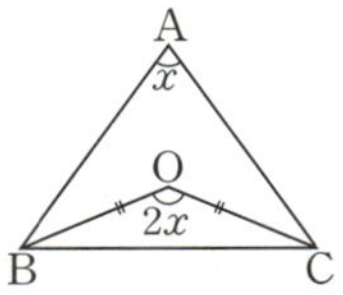

$\angle BOC=2\angle A$

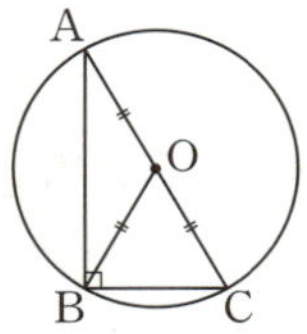

$\overline{OA}=\overline{OB}=\overline{OC}$

Note: 선분의 수직이등분선의 성질, 외심의 성질에 대한 증명은 해답편을 참고하라.

필수예제

1 ··· 삼각형의 외심과 각 (1)

△**ABC**에서 점 **O**는 외심이고, ∠**OBC**=**30°**, ∠**OCA**=**40°**일 때, ∠$\boldsymbol{x}$의 크기를 구하여라.

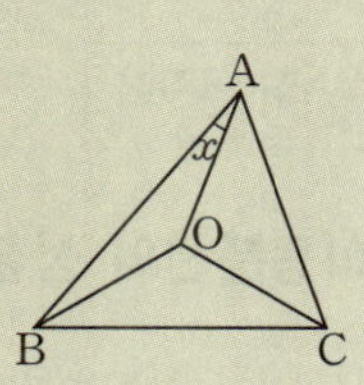

요점 Check

점 O가 △ABC의 외심이면
⇨ ① $\overline{OA}=\overline{OB}=\overline{OC}$
② ∠OAB=∠OBA
∠OBC=∠OCB
∠OAC=∠OCA

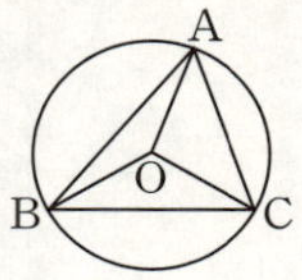

풀이

$\overline{OA}=\overline{OB}$이므로 ∠OAB=∠OBA=∠$x$
$\overline{OB}=\overline{OC}$이므로 ∠OBC=∠OCB=30°
$\overline{OA}=\overline{OC}$이므로 ∠OAC=∠OCA=40°
∠x+∠x+30°+30°+40°+40°=180°, 2∠x=40°   ∴ ∠$\boldsymbol{x}$=**20°** ← 답

확인 01

△**ABC**에서 점 **O**는 외심이고, ∠**OAB**=**20°**, ∠**OBC**=**40°**일 때, ∠$\boldsymbol{x}$의 크기를 구하여라.

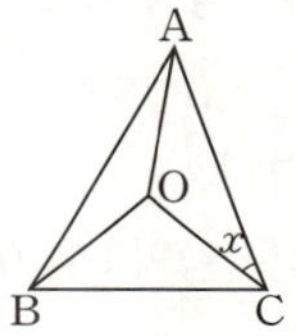

2 ··· 삼각형의 외심과 각 (2)

그림에서 점 **O**가 △**ABC**의 외심이고, ∠**A**=**70°**일 때, ∠$\boldsymbol{x}$의 크기를 구하여라.

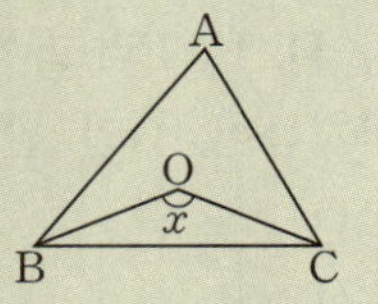

요점 Check

점 O가 △ABC의 외심이면

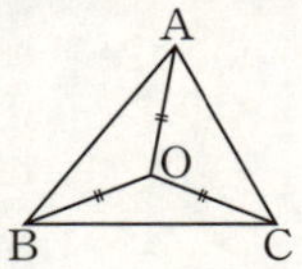

$\overline{OA}=\overline{OB}=\overline{OC}$
∠BOC=2∠BAC

풀이

∠B+∠C=180°−∠A=110°
∠OBC+∠OCB=∠B+∠C−(∠OBA+∠OCA)
=∠B+∠C−(∠OAB+∠OAC) ← [∠OBA=∠OAB, ∠OCA=∠OAC]
(∠B+∠C → **110°**, ∠OAB+∠OAC → **70°**)
=110°−70°=40°
∴ ∠x=180°−(∠OBC+∠OCB)=180°−40°=**140°** ← 답

확인 02

△**ABC**에서 점 **O**는 외심이고, ∠**ABO**=**25°**, ∠**ACO**=**35°**일 때, ∠$\boldsymbol{x}$의 크기를 구하여라.

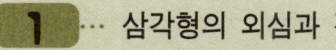

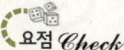

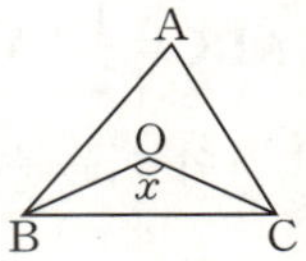

2 삼각형의 내심

기본원리 꿀꺽

1 각의 이등분선의 성질

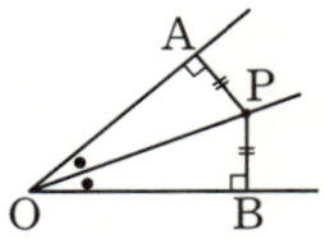

1. 각의 이등분선 위의 한 점에서 그 각의 두 변에 내린 수선의 길이는 같다.
2. 각의 두 변에서 같은 거리에 있는 점은 그 각의 이등분선 위에 있다. (위 1의 역)

2 삼각형의 내심

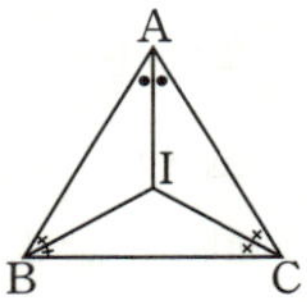

1. **삼각형의 내심** : 그림과 같이 △ABC의 세 내각의 이등분선은 한 점 I에서 만난다. 이 때, 점 I를 △ABC의 **내심**이라고 한다. 즉, 삼각형의 세 내각의 이등분선의 교점을 **삼각형의 내심**이라고 한다.
2. 삼각형의 내심에서 삼각형의 세 변에 이르는 거리는 같다.

3 내접과 내접원

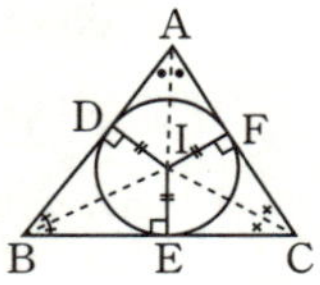

1. △ABC의 내심 I에서 변 AB, BC, CA에 내린 수선의 발을 각각 D, E, F라고 하면, $\overline{ID}=\overline{IE}=\overline{IF}$이므로 점 I를 중심으로 하고 반지름이 $\overline{ID}$인 원을 그리면 이 원은 세 변 AB, BC, CA에 접한다.
2. 그림에서 원은 △ABC에 **내접**한다고 하며, 이 원을 △ABC의 **내접원**이라고 한다.

4 삼각형의 내심의 활용

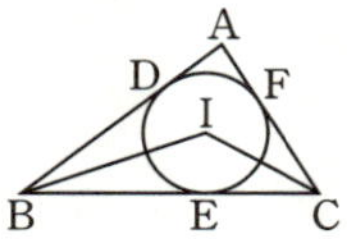

△ABC의 내심을 I라 하면 다음이 성립한다.

(1) $\angle \mathbf{BIC}=\mathbf{90^\circ}+\frac{1}{2}\angle \mathbf{A}$

(2) $\overline{AD}=\overline{AF}$, $\overline{BD}=\overline{BE}$, $\overline{CE}=\overline{CF}$

(3) △ABC의 내접원의 반지름을 r라 하면 삼각형의 넓이는

$$\triangle \mathbf{ABC}=\frac{1}{2}(\overline{\mathbf{AB}}+\overline{\mathbf{BC}}+\overline{\mathbf{CA}})\,r$$

Note : 각의 이등분선의 성질, 내심의 성질에 대한 증명은 해답편을 참고하라.

필수예제

1 … 삼각형의 내심과 각 (1)

△ABC에서 점 I는 내심이다. ∠BAI=30°, ∠CBI=20°일 때, ∠ACI의 크기를 구하여라.

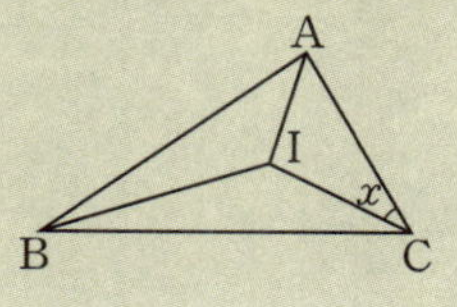

풀이

점 I는 ∠A, ∠B, ∠C의 이등분선의 교점이므로

∠BAI=∠CAI=30°, ∠ABI=∠CBI=20°, ∠ACI=∠BCI=∠x

∠A+∠B+∠C=60°+40°+2∠x=180°, 2∠x=80°

∴ ∠ACI=∠x=**40°** ← 답

요점 Check

점 I가 △ABC의 내심이면

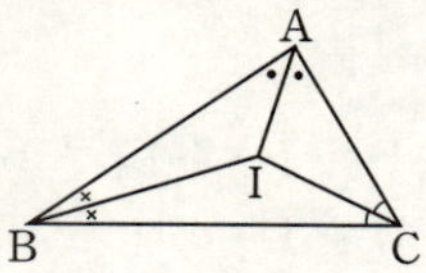

∠ABI=∠CBI
∠BAI=∠CAI
∠ACI=∠BCI

확인 01

점 I가 △ABC의 내심이고 ∠BAI=30°, ∠ACB=60°일 때, ∠x의 크기를 구하여라.

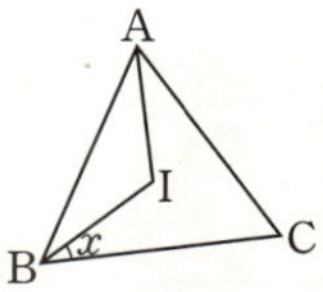

2 … 삼각형의 내심과 각 (2)

그림의 △ABC에서 점 I는 내심이다. ∠BAC=50°일 때, ∠x의 크기를 구하여라.

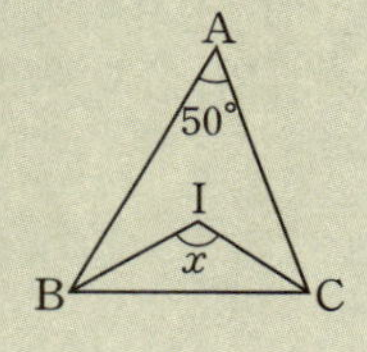

풀이

$$\angle x=180°-(\angle IBC+\angle ICB)=180°-\left(\frac{1}{2}\angle B+\frac{1}{2}\angle C\right)$$

$$=180°-\frac{1}{2}\underline{(\angle B+\angle C)}=180°-\frac{1}{2}\times130°$$

(∠B+∠C → **180°−∠A**)

$$=180°-65°=\mathbf{115°}$$ ← 답

요점 Check

점 I가 △ABC의 내심이면

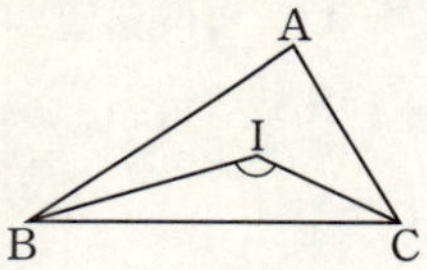

∠B+∠C=180°−∠A에서

$\frac{1}{2}$(∠B+∠C)=90°−$\frac{1}{2}$∠A

이므로

∠BIC=180°−$\frac{1}{2}$(∠B+∠C)

=90°+$\frac{1}{2}$∠A

확인 02

그림에서 점 I는 △ABC의 내심이다. ∠BIC=124°일 때, ∠A의 크기를 구하여라.

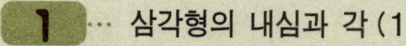

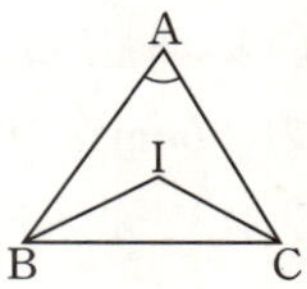

3 ··· 삼각형의 내심의 성질

그림에서 점 **I**는 **△ABC**의 내심이고, 점 **D, E, F**는 각각 원 **I**의 접점이다. $\overline{\mathbf{AE}}=\mathbf{4}$, $\overline{\mathbf{CE}}=\mathbf{5}$, $\overline{\mathbf{AB}}=\mathbf{12}$일 때, $\overline{\mathbf{BC}}$의 길이를 구하여라.

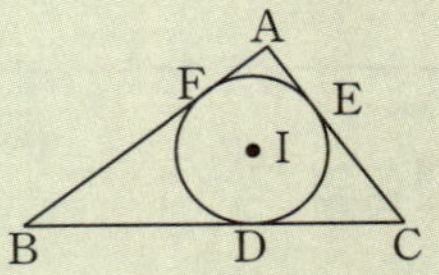

요점 Check

점 I가 △ABC의 내심이면

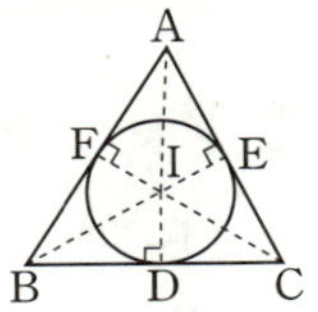

△AFI≡△AEI ⇨ $\overline{AF}=\overline{AE}$

△BFI≡△BDI ⇨ $\overline{BF}=\overline{BD}$

△CDI≡△CEI ⇨ $\overline{CD}=\overline{CE}$

풀이

$\overline{AF}=\overline{AE}=4$이므로 $\overline{BF}=\overline{BD}=12-4=8$

$\overline{CE}=\overline{CD}=5$

$\therefore\ \overline{BC}=\overline{BD}+\overline{CD}=8+5=\mathbf{13}$ ← 답

확인 03

그림에서 점 **I**는 **△ABC**의 내심이고, 점 **D, E, F**는 각각 원 **I**의 접점이다. $\overline{\mathbf{AB}}=\mathbf{10}$, $\overline{\mathbf{BD}}=\mathbf{6}$일 때, $\overline{\mathbf{AE}}$의 길이를 구하여라.

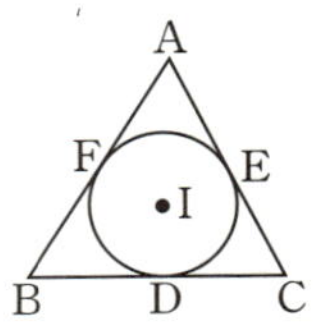

4 ··· 내접원의 반지름의 길이

그림에서 원 **I**는 직각삼각형 **ABC**의 내접원이고, 점 **D, E, F**는 각각 접점이다. $\overline{\mathbf{AB}}=\mathbf{6cm}$, $\overline{\mathbf{BC}}=\mathbf{8cm}$, $\overline{\mathbf{AC}}=\mathbf{10cm}$일 때, 내접원 **I**의 반지름의 길이를 구하여라.

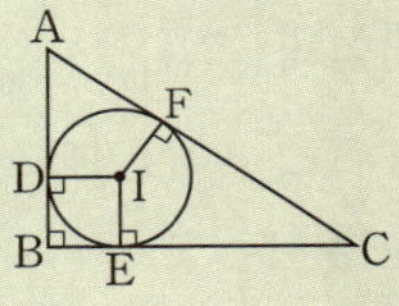

요점 Check

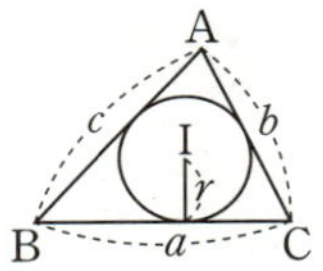

$\triangle ABC=\frac{1}{2}(a+b+c)r$

풀이

$\triangle ABC=(8\times 6)\div 2=24(cm^2)$

내접원 I의 반지름의 길이를 $r$cm라 하면

$\triangle ABC=\triangle IAB+\triangle IBC+\triangle IAC$

$=\frac{1}{2}\times\overline{AB}\times r+\frac{1}{2}\times\overline{BC}\times r+\frac{1}{2}\times\overline{AC}\times r$

$=\frac{1}{2}r(\overline{AB}+\overline{BC}+\overline{AC})=\frac{1}{2}r(6+8+10)=12r$

$\therefore\ 12r=24,\ r=2$

답 **2cm**

확인 04

그림에서 점 **I**는 **△ABC**의 내심이고, 내접원의 반지름은 **2cm**이다. **△ABC**의 넓이가 $\mathbf{30cm^2}$일 때, **△ABC**의 세 변의 길이의 합을 구하여라.

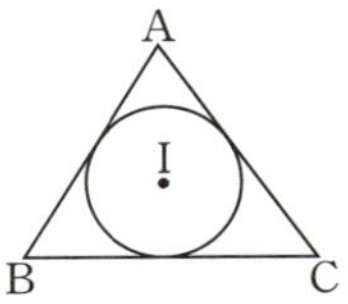

실력 높이기

01 기본 그림에서 점 O는 $\triangle ABC$의 외심이다. $\angle x+\angle y+\angle z$의 크기를 구하여라.

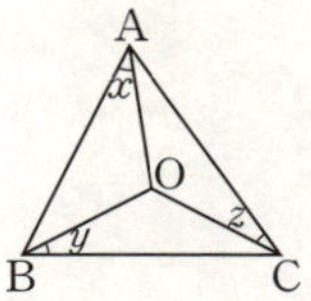

02 기본 그림에서 점 O는 $\triangle ABC$의 외심이다. $\angle x$의 크기를 구하여라.

(1)

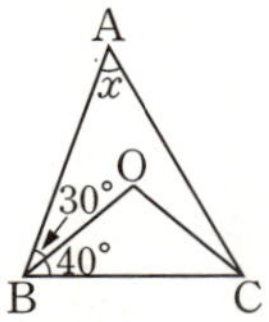

(2)

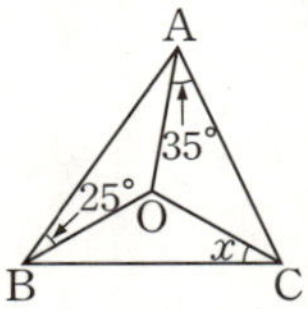

(3)

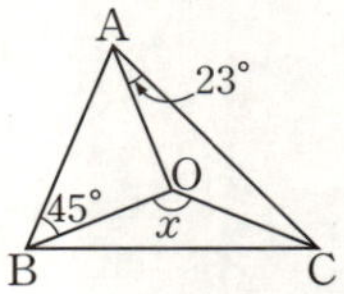

03 기본 그림의 $\triangle ABC$에서 점 O는 외심이고 $\angle OBA=25°$, $\angle OCA=30°$일 때, $\angle x$, $\angle y$의 크기를 구하여라.

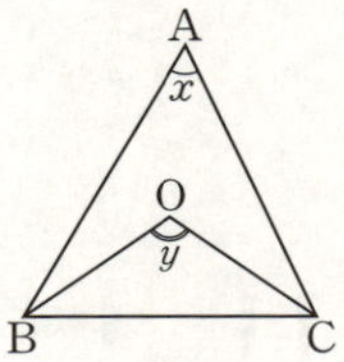

04 실력 그림은 원형 접시의 일부분이다. 원의 중심을 찾아 원을 작도하여라.

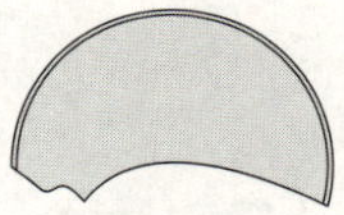

05 실력 그림에서 점 O는 $\triangle ABC$의 외심이다. $\overline{AC}=8cm$이고, $\triangle AOC$의 둘레의 길이가 18cm일 때, 외접원의 반지름의 길이를 구하여라.

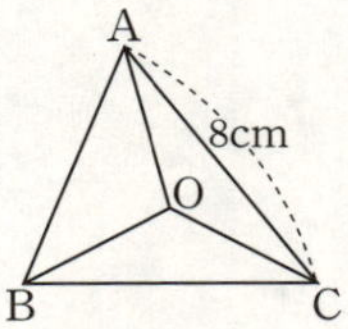

06 완성 그림에서 점 O는 $\triangle ABC$의 외심이고, $\angle AOB=110°$, $\angle AOC=100°$일 때, $\angle A$, $\angle B$, $\angle C$의 크기를 구하여라.

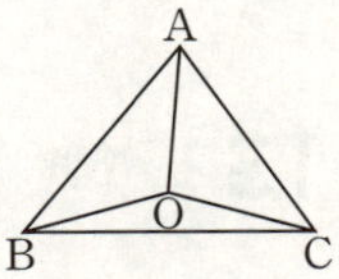

07 기본 그림에서 점 I는 $\triangle ABC$의 내심이다. $\angle x$의 크기를 구하여라.

(1)

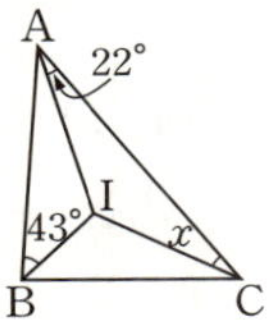

(2)

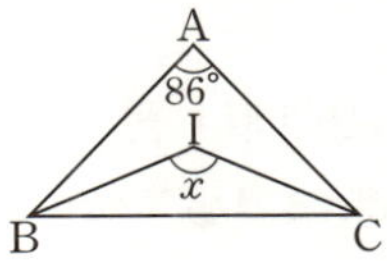

(3)

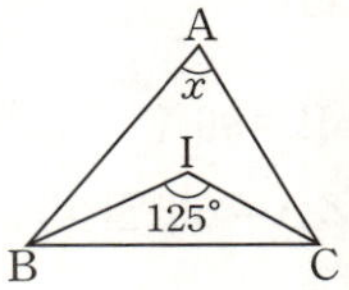

(4)

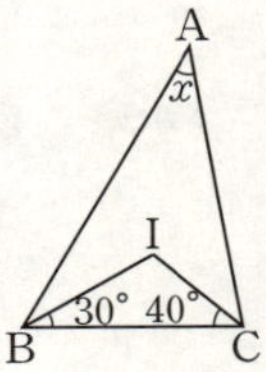

08 기본 그림에서 점 I는 △ABC의 내심이고, $\overline{DE} /\!/ \overline{BC}$이다. $\overline{AB}=12$cm, $\overline{AC}=10$cm, ∠IBD=25°, ∠ICE=35°일 때, 다음을 구하여라.

(1) ∠DIB의 크기　　(2) ∠CIE의 크기

(3) △ADE의 둘레의 길이

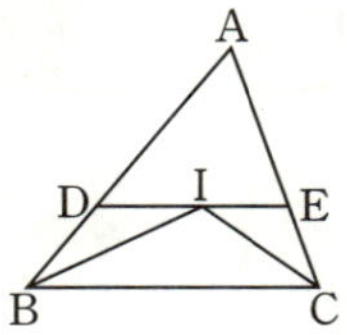

09 기본 그림과 같이 △ABC의 내접원이 변 AB와 점 D에서 접하고 있다. 이 때, $\overline{AD}$의 길이를 구하여라.

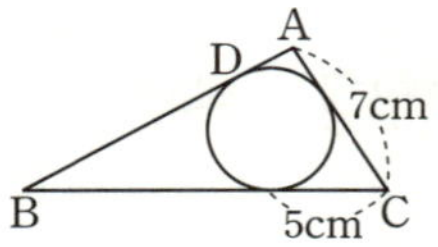

10 실력 그림에서 점 I는 △ABC의 내심이다. △ABC의 둘레의 길이가 18cm이고, 넓이가 27cm^2일 때, 내접원의 반지름의 길이를 구하여라.

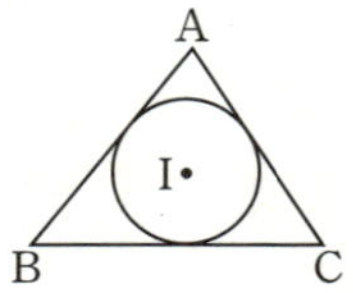

11 실력 그림에서 △ABC의 내접원 I의 반지름의 길이를 구하여라.

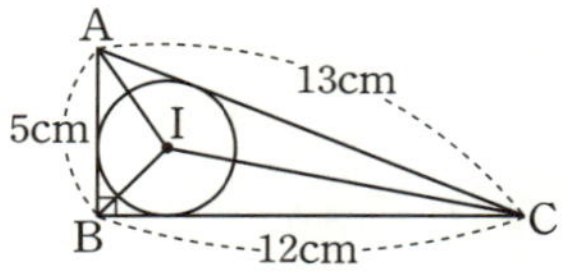

12 기본 그림에서 원 O는 △ABC에 외접하고, 원 I는 △ABC에 내접한다. 이 때, 점 O와 점 I에 대한 설명을 다음에서 각각 찾아라.

① △ABC의 내심이다.　　② △ABC의 외심이다.

③ △ABC의 외접원의 중심이다.　　④ △ABC의 내접원의 중심이다.

⑤ △ABC의 세 내각의 이등분선의 교점이다.

⑥ △ABC의 세 변의 수직이등분선의 교점이다.

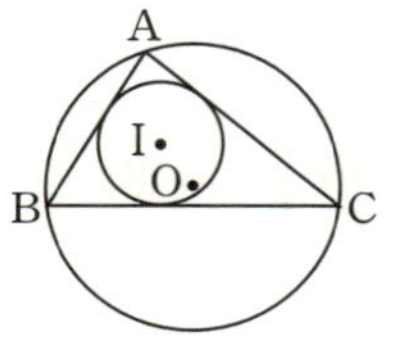

13 완성 서술형 그림과 같이 $\overline{AB}=\overline{AC}$인 이등변삼각형 ABC의 외심, 내심을 각각 O, I라 하고, ∠BAC=40°일 때, ∠OBI의 크기를 구하여라. 〈5점〉

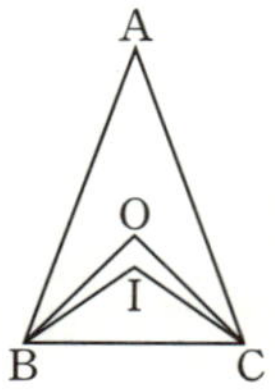

14 완성 서술형 ∠B=90°인 직각삼각형 ABC에서 점 I, O는 각각 내심, 외심이다. ∠A=60°일 때, ∠BPC의 크기를 구하여라. 〈5점〉

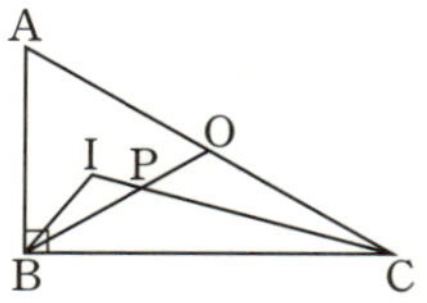

1 평행사변형의 성질

기본원리 꿀꺽

1 기호 □ABCD

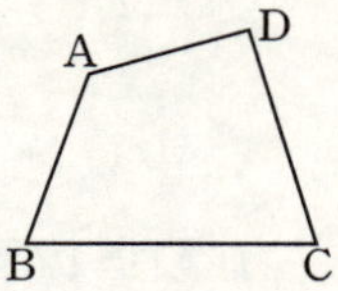

1. 삼각형 ABC를 기호로 △ABC와 같이 나타내듯이 사각형 ABCD를 기호로 **□ABCD**와 같이 나타낸다.
2. **대변** : □ABCD에서 서로 마주보는 변 $\overline{AB}$와 $\overline{DC}$, $\overline{AD}$와 $\overline{BC}$를 대변이라고 한다.
3. **대각** : □ABCD에서 서로 마주보는 각 ∠A와 ∠C, ∠B와 ∠D를 대각이라고 한다.
4. **대각선** : $\overline{AC}$, $\overline{BD}$를 □ABCD의 대각선이라고 한다.

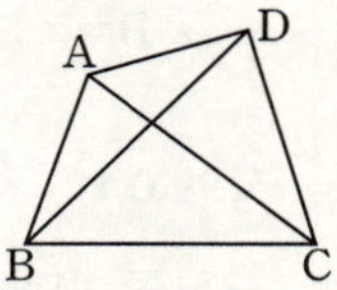

2 평행사변형의 정의

두 쌍의 대변이 각각 평행한 사각형을 **평행사변형**이라고 한다. 즉, $\overline{AD}/\!/\overline{BC}$, $\overline{AB}/\!/\overline{DC}$인 사각형을 평행사변형이라고 한다.

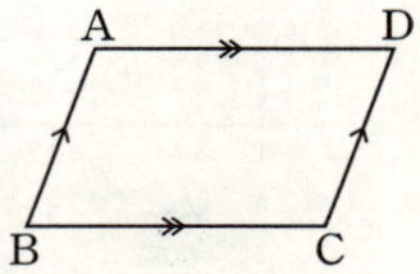

3 평행사변형의 성질

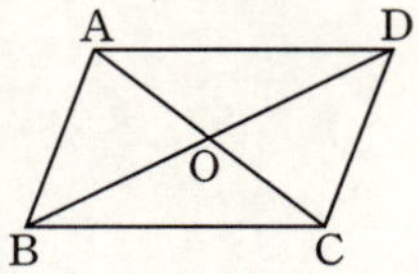

1. 두 쌍의 대변의 길이가 각각 같다.
   즉, $\overline{AD}=\overline{BC}$, $\overline{AB}=\overline{DC}$
2. 두 쌍의 대각의 크기가 각각 같다.
   즉, $\angle A=\angle C$, $\angle B=\angle D$
3. 두 대각선은 서로 다른 것을 이등분한다.
   즉, $\overline{AO}=\overline{CO}$, $\overline{BO}=\overline{DO}$

예) 그림과 같은 평행사변형 ABCD에서 다음을 구하여라.

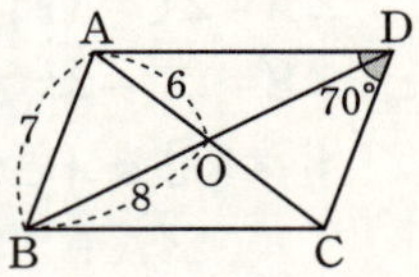

(1) $\overline{DC}$의 길이　　　(2) $\overline{DO}$의 길이

(3) $\overline{CO}$의 길이　　　(4) ∠B의 크기

풀이 (1) 대변의 길이는 같으므로 $\overline{DC}=7$

(2) 대각선은 서로 다른 것을 이등분하므로 $\overline{DO}=8$

(3) $\overline{CO}=\overline{AO}=6$

(4) 대각의 크기는 같으므로 $\angle B=70°$

Note : 평행사변형의 성질에 대한 증명은 해답편을 참고하라.

필수예제

1 ··· 평행사변형의 성질

다음 평행사변형 ABCD에서 x, y의 값을 구하여라.

(1) 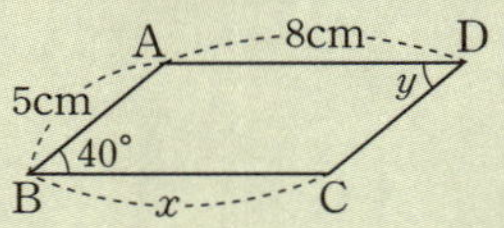

(2) 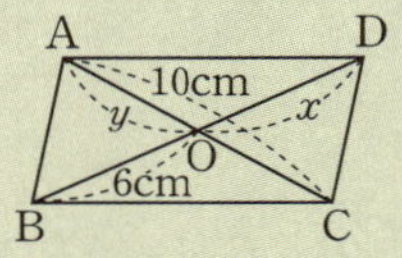

요점 Check

평행사변형 ABCD에서

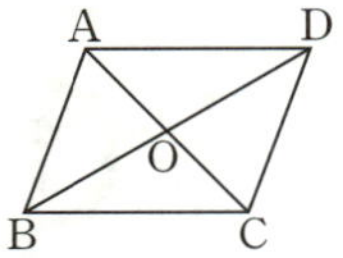

① $\overline{AD}=\overline{BC}$, $\overline{AB}=\overline{DC}$
② $\overline{AO}=\overline{CO}$, $\overline{BO}=\overline{DO}$
③ $\angle A=\angle C$, $\angle B=\angle D$

풀이

(1) $\overline{AD}=\overline{BC}$이므로 $\boldsymbol{x=8\text{cm}}$, $\angle B=\angle D$이므로 $\boldsymbol{y=40°}$ ← 답

(2) $\overline{BO}=\overline{DO}$이므로 $\boldsymbol{x=6\text{cm}}$, $\overline{AO}=\overline{CO}$이므로 $\boldsymbol{y=5\text{cm}}$ ← 답

확인 01

오른쪽 평행사변형 ABCD에서 다음 값을 구하여라.

(1) $\overline{AB}$ (2) $\overline{OB}$

(3) $\angle BCD$ (4) $\angle ADC$

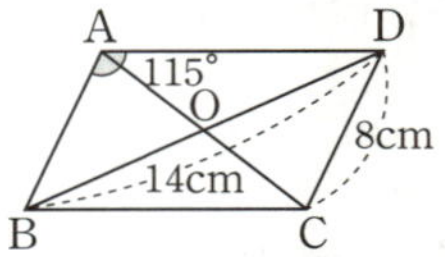

2 ··· 평행사변형의 성질의 활용

평행사변형 ABCD에서 $\angle A : \angle B = 3 : 2$일 때, $\angle A$, $\angle B$, $\angle C$, $\angle D$의 크기를 구하여라.

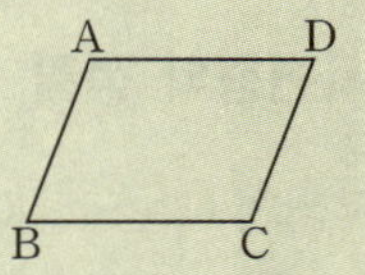

요점 Check

비례식 문제 해결 방법

$a:b$	a의 값	b의 값
2 : 3	$2k$	$3k$
3 : 4	$3k$	$4k$
2 : 7	$2k$	$7k$
1 : 5	k	$5k$

(단, $k>0$)

풀이

$\angle A : \angle B = 3 : 2$이므로 $\angle A = 3x$라 하면 $\angle B = 2x$이다.
$\angle A = \angle C = 3x$, $\angle B = \angle D = 2x$이므로
$3x+3x+2x+2x=360°$, $10x=360°$, $x=36°$
$\angle A=\angle C=3x=3\times 36°=\mathbf{108°}$
$\angle B=\angle D=2x=2\times 36°=\mathbf{72°}$ ← 답

Note: 평행사변형 ABCD에서 다음이 성립한다.
$\angle A+\angle B=180°$, $\angle B+\angle C=180°$, $\angle C+\angle D=180°$, $\angle A+\angle D=180°$

확인 02

평행사변형 ABCD에서 $\overline{DC}=2\text{cm}$이고, □ABCD의 둘레의 길이가 12cm이다. 이 때, $\overline{AD}$의 길이를 구하여라.

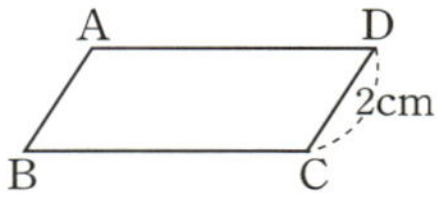

2 평행사변형이 되는 조건

기본원리 꿀꺽

1 평행사변형이 되는 조건

사각형은 다음 각 경우에 평행사변형이 된다.

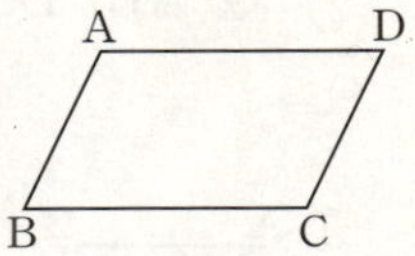

1. 두 쌍의 대변이 각각 평행할 때 (정의)
   ⇨ $\overline{AD} /\!/ \overline{BC}$, $\overline{AB} /\!/ \overline{DC}$
2. 두 쌍의 대변의 길이가 각각 같을 때
   ⇨ $\overline{AD}=\overline{BC}$, $\overline{AB}=\overline{DC}$
3. 두 쌍의 대각의 크기가 각각 같을 때
   ⇨ $\angle A=\angle C$, $\angle B=\angle D$
4. 한 쌍의 대변이 평행하고 그 길이가 같을 때
   ⇨ $\overline{AB} /\!/ \overline{DC}$, $\overline{AB}=\overline{DC}$ 또는 $\overline{AD} /\!/ \overline{BC}$, $\overline{AD}=\overline{BC}$
5. 두 대각선이 서로 다른 것을 이등분할 때
   ⇨ $\overline{AO}=\overline{CO}$, $\overline{BO}=\overline{DO}$

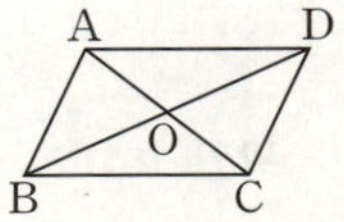

2 평행사변형이 되는 조건의 활용

사각형 ABCD가 평행사변형일 때, 그림의 색칠한 도형은 평행사변형이다.

(1)

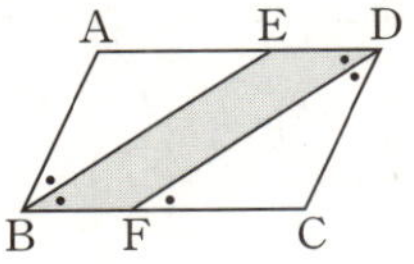

- $\overline{ED} /\!/ \overline{BF}$, $\overline{EB} /\!/ \overline{DF}$
- 두 쌍의 대변이 평행하므로 □EBFD는 평행사변형이다.

(2)

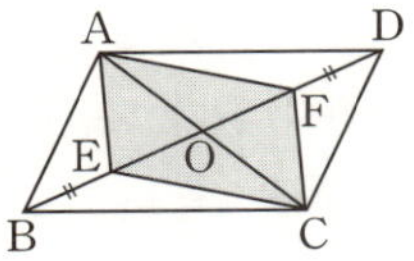

- $\overline{OA}=\overline{OC}$, $\overline{OE}=\overline{OF}$
- 두 대각선이 서로 다른 것을 이등분하므로 □AECF는 평행사변형이다.

(3)

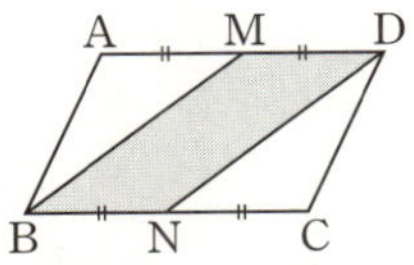

- $\overline{MD} /\!/ \overline{BN}$, $\overline{MD}=\overline{BN}$
- 한 쌍의 대변이 평행하고 그 길이가 같으므로 □MBND는 평행사변형이다.

Note : 평행사변형이 되는 조건에 대한 증명은 해답편을 참고하라.

필수예제

1 ··· 평행사변형이 되는 조건

다음 □ABCD 중에서 평행사변형인 것을 모두 찾으면? 〈정답 2개〉

① $\overline{AC}$, $\overline{BD}$의 교점이 O일 때, $\overline{OA}=\overline{OC}=6$, $\overline{OB}=\overline{OD}=4$

② $\angle A=\angle C=120°$, $\angle B=60°$

③ $\overline{AB}=\overline{BC}=5$, $\overline{CD}=\overline{DA}=4$

④ $\overline{AB}/\!/\overline{DC}$, $\overline{AD}=\overline{BC}=5$

풀이

①
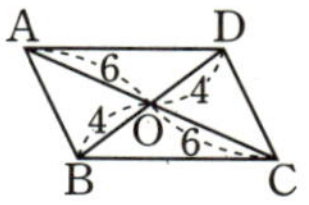

②
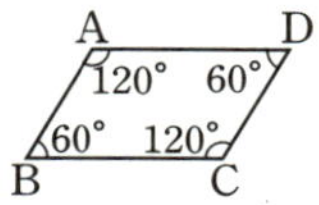

③
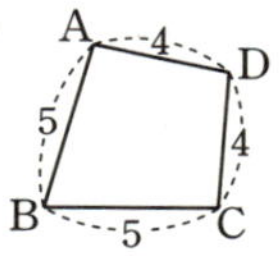

④
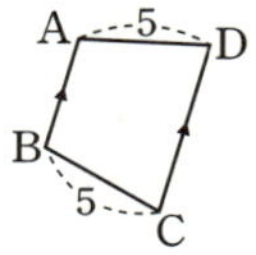

답 ①, ②

요점 Check

평행사변형이 되는 조건

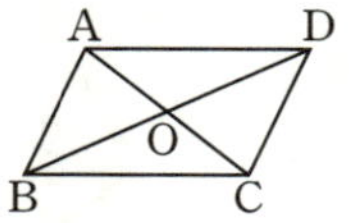

① $\overline{AD}/\!/\overline{BC}$, $\overline{AB}/\!/\overline{DC}$

② $\overline{AD}=\overline{BC}$, $\overline{AB}=\overline{DC}$

③ $\angle A=\angle C$, $\angle B=\angle D$

④ $\overline{AD}/\!/\overline{BC}$, $\overline{AD}=\overline{BC}$

⑤ $\overline{OA}=\overline{OC}$, $\overline{OB}=\overline{OD}$

확인 01

다음 □ABCD 중에서 평행사변형인 것을 모두 찾아라.

(1) $\angle A=100°$, $\angle B=80°$, $\angle C=120°$

(2) $\overline{AB}/\!/\overline{DC}$, $\overline{AB}=3\text{cm}$, $\overline{DC}=3\text{cm}$

(3) $\angle A=\angle C$, $\overline{AB}/\!/\overline{DC}$

2 ··· 평행사변형과 넓이

평행사변형 ABCD에서 $\triangle ABO=8\text{cm}^2$일 때, 다음 도형의 넓이를 구하여라.

(1) △OBC (2) △ACD (3) □ABCD

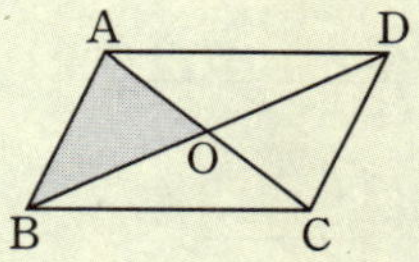

풀이

(1) 점 B에서 $\overline{AC}$에 수선 BH를 내리면 $\overline{BH}$는 △ABO와 △OBC의 높이가 된다.
그런데 $\overline{AO}=\overline{CO}$이므로 $\triangle OBC=\triangle ABO=\mathbf{8cm^2}$ ← 답

(2) $\triangle ABC=16\text{cm}^2$이므로 $\triangle ACD=\triangle ABC=\mathbf{16cm^2}$ ← 답

(3) $\square ABCD=2\triangle ABC=\mathbf{32cm^2}$ ← 답

요점 Check

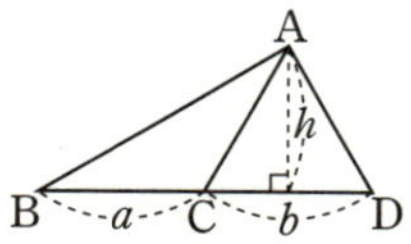

$\triangle ABC=\dfrac{ah}{2}$

$\triangle ACD=\dfrac{bh}{2}$

이 때, $\overline{BC}=\overline{CD}$이면

$\triangle ABC=\triangle ACD$

확인 02

평행사변형 ABCD에서 대각선의 교점을 O라 할 때, $\triangle AOD=20\text{cm}^2$이다. □ABCD의 넓이를 구하여라.

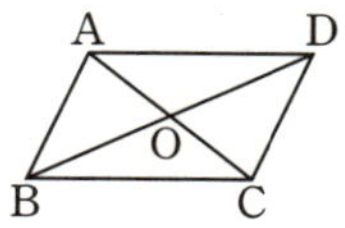

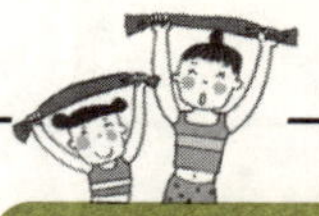

실력 높이기

01 기본 그림의 평행사변형 **ABCD**에서 다음 값을 구하여라.

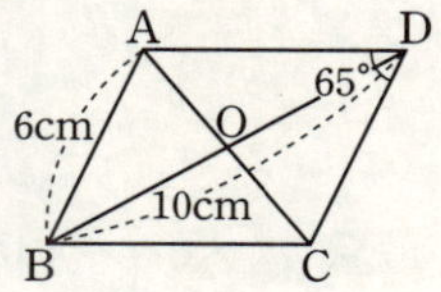

(1) $\overline{\mathrm{CD}}$　　(2) $\angle\mathrm{ABC}$

(3) $\angle\mathrm{BCD}$　　(4) $\overline{\mathrm{OB}}$

02 기본 다음 평행사변형에서 x, y, z의 값을 구하여라.

(1)

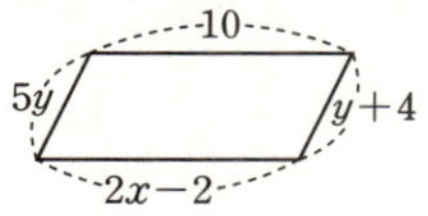

(2)

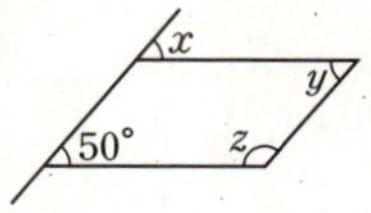

(3)

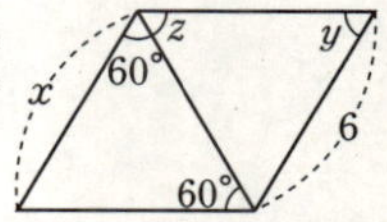

03 기본 평행사변형 **ABCD**에 대하여 다음 물음에 답하여라.

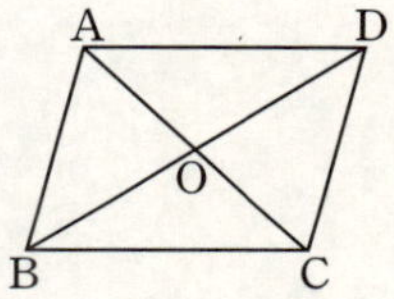

(1) 넓이가 같은 삼각형을 찾아라.

(2) 합동인 삼각형을 찾아라.

04 기본 오른쪽 그림의 □**ABCD**는 평행사변형이다. $\angle$**A**와 $\angle$**B**의 크기의 비가 **2 : 1**일 때, $\angle$**C**의 크기를 구하여라.

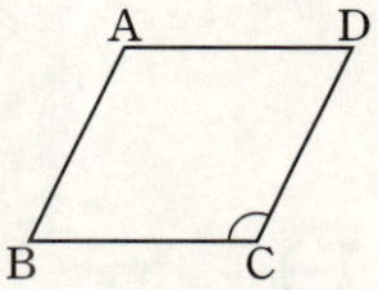

05 기본 그림은 평행사변형 **ABCD** 안에 있는 점 **P**를 지나 두 변 **AD, AB**에 각각 평행한 직선 **EF, GH**를 그은 것이다. $\angle\mathbf{D}=60°$, $\overline{\mathbf{AB}}=7$, $\overline{\mathbf{AD}}=10$, $\overline{\mathbf{HC}}=4$일 때, 다음을 구하여라.

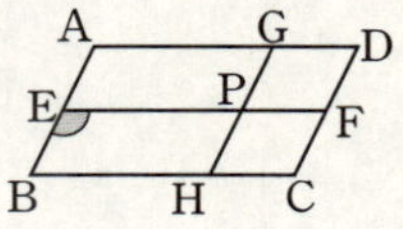

(1) $\overline{\mathrm{EP}}$의 길이　　(2) $\angle\mathrm{BEP}$의 크기

06 실력 그림의 평행사변형 **ABCD**에서 점 **O**는 두 대각선의 교점이고, $\overline{\mathbf{AB}}=6\mathbf{cm}$, $\overline{\mathbf{AC}}=10\mathbf{cm}$, $\overline{\mathbf{BD}}=12\mathbf{cm}$일 때, △**DOC**의 둘레의 길이를 구하여라.

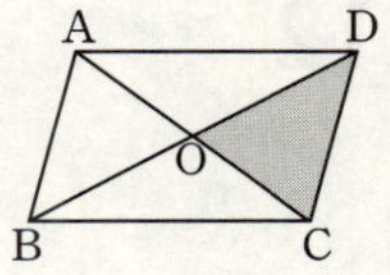

07 실력 다음 평행사변형에서 $\angle x$의 크기를 구하여라.

(1)

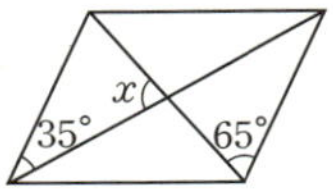

(2)

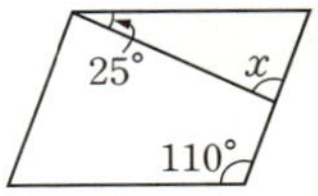

08 실력 평행사변형 **ABCD**에서 변 **BC**의 중점을 **E**라 하고, 선분 **AE**의 연장선이 $\overline{\text{DC}}$의 연장선과 만나는 점을 **F**라고 할 때, $\overline{\text{CF}}$의 길이를 구하여라.

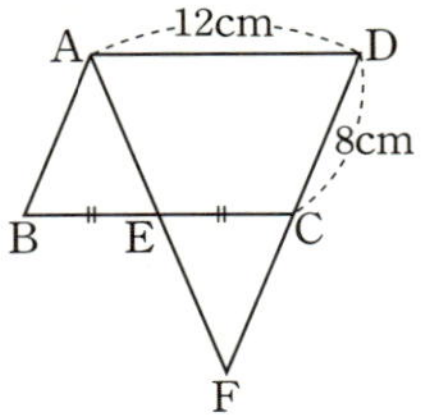

09 기본 다음 사각형 **ABCD** 중에서 평행사변형인 것을 모두 찾으면? 〈정답 3개〉

①

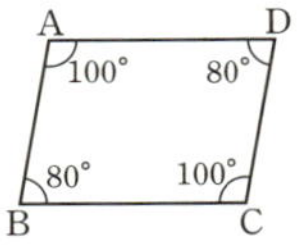

②

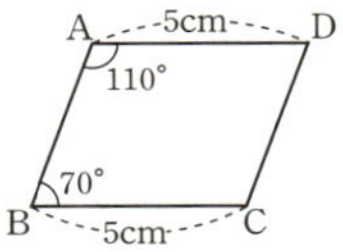

③

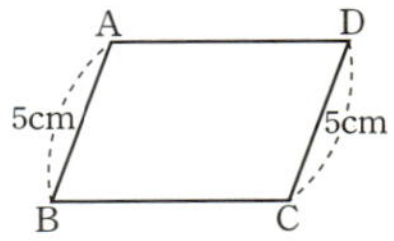

④

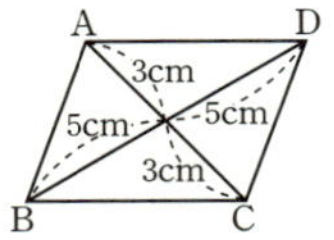

10 실력 그림의 평행사변형 **ABCD**에서 점 **P, Q**가 각각 $\overline{\text{AB}}$, $\overline{\text{DC}}$의 중점일 때, □**APCQ**가 평행사변형이 되는 조건으로 가장 알맞은 것을 써라.

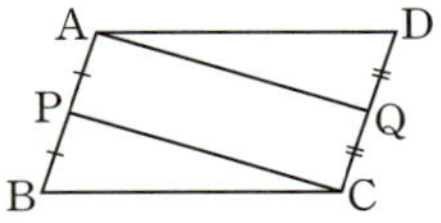

11 실력 평행사변형 **ABCD**의 변 **BC, DC**의 연장선 위에 $\overline{\text{BC}}=\overline{\text{CE}}$, $\overline{\text{DC}}=\overline{\text{CF}}$ 되는 점 **E, F**를 그림과 같이 잡으면 □**ABFC**, □**ACED**, □**BFED**는 모두 평행사변형이다. 다음은 이들 사각형이 평행사변형이 되는 조건을 적은 것이다. ☐ 안에 알맞은 것을 써 넣어라.

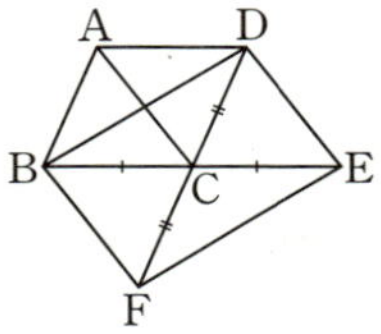

(1) □ABFC

$\begin{cases} \overline{\text{AB}}=\square \\ \square \end{cases}$

(2) □ACED

$\begin{cases} \overline{\text{AD}} /\!/ \square \\ \square \end{cases}$

(3) □BFED

$\begin{cases} \overline{\text{CB}}=\square \\ \square \end{cases}$

12 완성 그림에서 평행사변형 **ABCD**의 두 대각선의 교점 **O**를 지나는 임의의 직선이 $\overline{\text{AD}}$, $\overline{\text{BC}}$와 만나는 점을 각각 **E, F**라 하자. □**ABCD**의 넓이가 **80**cm^2일 때, 색칠한 두 삼각형의 넓이의 합을 구하여라.

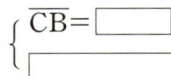

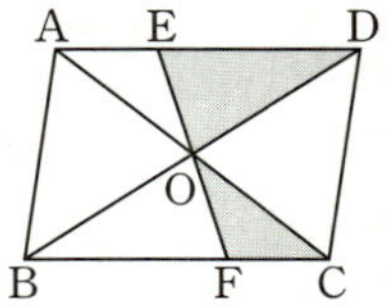

1 여러 가지 사각형

기본원리 꿀꺽

1 직사각형

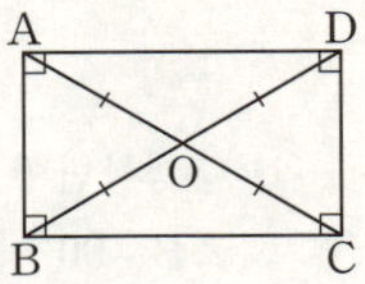

1 정의 : 네 내각의 크기가 모두 같은 사각형을 **직사각형**이라고 한다. ⇨ $\angle A=\angle B=\angle C=\angle D$

2 성질 : 직사각형은 두 대각선의 길이가 서로 같고 다른 것을 이등분한다. ⇨ $\overline{AC}=\overline{BD}$, $\overline{AO}=\overline{BO}=\overline{CO}=\overline{DO}$

3 평행사변형이 직사각형이 되는 조건

(1) 한 내각의 크기가 90°인 평행사변형은 직사각형이다.

(2) 대각선의 길이가 같은 평행사변형은 직사각형이다.

2 마름모

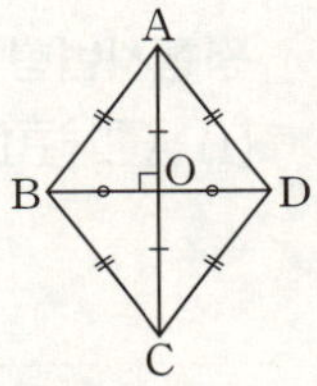

1 정의 : 네 변의 길이가 모두 같은 사각형을 **마름모**라고 한다.
⇨ $\overline{AB}=\overline{BC}=\overline{CD}=\overline{DA}$

2 성질 : 마름모의 두 대각선은 서로 다른 것을 수직이등분한다.
⇨ $\overline{AO}=\overline{CO}$, $\overline{BO}=\overline{DO}$, $\overline{AC}\perp\overline{BD}$

3 평행사변형이 마름모가 되는 조건

(1) 이웃하는 두 변의 길이가 같은 평행사변형은 마름모이다.

(2) 두 대각선이 직교하는 평행사변형은 마름모이다.

(3) 대각선이 한 내각을 이등분하는 평행사변형은 마름모이다.

3 정사각형

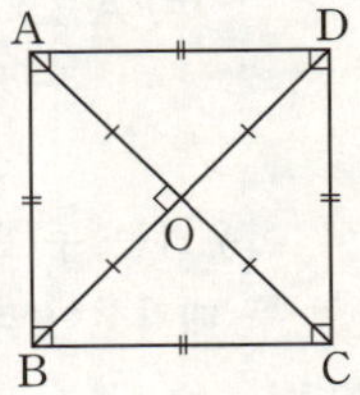

1 정의 : 네 변의 길이가 모두 같고, 네 내각의 크기가 모두 같은 사각형을 **정사각형**이라고 한다.
⇨ $\overline{AB}=\overline{BC}=\overline{CD}=\overline{AD}$, $\angle A=\angle B=\angle C=\angle D$

2 성질 : 정사각형의 두 대각선은 길이가 같고 서로 다른 것을 수직이등분한다.

3 직사각형이 정사각형이 되는 조건

(1) 이웃하는 두 변의 길이가 같은 직사각형은 정사각형이다.

(2) 두 대각선이 서로 직교하는 직사각형은 정사각형이다.

4 마름모가 정사각형이 되는 조건

(1) 한 내각의 크기가 90°인 마름모는 정사각형이다.

(2) 두 대각선의 길이가 같은 마름모는 정사각형이다.

Note : 직사각형, 마름모, 정사각형의 성질, 평행사변형이 직사각형 또는 마름모가 되는 조건에 대한 증명은 해답편을 참고하라.

필수예제

1 … 직사각형, 마름모

평행사변형 ABCD가 다음 조건을 만족하면 어떤 사각형이 되는가?

(1) $\angle B=90°$　　(2) $\overline{AB}=\overline{BC}$

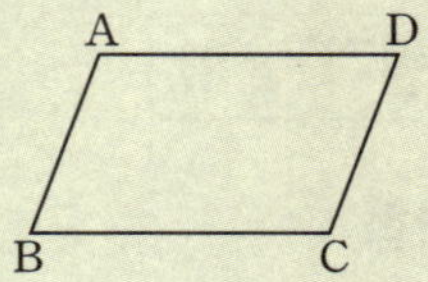

요점 Check

- 직사각형
  ① 한 내각이 90°인 평행사변형
  ② 대각선의 길이가 같은 평행사변형
- 마름모
  ① 이웃하는 두 변의 길이가 같은 평행사변형
  ② 두 대각선이 직교하는 평행사변형
  ③ 대각선이 한 내각을 이등분하는 평행사변형

풀이

(1) 평행사변형은 두 쌍의 대각의 크기가 각각 같으므로 $\angle A=\angle C$, $\angle B=\angle D$
$\angle B=90°$이므로 $\angle D=90°$
$\overline{AD}/\!/\overline{BC}$이므로 $\angle A+\angle B=180°$　$\therefore \angle A=\angle C=90°$

(2) 평행사변형은 두 쌍의 대변의 길이가 각각 같으므로 $\overline{AB}=\overline{DC}$, $\overline{AD}=\overline{BC}$
$\overline{AB}=\overline{BC}$이므로 $\overline{AB}=\overline{BC}=\overline{CD}=\overline{DA}$

답 (1) **직사각형** (2) **마름모**

확인 01

평행사변형 ABCD가 다음 조건을 만족하면 어떤 사각형이 되는가?

(1) $\overline{AC}=\overline{BD}$　(2) $\overline{AC}\perp\overline{BD}$　(3) $\angle ABD=\angle CBD$

2 … 정사각형

직사각형 ABCD에 어떤 조건을 추가하면 정사각형이 되는가? 〈정답 2개〉

① $\overline{AC}=\overline{BD}$　② $\overline{AB}=\overline{BC}$　③ $\overline{AC}\perp\overline{BD}$
④ $\overline{AB}/\!/\overline{DC}$　⑤ $\overline{AO}=\overline{BO}=\overline{CO}=\overline{DO}$

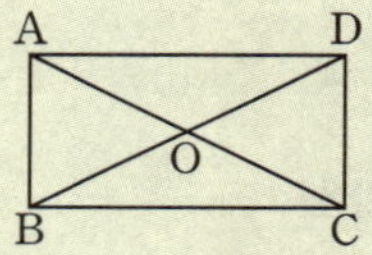

요점 Check

정사각형
① 이웃하는 두 변의 길이가 같은 직사각형
② 대각선이 직교하는 직사각형
③ 한 내각의 크기가 90°인 마름모
④ 대각선의 길이가 같은 마름모

풀이

이웃하는 두 변의 길이가 같은 직사각형은 정사각형이다.　… ②
두 대각선이 직교하는 직사각형은 정사각형이다.　… ③

답 **②, ③**

확인 02

마름모 ABCD에 어떤 조건을 추가하면 정사각형이 되는가? 〈정답 2개〉

① $\overline{AB}/\!/\overline{DC}$　② $\overline{AC}=\overline{BD}$　③ $\overline{AC}\perp\overline{BD}$
④ $\angle BAD=90°$　⑤ $\overline{AO}=\overline{CO}$, $\overline{BO}=\overline{DO}$

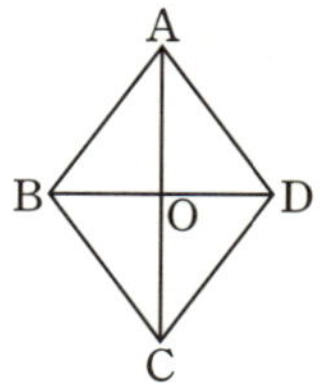

3 ··· 마름모

그림과 같은 평행사변형 ABCD에서 $\angle DBC=25°$, $\angle DAC=65°$일 때, $\angle x$, $\angle y$의 크기를 구하여라.

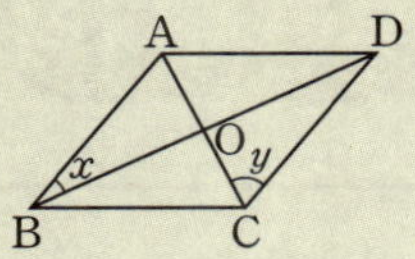

요점 Check

마름모
① 대각선은 서로 다른 것을 수직이등분한다.
② 대각선은 한 내각을 이등분한다.

풀이

$\overline{AD}/\!/\overline{BC}$이므로 $\angle ACB=\angle DAC=65°$

$\angle OBC+\angle OCB=25°+65°=90°$ $\therefore \angle BOC=90°$

평행사변형의 대각선이 직교하므로 □ABCD는 마름모이다.

$\therefore \left.\begin{array}{l}\angle x=\angle CBO=\mathbf{25°}\\ \angle y=\angle BCA=\mathbf{65°}\end{array}\right\}$ ← 답

확인 03

그림의 평행사변형 ABCD에서 $\angle ADB=30°$, $\angle ACB=60°$일 때, $\angle x$, $\angle y$의 크기를 구하여라.

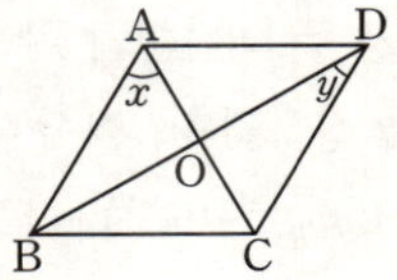

4 ··· 직사각형

평행사변형 ABCD에서 변 AD의 중점을 M이라고 할 때, $\overline{MB}=\overline{MC}$이면 □ABCD는 어떤 사각형인가?

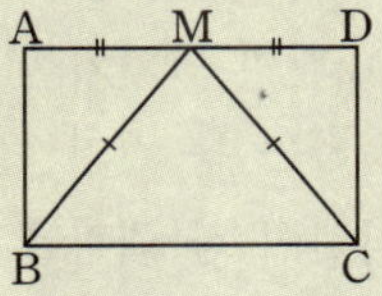

요점 Check

직사각형
① 한 내각의 크기가 90°인 평행사변형
② 대각선의 길이가 같은 평행사변형

풀이

△ABM과 △DCM에서 $\overline{AM}=\overline{DM}$, $\overline{AB}=\overline{DC}$, $\overline{MB}=\overline{MC}$이므로

△ABM≡△DCM $\therefore \angle A=\angle D$ … ㉠

한편, □ABCD는 평행사변형이므로 $\angle A+\angle D=180°$ … ㉡

㉠, ㉡에서 $\angle A+\angle A=180°$ $\therefore \angle A=\angle D=90°$

따라서, $\angle A=\angle B=\angle C=\angle D$

답 **직사각형**

확인 04

평행사변형 ABCD에서 $\angle BAC=\angle BDC$일 때, 이 사각형은 어떤 사각형인가?

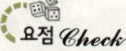

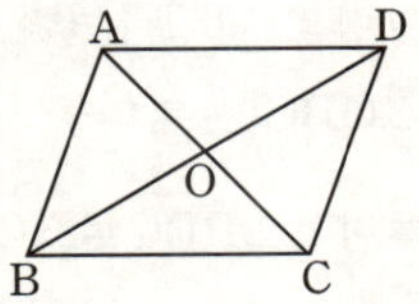

2 등변사다리꼴

기본원리 꿀꺽

1 등변사다리꼴

1 사다리꼴의 정의 : 한 쌍의 대변이 평행한 사각형을 **사다리꼴**이라고 한다.

2 등변사다리꼴의 정의 : 아랫변의 양 끝각의 크기가 같은 사다리꼴을 **등변사다리꼴**이라고 한다.

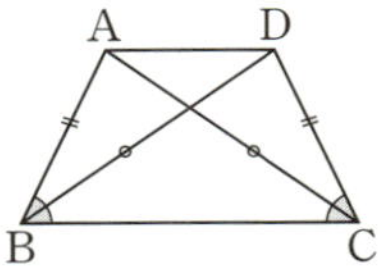

3 등변사다리꼴의 성질

① 평행이 아닌 한 쌍의 대변의 길이가 같다.

② 두 대각선의 길이가 같다.

▶정사각형, 직사각형은 등변사다리꼴이다.

Note: 등변사다리꼴의 성질에 대한 증명은 해답편을 참고하라.

2 사각형 사이의 관계

사각형 —①→ 사다리꼴 —②→ 평행사변형 —③→ 직사각형 —⑤→ 정사각형
평행사변형 —④→ 마름모 —⑥→ 정사각형

① 한 쌍의 대변이 평행하다.

② 다른 한 쌍의 대변도 평행하다.

③ 한 내각의 크기가 90°이다. 두 대각선의 길이가 같다.

④ 이웃하는 두 변의 길이가 같다. 두 대각선이 직교한다.
대각선이 한 내각을 이등분한다.

⑤ 이웃하는 두 변의 길이가 같다. 두 대각선이 직교한다.

⑥ 한 내각의 크기가 90°이다. 두 대각선의 길이가 같다.

3 평행선과 넓이

그림에서 $l /\!/ m$일 때, 직선 l 위의 두 점 A, A′에서 직선 m에 내린 수선의 발을 각각 P, Q라고 하면 $\overline{AP}=\overline{A'Q}$이다.

△ABC와 △A′BC는 밑변이 공통이고 높이가 같으므로 그 넓이가 같다. 즉, △ABC=△A′BC

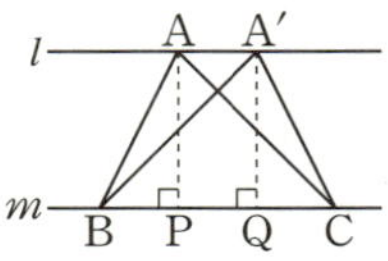

예 그림의 평행사변형 ABCD의 넓이가 40cm^2일 때, △PBC, △QBC의 넓이를 구하여라.

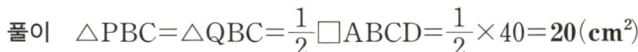

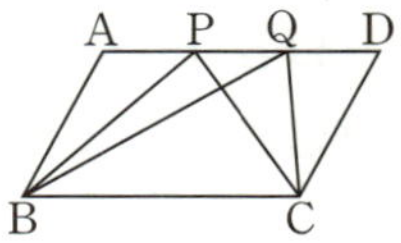

풀이 $\triangle PBC=\triangle QBC=\frac{1}{2}\square ABCD=\frac{1}{2}\times 40=\mathbf{20(cm^2)}$

필수예제

1 … 등변사다리꼴

오른쪽 등변사다리꼴 ABCD에서 ∠A=115°일 때, ∠C의 크기를 구하여라.

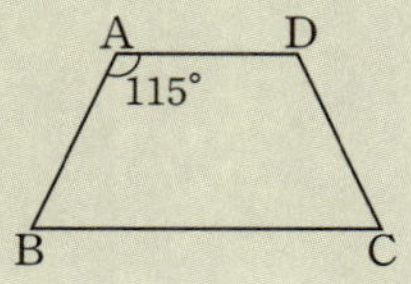

요점 Check

등변사다리꼴

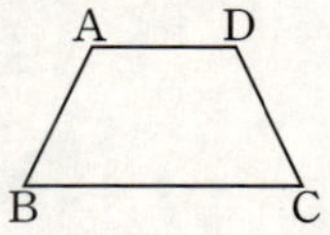

$\overline{AD} /\!/ \overline{BC}$, ∠B=∠C
∠A=∠D

풀이

□ABCD는 등변사다리꼴이므로 $\overline{AD} /\!/ \overline{BC}$이고 ∠B=∠C … ㉠
$\overline{AD} /\!/ \overline{BC}$이므로 ∠A+∠B=180° … ㉡
㉠, ㉡에서 ∠A+∠C=180°
∠A=115°이므로 ∠C=180°−115°=**65°** ← 답

확인 01

오른쪽 등변사다리꼴에서 $\overline{AD}$=3cm, $\overline{AB}$=5cm, ∠A=120°일 때, $\overline{BC}$의 길이를 구하여라.

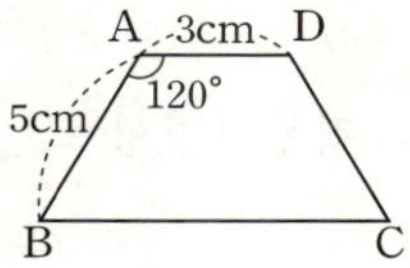

2 … 평행선과 넓이

그림과 같은 사각형 ABCD가 있다. 이 사각형과 넓이가 같고, $\overline{AB}$를 한 변으로 하는 삼각형을 작도하여라.

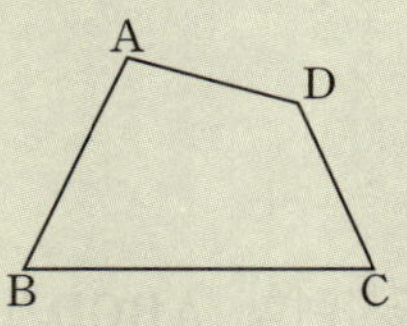

요점 Check

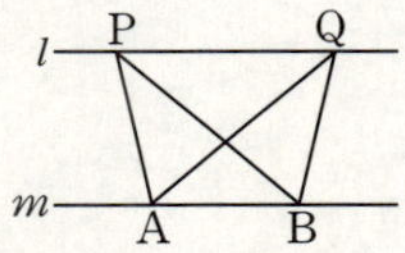

위에서 $l /\!/ m$이면
△PAB=△QAB

풀이

점 D를 지나고 $\overline{AC}$에 평행한 직선을 그어 $\overline{BC}$의 연장선과 만나는 점을 E라고 하면
△ACD=△ACE이므로
□ABCD=△ABC+△ACD=△ABC+△ACE=△ABE
따라서, 점 A와 E를 이으면 된다.

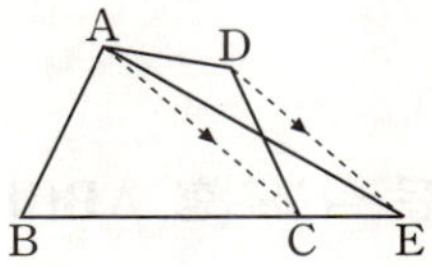

확인 02

그림에서 $\overline{AC} /\!/ \overline{DE}$이고, △ABE=36cm², △ABC=16cm²일 때, △ACD의 넓이를 구하여라.

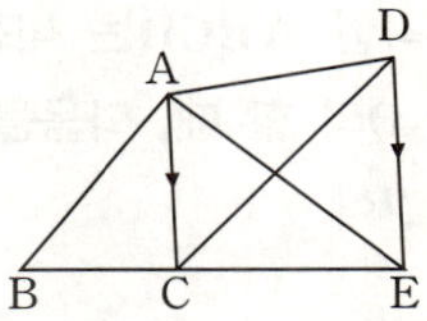

실력 높이기

01 기본 다음에 주어진 사각형 중에서 두 대각선의 길이가 같은 사각형은? 〈정답 3개〉

① 사다리꼴 ② 평행사변형 ③ 직사각형
④ 마름모 ⑤ 정사각형 ⑥ 등변사다리꼴

02 기본 다음 중 마름모의 성질이 아닌 것을 모두 찾으면? 〈정답 2개〉

① 두 대각선의 길이가 서로 같다.
② 두 쌍의 대변이 서로 평행하다.
③ 네 각이 모두 직각이다.
④ 두 대각선이 서로 수직으로 만난다.
⑤ 이웃하는 두 변의 길이가 같다.

03 기본 다음에서 ☐ 안에 알맞은 사각형의 이름을 써 넣어라.

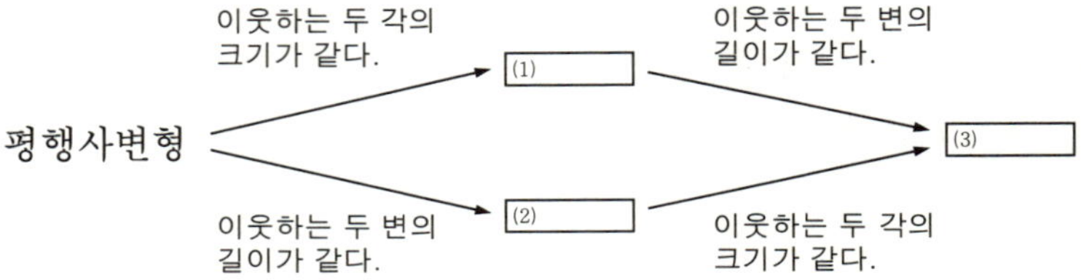

04 기본 그림의 평행사변형 ABCD가 $\overline{AC}\perp\overline{BD}$, $\overline{OA}=\overline{OB}=\overline{OC}=\overline{OD}$를 만족하면 어떤 사각형이 되는가?

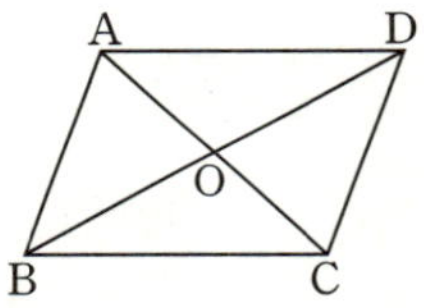

05 기본 그림의 평행사변형 ABCD가 $\angle A=90°$, $\overline{AB}=\overline{BC}$를 만족하면 어떤 사각형이 되는가?

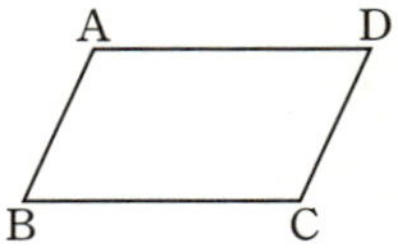

06 기본 그림과 같은 직사각형 ABCD에서 $\overline{AO}=8$일 때, $\overline{BD}$의 길이를 구하여라.

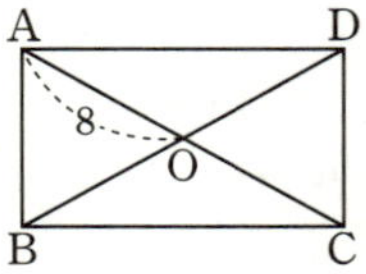

07 기본 그림의 사각형 ABCD는 마름모이고, $\overline{AB}=10$cm이다. 두 대각선의 교점을 O라 할 때, 다음을 구하여라.

(1) $\overline{BC}$의 길이 (2) $\angle AOB$의 크기

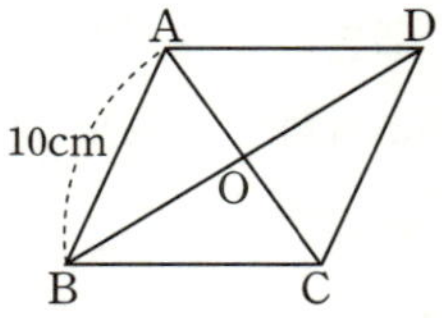

08 기본 종이를 두 번 접어 오른쪽 그림과 같이 자를 때 생기는 도형의 네 변의 길이와 네 각의 크기를 각각 구하여라.

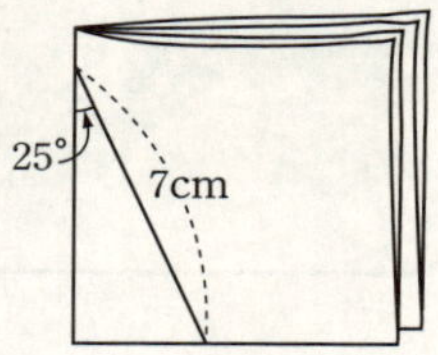

09 실력 그림에서 □ABCD는 마름모이다. ∠BDC=24°일 때, ∠A의 크기를 구하여라.

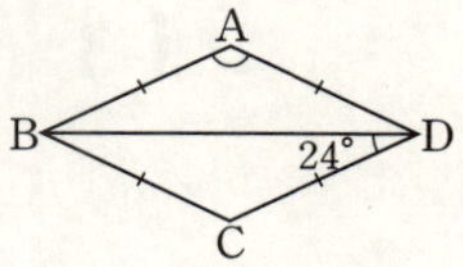

10 실력 그림에서 $\overline{BD}$는 직사각형 ABCD의 대각선이다. ∠ABD, ∠BDC의 이등분선이 $\overline{AD}$, $\overline{BC}$와 만나는 점을 각각 E, F라 할 때, □EBFD는 마름모가 된다. 이 때, ∠BED의 크기를 구하여라.

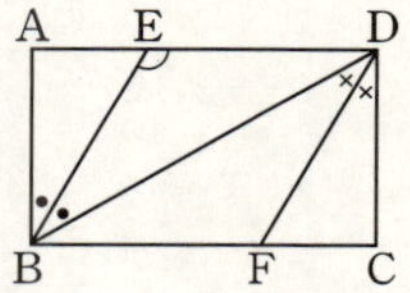

11 완성 그림에서 △ABC는 $\overline{AB}=\overline{AC}$인 이등변삼각형이고, □ACDE는 정사각형이다. 이 때, ∠EBC의 크기를 구하여라.

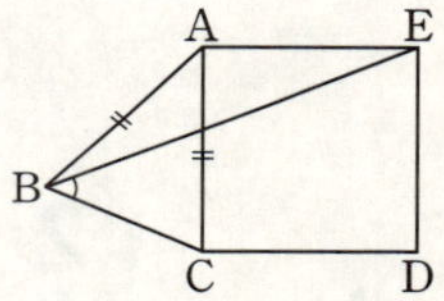

12 실력 그림의 정사각형 ABCD에서 $\overline{BE}=\overline{CF}$일 때, ∠AGF의 크기를 구하여라.

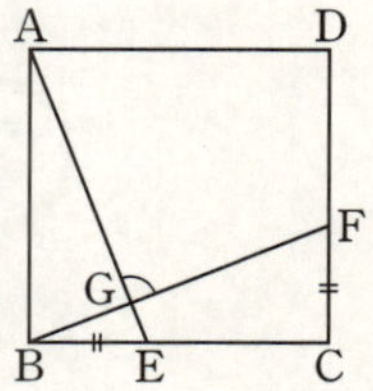

13 실력 그림의 평행사변형 ABCD의 넓이는 $100cm^2$이다. 대각선 BD 위의 한 점 P에 대하여 $\triangle PAD=20cm^2$일 때, △PBC의 넓이를 구하여라.

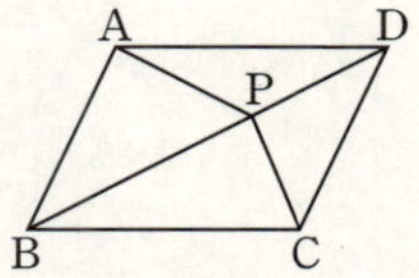

14 완성 그림의 평행사변형 ABCD에서 $\triangle ABF=16cm^2$, $\triangle BCE=13cm^2$일 때, △DFE의 넓이를 구하여라.

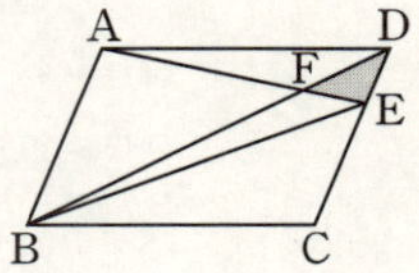

1 닮은 도형

기본원리 꿀꺽

1 닮은 도형

1 닮음 : 한 도형을 일정한 비율로 확대 또는 축소하여 다른 도형과 합동이 될 때, 이 두 도형은 **닮음**인 관계에 있다고 한다. 또, 닮음인 관계에 있는 두 도형을 **닮은 도형**이라고 한다.

Note: 합동인 도형은 반드시 닮은 도형이다.

2 닮음 기호 (∽) : △ABC와 △DEF가 닮은 도형일 때, △ABC∽△DEF와 같이 나타낸다. 이 때, 두 도형의 꼭짓점은 대응하는 순서로 쓴다.

3 닮음비 : 두 닮은 도형에서 대응하는 변의 길이의 비를 **닮음비**라고 한다.

예 오른쪽 그림의 △ABC와 △DEF에서
$\overline{AB}:\overline{DE}=\overline{BC}:\overline{EF}=\overline{AC}:\overline{DF}=1:k$
이므로 닮음비는 $\boldsymbol{1:k}$이다.

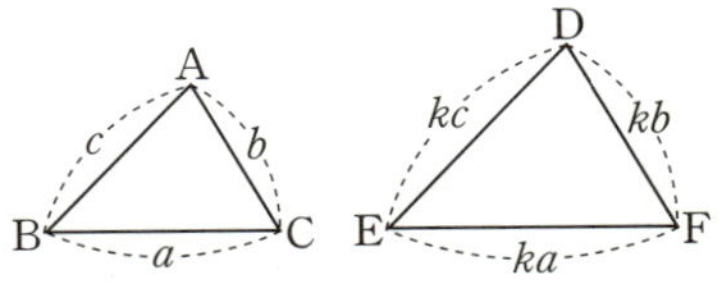

2 평면도형에서 닮음의 성질

두 닮은 평면도형에서

1 대응하는 각의 크기는 각각 같다.

2 대응하는 변의 길이의 비는 일정하다.

3 입체도형에서 닮음의 성질

두 닮은 입체도형에서

1 대응하는 면은 닮은 도형이다.

2 대응하는 모서리의 길이의 비는 일정하다.

4 닮음의 위치

1 닮음의 위치 : 두 닮은 도형의 대응하는 점을 잇는 직선이 모두 한 점 O에서 만날 때, 두 도형은 **닮음의 위치**에 있다고 하고, 점 O를 **닮음의 중심**이라 한다.

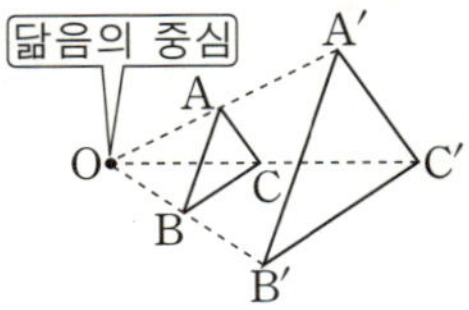

2 닮음의 위치에 있는 도형의 성질

① 두 도형의 대응하는 변은 평행하다.

⇨ $\overline{AB}/\!/\overline{A'B'}$, $\overline{BC}/\!/\overline{B'C'}$, $\overline{CA}/\!/\overline{C'A'}$

② 닮음의 중심에서 대응하는 점까지의 거리의 비는 닮음비와 같다. ⇨ $\overline{OA}:\overline{OA'}=\overline{OB}:\overline{OB'}=\overline{OC}:\overline{OC'}=\overline{AB}:\overline{A'B'}$ → 닮음비

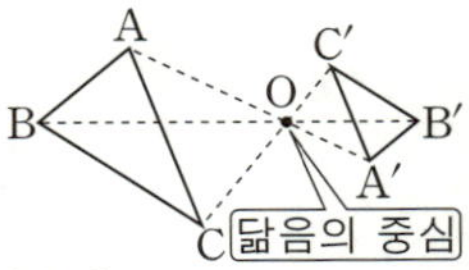

필수예제

1 … 평면도형에서 닮음의 성질

그림에서 $\triangle ABC \backsim \triangle A'B'C'$일 때, 다음을 구하여라.

(1) $\angle B'$의 크기

(2) $\triangle ABC$와 $\triangle A'B'C'$의 닮음비

(3) $\overline{B'C'}$의 길이

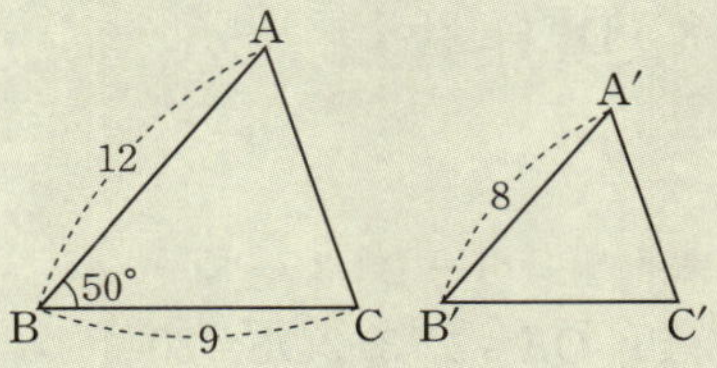

요점 Check

두 닮은 평면도형에서

① 대응하는 각의 크기는 같다.

② 대응하는 변의 길이의 비는 같다.

풀이

(1) $\angle B'$의 대응각은 $\angle B$이므로 $\angle B'=\angle B=\mathbf{50°}$ ← 답

(2) $\overline{AB}$와 $\overline{A'B'}$은 대응변이고 $\overline{AB}:\overline{A'B'}=12:8=3:2$이므로
$\triangle ABC$와 $\triangle A'B'C'$의 닮음비는 $\mathbf{3:2}$ ← 답

(3) $\overline{AB}:\overline{A'B'}=\overline{BC}:\overline{B'C'}$이므로 $3:2=9:\overline{B'C'}$, $3\overline{B'C'}=18$ $\quad\therefore \overline{B'C'}=\mathbf{6}$ ← 답

확인 01

그림에서 깃발 ㉮와 ㉯는 서로 닮은 도형일 때, x의 값을 구하여라.

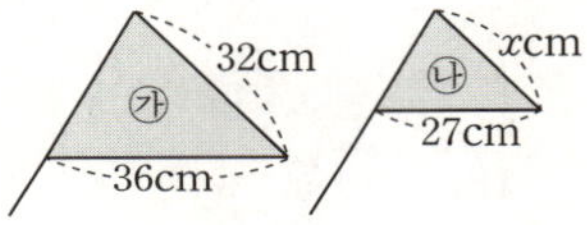

2 … 입체도형에서 닮음의 성질

그림의 두 삼각기둥은 서로 닮은 도형이고, $\overline{AB}$의 대응변이 $\overline{A'B'}$이다. 다음을 구하여라.

(1) 두 삼각기둥의 닮음비

(2) x, y의 값

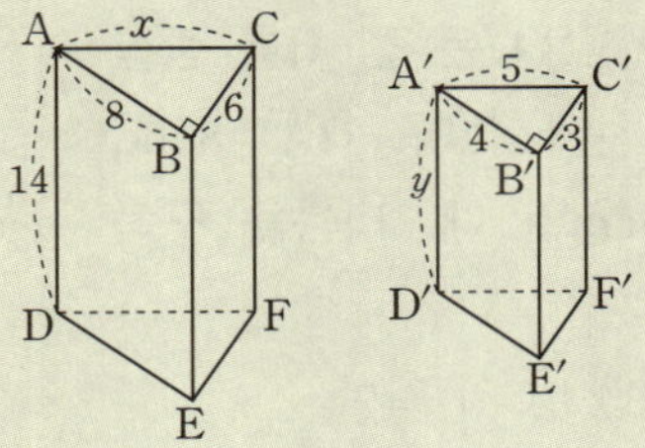

요점 Check

두 닮은 입체도형에서

① 대응하는 면은 닮은 도형이다.

② 대응하는 모서리의 길이의 비는 일정하다.

풀이

(1) $\overline{AB}:\overline{A'B'}=8:4=2:1$이므로 닮음비는 $\mathbf{2:1}$ ← 답

(2) $\overline{AB}:\overline{A'B'}=x:\overline{A'C'}$, $2:1=x:5$ $\quad\therefore \boldsymbol{x=10}$
$\overline{AB}:\overline{A'B'}=14:y$, $2:1=14:y$ $\quad\therefore \boldsymbol{y=7}$ ← 답

확인 02

그림의 두 닮은 삼각기둥에서 모서리 AB와 A′B′이 대응하는 모서리일 때, 다음을 구하여라.

(1) 닮음비 (2) x, y, z의 값

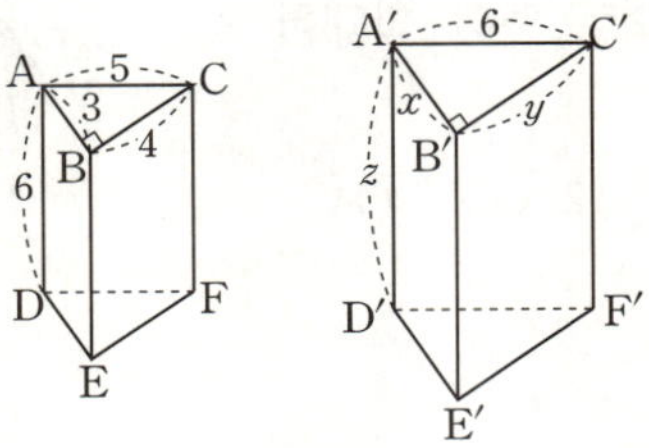

3 … 닮음의 위치 (1)

그림과 같은 닮음의 위치에 있는 △ABC와 △DEF에 대하여 다음을 구하여라.

(1) △ABC와 △DEF의 닮음비

(2) $\overline{OE}$의 길이　　　(3) $\overline{DE}$의 길이

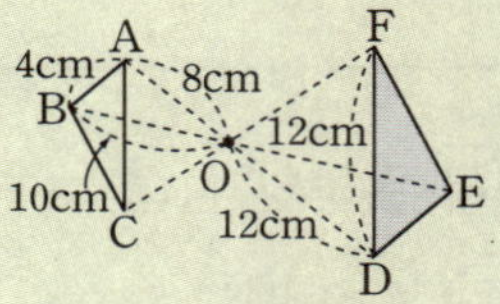

요점 Check

닮음의 위치에 있는 평면도형의 닮음비

⇨ 닮음의 중심에서 대응하는 점까지의 거리의 비는 닮음비와 같다.

풀이

(1) $\overline{OA}:\overline{OD}=8:12=2:3$이므로 닮음비는 **2 : 3** ← 답

(2) $\overline{OB}:\overline{OE}=\overline{OA}:\overline{OD}$이므로 $10:\overline{OE}=2:3$, $2\overline{OE}=30$　∴ $\overline{OE}=$**15cm** ← 답

(3) $\overline{AB}:\overline{DE}=\overline{OA}:\overline{OD}$이므로 $4:\overline{DE}=2:3$, $2\overline{DE}=12$　∴ $\overline{DE}=$**6cm** ← 답

확인 03

그림에서 □ABCD와 □GBEF는 점 B를 닮음의 중심으로 하여 닮음의 위치에 있다. 다음을 구하여라.

(1) □ABCD와 □GBEF의 닮음비

(2) $\overline{EF}$의 길이

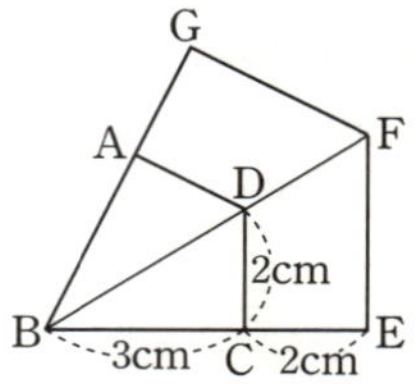

4 … 닮음의 위치 (2)

그림에서 △ABC와 △A′B′C′은 점 O를 중심으로 하여 닮음의 위치에 있다. $\overline{OA}=8$cm, $\overline{AA'}=20$cm, $\overline{B'C'}=15$cm일 때, 다음을 구하여라.

(1) $\overline{BO}:\overline{B'O}$　　　(2) $\overline{BC}$의 길이

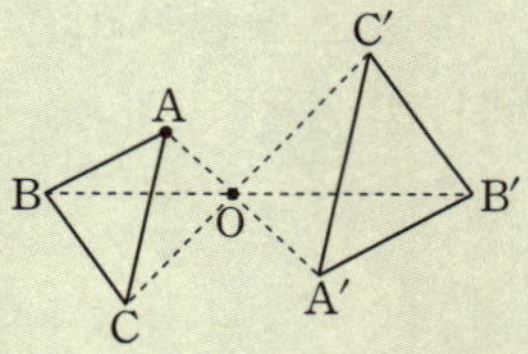

요점 Check

닮음의 위치에 있는 입체도형의 닮음비

⇨ 닮음의 중심에서 대응하는 점까지의 거리의 비는 닮음비와 같다.

풀이

(1) $\overline{BO}:\overline{B'O}=\overline{AO}:\overline{A'O}=8:12=$**2 : 3** ← 답

(2) $\overline{BC}:\overline{B'C'}=\overline{BO}:\overline{B'O}$, $\overline{BC}:15=2:3$, $3\overline{BC}=30$　∴ $\overline{BC}=$**10cm** ← 답

확인 04

그림에서 사면체 V′A′B′C′은 사면체 VABC를 점 O를 닮음의 중심으로 하여 확대한 것이다. 다음을 구하여라.

(1) 두 사면체의 닮음비　　　(2) $\overline{OV'}:\overline{OV}$

(3) 모서리 BC의 길이

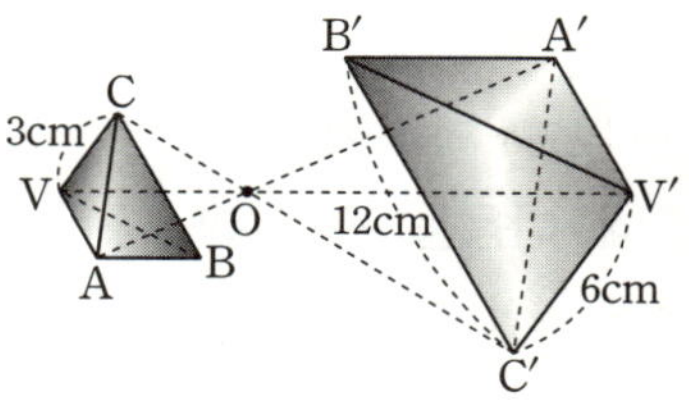

2 삼각형의 닮음조건

기본원리 꿀꺽

1 삼각형의 닮음조건

두 삼각형은 다음의 각 경우에 서로 닮음이다.

1 세 쌍의 대응하는 변의 길이의 비가 같을 때 (SSS 닮음)
$a : a' = b : b' = c : c'$

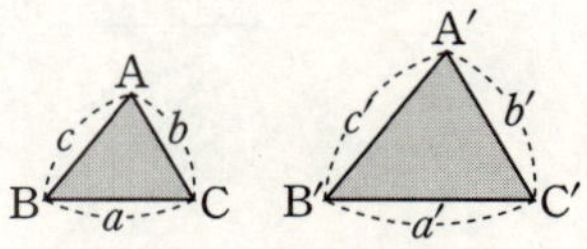

2 두 쌍의 대응하는 변의 길이의 비가 같고 그 끼인각의 크기가 같을 때 (SAS 닮음)
$a : a' = c : c'$, $\angle B = \angle B'$

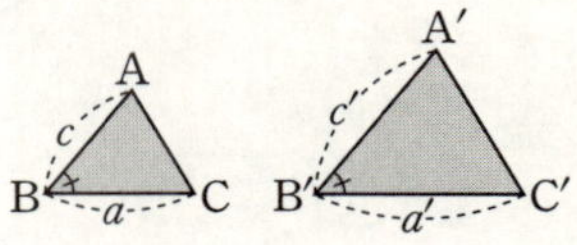

3 두 쌍의 대응하는 각의 크기가 각각 같을 때 (AA 닮음)
$\angle B = \angle B'$, $\angle C = \angle C'$

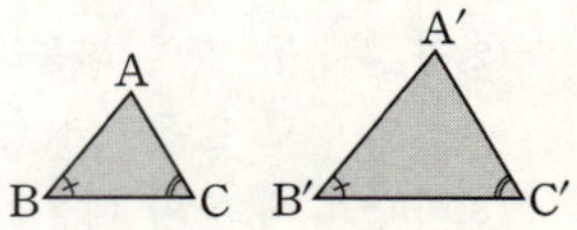

Note: 삼각형의 합동조건과 닮음조건의 차이점은 해답편을 참고하라.

2 직각삼각형의 닮음

$\angle A = 90°$인 직각삼각형 ABC의 꼭짓점 A에서 빗변 BC에 내린 수선의 발을 H라고 할 때,

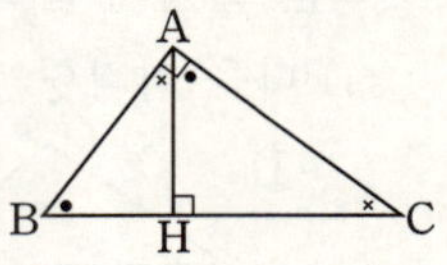

1 직각삼각형의 닮음 관계

$\triangle ABC \backsim \triangle HBA \backsim \triangle HAC$ (AA 닮음)

2 직각삼각형의 닮음의 활용

① $\triangle ABC \backsim \triangle HBA$이므로 $\overline{AB} : \overline{HB} = \overline{BC} : \overline{BA}$
$\therefore \overline{AB}^2 = \overline{BH} \cdot \overline{BC}$

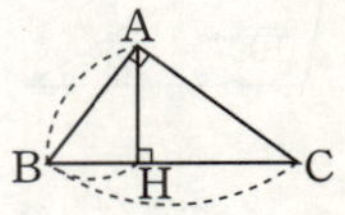

② $\triangle ABC \backsim \triangle HAC$이므로 $\overline{BC} : \overline{AC} = \overline{AC} : \overline{HC}$
$\therefore \overline{AC}^2 = \overline{CH} \cdot \overline{CB}$

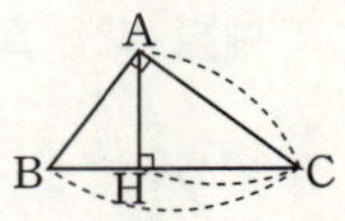

③ $\triangle HBA \backsim \triangle HAC$이므로 $\overline{BH} : \overline{AH} = \overline{AH} : \overline{CH}$
$\therefore \overline{AH}^2 = \overline{BH} \cdot \overline{HC}$

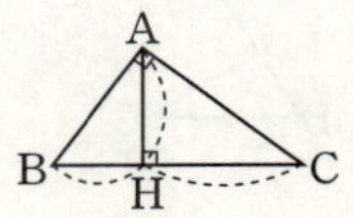

필수예제

1 … 삼각형의 닮음조건

다음 삼각형 중에서 서로 닮은 도형을 찾아라. 이 때, 삼각형의 닮음조건 중 어느 것을 만족하는지 말하여라.

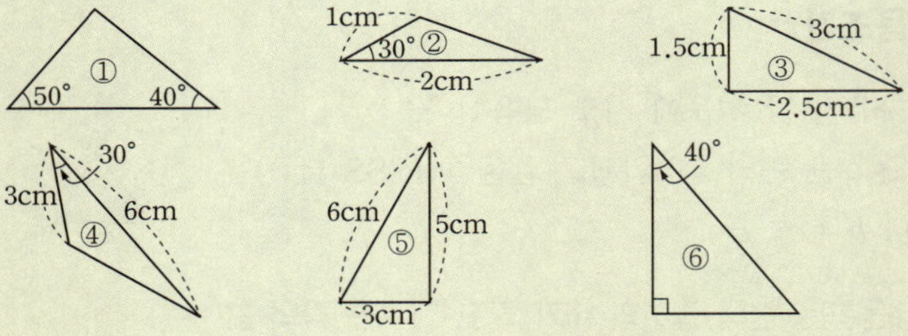

요점 Check

• 삼각형의 닮음조건

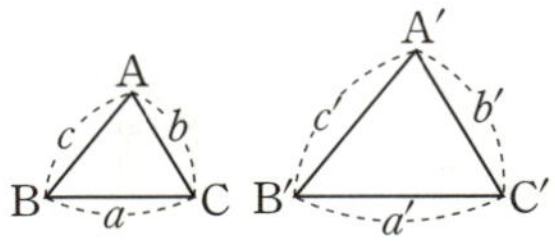

① 세 쌍의 대응하는 변의 길이의 비가 각각 같을 때 (SSS 닮음)
$a : a' = b : b' = c : c'$

② 두 쌍의 대응하는 변의 길이의 비가 각각 같고, 그 끼인각의 크기가 같을 때 (SAS 닮음)
$a : a' = b : b'$, $\angle C = \angle C'$

③ 두 쌍의 대응하는 각의 크기가 각각 같을 때 (AA 닮음)
$\angle B = \angle B'$, $\angle C = \angle C'$

풀이

①과 ⑥ : 두 쌍의 대응하는 각의 크기가 각각 같으므로 닮음이다. (AA 닮음)

②와 ④ : 두 쌍의 대응하는 변의 길이의 비가 각각 같고, 그 끼인각의 크기가 같으므로 닮음이다. (SAS 닮음)

③과 ⑤ : 세 쌍의 대응하는 변의 길이의 비가 각각 같으므로 닮음이다. (SSS 닮음)

확인 01

다음 물음에 답하여라.

(1) 다음 삼각형 중에서 서로 닮음인 것을 찾아라. 또, 닮음조건을 각각 써라.

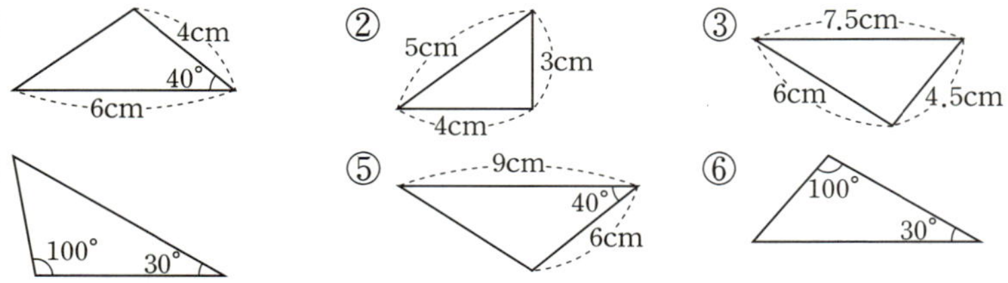

(2) 다음 그림에서 서로 닮은 삼각형을 찾아 기호 ∽를 사용하여 나타내어라. 또, 그 때의 닮음조건을 말하여라.

①
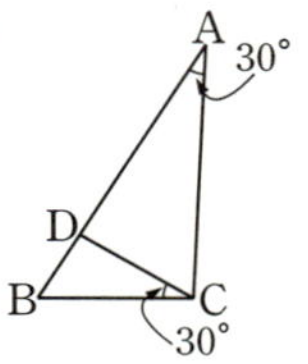

②
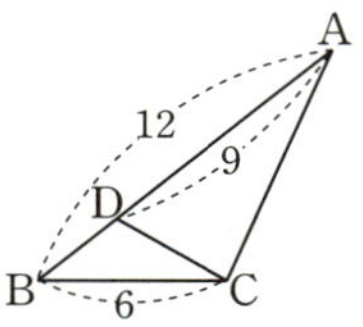

③
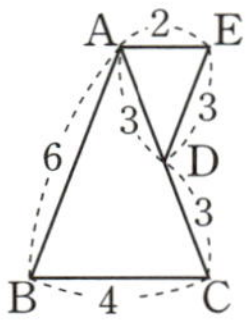

2 ··· 삼각형의 닮음조건

그림에서 $\triangle ABC \backsim \triangle DEF$이다. 다음을 구하여라.

(1) 닮음조건 (2) 닮음비

(3) x의 값

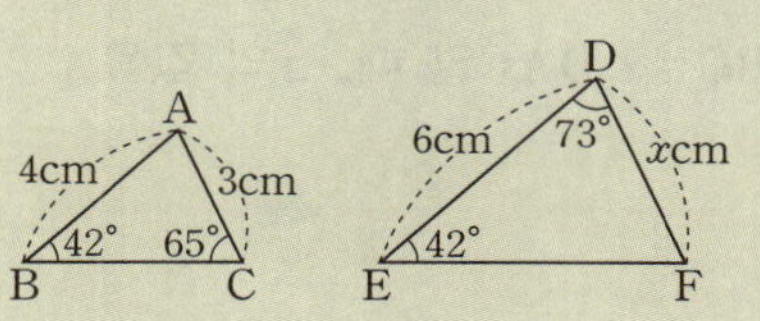

요점 Check

대응변 : 두 삼각형에서 크기가 같은 각의 대변이 대응변이다.

풀이

(1) $\angle A=180°-(42°+65°)=73°=\angle D$, $\angle B=\angle E=42°$
따라서, 두 쌍의 대응각의 크기가 각각 같다. (AA 닮음)

(2) $\overline{AB}$, $\overline{AC}$의 대응변은 각각 $\overline{DE}$, $\overline{DF}$이고, 닮음비는 $2:3(=4:6)$이다.

(3) $2:3=3:x$ $\therefore x=4.5$

답 (1) **AA 닮음** (2) **2 : 3** (3) **4.5**

확인 02

그림에서 $\overline{DF}$의 길이를 구하여라.

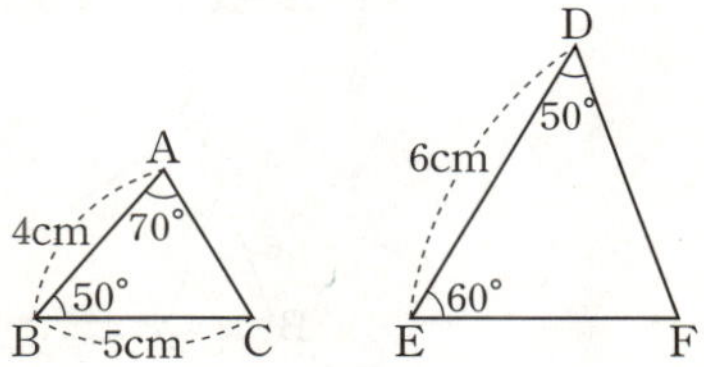

3 ··· 삼각형의 닮음조건 (SAS 닮음)

그림에서 x의 값을 구하여라.

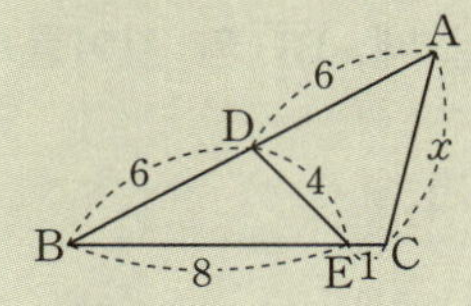

요점 Check

SAS 닮음
⇨ 두 쌍의 대응하는 변의 길이의 비가 각각 같고, 그 끼인각의 크기가 같다.

풀이

$\triangle ABC$와 $\triangle EBD$에서 $\angle B$는 공통, $\overline{AB}:\overline{BE}=\overline{BC}:\overline{BD}=3:2$

$\therefore \triangle ABC \backsim \triangle EBD$ (SAS 닮음)

$\overline{AC}:\overline{ED}=3:2$이므로 $x:4=3:2$, $2x=12$ $\therefore$ $\boldsymbol{x=6}$ ← 답

확인 03

다음 그림에서 x의 값을 구하여라.

(1)

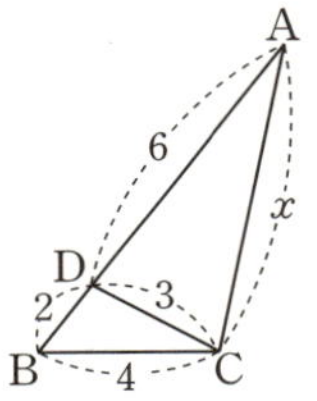

(2)

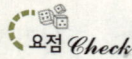

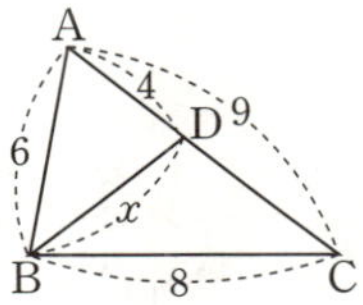

4 ··· 삼각형의 닮음조건 (AA 닮음)

오른쪽 그림에서 ∠ABC=∠DAC일 때, x의 값을 구하여라.

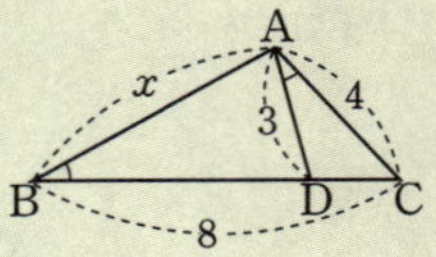

요점 Check

AA 닮음
⇨ 두 쌍의 대응하는 각의 크기가 각각 같다.

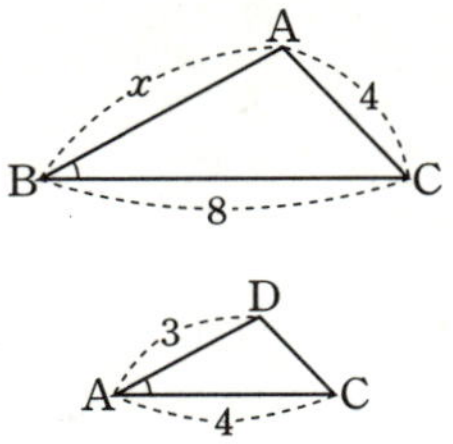

풀이

△ABC와 △DAC에서 ∠C는 공통, ∠ABC=∠DAC이므로
△ABC∽△DAC (AA 닮음)
∴ $\overline{AB}:\overline{DA}=\overline{BC}:\overline{AC}$, $x:3=8:4$, $4x=24$ ∴ $x=6$ ← 답

확인 04

다음 그림에서 x의 값을 구하여라.

(1) ∠ABC=∠CAD

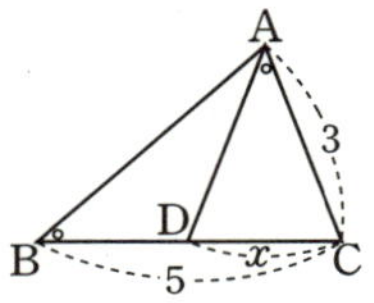

(2) ∠ACB=∠EDB

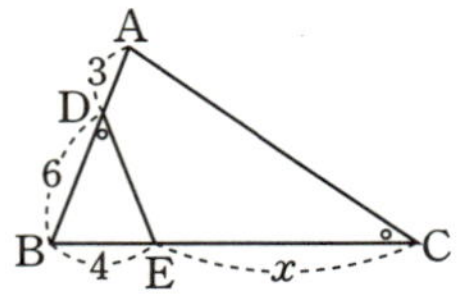

5 ··· 직각삼각형의 닮음

오른쪽 그림에서 ∠BAC=∠AHC=90°, $\overline{AC}$=4cm, $\overline{HC}$=2cm일 때, $\overline{BH}$의 길이를 구하여라.

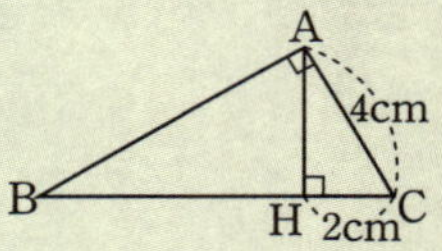

요점 Check

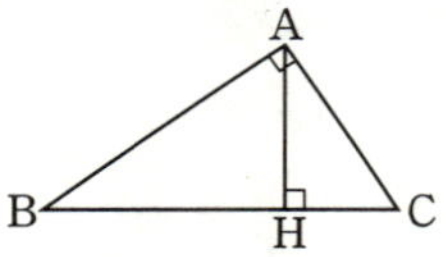

① △ABC∽△HBA
② △ABC∽△HAC
③ △HBA∽△HAC

풀이

△ABC와 △HAC에서 ∠C는 공통, ∠BAC=∠AHC=90°
∴ △ABC∽△HAC (AA 닮음)
$\overline{BC}:\overline{AC}=\overline{AC}:\overline{HC}$, $\overline{BC}:4=4:2$
$2\overline{BC}=16$, $\overline{BC}=8$ ∴ $\overline{BH}$=**6cm** ← 답

Note : $\overline{AC}^2=\overline{CH}\cdot\overline{CB}$이므로 $16=2(2+\overline{BH})$, $16=4+2\overline{BH}$
$2\overline{BH}=12$ ∴ $\overline{BH}$=6cm

확인 05

다음 그림에서 x, y의 값을 구하여라.

(1)

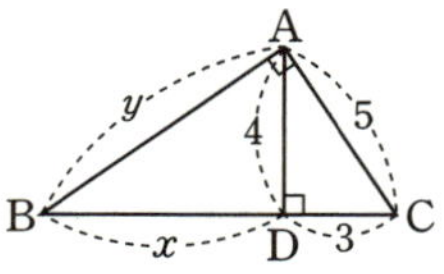

(2)

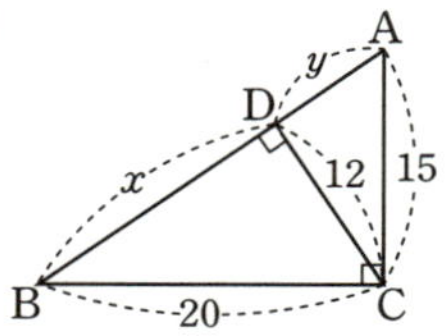

실력 높이기

01 기본

그림에서 □ABCD ∽ □EFGH일 때, 다음을 구하여라.

(1) 닮음비

(2) ∠F의 크기

(3) $\overline{EF}$의 길이

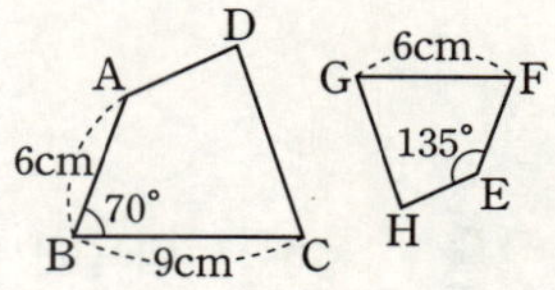

02 기본

다음 그림에서 닮은 삼각형을 찾아 기호 ∽를 사용하여 나타내어라. 또, 그 때의 닮음조건을 말하여라.

(1)

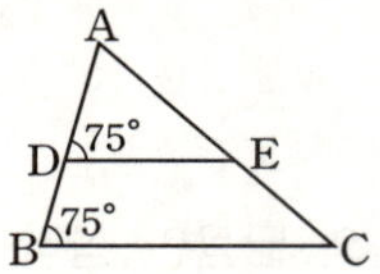

(2)

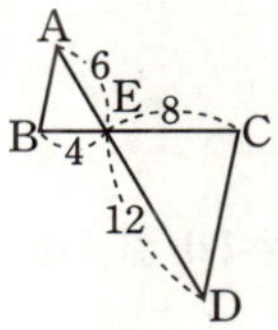

(3)

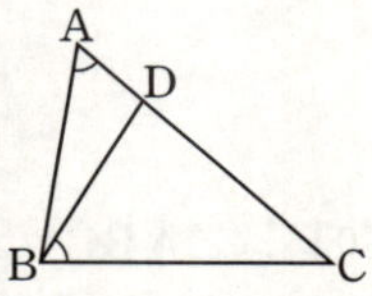

∠A=∠CBD

(4)

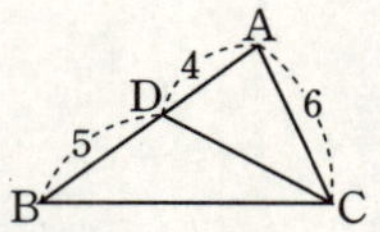

03 기본

오른쪽 두 삼각형에서 주어진 조건에 어떤 하나의 조건을 추가하면 △ABC ∽ △DEF가 되는가?

(1) ∠A=∠D

(2) $\overline{AC}:\overline{DF}=\overline{BC}:\overline{EF}$

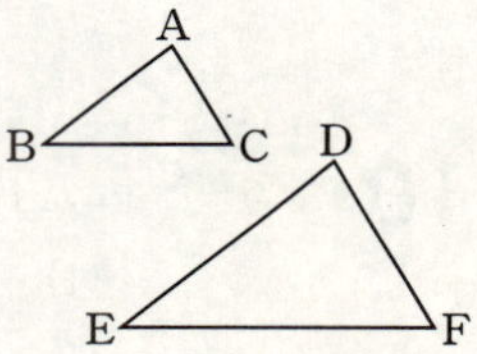

04 실력

그림에서 $\overline{AC}/\!/\overline{DB}$이다. 다음을 구하여라.

(1) ∠B의 크기

(2) $\overline{DB}$의 길이

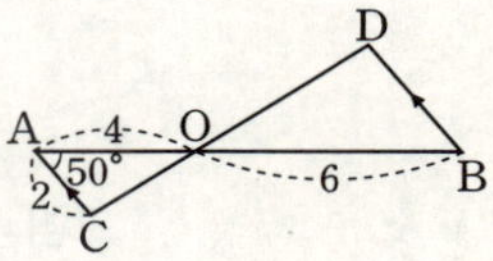

05 실력

그림에서 $\overline{AC}/\!/\overline{DE}$이다.

(1) △ABC ∽ △EBD인 조건을 쓰고, 닮음비를 구하여라.

(2) b를 a에 관한 식으로 나타내어라.

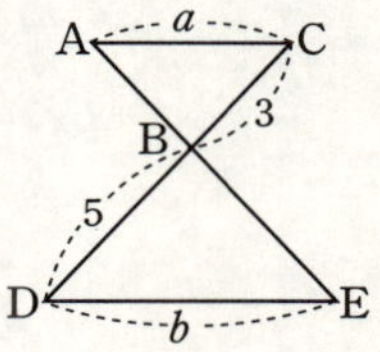

06 실력

그림에서 ∠BAC=∠DEC일 때, 다음을 구하여라.

(1) △ABC와 닮은 삼각형

(2) x, y의 값

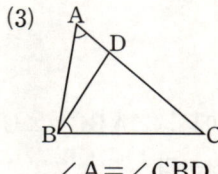

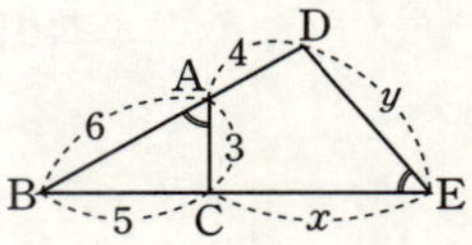

07 실력 오른쪽 그림에서 $\overline{AB}=12cm$, $\overline{AD}=4cm$, $\overline{AE}=6cm$, $\angle ACB=\angle ADE$일 때, $\overline{AC}$의 길이를 구하여라.

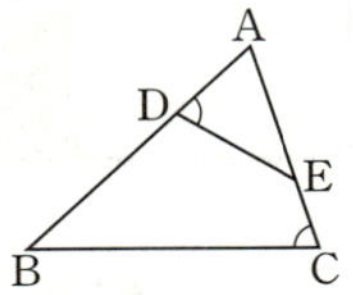

08 실력 다음에서 x의 값을 구하여라.

(1)

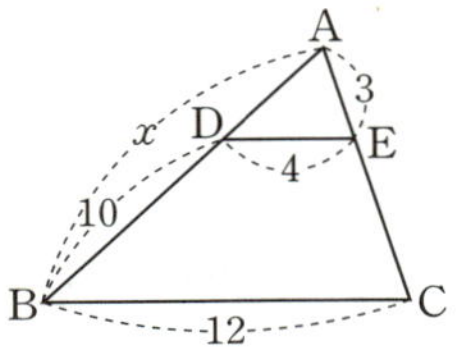

($\overline{DE}/\!/\overline{BC}$)

(2)

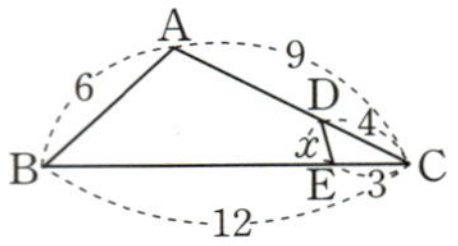

(3)

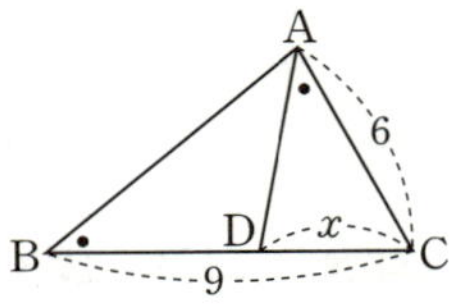

($\angle ABC=\angle DAC$)

09 실력 오른쪽 그림에서 $\angle ABC=\angle CDF=90°$일 때, $\triangle ABC$와 닮음인 삼각형을 모두 찾아라.

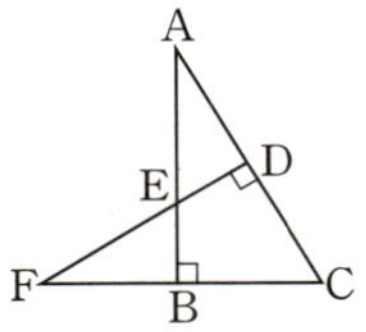

10 실력 그림에서 x의 값을 구하여라.

(1)

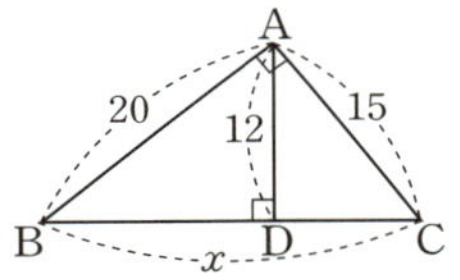

(2)

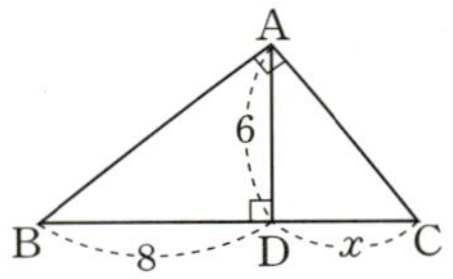

11 실력 그림과 같이 지면으로부터 10cm 떨어진 지점에 반지름의 길이가 3cm인 원판을 고정시킨 후 지면에서 높이가 20cm인 곳의 전등으로 원판을 비추었다. 이 때, 그림자의 넓이를 구하여라.

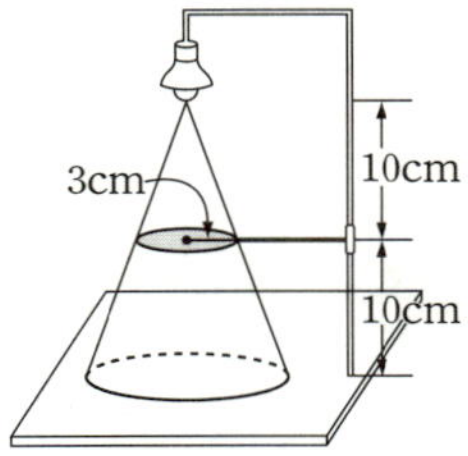

12 완성 그림에서 사각형 ABCD는 직사각형이고, $\overline{EF}$는 대각선 BD의 수직이등분선이다. 이 때, $\overline{EF}$의 길이를 구하여라.

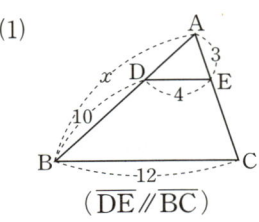

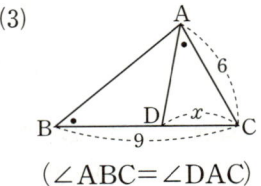

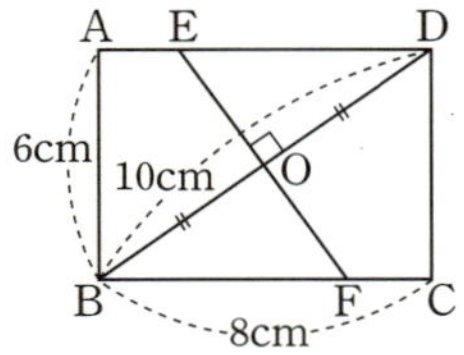

1 삼각형과 평행선

기본원리 꿀꺽

1 삼각형에서 평행선과 선분의 길이의 비 (1)

$\triangle ABC$에서 변 AB, AC 또는 그 연장선 위에 각각 점 D, E를 잡을 때

1. $\overline{BC} /\!/ \overline{DE}$이면 $\quad \overline{\mathbf{AB}} : \overline{\mathbf{AD}} = \overline{\mathbf{AC}} : \overline{\mathbf{AE}} = \overline{\mathbf{BC}} : \overline{\mathbf{DE}}$
2. $\overline{BC} /\!/ \overline{DE}$이면 $\quad \overline{\mathbf{AD}} : \overline{\mathbf{DB}} = \overline{\mathbf{AE}} : \overline{\mathbf{EC}}$

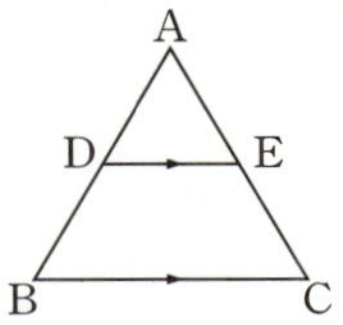

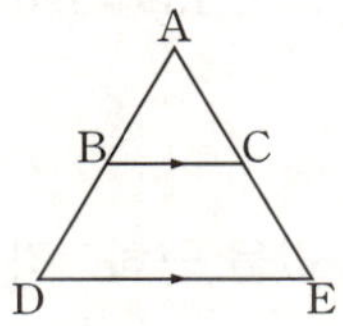

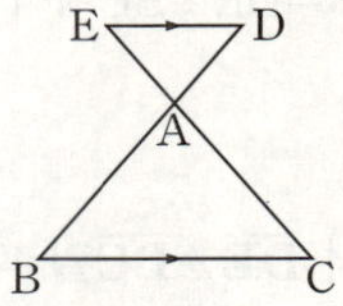

Note : 증명은 해답편을 참고하라.

2 삼각형에서 평행선과 선분의 길이의 비 (2)

$\triangle ABC$에서 변 AB, AC 또는 그 연장선 위에 각각 점 D, E를 잡을 때

1. $\overline{AB} : \overline{AD} = \overline{AC} : \overline{AE}$이면 $\quad \overline{\mathbf{BC}} /\!/ \overline{\mathbf{DE}}$
2. $\overline{AD} : \overline{DB} = \overline{AE} : \overline{EC}$이면 $\quad \overline{\mathbf{BC}} /\!/ \overline{\mathbf{DE}}$

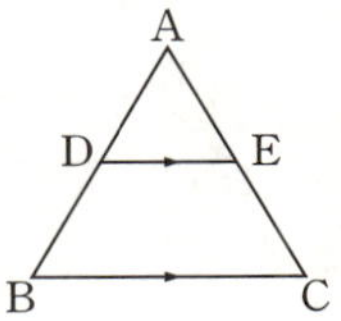

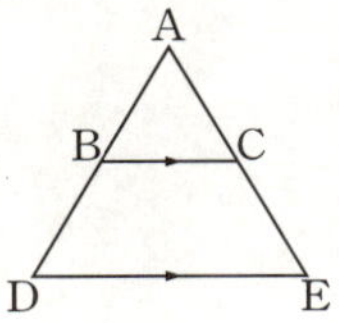

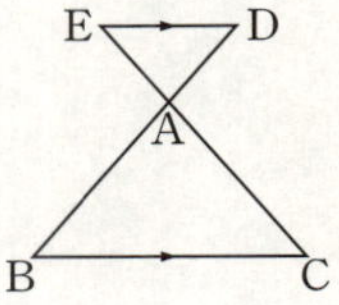

3 삼각형의 내각의 이등분선

$\triangle ABC$에서 $\angle A$의 이등분선이 $\overline{BC}$와 만나는 점을 D라고 하면 다음이 성립한다.

$$\overline{\mathbf{AB}} : \overline{\mathbf{AC}} = \overline{\mathbf{BD}} : \overline{\mathbf{DC}}$$

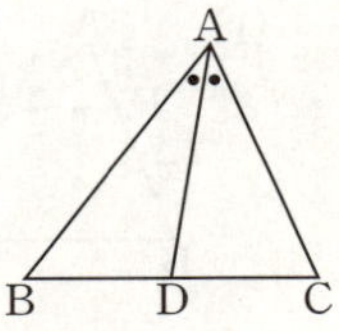

Note : 증명은 해답편을 참고하라.

필수예제

1 … 삼각형에서 평행선과 선분의 길이의 비

그림에서 $\overline{BC} /\!/ \overline{DE}$일 때, x, y의 값을 구하여라.

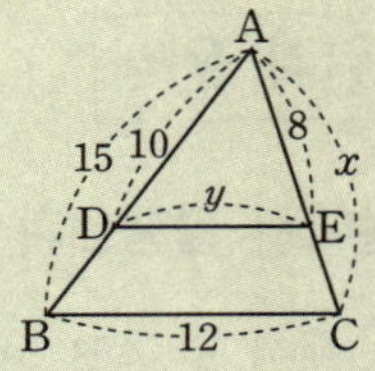

요점 Check

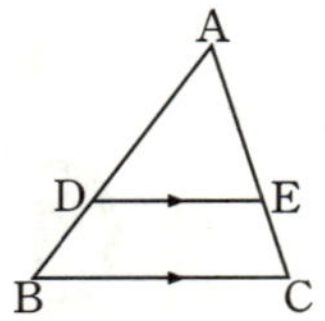

$\overline{AD} : \overline{AB} = \overline{AE} : \overline{AC}$
$= \overline{DE} : \overline{BC}$

풀이

$\overline{AD} : \overline{AB} = \overline{AE} : \overline{AC}$에서 $10 : 15 = 8 : x$, $10x = 120$ $\quad\therefore\ \boldsymbol{x = 12}$
$\overline{AD} : \overline{AB} = \overline{DE} : \overline{BC}$에서 $10 : 15 = y : 12$, $15y = 120$ $\quad\therefore\ \boldsymbol{y = 8}$ ← 답

확인 01

그림에서 $\overline{DE} /\!/ \overline{BC}$일 때, x, y의 값을 구하여라.

(1)

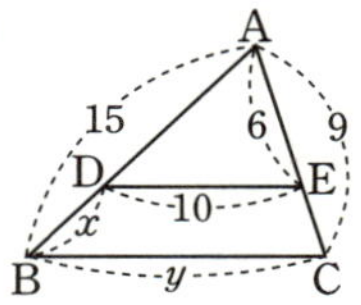

(2)

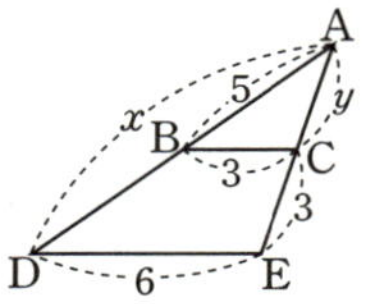

(3)

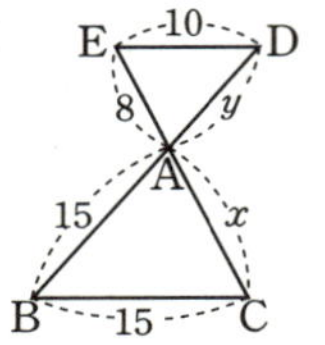

2 … 삼각형에서 평행선과 선분의 길이의 비 (1)

그림에서 $\overline{BC} /\!/ \overline{DE}$일 때, x의 값을 구하여라.

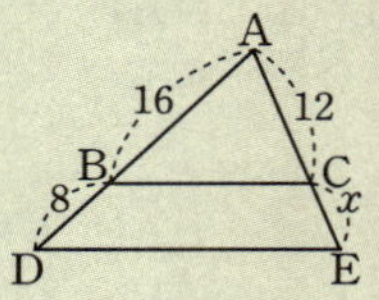

요점 Check

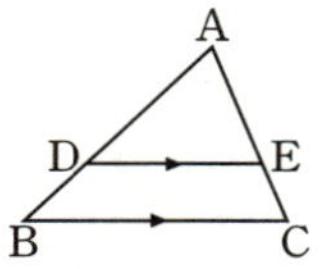

$\overline{AD} : \overline{DB} = \overline{AE} : \overline{EC}$

풀이

$\overline{AB} : \overline{BD} = \overline{AC} : \overline{CE}$에서 $16 : 8 = 12 : x$, $16x = 96$ $\quad\therefore\ \boldsymbol{x = 6}$ ← 답

확인 02

그림에서 $\overline{BC} /\!/ \overline{DE}$일 때, x의 값을 구하여라.

(1)

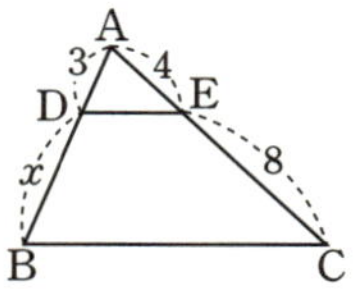

(2)

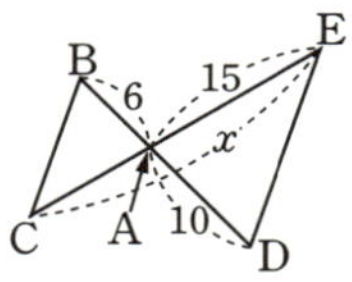

3 ··· 삼각형에서 평행선과 선분의 길이의 비 (2)

그림의 $\overline{DE}$, $\overline{EF}$, $\overline{FD}$ 중에서 $\triangle ABC$의 변과 평행한 것을 말하여라.

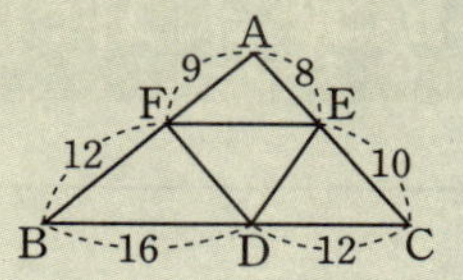

요점 Check

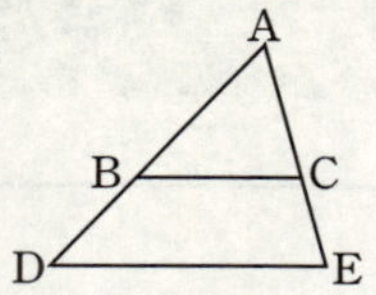

$\overline{AB} : \overline{BD} = \overline{AC} : \overline{CE}$이면 $\overline{BC} /\!/ \overline{DE}$

풀이

$9 : 12 \neq 8 : 10$ 즉, $\overline{AF} : \overline{FB} \neq \overline{AE} : \overline{EC}$이므로 $\overline{FE} \nparallel \overline{BC}$

$16 : 12 = 12 : 9$ 즉, $\overline{BD} : \overline{DC} = \overline{BF} : \overline{FA}$이므로 $\overline{DF} /\!/ \overline{CA}$

$12 : 16 \neq 10 : 8$ 즉, $\overline{CD} : \overline{DB} \neq \overline{CE} : \overline{EA}$이므로 $\overline{DE} \nparallel \overline{BA}$

답 $\overline{DF} /\!/ \overline{CA}$

확인 03

그림의 $\overline{PQ}$, $\overline{QR}$, $\overline{RP}$ 중에서 $\triangle ABC$의 변과 평행한 것을 말하여라.

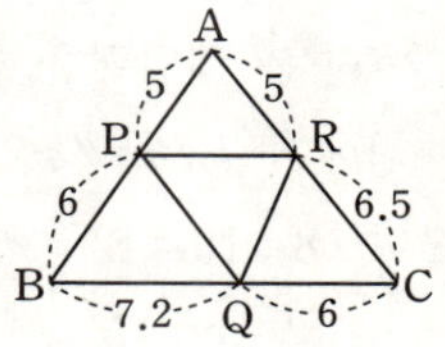

4 ··· 삼각형의 내각의 이등분선

오른쪽 그림에서 $\overline{AD}$는 $\angle BAC$의 이등분선이다. $\overline{AB} = 6cm$, $\overline{AC} = 4cm$, $\overline{BC} = 5cm$일 때, $\overline{BD}$의 길이를 구하여라.

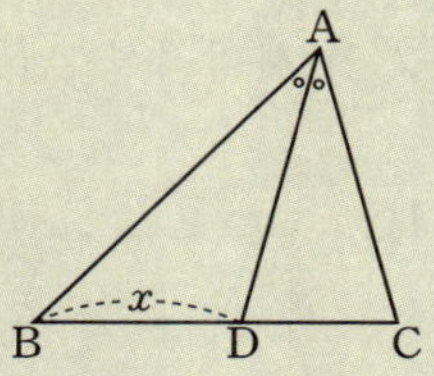

요점 Check

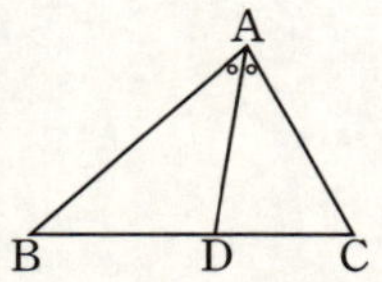

$\angle BAD = \angle CAD$이면 $\overline{AB} : \overline{AC} = \overline{BD} : \overline{DC}$

풀이

$\overline{AB} : \overline{AC} = \overline{BD} : \overline{DC}$이므로 $6 : 4 = x : (5 - x)$

$4x = 6(5 - x)$, $4x = 30 - 6x$, $10x = 30$ $\quad \therefore x = 3$

답 3cm

확인 04

그림에서 $\overline{AD}$는 $\angle BAC$의 이등분선이다. $\overline{AB} = 10cm$, $\overline{AC} = 6cm$, $\overline{BC} = 12cm$일 때, $\overline{BD}$의 길이를 구하여라.

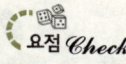

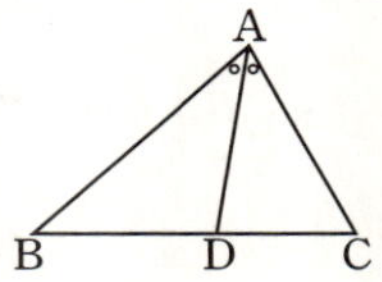

2 평행선 사이의 선분의 길이의 비

기본원리 꿀꺽

1 평행선 사이의 선분의 길이의 비

두 직선이 네 개의 평행선과 만날 때, 그 두 직선이 평행선에 의하여 잘려서 생긴 대응하는 선분의 길이의 비는 같다.

즉, $k /\!/ l /\!/ m /\!/ n$일 때

$$a : a' = b : b' = c : c'$$

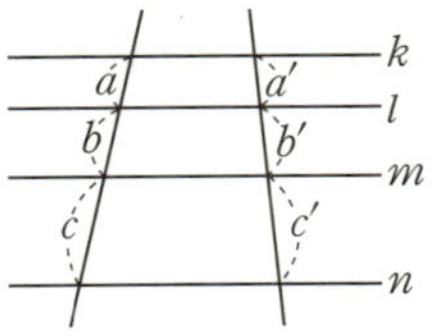

Note : 증명은 해답편을 참고하라.

예 그림에서 $l /\!/ m /\!/ n$일 때, x의 값을 구하여라.

풀이 $8 : 10 = 12 : x$, $8x = 120$

$\therefore$ $\boldsymbol{x = 15}$

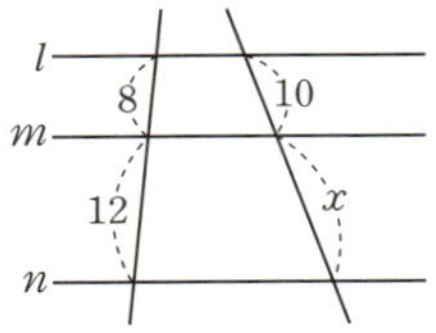

2 사다리꼴에서 평행선과 선분의 길이의 비

$\overline{AD} /\!/ \overline{BC}$인 사다리꼴 ABCD에서 $\overline{EF} /\!/ \overline{BC}$이면 $\boldsymbol{\overline{EF} = \dfrac{an+bm}{m+n}}$

[증명 1]

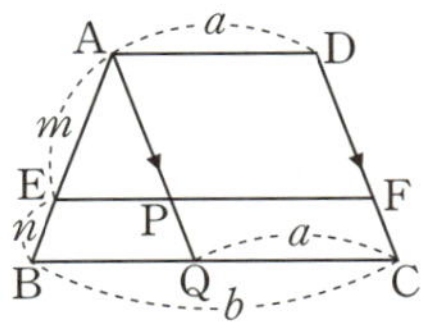

△ABQ에서 $\overline{AE} : \overline{AB} = \overline{EP} : \overline{BQ}$

$m : (m+n) = \overline{EP} : (b-a)$

$(m+n)\,\overline{EP} = m(b-a)$

$\therefore$ $\overline{EP} = \dfrac{m(b-a)}{m+n}$

□APFD는 평행사변형이므로 $\overline{PF} = a$

$\therefore$ $\overline{EF} = \overline{EP} + \overline{FP} = \dfrac{m(b-a)}{m+n} + a$

$= \dfrac{an+bm}{m+n}$

[증명 2]

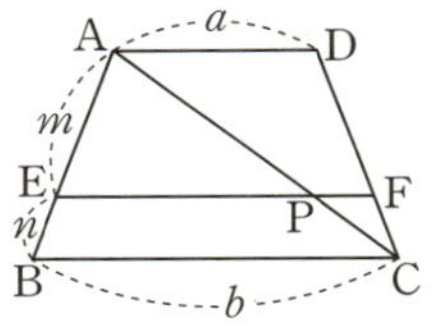

△ABC에서 $\overline{AE} : \overline{AB} = \overline{EP} : \overline{BC}$

$m : (m+n) = \overline{EP} : b$

$(m+n)\,\overline{EP} = bm$ $\therefore$ $\overline{EP} = \dfrac{bm}{m+n}$

△CAD에서 $\overline{CF} : \overline{CD} = \overline{PF} : \overline{AD}$

$n : (m+n) = \overline{PF} : a$

$(m+n)\,\overline{PF} = an$ $\therefore$ $\overline{PF} = \dfrac{an}{m+n}$

$\therefore$ $\overline{EF} = \overline{EP} + \overline{PF} = \dfrac{an+bm}{m+n}$

필수예제

1 … 평행선 사이의 선분의 길이의 비

그림에서 직선 l, m, n, p가 평행할 때, x, y의 값을 구하여라.

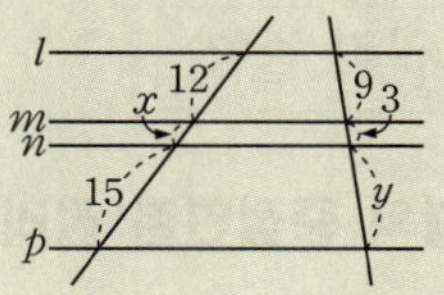

요점 Check

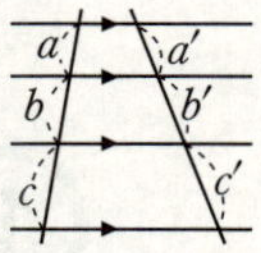

$a : a' = b : b' = c : c'$

풀이

$12 : 9 = x : 3 = 15 : y$

$12 : 9 = x : 3$에서 $9x = 36$ $\quad\therefore$ $\boldsymbol{x = 4}$

$4 : 3 = 15 : y$에서 $4y = 45$ $\quad\therefore$ $\boldsymbol{y = \frac{45}{4}}$ ← 답

확인 01

그림에서 $k /\!/ l /\!/ m /\!/ n$일 때, x, y의 값을 구하여라.

(1)

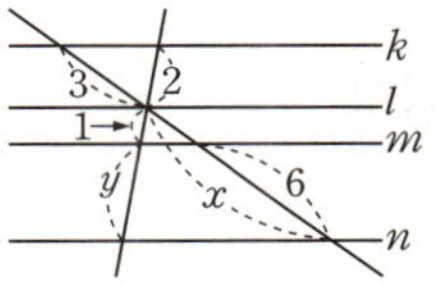

(2)

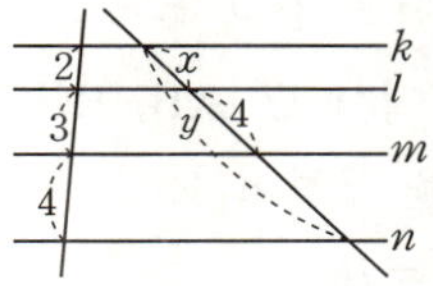

2 … 사다리꼴에서 평행선과 선분의 길이의 비

그림에서 $\overline{AD} /\!/ \overline{EF} /\!/ \overline{BC}$일 때, x, y의 값을 구하여라.

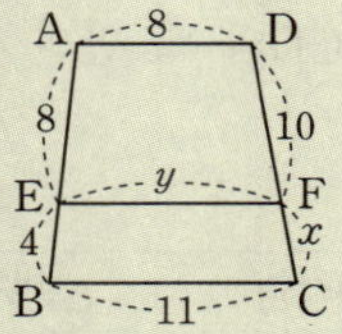

요점 Check

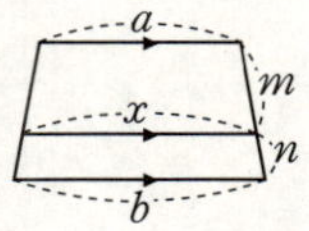

$x = \frac{an + bm}{m + n}$

풀이

$8 : 10 = 4 : x$에서 $8x = 40$ $\quad\therefore$ $\boldsymbol{x = 5}$ ← 답

$\triangle ABC$에서 $8 : 12 = \overline{EG} : 11$, $\overline{EG} = \frac{22}{3}$

$\triangle CAD$에서 $5 : 15 = \overline{FG} : 8$, $\overline{FG} = \frac{8}{3}$

$\therefore$ $y = \frac{22}{3} + \frac{8}{3} = \frac{30}{3} = \mathbf{10}$ ← 답

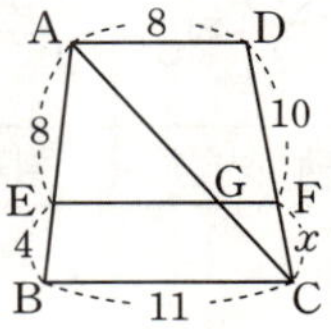

확인 02

그림에서 $l /\!/ m /\!/ n$일 때, x, y의 값을 구하여라.

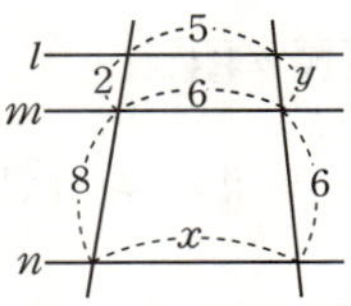

3 삼각형의 중점연결 정리

기본원리 꿀꺽

1 삼각형의 중점연결 정리

1 삼각형의 중점연결 정리

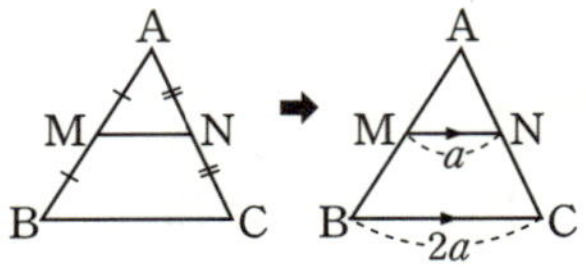

△ABC에서 $\overline{AB}$, $\overline{AC}$의 중점을 각각 M, N이라 하면

$$\overline{\mathbf{MN}} /\!/ \overline{\mathbf{BC}},\ \overline{\mathbf{MN}}=\frac{1}{2}\overline{\mathbf{BC}}$$

2 삼각형의 중점연결 정리의 역

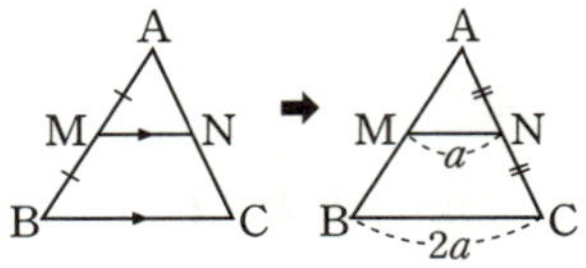

△ABC에서 $\overline{AM}=\overline{MB}$이고 $\overline{MN} /\!/ \overline{BC}$이면

$$\overline{\mathbf{AN}}=\overline{\mathbf{NC}},\ \overline{\mathbf{MN}}=\frac{1}{2}\overline{\mathbf{BC}}$$

Note : 증명은 해답편을 참고하라.

예 그림의 △ABC에서 변 AB, BC의 중점을 각각 D, E라고 할 때, x의 값을 구하여라.

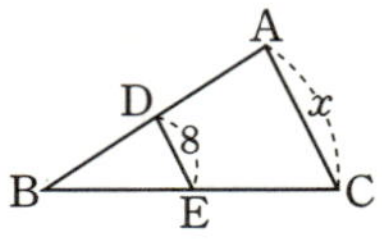

풀이 $x=2\overline{\mathrm{DE}}=\mathbf{16}$

2 사각형의 각 변의 중점을 연결하여 만든 사각형

□ABCD의 네 변의 중점을 각각 P, Q, R, S라 하면

$$\overline{PS}=\overline{QR}=\frac{1}{2}\overline{BD},\ \overline{PQ}=\overline{SR}=\frac{1}{2}\overline{AC}$$

사각형	평행사변형	직사각형	마름모	정사각형	등변사다리꼴
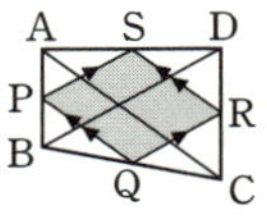	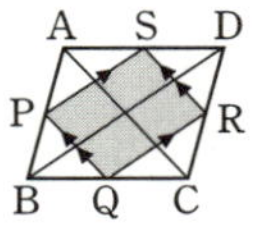	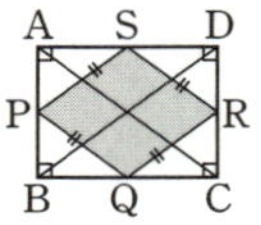	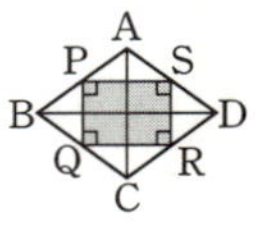		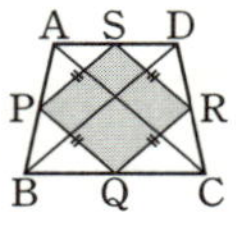
평행사변형	평행사변형	마름모	직사각형	정사각형	마름모

3 사다리꼴에서 삼각형의 중점연결 정리의 활용

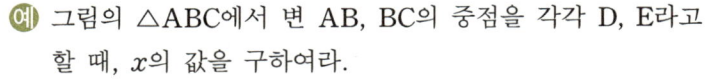

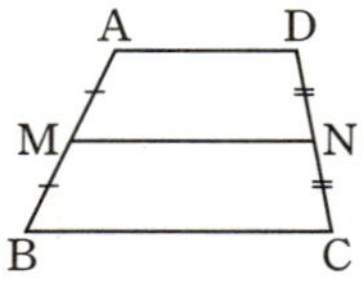

$\overline{AD} /\!/ \overline{BC}$인 사다리꼴 ABCD에서 $\overline{AB}$, $\overline{DC}$의 중점을 각각 M, N이라 하면

① $\overline{\mathbf{MN}} /\!/ \overline{\mathbf{BC}}$ ② $\overline{\mathbf{MN}}=\frac{1}{2}(\overline{\mathbf{AD}}+\overline{\mathbf{BC}})$

Note : 증명은 해답편을 참고하라.

필수예제

1 … 삼각형의 중점연결 정리

△ABC의 세 변 AB, BC, CA의 중점을 각각 D, E, F라 하자. △DEF의 세 변의 길이가 그림과 같이 주어질 때, △ABC의 세 변의 길이의 합을 구하여라.

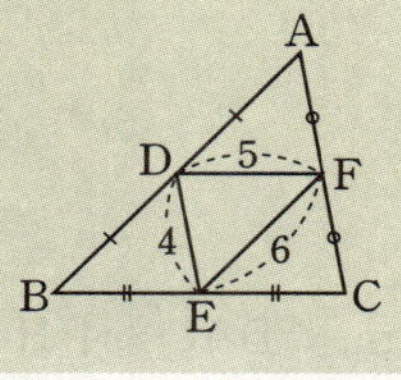

요점 Check

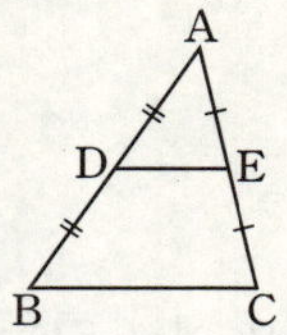

점 D, E가 각각 $\overline{AB}$, $\overline{AC}$의 중점이면

$\overline{DE} /\!/ \overline{BC}$, $\overline{DE}=\frac{1}{2}\overline{BC}$

풀이

$\overline{AB}=2\overline{FE}=12$, $\overline{BC}=2\overline{DF}=10$, $\overline{AC}=2\overline{DE}=8$ 답 30

확인 01

△ABC의 세 변 AB, BC, CA의 중점을 각각 D, E, F라 하자. $\overline{AB}$=10cm, $\overline{BC}$=6cm, $\overline{CA}$=8cm일 때, △DEF의 둘레의 길이를 구하여라.

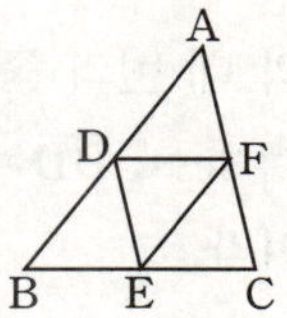

2 … 삼각형의 중점연결 정리의 역

사각형 ABCD에서 $\overline{AB}=\overline{DC}$이고, $\overline{AM}=\overline{MD}$, $\overline{MP} /\!/ \overline{DC}$, $\overline{PN} /\!/ \overline{AB}$, ∠PMN=20°일 때, ∠PNM의 크기를 구하여라.

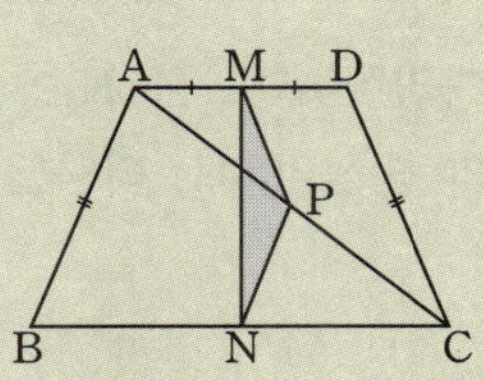

요점 Check

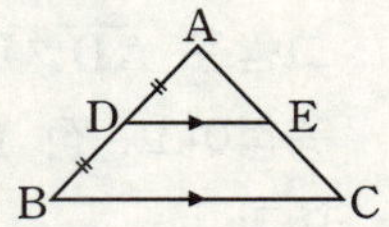

$\overline{AD}=\overline{DB}$, $\overline{DE} /\!/ \overline{BC}$이면

$\overline{AE}=\overline{EC}$, $\overline{DE}=\frac{1}{2}\overline{BC}$

풀이

$\overline{AM}=\overline{MD}$, $\overline{MP} /\!/ \overline{DC}$이므로 $\overline{AP}=\overline{CP}$, $\overline{MP}=\frac{1}{2}\overline{DC}$

$\overline{AP}=\overline{CP}$, $\overline{PN} /\!/ \overline{AB}$이므로 $\overline{PN}=\frac{1}{2}\overline{AB}$

$\overline{AB}=\overline{DC}$이므로 $\overline{PM}=\overline{PN}$ ∴ ∠PNM=∠PMN=20° ← 답

확인 02

그림에서 $\overline{AP}=\overline{BP}$, $\overline{PQ} /\!/ \overline{BC}$, $\overline{DR}=\overline{BR}$, $\overline{DS}=\overline{CS}$이고, $\overline{BC}$=5cm일 때, $\overline{PQ}+\overline{RS}$의 값을 구하여라.

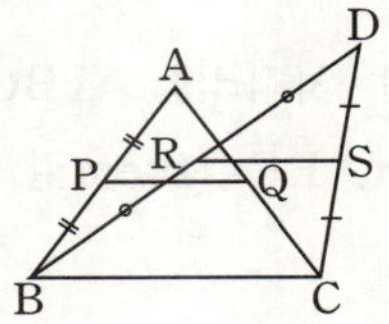

3 … 삼각형의 중점연결 정리의 활용

그림에서 사각형 **ABCD**의 네 변의 중점을 각각 **E, F, G, H**라 하자. $\overline{\mathbf{AC}}$**=16cm,** $\overline{\mathbf{BD}}$**=24cm**일 때, 사각형 **EFGH**의 둘레의 길이를 구하여라.

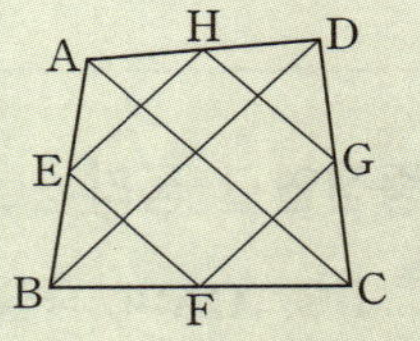

요점 *Check*

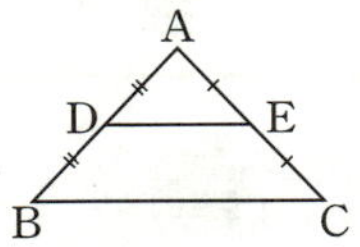

$\overline{DE}=\frac{1}{2}\overline{BC}$, $\overline{DE}/\!/\overline{BC}$

풀이

△ABC에서 $\overline{EF}=\frac{1}{2}\overline{AC}=8$cm, △DAC에서 $\overline{HG}=\frac{1}{2}\overline{AC}=8$cm

△ABD에서 $\overline{EH}=\frac{1}{2}\overline{BD}=12$cm, △CBD에서 $\overline{FG}=\frac{1}{2}\overline{BD}=12$cm

∴ $\overline{EF}+\overline{FG}+\overline{GH}+\overline{HE}=8+12+8+12=$**40(cm)** ← 답

확인 03

그림에서 마름모 **ABCD**의 네 변의 중점을 각각 **E, F, G, H**라 하자. $\overline{\mathbf{AC}}$**=8cm,** $\overline{\mathbf{BD}}$**=10cm**일 때, **□EFGH**의 넓이를 구하여라.

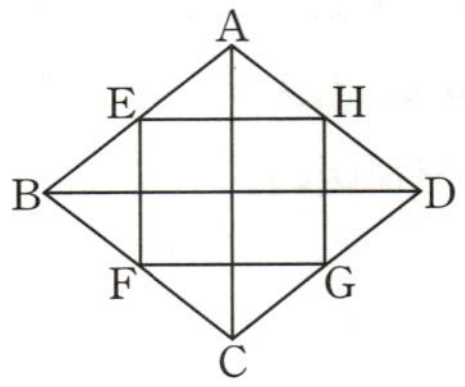

4 … 사다리꼴에서 삼각형의 중점연결 정리의 활용

그림은 $\overline{\mathbf{AD}}/\!/\overline{\mathbf{BC}}$인 사다리꼴이다. 점 **E**는 $\overline{\mathbf{AB}}$의 중점이고, 점 **F**는 $\overline{\mathbf{DC}}$의 중점일 때, 다음을 구하여라.

(1) $\overline{EM}$의 길이　　(2) $\overline{FM}$의 길이

(3) $\overline{EF}$의 길이

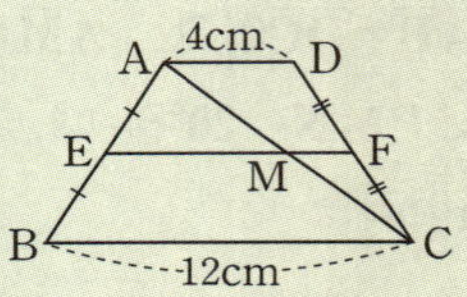

요점 *Check*

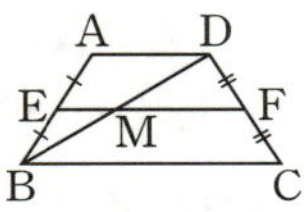

$\overline{EM}=\frac{1}{2}\overline{AD}$, $\overline{MF}=\frac{1}{2}\overline{BC}$

$\overline{EF}=\frac{1}{2}(\overline{AD}+\overline{BC})$

풀이

(1) $\overline{EM}=\frac{1}{2}\overline{BC}=$**6cm** ← 답

(2) $\overline{FM}=\frac{1}{2}\overline{AD}=$**2cm** ← 답

(3) $\overline{EF}=\overline{EM}+\overline{FM}=$**8cm** ← 답

확인 04

그림과 같이 $\overline{\mathbf{AD}}/\!/\overline{\mathbf{BC}}$인 사다리꼴 **ABCD**에서 $\overline{\mathbf{AE}}=\overline{\mathbf{EB}}$, $\overline{\mathbf{EF}}/\!/\overline{\mathbf{BC}}$이다. $\overline{\mathbf{AD}}$**=4cm,** $\overline{\mathbf{BC}}$**=10cm**일 때, $\overline{\mathbf{EF}}$의 길이를 구하여라.

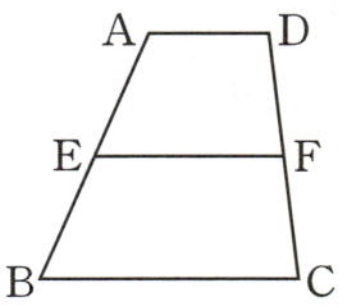

실력 높이기

01 기본 그림에서 $\overline{DE}/\!/\overline{BC}$일 때, x, y의 값을 구하여라.

(1) 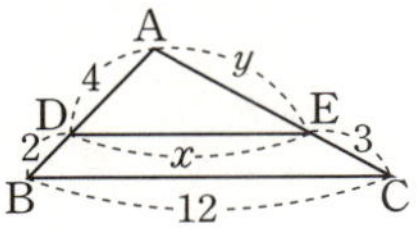

(2) 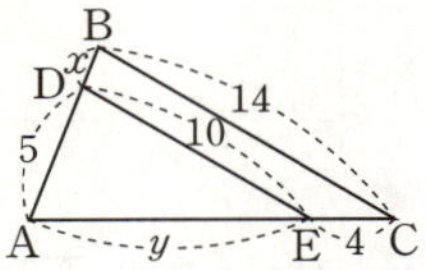

(3) 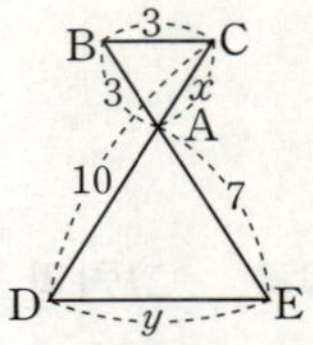

02 실력 다음 그림에서 $\overline{BC}/\!/\overline{DE}$일 때, x의 값을 구하여라.

(1) 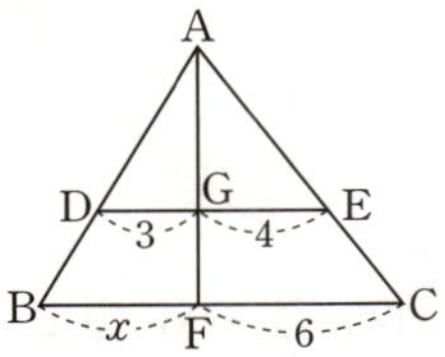

(2) 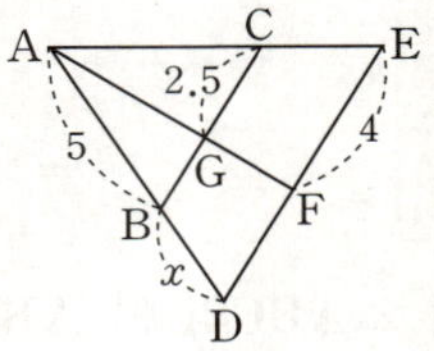

03 기본 $\triangle ABC$에서 $\angle A$의 이등분선과 변 BC의 교점을 D라 하고, $\overline{AB}=8$cm, $\overline{BC}=7$cm, $\overline{AC}=6$cm일 때, $\overline{BD}$의 길이를 구하여라.

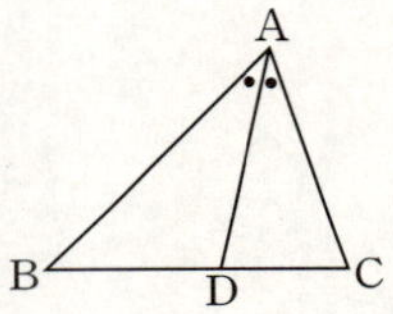

04 기본 그림에서 $l/\!/m/\!/n$일 때, x의 값을 구하여라.

(1) 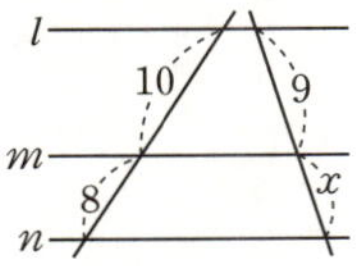

(2) 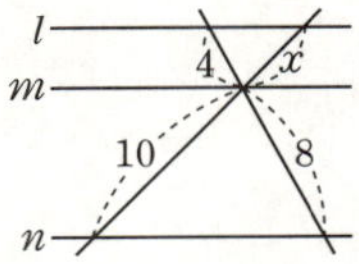

(3) 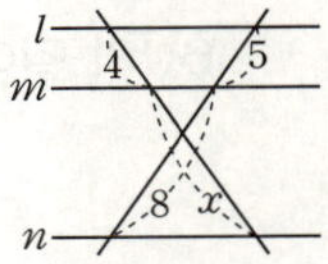

05 실력 그림에서 $l/\!/m/\!/n$일 때, x, y의 값을 구하여라.

(1) 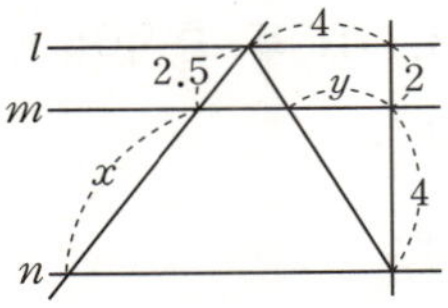

(2) 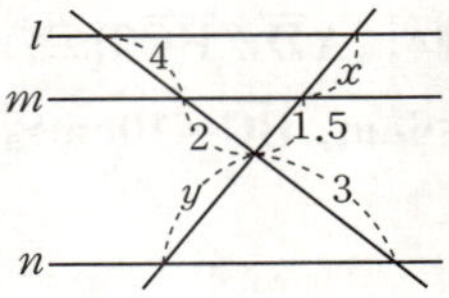

06 실력 그림과 같은 사다리꼴 ABCD에서 $\overline{AD}/\!/\overline{EF}/\!/\overline{BC}$일 때, 다음 선분의 길이를 구하여라.

(1) $\overline{EG}$　　(2) $\overline{GF}$　　(3) $\overline{EF}$

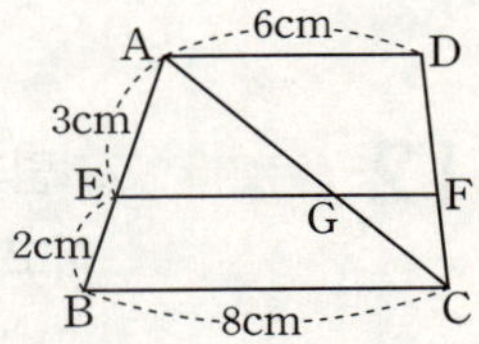

07 실력 그림에서 $\overline{AB}=8cm$, $\overline{DC}=12cm$, $\overline{AB} /\!/ \overline{DC} /\!/ \overline{EF}$일 때, $\overline{EF}$의 길이를 구하여라.

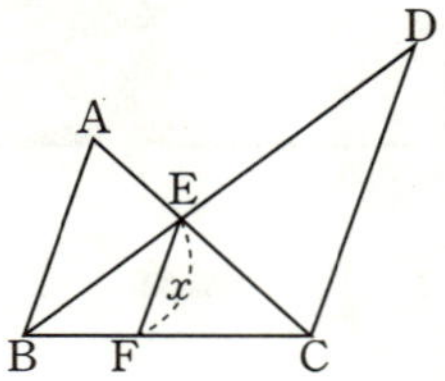

08 기본 그림의 △ABC에서 점 D는 $\overline{AB}$의 중점이고 $\overline{DE} /\!/ \overline{BC}$이다. $\overline{BC}=12cm$, $\overline{QC}=4cm$일 때, $\overline{DP}$의 길이를 구하여라.

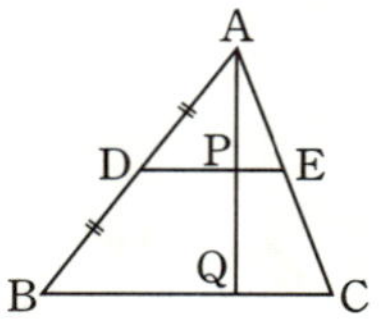

09 완성 그림의 △ABC의 변 AB의 연장선 위에 $\overline{BA}=\overline{AD}$되게 점 D를 잡고, 점 D와 변 AC의 중점 M을 지나는 직선과 변 BC와의 교점을 E라 한다. $\overline{BE}=8cm$일 때, $\overline{EC}$의 길이를 구하여라.

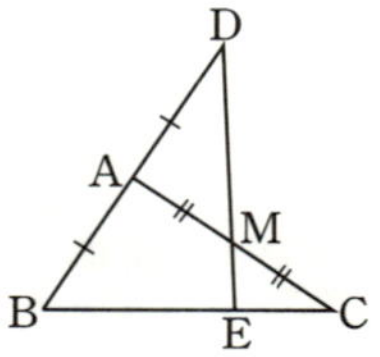

10 실력 그림에서 $\overline{BD}=\overline{DC}$, $\overline{AE}=\overline{ED}$, $\overline{BF} /\!/ \overline{DG}$이다. $\overline{EF}=2cm$일 때, $\overline{BE}$, $\overline{DG}$의 길이를 구하여라.

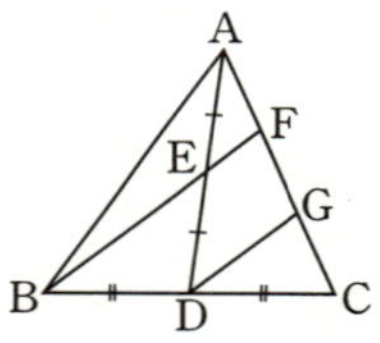

11 기본 그림에서 $\overline{AD} /\!/ \overline{BC}$이고, 점 E, F는 각각 변 AB, DC의 중점이다. $\overline{AD}=6cm$, $\overline{BC}=10cm$일 때, $\overline{EF}$의 길이를 구하여라.

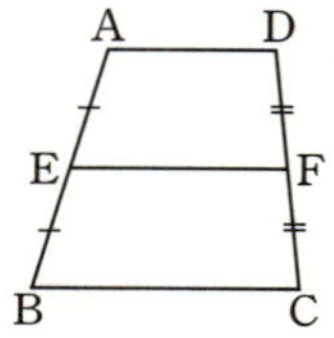

12 실력 그림과 같은 사다리꼴 ABCD에서 M, N은 각각 $\overline{AB}$, $\overline{DC}$의 중점이고, $\overline{ME}=\overline{EF}=\overline{FN}$, $\overline{AD}=6cm$일 때, $\overline{BC}$의 길이를 구하여라.

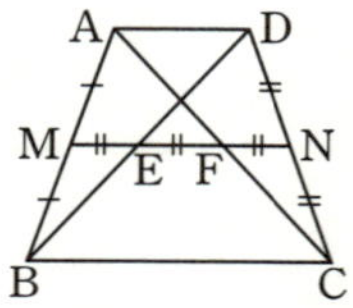

1 삼각형의 무게중심

기본원리 꿀꺽

1 삼각형의 중선

1 중선 : 삼각형에서 꼭짓점과 그 대변의 중점을 이은 선분을 **중선**이라 한다.

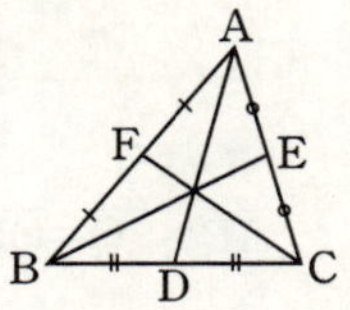

2 △ABC에서 중선은 $\overline{AD}$, $\overline{BE}$, $\overline{CF}$의 3개이다.

3 중선의 성질

① 삼각형의 한 중선은 그 삼각형의 넓이를 이등분한다.
즉, $\overline{AD}$가 중선이면 △ABD=△ACD

② 중선 AD 위에 임의의 한 점 P를 잡으면
△PBD=△PCD, △ABP=△ACP

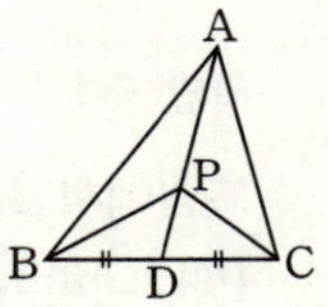

③ △ABD=△ACD이면 $\overline{AD}$는 중선이다.

2 삼각형의 무게중심

1 삼각형의 무게중심 : 삼각형의 세 중선의 교점을 **무게중심**이라고 한다.

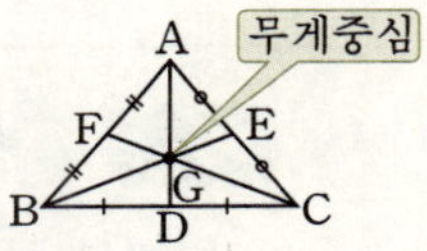

Note : ① 정삼각형의 무게중심, 내심, 외심은 모두 일치한다.
② 이등변삼각형의 무게중심, 내심, 외심은 모두 꼭지각의 이등분선 위에 있다.

2 삼각형의 무게중심의 성질

삼각형의 무게중심은 세 중선의 길이를 각 꼭짓점으로부터 2 : 1로 나눈다.
즉, $\overline{AG} : \overline{GD} = \overline{BG} : \overline{GE} = \overline{CG} : \overline{GF} = 2 : 1$

3 삼각형의 무게중심과 넓이

1 삼각형의 넓이는 세 중선에 의하여 6등분된다.

2 그림에서 점 G가 △ABC의 무게중심일 때

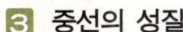

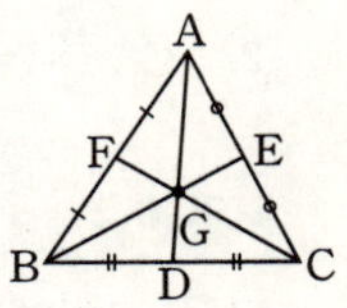

① △AFG=△BFG=△BDG=△CDG
$=$△CEG=△AEG$=\frac{1}{6}$△ABC

② △ABG=△BCG=△ACG$=\frac{1}{3}$△ABC

Note : △ABG : △BDG=△BCG : △CEG=△ACG : △AFG=2 : 1

➲ 삼각형의 중선의 성질, 무게중심의 성질에 대한 증명은 해답편을 참고하라.

필수예제

1 … 삼각형의 중선

그림에서 선분 AD는 △ABC의 중선이고, △ABC의 넓이가 42cm^2, $\overline{AP}=\overline{PQ}=\overline{QD}$일 때, △PQC의 넓이를 구하여라.

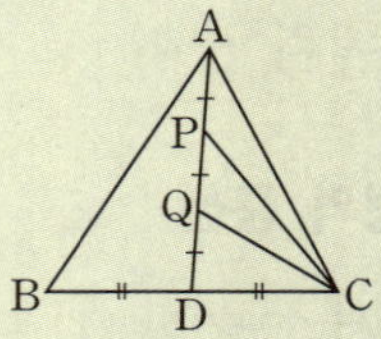

요점 Check

삼각형의 중선은 그 삼각형의 넓이를 이등분한다.

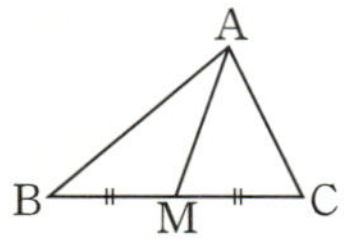

△ABM=△ACM

풀이

$\overline{AP}=\overline{PQ}=\overline{QD}$이므로 △APC=△PQC=△QDC이다.

∴ △PQC$=\frac{1}{6}$△ABC$=\frac{1}{6}\times 42=$**7(cm²)** ← 답

확인 01

그림에서 $\overline{BD}$는 △ABC의 한 중선이고, 중선 위의 한 점 P에 대하여 △APD$=5\text{cm}^2$이다. △ABC의 넓이가 40cm^2일 때, △BPC의 넓이를 구하여라.

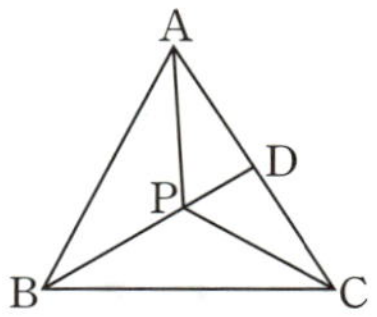

2 … 삼각형의 무게중심의 성질

그림에서 점 G는 △ABC의 무게중심이다. 다음을 구하여라.

(1) $\overline{BE}=6\text{cm}$일 때, $\overline{BG}$의 길이

(2) $\overline{DG}=3\text{cm}$일 때, $\overline{CG}$의 길이

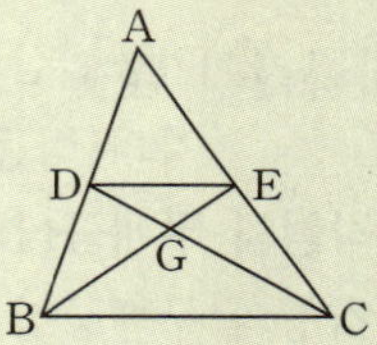

요점 Check

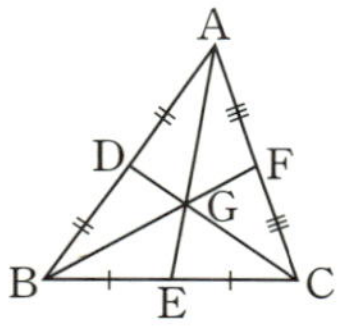

$\overline{AG}:\overline{GE}=2:1$
$\overline{BG}:\overline{GF}=2:1$
$\overline{CG}:\overline{GD}=2:1$

풀이

(1) $\overline{BG}:\overline{GE}=2:1$이므로 $\overline{BG}=6\times\frac{2}{3}=$**4(cm)** ← 답

(2) $\overline{CG}:\overline{DG}=2:1$이므로 $\overline{CG}=2\overline{DG}=$**6(cm)** ← 답

확인 02

다음 그림에서 점 G는 삼각형 ABC의 무게중심이다. x, y의 값을 구하여라.

(1)

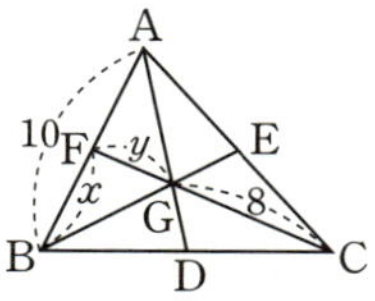

(2)

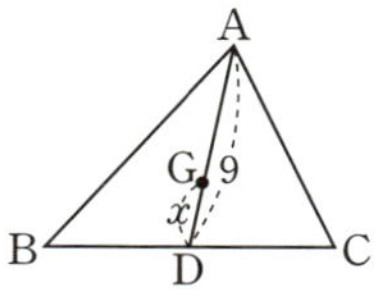

3 … 삼각형의 무게중심의 성질

그림에서 선분 **AD**는 **△ABC**의 중선이고, 점 **G, G′**은 각각 **△ABC**와 **△GBC**의 무게중심이다.
$\overline{\mathbf{AG}}$**=6cm**일 때, $\overline{\mathbf{GG'}}$의 길이를 구하여라.

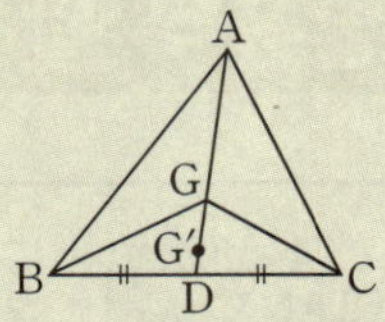

요점 Check

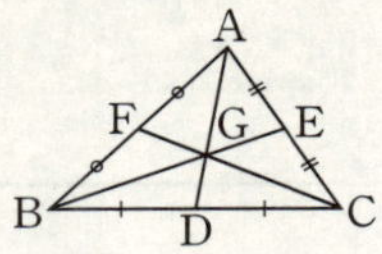

$\overline{AG} : \overline{GD} = \overline{BG} : \overline{GE}$
$= \overline{CG} : \overline{GF}$
$= 2 : 1$

풀이

점 G가 △ABC의 무게중심이므로 $\overline{AG} : \overline{GD} = 2 : 1$

$6 : \overline{GD} = 2 : 1$, $2\overline{GD} = 6$ $\quad \therefore \overline{GD} = 3$(cm)

점 G′이 △GBC의 무게중심이므로 $\overline{GG'} : \overline{G'D} = 2 : 1$

$\therefore \overline{GG'} = \frac{2}{3}\overline{GD} = \frac{2}{3} \times 3 = \mathbf{2}$**(cm)** ← 답

확인 03

그림에서 선분 **AD**는 **△ABC**의 중선이고, 점 **G, G′**은 각각 **△ABC**와 **△GBC**의 무게중심이다.
$\overline{\mathbf{AD}}$**=27cm**일 때, $\overline{\mathbf{GG'}}$의 길이를 구하여라.

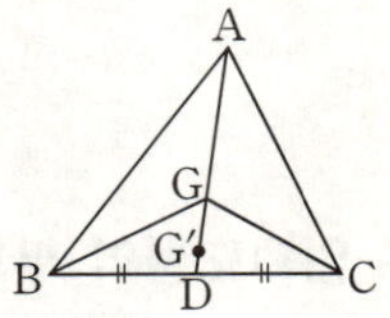

4 … 삼각형의 무게중심과 넓이

오른쪽 그림에서 **△ABC**의 무게중심을 **G**라 할 때, 다음 물음에 답하여라.

(1) △ABC의 넓이는 △BGD의 넓이의 몇 배인가?

(2) △ABC의 넓이가 $36cm^2$라 할 때, △BGC의 넓이를 구하여라.

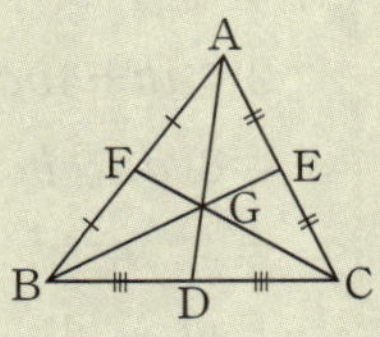

요점 Check

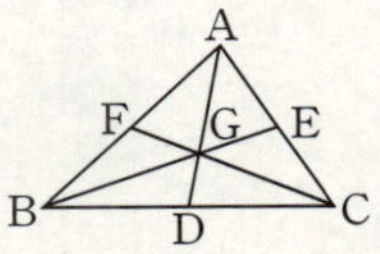

△AGB=△BGC=△AGC
△AGF=△BGF=△BGD
=△CGD=△CGE
=△AGE

풀이

(1) △BGD=△CGD=△AGF=△BGF=△AGE=△CGE
∴ △ABC=6△BGD

(2) △BGC=△AGB=△AGC이므로 △ABC=3△BGC
∴ △BGC=36÷3=12(cm^2)

답 (1) **6배** (2) **$12cm^2$**

확인 04

그림에서 점 **G**는 **△ABC**의 무게중심이다.
△ABC=$24cm^2$일 때, **△BCG**의 넓이를 구하여라.

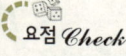

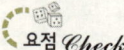

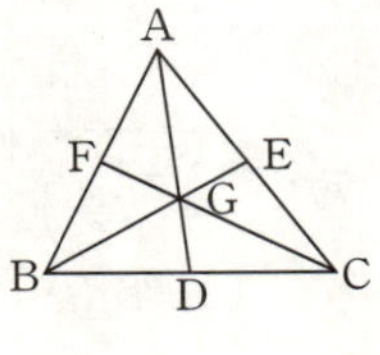

2 닮음의 활용

기본원리 꿀꺽

1 닮은 평면도형의 넓이의 비

1 둘레의 길이의 비 : 닮음비가 $m : n$인 평면도형의 둘레의 길이의 비는 $m : n$이다.

2 넓이의 비 : 닮음비가 $m : n$인 평면도형의 넓이의 비는 $\boldsymbol{m^2 : n^2}$이다.

예 그림과 같이 닮음비가 1 : 2인 두 직사각형에서

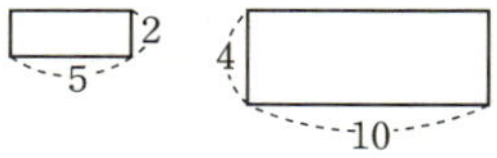

(1) 둘레의 비는 $2(5+2) : 2(4+10)=14 : 28=\mathbf{1 : 2}$

(2) 넓이의 비는 $10 : 40=1 : 4=\mathbf{1 : 2^2}$

2 닮은 입체도형의 부피의 비

1 겉넓이의 비 : 닮음비가 $m : n$인 입체도형에서 겉넓이의 비는 $\boldsymbol{m^2 : n^2}$이다.

2 부피의 비 : 닮음비가 $m : n$인 입체도형에서 부피의 비는 $\boldsymbol{m^3 : n^3}$이다.

예 그림과 같이 닮음비가 2 : 3인 두 직육면체에서

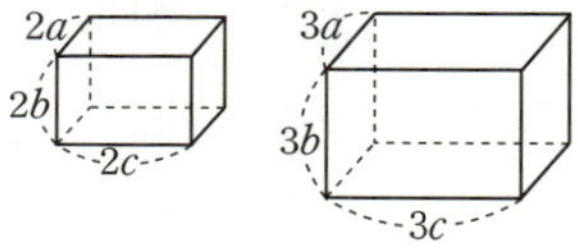

(1) 겉넓이의 비는

$2(4ab+4bc+4ac) : 2(9ab+9bc+9ac)$

$=8(ab+bc+ac) : 18(ab+bc+ac)$

$=4 : 9=\mathbf{2^2 : 3^2}$

(2) 부피의 비는 $8abc : 27abc=8 : 27=\mathbf{2^3 : 3^3}$

3 닮음의 활용

실제로 재기 어려운 높이나 거리 등은 닮음을 이용하여 간접적으로 측정할 수 있다.

1 축도와 축척

어떤 도형을 일정한 비율로 줄인 그림을 **축도**라 하고, 줄인 비율을 **축척**이라고 한다.

2 $(\text{축척})=\dfrac{(\text{축도에서의 길이})}{(\text{실제 길이})}$

Note : (실제 길이) = (축도에서의 길이) ÷ (축척)

필수예제

1 … 닮은 평면도형의 넓이의 비 (1)

닮음인 두 삼각형 p와 p'의 닮음비가 3 : 5일 때, 다음을 구하여라.

(1) p의 넓이가 90cm^2일 때, p'의 넓이

(2) p'의 넓이가 200cm^2일 때, p의 넓이

요점 Check

닮음비가 $m : n$

⇨ 넓이의 비는 $m^2 : n^2$

풀이

닮음비가 3 : 5이므로 넓이의 비는 $3^2 : 5^2$이다.

(1) $90 : p'=9 : 25$에서 $9p'=90\times25$ $\therefore$ $p'=\mathbf{250cm^2}$ ← 답

(2) $p : 200=9 : 25$에서 $25p=200\times9$ $\therefore$ $p=\mathbf{72cm^2}$ ← 답

확인 01

$\overline{AD}/\!/\overline{BC}$인 사다리꼴 ABCD에서 $\overline{AD}=4\text{cm}$, $\overline{BC}=6\text{cm}$이고, $\triangle OBC=36\text{cm}^2$일 때, $\triangle OAD$의 넓이를 구하여라.

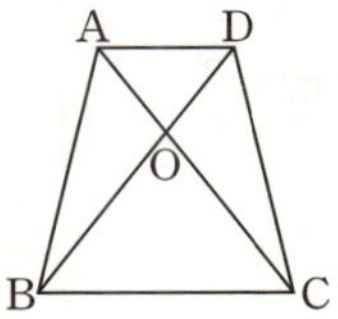

2 … 닮은 평면도형의 넓이의 비 (2)

그림에서 $\overline{BC}/\!/\overline{DE}$이고 $\overline{AD}=6\text{cm}$, $\overline{DB}=4\text{cm}$이다. $\triangle ADE=27\text{cm}^2$일 때, $\triangle ABC$의 넓이를 구하여라.

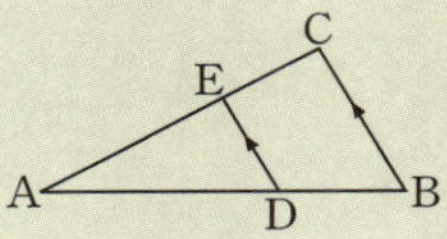

요점 Check

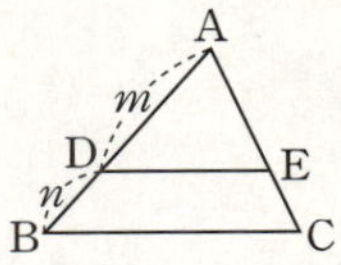

$\overline{DE}/\!/\overline{BC}$이면

$\triangle ADE \backsim \triangle ABC$

$\triangle ADE : \triangle ABC$

$=m^2 : (m+n)^2$

풀이

$\triangle ADE \backsim \triangle ABC$이고, 닮음비는 $6 : (6+4)=3 : 5$이다.

$\triangle ADE : \triangle ABC=3^2 : 5^2=9 : 25$

$27 : \triangle ABC=9 : 25$, $9\triangle ABC=27\times25$

$\therefore$ $\triangle ABC=\mathbf{75cm^2}$ ← 답

확인 02

그림에서 $\overline{DE}/\!/\overline{BC}$이다. $\overline{AD} : \overline{DB}=3 : 2$이고 $\triangle ADE$의 넓이가 54cm^2일 때, □DBCE의 넓이를 구하여라.

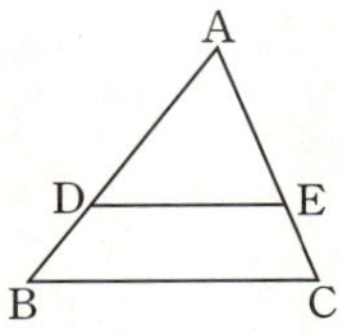

3 … 닮은 입체도형의 부피의 비 (1)

닮음인 두 직육면체 p와 p'의 닮음비가 3 : 4일 때, 다음을 구하여라.

(1) p의 부피가 54cm^3일 때, p'의 부피

(2) p'의 부피가 192cm^3일 때, p의 부피

요점 Check

닮음비가 $m : n$

⇨ 부피의 비는 $m^3 : n^3$

풀이

닮음비가 3 : 4이므로 부피의 비는 $3^3 : 4^3$이다.

(1) $54 : p' = 27 : 64$, $27p' = 54 \times 64$ $\quad \therefore\ p' = \mathbf{128cm^3}$ ← 답

(2) $p : 192 = 27 : 64$, $64p = 192 \times 27$ $\quad \therefore\ p = \mathbf{81cm^3}$ ← 답

확인 03

큰 쇠구슬 1개를 녹여서 같은 크기의 작은 쇠구슬 여러 개를 만들려고 한다. 이 때, 작은 쇠구슬의 반지름의 길이는 큰 쇠구슬의 반지름의 길이의 $\frac{1}{4}$이다. 작은 쇠구슬을 모두 몇 개 만들 수 있는가?

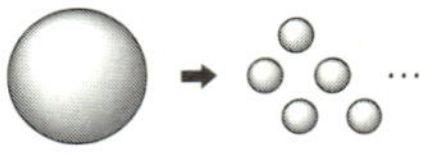

4 … 닮은 입체도형의 부피의 비 (2)

그림과 같은 원뿔 모양의 그릇에 전체 높이의 $\frac{3}{5}$까지 물을 넣었다. 그릇의 부피가 250cm^3라고 할 때, 물의 부피를 구하여라.

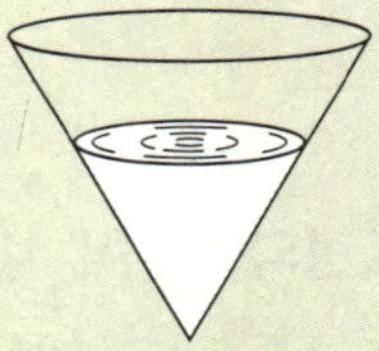

요점 Check

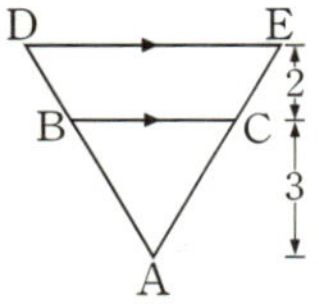

$\triangle$ABC와 $\triangle$ADE의 닮음비는 3 : 5이다.

풀이

물이 담긴 부분과 그릇의 닮음비는 3 : 5이다.

$\therefore$ (물의 부피) : (그릇의 부피) $= 3^3 : 5^3$ 즉 $27 : 125$

(물의 부피) : $250 = 27 : 125$, $125 \times$(물의 부피) $= 250 \times 27$

$\therefore$ (물의 부피) $= \mathbf{54cm^3}$ ← 답

확인 04

그림과 같이 정사각뿔을 밑면에 평행한 두 개의 평면으로 높이를 삼등분하려고 한다. ㉮, ㉯, ㉰의 부피의 비를 구하여라.

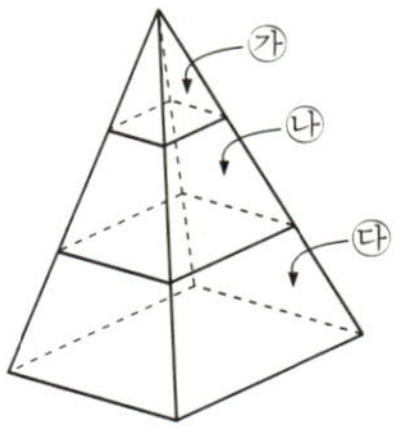

실력 높이기

01 기본 그림에서 점 G는 △ABC의 무게중심이다. 다음 물음에 답하여라.

(1) $\overline{FE}=2.4$cm일 때, $\overline{BC}$의 길이를 구하여라.

(2) $\overline{BE}=4.8$cm일 때, $\overline{GE}$의 길이를 구하여라.

(3) $\overline{GF}=1.2$cm일 때, $\overline{CG}$의 길이를 구하여라.

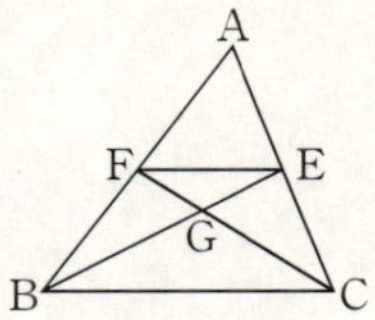

02 기본 그림에서 점 G는 △ABC의 무게중심이다. △ABC=24cm^{2}일 때, △BGC의 넓이를 구하여라.

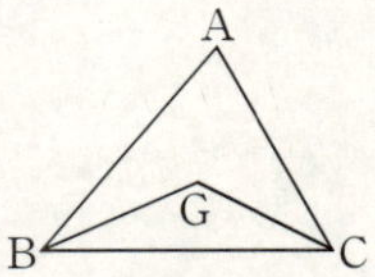

03 실력 그림에서 점 G는 △ABC의 무게중심이다. 점 A, G로부터 변 BC 위에 내린 수선의 발을 각각 H, K라 할 때, $\overline{AH}:\overline{GK}$를 구하여라.

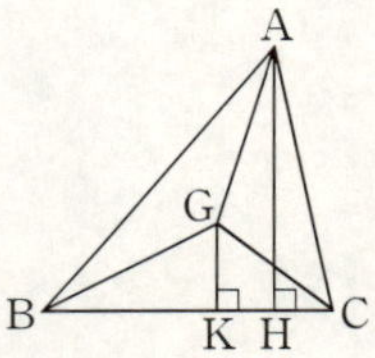

04 실력 그림과 같이 △ABC의 무게중심을 G, $\overline{GB}$와 $\overline{GC}$의 중점을 각각 E, F라고 할 때, 어두운 부분의 넓이를 구하여라.
(단, △ABC=12cm^{2}이다.)

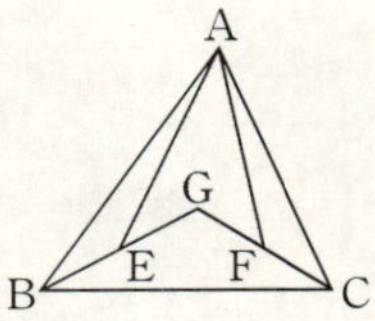

05 실력 그림에서 점 G는 △ABC의 무게중심이고, 점 E는 $\overline{DC}$의 중점이다. $\overline{EF}=6$cm일 때, 다음 선분의 길이를 구하여라.

(1) $\overline{AD}$　　　　(2) $\overline{GD}$

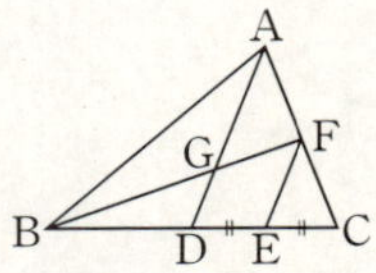

06 완성 서술형 평행사변형 ABCD에서 점 M, N은 각각 $\overline{BC}$, $\overline{CD}$의 중점이고, 대각선 BD와 $\overline{AM}$, $\overline{AN}$과의 교점이 각각 E, F이다. $\overline{BE}=12$cm일 때, $\overline{DF}$, $\overline{EF}$의 길이를 각각 구하여라. 〈5점〉

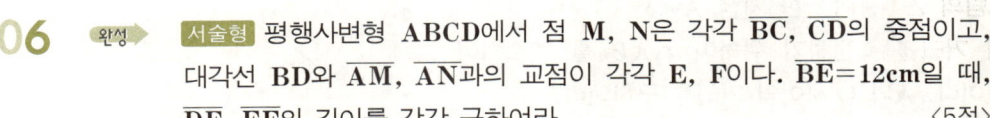

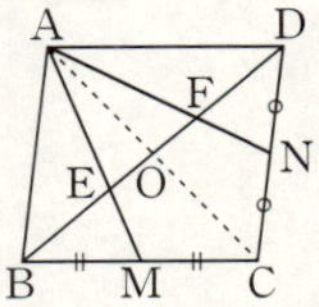

07 완성 그림에서 점 G는 △ABC의 무게중심이고, 점 H는 $\overline{AG}$와 $\overline{EF}$의 교점이다. $\overline{HG}=2$cm일 때, $\overline{AH}$, $\overline{GD}$의 길이를 구하여라.

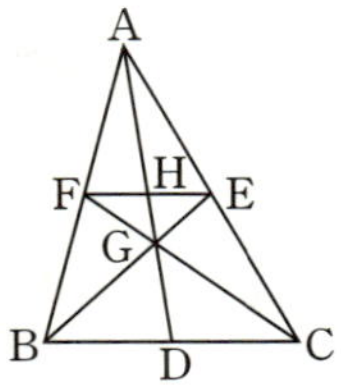

08 기본 닮은 두 직육면체 F와 F′의 닮음비가 2 : 3이고, F의 겉넓이가 24cm²일 때, F′의 겉넓이를 구하여라.

09 기본 그림은 정사각형의 각 변의 중점을 이어 조그만 정사각형을 차례대로 그린 것이다. 가장 큰 정사각형의 넓이는 어두운 부분의 정사각형의 넓이의 몇 배인가?

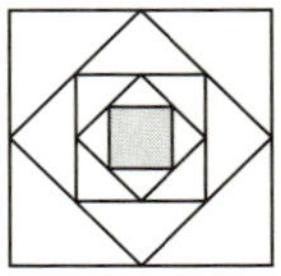

10 실력 그림의 △ABC에서 점 G는 무게중심이고, $\overline{DF}/\!/\overline{BE}$이다. △ADF의 넓이가 15cm²일 때, △ABC의 넓이를 구하여라.

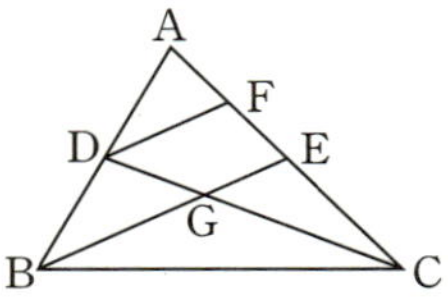

11 기본 밑면의 반지름의 길이가 각각 6cm, 8cm인 두 닮은 원뿔 P, Q가 있다. 다음을 구하여라.

(1) P와 Q의 모선의 길이의 비

(2) Q의 부피가 256πcm³일 때, P의 부피

12 실력 원뿔대의 두 밑면의 반지름의 길이가 각각 3cm, 5cm이고 높이가 4cm일 때, 이 원뿔대의 부피를 구하여라.

13 기본 그림의 △DEF는 한 지점 A에서 강 건너 지점 C까지의 거리를 측정하기 위하여 △ABC를 축소하여 그린 것이다. A와 C 사이의 거리를 구하여라.

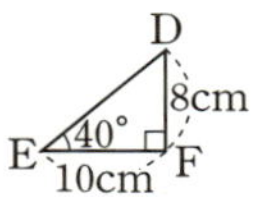

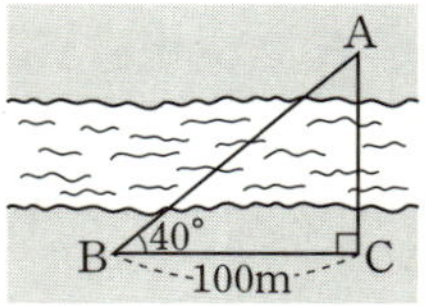

※ 축하합니다 ※

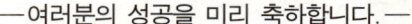

이 책을 끝까지 공부한 여러분, 진심으로 축하합니다.

여러분 중에는 그 동안 많은 책을 일부분만 공부하거나, 처음에는 열심히 공부하다 중도에 포기한 경우도 많았을 것입니다.

책 한 권을 완전히 끝낸다는 것은 그리 쉬운 일이 아닙니다.
책 한 권을 끝내는 일이 오죽 힘들었으면 우리 조상들은 책이 한 권씩 끝날 때마다 떡 한 시루를 선생님께 바치면서 책걸이를 했겠습니까?

오늘 이 책 한 권을 끝냈다는 조그만 사건 하나가 여러분이 앞으로 살아가는데 많은 용기와 끈기를 줄 것이며, 성공의 밑거름이 될 것입니다.

—여러분의 성공을 미리 축하합니다.—

이 책을 완벽하게 끝낸 학생 어려분!
이 책을 끝냈다고 해서 바로 3학년으로 넘어가지 말고, 이 책의 첫 페이지부터 가벼운 마음으로 차근차근 넘기면서 틀렸던 문제, 까먹은 개념과 원리를 점검하는 것이 좋습니다.

점검하는 데 많은 시간이 소요되지 않을 것(약 3일)이며, 점검하기 위하여 투자한 시간에 비하여 아주 많은 것을 얻을 수 있을 것입니다.

자, 마지막 점검을 하고 3학년으로 전진합시다!

편저자 오명식

수학은 국력식 공부는 점수에 반영되는 실질적인 실력을 길러 줍니다.

초 · 중 · 고	교재 이름	교재의 특장
초등 수학	2000제 꿀꺽수학 4－가(상권),(하권) 4－나(상권),(하권) 2000제 꿀꺽수학 5－가(상권),(하권) 5－나(상권),(하권) 2000제 꿀꺽수학 6－가(상권),(하권) 6－나(상권),(하권)	• 교과서 실력 쌓기를 통하여 수학교과서를 100% 마스터할 수 있습니다. • 수행평가 문제를 통하여 수시로 보는 시험에 완벽하게 대비할 수 있습니다. • 성취도 평가 문제를 통하여 단원평가 시험이나 수학 경시대회에서 100점을 맞을 수 있습니다.
중등 수학	3000제 꿀꺽수학 1－1, 1－2 3000제 꿀꺽수학 2－1, 2－2 3000제 꿀꺽수학 3－1, 3－2 3000제 실력수학 1－1, 1－2	• 교과서 문제와 각 학교 중간고사, 기말고사, 연합고사 기출문제를 다단계로 구성하여 학년별로 3000여 문제씩 수록하였습니다.
중등 수학	헤드 투 헤드 실력수학 1－1, 1－2 헤드 투 헤드 고난도 수학 2－1, 2－2 헤드 투 헤드 고난도 수학 3－1, 3－2	• 수학 공부의 바른 길을 제시한 중학 수학의 정석입니다. • 기본적인 개념 · 원리부터 수학 경시대회 수준의 문제까지 방대한 내용을 수록한 책입니다.
중등 수학	윈윈 e데이 수학 1－1, 1－2 윈윈 수학 2500제 2－1, 2－2 윈윈 수학 2500제 3－1, 3－2	• 교과서의 모든 내용을 문제로 만들어 패턴별로 정리하였습니다. • 교과서의 개념과 원리－예제 · 문제 · 연습 · 종합문제－기출문제의 순서로 내용을 체계화 하였습니다.
중등 수학	10주 수학 중 1(전과정) 10주 수학 중 2(전과정) 10주 수학 중 3(전과정)	• 중 1 수학부터 고 1 수학 전과정을 1년에 마스터할 수 있도록 내용을 구성하였습니다. • 대입 수능 수학을 공부하는데 꼭 필요한 기본서로 꾸몄습니다. • 교과서의 기본 개념과 핵심 문제를 빠짐없이 수록하였습니다.
고등 수학	10주 수학 고 1(상권) 10주 수학 고 1(하권)	(위와 같음)
고등 수학	빌트인 고 1 수학(상권)	• 고교수학의 기본적인 원리와 개념을 자세히 해설하였습니다. • 핵심적인 문제로 내용을 구성하였습니다.
고등 수학	라이브 B & A 수학 고 1 상, 하 라이브 수학 Ⅰ(상), (하) 라이브 수학 Ⅱ(상), (하) 라이브 수학(미분과 적분)	• 우리 나라와 외국의 교과서 문제, 서울 시내 고등학교의 중간 · 기말고사 문제, 대입 예비고사, 대입 학력고사, 대입 수능 기출문제를 다단계로 구성하였습니다.

10주 꿀꺽 수학

풀이와 정답

중2 전과정

수학은 국력

1. 유리수와 소수 | Ⅰ. 수와 연산

본문 7쪽

1. ① $\frac{27}{2\times3^3\times5}=\frac{1}{2\times5}$ (유한소수)

② $\frac{32}{75}=\frac{32}{3\times5^2}$ (무한소수)

③ $\frac{24}{100}=\frac{6}{25}=\frac{6}{5^2}$ (유한소수)

④ $\frac{17}{85}=\frac{1}{5}$ (유한소수)

⑤ $\frac{26}{300}=\frac{13}{150}=\frac{13}{2\times3\times5^2}$ (무한소수)

답 ①, ③, ④

본문 8쪽

2. $\frac{54}{3^2\times5\times a}=\frac{6}{5\times a}=\frac{2\times3}{5\times a}$

따라서, a는 2의 배수, 5의 배수, 3일 때 유한소수가 된다.

답 ⑤

3. $\frac{7}{110}=\frac{7}{2\times5\times11}$이므로 $\frac{7}{2\times5\times11}\times\mathrm{N}$이 유한소수가 되려면 N은 11의 배수이다. … ㉠

$\frac{11}{66}=\frac{1}{6}=\frac{1}{2\times3}$이므로 $\frac{1}{2\times3}\times\mathrm{N}$이 유한소수가 되려면 N은 3의 배수이다. … ㉡

㉠, ㉡에서 N은 11과 3의 공배수이다.

∴ N=33, 66, 99, …

N의 값 중 가장 작은 자연수는 **33** ←답

본문 10쪽

1. (1) **1.6666…**, 순환마디는 **6**

(2) **0.5333…**, 순환마디는 **3**

(3) **0.090909…**, 순환마디는 **09**

(4) **−0.41666…**, 순환미디는 **6**

2. (1) 순환마디는 **25**, $\mathbf{0.\dot{2}\dot{5}}$

(2) 순환마디는 **12**, $\mathbf{-3.0\dot{1}\dot{2}}$

(3) 순환마디는 **021**, $\mathbf{1.\dot{0}2\dot{1}}$

(4) 순환마디는 **426**, $\mathbf{-5.\dot{4}2\dot{6}}$

본문 12쪽

1. (1) $0.\dot{5}=x$라고 하면 $x=0.5555\cdots$

순환마디가 1개이므로 $10x-x$를 계산하다.

$$\begin{array}{r} 10x=5.5555\cdots \\ -)\quad x=0.5555\cdots \\ \hline 9x=5 \end{array}$$

$\therefore\ x=\frac{5}{9}$

(2) $0.\dot{2}\dot{9}=x$라고 하면 $x=0.292929\cdots$

순환마디가 2개이므로 $100x-x$를 계산한다.

$$\begin{array}{r} 100x=29.2929\cdots \\ -)\quad x=\ 0.2929\cdots \\ \hline 99x=29 \end{array}$$

$\therefore\ x=\frac{29}{99}$

(3) $0.\dot{2}3\dot{0}=x$라고 하면 $x=0.230230\cdots$

순환마디가 3개이므로 $1000x-x$를 계산한다.

$$\begin{array}{r} 1000x=230.230230\cdots \\ -)\quad x=\ \ 0.230230\cdots \\ \hline 999x=230 \end{array}$$

$\therefore\ x=\frac{230}{999}$

(4) $0.\dot{5}07\dot{3}=x$라고 하면 $x=0.50735073\cdots$

순환마디가 4개이므로 $10000x-x$를 계산한다.

$$\begin{array}{r} 10000x=5073.50735073\cdots \\ -)\quad x=\ \ 0.50735073\cdots \\ \hline 9999x=5073 \end{array}$$

$\therefore\ x=\frac{5073}{9999}=\frac{1691}{3333}$

답 (1) $\mathbf{\frac{5}{9}}$ (2) $\mathbf{\frac{29}{99}}$ (3) $\mathbf{\frac{230}{999}}$ (4) $\mathbf{\frac{1691}{3333}}$

2. (1) $0.2\dot{8}=x$라고 하면 $x=0.28888\cdots$

순환마디가 1개이므로 $10x-x$를 계산한다.

$$\begin{array}{r} 10x=2.8888\cdots \\ -)\quad x=0.2888\cdots \\ \hline 9x=2.6 \end{array}$$

$\therefore\ x=\frac{2.6}{9}=\frac{26}{90}=\frac{13}{45}$

(2) $0.1\dot{2}\dot{3}=x$라고 하면 $x=0.1232323\cdots$

순환마디가 2개이므로 $100x-x$를 계산한다.

$$\begin{array}{r} 100x=12.323232\cdots \\ -)\quad x=\ 0.123232\cdots \\ \hline 99x=12.2 \end{array}$$

$\therefore\ x=\frac{12.2}{99}=\frac{122}{990}=\frac{61}{495}$

(3) $2.7\dot{3}\dot{5}=x$라고 하면 $x=2.7353535\cdots$
순환마디가 2개이므로 $100x-x$를 계산한다.

$$\begin{array}{r} 100x=273.53535\cdots \\ -\underline{\quad x=\quad 2.73535\cdots} \\ 99x=270.8 \end{array}$$

$\therefore\ x=\frac{270.8}{99}=\frac{2708}{990}=\frac{1354}{495}$

(4) $1.27\dot{3}=x$라고 하면 $x=1.273333\cdots$
순환마디가 1개이므로 $10x-x$를 계산한다.

$$\begin{array}{r} 10x=12.73333\cdots \\ -\underline{\quad x=\ 1.27333\cdots} \\ 9x=11.46 \end{array}$$

$\therefore\ x=\frac{11.46}{9}=\frac{1146}{900}=\frac{191}{150}$

답 (1) $\mathbf{\frac{13}{45}}$ (2) $\mathbf{\frac{61}{495}}$ (3) $\mathbf{\frac{1354}{495}}$ (4) $\mathbf{\frac{191}{150}}$

본문 13쪽

3. (1) $2.\dot{5}\dot{8}=2+0.\dot{5}\dot{8}=2+\frac{58}{99}=2\frac{58}{99}$

(2) $0.\dot{3}2\dot{1}=\frac{321}{999}=\frac{107}{333}$

(3) $7.\dot{6}3\dot{2}=7+0.\dot{6}3\dot{2}=7+\frac{632}{999}=7\frac{632}{999}$

(4) $10.\dot{8}15\dot{4}=10+0.\dot{8}15\dot{4}=10+\frac{8154}{9999}$

$=10+\frac{906}{1111}=10\frac{906}{1111}$

답 (1) $\mathbf{2\frac{58}{99}}$ (2) $\mathbf{\frac{107}{333}}$ (3) $\mathbf{7\frac{632}{999}}$ (4) $\mathbf{10\frac{906}{1111}}$

4. (1) $0.4\dot{8}=\frac{48-4}{90}=\frac{44}{90}=\frac{22}{45}$

(2) $2.7\dot{3}\dot{5}=\frac{2735-27}{990}=\frac{2708}{990}=\frac{1354}{495}$

(3) $-3.09\dot{4}\dot{7}=-\frac{30947-309}{9900}=-\frac{30638}{9900}=-\frac{15319}{4950}$

(4) $-2.4\dot{1}0\dot{7}=-\frac{24107-24}{9990}=-\frac{24083}{9990}$

답 (1) $\mathbf{\frac{22}{45}}$ (2) $\mathbf{\frac{1354}{495}}$ (3) $\mathbf{-\frac{15319}{4950}}$ (4) $\mathbf{-\frac{24083}{9990}}$

본문 14쪽

1. ② $\frac{27}{2^2\times3^2}=\frac{3}{2^2}$ (유한소수)

③ $\frac{21}{2^2\times5\times7}=\frac{3}{2^2\times5}$ (유한소수)

④ $\frac{11}{3^2\times5}$ (3^2 때문에 무한소수)

⑤ $\frac{6}{160}=\frac{3}{80}=\frac{3}{2^4\times5}$ (유한소수)

⑥ $\frac{51}{180}=\frac{17}{60}=\frac{17}{2^2\times3\times5}$ (3 때문에 무한소수)

답 ①, ②, ③, ⑤

2. **1, 2, 3, 4, 5, 6, 8**

Note : $a=3$이면 $\frac{3}{2\times a}=\frac{3}{2\times3}=\frac{1}{2}$ (유한소수)

$a=6$이면 $\frac{3}{2\times a}=\frac{3}{2\times6}=\frac{1}{4}$ (유한소수)

3. $\frac{x}{30}=\frac{x}{2\times3\times5}$가 유한소수가 되려면 x는 3의 배수이어야 한다.

$\frac{1}{6}=\frac{5}{30}$, $\frac{3}{5}=\frac{18}{30}$이므로 $\frac{5}{30}$와 $\frac{18}{30}$ 사이의 분수 중에서 분자가 3의 배수인 것을 찾으면 된다.

$\therefore\ \frac{6}{30}=\frac{1}{5}$, $\frac{9}{30}=\frac{3}{10}$, $\frac{12}{30}=\frac{2}{5}$, $\frac{15}{30}=\frac{1}{2}$

답 $\mathbf{\frac{1}{5}}$, $\mathbf{\frac{3}{10}}$, $\mathbf{\frac{2}{5}}$, $\mathbf{\frac{1}{2}}$

4. $\frac{A}{1400}=\frac{A}{2^3\times5^2\times7}$이므로 A는 7의 배수이고 11의 배수이어야 한다.

$\therefore$ A=**77** ←답

5. (1) $\frac{a}{48}=\frac{a}{2^4\times3}$에서 a는 3의 배수이어야 한다.

$\therefore\ a=3,\ 6,\ 9$

(2) $\frac{a}{112}=\frac{a}{2^4\times7}$에서 a는 7의 배수이어야 한다.

$\therefore\ a=7$

답 (1) **3, 6, 9** (2) **7**

6. $\frac{5\times A}{72}=\frac{5\times A}{2^3\times3^2}$에서 A는 9의 배수이어야 한다.

$\therefore$ A=9, 18, 27, ⋯

A의 값 중 가장 작은 자연수는 **9** ←답

7. $\frac{9}{110}=\frac{9}{2\times5\times11}$이므로 $\frac{9}{2\times5\times11}\times$N이 유한소수가 되려면 N은 11의 배수이다. ⋯ ㉠

$\frac{13}{78}=\frac{13}{2\times3\times13}=\frac{1}{2\times3}$이므로 $\frac{1}{2\times3}\times$N이 유한소수가 되려면 N은 3의 배수이다. ⋯ ㉡

㉠, ㉡에서 N은 3과 11의 공배수이다.

$\therefore$ N=33, 66, 99, ⋯

N의 값 중 가장 작은 자연수를 구하면 N=**33** ←답

채점기준

서술 과정	점수
$\frac{9}{110}=\frac{9}{2\times5\times11}$ 이므로 $\frac{9}{2\times5\times11}\times$N이 유한소수가 되려면 N은 11의 배수이다.	2점
$\frac{13}{78}=\frac{13}{2\times3\times13}=\frac{1}{2\times3}$ 이므로 $\frac{1}{2\times3}\times$N이 유한소수가 되려면 N은 3의 배수이다.	2점
N은 11과 3의 공배수이므로 N=33, 66, 99, ⋯ N의 값 중 가장 작은 자연수는 33이다.	1점

8. $\frac{a}{60}=\frac{a}{2^2\times3\times5}$가 유한소수가 되려면 분모에서 3이 약분되어 없어져야 한다.
따라서, a는 3의 배수이다.
그런데 $10<a<15$이므로 $a=12$
$a=12$이면 $\frac{a}{60}=\frac{12}{60}=\frac{1}{5}$ $\quad\therefore\ b=5$

답 $\boldsymbol{a=12,\ b=5}$

본문 15쪽

9. (1) 순환마디 : **9**, $\mathbf{0.\dot{9}}$
(2) 순환마디 : **27**, $\mathbf{8.\dot{2}\dot{7}}$
(3) 순환마디 : **73**, $\mathbf{0.4\dot{7}\dot{3}}$
(4) 순환마디 : **4213**, $\mathbf{74.\dot{4}21\dot{3}}$

10. (1) $\mathbf{0.8\dot{3}}$ (2) $\mathbf{0.6\dot{3}}$ (3) $\mathbf{0.4\dot{8}\dot{1}}$ (4) $\mathbf{0.\dot{0}3\dot{0}}$

11. (2) $\frac{39}{99}=\frac{13}{33}$
(3) $\frac{45-4}{90}=\frac{41}{90}$
(4) $\frac{8704-8}{999}=\frac{8696}{999}$

답 (1) $\mathbf{\frac{7}{9}}$ (2) $\mathbf{\frac{13}{33}}$ (3) $\mathbf{\frac{41}{90}}$ (4) $\mathbf{\frac{8696}{999}}$

12. (1) $0.2555\cdots>0.25$
(2) $0.878787\cdots>0.8777\cdots$
(3) $0.43232\cdots<0.432432\cdots$
(4) $0.763535\cdots<0.763555\cdots$

답 (1) > (2) > (3) < (4) <

13. (1) $\mathbf{0.75\dot{3},\ 0.7\dot{5}\dot{3},\ 0.\dot{7}5\dot{3}}$
(2) $\mathbf{0.8\dot{5}\dot{7},\ 0.85\dot{7},\ 0.\dot{8}5\dot{7}}$

Note : (1) 0.753333 ⋯ (2) 0.857777⋯
0.753535 ⋯ 0.857575⋯
0.753753 ⋯ 0.857857⋯
└비교 └비교

14. 색칠한 부분은 정수가 아닌 유리수의 집합을 나타낸다.
② 0은 정수이다.
③ $-4.5=-\frac{9}{2}$
④ $2.\dot{9}=\frac{29-2}{9}=\frac{27}{9}=3$이므로 $2.\dot{9}$는 정수이다.
⑤ $2.\dot{7}\dot{3}=\frac{273-2}{99}=\frac{271}{99}$

답 **①, ③, ⑤**

15. $\frac{1}{5}=0.2$, $\frac{1}{2}=0.5$이므로 $0.2<x\le0.5$ ⋯ ㉠
따라서, ㉠을 만족하는 수는 $\mathbf{0.\dot{2},\ 0.\dot{3},\ 0.\dot{4}}$ ←답

2. 근삿값 Ⅰ. 수와 연산

본문 18쪽

1. (1) (참값)=985명, (근삿값)=990명
(오차)=990−985=5(명)
(2) (참값)=125.7803, (근삿값)=126
(오차)=126−125.7803=0.2197

답 (1) **5명** (2) **0.2197**

2. (1) $1\times5=5$ (2) $10\times5=50$
(3) $1\text{cm}\times\frac{1}{2}=0.5\text{cm}$ (4) $0.001\text{kg}\times\frac{1}{2}=0.0005\text{kg}$

답 (1) **5** (2) **50** (3) **0.5cm** (4) **0.0005kg**

본문 19쪽

3. (1) 1m÷2=0.5m (2) 10g÷2=5g
(3) 0.1km÷2=0.05km (4) 2cm÷2=1cm

답 (1) **0.5m** (2) **5g** (3) **0.05km** (4) **1cm**

4. (1) 오차의 한계는 1÷2=0.5
$173-0.5\le A<173+0.5$
$\therefore\ 172.5\le A<173.5$
(2) 오차의 한계는 0.01÷2=0.005
$3.62-0.005\le A<3.62+0.005$
$\therefore\ 3.615\le A<3.625$
(3) 오차의 한계는 0.1cm÷2=0.05cm
$27.4-0.05\le A<27.4+0.05$
$\therefore\ 27.35\text{cm}\le A<27.45\text{cm}$

(4) 오차의 한계는 $50g \div 2 = 25g = 0.025kg$

$8.75 - 0.025 \le A < 8.75 + 0.025$

$\therefore\ 8.725kg \le A < 8.775kg$

답 (1) **$172.5 \le A < 173.5$**
(2) **$3.615 \le A < 3.625$**
(3) **$27.35cm \le A < 27.45cm$**
(4) **$8.725kg \le A < 8.775kg$**

본문 21쪽

1. (1) **1, 0, 5** (2) **5, 2**
(3) **5, 1, 8** (4) **4, 0, 7, 0**

Note : (4) 최소 눈금이 1g이므로 4070에서 끝자리 0 도 유효숫자이다.

2. (1) 유효숫자는 2, 0, 7이므로 2.07×10^4
(2) 유효숫자는 1, 0, 0, 2, 0이므로 $1.0020 \times 10kg$
(3) 유효숫자는 2, 3, 1이므로 2.31×10^5
(4) 유효숫자는 1, 2, 0, 0이므로 1.200×10^4m

답 (1) **2.07×10^4** (2) **$1.0020 \times 10kg$**
(3) **2.31×10^5** (4) **1.200×10^4m**

본문 22쪽

3. (1) **$5.07 \times \frac{1}{10^2}$** (2) **$4.300 \times \frac{1}{10}$**
(3) **$1.2 \times \frac{1}{10^2}kg$** (4) **$4.2 \times \frac{1}{10^3}km$**

4. (1) $5.40 \times 10^4 = \underline{540}00$이고 유효숫자가 5, 4, 0이므로 이 근삿값은 십의 자리에서 반올림하여 얻은 것이다.
따라서, 오차의 한계는 $10 \times 5 = 50$
(2) $1.700 \times 10^3 = \underline{1700}$이고 유효숫자가 1, 7, 0, 0이므로 이 근삿값은 소수 첫째 자리에서 반올림하여 얻은 것이다.
따라서, 오차의 한계는 $0.1 \times 5 = 0.5$
(3) $2.0 \times \frac{1}{10} = 0.\underline{20}$이므로 이 근삿값은 소수 셋째 자리에서 반올림하여 얻은 것이다.
따라서, 오차의 한계는 $0.001g \times 5 = 0.005g$
(4) $3.8 \times \frac{1}{10^2} = 0.0\underline{38}$이므로 이 근삿값은 소수 넷째 자리에서 반올림하여 얻은 것이다.
따라서, 오차의 한계는 $0.0001m \times 5 = 0.0005m$

답 (1) **50** (2) **0.5**
(3) **0.005g** (4) **0.0005m**

본문 23쪽

1. ①, ④

2. (참값)=**57620원**, (근삿값)=**57600원**
(오차)=57600−57620=**−20(원)**

3. (1) $0.1 \times 5 = 0.5$
(2) $0.0001 \times 5 = 0.0005$
(3) $1 \times 5 = 5$

답 (1) **0.5** (2) **0.0005** (3) **5**

4. (1) **5L** (2) **5m** (3) **25g** (4) **2g**

5. 오차가 a 이하이므로 a는 오차의 한계이다.
$\therefore\ a = 1mm \div 2 =$ **0.5mm** ← 답

6. (1) 오차의 한계는 $1m \div 2 = 0.5m$
참값의 범위는 $1950 - 0.5 \le A < 1950 + 0.5$
$\therefore\ 1949.5m \le A < 1950.5m$
(2) 오차의 한계는 $10m \div 2 = 5m$
참값의 범위는 $1950 - 5 \le A < 1950 + 5$
$\therefore\ 1945m \le A < 1955m$

답 (1) **$1949.5m \le A < 1950.5m$**
(2) **$1945m \le A < 1955m$**

7. 오차의 한계는 $20g \div 2 = 10g$
참값의 범위는 $960 - 10 \le A < 960 + 10$
$\therefore$ **$950g \le A < 970g$** ← 답

8. $825 - 0.5 = 824.5$, $825 + 0.5 = 825.5$이므로 오차의 한계는 **0.5**이다. ← 답

본문 24쪽

9. (1) **9, 2** (2) **2, 7** (3) **5, 0, 6**
(4) **3** (5) **7, 0, 8, 0** (6) **7, 2, 0**

10. (1) 유효숫자는 3, 0, 9 $\therefore\ 3.09 \times 10^4$
(2) 유효숫자는 9, 3, 0, 0 $\therefore\ 9.300 \times 10^4$
(3) 유효숫자는 1, 2, 5, 7 $\therefore\ 1.257 \times 10m$
(4) 유효숫자는 9, 0, 6 $\therefore\ 9.06 \times 10^3g$

답 (1) **3.09×10^4** (2) **9.300×10^4**
(3) **$1.257 \times 10m$** (4) **9.06×10^3g**

11. (1) $\mathbf{7.0\times\frac{1}{10}}$ (2) $\mathbf{1.23\times\frac{1}{10^2}}$

(3) $\mathbf{3.05\times\frac{1}{10^3}}$

12. 유효숫자는

① 3, 7 (2개) ② 8, 4, 0 (3개) ③ 7, 6 (2개)

④ 3, 0 (2개) ⑤ 3, 2, 7 (3개)

답 ①-③-④, ②-⑤

13. ① $3.5\times10^3=\underline{35}00$이고 십의 자리에서 반올림

∴ 오차의 한계는 $10\times5=50$

② $7.30\times10^5=\underline{730}000$이고 백의 자리에서 반올림

∴ 오차의 한계는 $100\times5=500$

③ $7.9\times\frac{1}{10}=0.79$이므로 소수 셋째 자리에서 반올림

∴ 오차의 한계는 $0.001\times5=0.005$

④ $6.70\times\frac{1}{10^2}=0.0670$이므로 소수 다섯째 자리에서 반올림

∴ 오차의 한계는 $0.00001\times5=0.00005$

답 ②, ①, ③, ④

14. $9.60\times10^3=\underline{9600}$

① 일의 자리에서 반올림한 것이다.

② $1\times5=5$이므로 오차의 한계는 5이다.

③ 유효숫자는 9, 6, 0이다.

④ $9600-5\le A<9600+5$에서

$9595\le A<9605$

⑤ 오차는 $9600-9604=-4$이다.

답 ②

15. 각 측정값의 오차의 한계를 구했을 때, 오차의 한계가 가장 작은 것이 가장 정확하게 측정한 것이다.

① $4.34\times10^2=\underline{434}$ ← 소수 첫째 자리에서 반올림

오차의 한계는 $0.1\times5=0.5$(kg)

② $8.9\times10^2=\underline{89}0$ ← 일의 자리에서 반올림

오차의 한계는 $1\times5=5$(kg)

③ $8.96\times10^3=\underline{896}0$ ← 일의 자리에서 반올림

오차의 한계는 $1\times5=5$(kg)

④ $9.7\times10^3=\underline{97}00$ ← 십의 자리에서 반올림

오차의 한계는 $10\times5=50$(kg)

⑤ $6.2\times10^4=\underline{62}000$ ← 백의 자리에서 반올림

오차의 한계는 $100\times5=500$(kg)

답 ①

1. 단항식의 계산 Ⅱ. 문자와 식

본문 28쪽

1. (1) (준식)$=x^{5+2+3}=x^{10}$

(2) (준식)$=x^2\times x^4\times y^5\times y^7=x^6y^{12}$

(3) (준식)$=a^2\times a^3\times b^4\times b^5=a^5b^9$

(4) (준식)$=a^2\times a^3\times a^6\times b\times b^4=a^{11}b^5$

답 (1) x^{10} (2) x^6y^{12} (3) a^5b^9 (4) $a^{11}b^5$

2. (1) (준식)$=x^6\times x^{15}=x^{21}$

(2) (준식)$=y^{12}\times y^{24}\times y^1=y^{37}$

(3) (준식)$=a^{15}\times ab^4=a^{16}b^4$

(4) (준식)$=x^4y\times x^{15}\times y^{12}=x^{19}y^{13}$

답 (1) x^{21} (2) y^{37} (3) $a^{16}b^4$ (4) $x^{19}y^{13}$

본문 29쪽

3. (1) (준식)$=x^2y^{3\times2}=x^2y^6$

(2) (준식)$=x^{3\times4}y^{5\times4}=x^{12}y^{20}$

(3) (준식)$=(-1)^2\times\dfrac{(a^2)^2}{(b^3)^2}=\dfrac{a^{2\times2}}{b^{3\times2}}=\dfrac{a^4}{b^6}$

(4) (준식)$=\dfrac{(3x^2)^4}{(y^2)^4}=\dfrac{3^4(x^2)^4}{y^8}=\dfrac{81x^8}{y^8}$

답 (1) x^2y^6 (2) $x^{12}y^{20}$ (3) $\dfrac{a^4}{b^6}$ (4) $\dfrac{81x^8}{y^8}$

4. (1) (준식)$=(x^5\div x^3)\div x^2=x^2\div x^2=1$

(2) (준식)$=x^5\div x^6=\dfrac{1}{x^{6-5}}=\dfrac{1}{x}$

(3) (준식)$=a^8\div a^6=a^{8-6}=a^2$

(4) (준식)$=a^{10}\div a^8\div a^2=(a^{10}\div a^8)\div a^2$

$=a^2\div a^2=1$

답 (1) 1 (2) $\dfrac{1}{x}$ (3) a^2 (4) 1

본문 31쪽

1. (1) (준식)$=2\times(-3)\times x^3\times x^4=-6x^7$

(2) (준식)$=x^3y^2\times5^2\times x^4y^2=25x^7y^4$

(3) (준식)$=2a^3\times3^3\times a^6\times(-2)^2\times a^2$

$=2\times27\times4\times a^{11}=216a^{11}$

(4) (준식)$=2^2x^4y^2\times(-1)^3x^3y^3\times2xy^2$

$=4\times(-1)\times2\times x^4\times x^3\times x\times y^2\times y^3\times y^2$

$=-8x^8y^7$

답 (1) $-6x^7$ (2) $25x^7y^4$ (3) $216a^{11}$ (4) $-8x^8y^7$

2. (1) (준식)$=\dfrac{4a^3b^2}{(2ab)^2}=\dfrac{4a^3b^2}{2^2a^2b^2}=\dfrac{4a^3b^2}{4a^2b^2}=a$

(2) (준식)$=\dfrac{(-5x^3)^2}{(xy^2)^3}=\dfrac{(-5)^2x^6}{x^3y^6}=\dfrac{25x^3}{y^6}$

(3) (준식)$=\dfrac{2x^2y}{5}\times\dfrac{1}{5x^3y^2}=\dfrac{2}{5}\times\dfrac{1}{5}\times\dfrac{x^2y}{x^3y^2}$

$=\dfrac{2}{25}\times\dfrac{1}{xy}=\dfrac{2}{25xy}$

(4) (준식)$=\left(-\dfrac{1}{2}\right)^2x^2y^4\times\dfrac{1}{-2x^3y^2}$

$=\dfrac{x^2y^4}{4}\times\dfrac{1}{-2x^3y^2}$

$=\dfrac{1}{4}\times\dfrac{1}{-2}\times\dfrac{x^2y^4}{x^3y^2}$

$=-\dfrac{1}{8}\times\dfrac{y^2}{x}=-\dfrac{y^2}{8x}$

답 (1) a (2) $\dfrac{25x^3}{y^6}$ (3) $\dfrac{2}{25xy}$ (4) $-\dfrac{y^2}{8x}$

본문 32쪽

3. (1) (준식)$=\dfrac{4x\times9x}{-8x}=-\dfrac{9}{2}x$

(2) (준식)$=\dfrac{16x^2\times(-2x)}{-4x}=8x^2$

(3) (준식)$=\dfrac{12x^3y\times(-x)}{-2xy}=6x^3$

(4) (준식)$=\dfrac{3a^3b^2\times(2ab^3)^3}{(-4a^2b^3)^3}=\dfrac{3a^3b^2\times2^3a^3b^9}{(-4)^3a^6b^9}$

$=\dfrac{3\times8\times a^6b^{11}}{-64\times a^6b^9}=-\dfrac{3}{8}b^2$

답 (1) $-\dfrac{9}{2}x$ (2) $8x^2$ (3) $6x^3$ (4) $-\dfrac{3}{8}b^2$

4. (1) $4x^3\div\square\div8x^3=\dfrac{1}{2x}$

$4x^3\times\dfrac{1}{\square}\times\dfrac{1}{8x^3}=\dfrac{1}{2x}$

$\dfrac{4x^3}{8x^3}\times\dfrac{1}{\square}=\dfrac{1}{2x}$

$\dfrac{1}{2\times\square}=\dfrac{1}{2x}$ $\therefore \square=x$

(2) $\dfrac{12ab^2}{4a^2b^4}\times\square=\dfrac{9}{b}$, $\dfrac{3}{ab^2}\times\square=\dfrac{9}{b}$

$\square=\dfrac{9}{b}\div\dfrac{3}{ab^2}=\dfrac{9}{b}\times\dfrac{ab^2}{3}=3ab$

답 (1) x (2) $3ab$

본문 33쪽

1. (1) (준식)$=3^{2+5}=3^7$

(2) (준식)$=x^{1+7}=x^8$

(3) (준식)$=a^{1+4+3}=a^8$

(4) (준식)$=x^{10+5+3}=x^{18}$

답 (1) $\boldsymbol{3^7}$ (2) $\boldsymbol{x^8}$ (3) $\boldsymbol{a^8}$ (4) $\boldsymbol{x^{18}}$

2. (1) (준식)$=5^{5\times4}=5^{20}$

(2) (준식)$=x^{3\times5}=x^{15}$

(3) (준식)$=x^{3\times2}\times x^1=x^6\times x^1=x^7$

(4) (준식)$=a^{4\times3}\times a^{2\times4}=a^{12}\times a^8=a^{20}$

답 (1) $\boldsymbol{5^{20}}$ (2) $\boldsymbol{x^{15}}$ (3) $\boldsymbol{x^7}$ (4) $\boldsymbol{a^{20}}$

3. (1) (준식)$=a^{2\times3}b^{4\times3}=a^6b^{12}$

(2) (준식)$=a^{1\times2}b^{3\times2}=a^2b^6$

(3) (준식)$=2^3a^{1\times3}b^{2\times3}=8a^3b^6$

(4) (준식)$=a^{1\times4}b^{2\times4}c^{3\times4}=a^4b^8c^{12}$

답 (1) $\boldsymbol{a^6b^{12}}$ (2) $\boldsymbol{a^2b^6}$ (3) $\boldsymbol{8a^3b^6}$ (4) $\boldsymbol{a^4b^8c^{12}}$

4. (1) (준식)$=\dfrac{a^{2\times3}}{b^{1\times3}}=\dfrac{a^6}{b^3}$

(2) (준식)$=\dfrac{x^{2\times2}}{y^{3\times2}}=\dfrac{x^4}{y^6}$

(3) (준식)$=(-1)^4\times\dfrac{a^{2\times4}}{b^{3\times4}}=\dfrac{a^8}{b^{12}}$

(4) (준식)$=(-1)^3\times\dfrac{b^{3\times3}}{(2a^2)^3}=-\dfrac{b^9}{2^3a^{2\times3}}=-\dfrac{b^9}{8a^6}$

답 (1) $\boldsymbol{\dfrac{a^6}{b^3}}$ (2) $\boldsymbol{\dfrac{x^4}{y^6}}$ (3) $\boldsymbol{\dfrac{a^8}{b^{12}}}$ (4) $\boldsymbol{-\dfrac{b^9}{8a^6}}$

5. (1) (준식)$=x^{10-4}=x^6$

(2) (준식)$=x^{15-8}=x^7$

(3) (준식)$=x^{3-1}\div x^2=x^2\div x^2=1$

(4) (준식)$=x^{5-3}\div x^4=x^2\div x^4=\dfrac{1}{x^{4-2}}=\dfrac{1}{x^2}$

답 (1) $\boldsymbol{x^6}$ (2) $\boldsymbol{x^7}$ (3) **1** (4) $\boldsymbol{\dfrac{1}{x^2}}$

6. (1) (준식)$=a^1\times a^6\times a^5=a^{1+6+5}=a^{12}$

(2) (준식)$=xy^2\times x^2y^2=x^{1+2}y^{2+2}=x^3y^4$

(3) (준식)$=a^{2\times3}\times a^{4\times2}=a^6\times a^8=a^{6+8}=a^{14}$

(4) (준식)$=x^{2\times5}\div x^5\times x^3=(x^{10}\div x^5)\times x^3$

$=x^{10-5}\times x^3=x^5\times x^3=x^{5+3}=x^8$

답 (1) $\boldsymbol{a^{12}}$ (2) $\boldsymbol{x^3y^4}$ (3) $\boldsymbol{a^{14}}$ (4) $\boldsymbol{x^8}$

7. (1) $\dfrac{2^8}{2^\square}=\dfrac{1}{2^3}$, $2^8\times2^3=2^\square$에서 $\square=8+3=11$

(2) $(5^6\div5)\div5^\square=5^3$, $5^{6-1}\div5^\square=5^3$

$5^5\div5^\square=5^3$에서

$5-\square=3$ ∴ $\square=2$

(3) $(x^3)^\square=x^{10}\times x^2=x^{12}$이므로

$x^{3\times\square}=x^{12}$, $3\times\square=12$ ∴ $\square=4$

(4) $a^{2\times3}b^{■\times3}=a^\square b^{15}$

∴ $2\times3=\square$, $■\times3=15$

∴ $\square=6$, $■=5$

답 (1) **11** (2) **2** (3) **4** (4) $\boldsymbol{■=5,\ \square=6}$

8. (1) 곱하는 규칙이 있다.

① $x^8\times x^5=x^{8+5}=x^{13}$

② $x^{13}\times x=x^{13+1}=x^{14}$

(2) 나누는 규칙이 있다.

① $a^{10}\div a^4=a^{10-4}=a^6$

② $a^6\div a^{10}=\dfrac{1}{a^{10-6}}=\dfrac{1}{a^4}$

답 (1) ① $\boldsymbol{x^{13}}$ ② $\boldsymbol{x^{14}}$ (2) ① $\boldsymbol{a^6}$ ② $\boldsymbol{\dfrac{1}{a^4}}$

본문 34쪽

9. (1) (준식)$=4\times a\times(-6)\times b=-24ab$

(2) (준식)$=-5\times x\times(-3)\times y=15xy$

(3) (준식)$=2\times x^3\times3\times x^4=6\times x^{3+4}=6x^7$

(4) (준식)$=2\times a\times x^2\times3\times a^2\times x^3$

$=6\times a^{1+2}\times x^{2+3}=6a^3x^5$

답 (1) $\boldsymbol{-24ab}$ (2) $\boldsymbol{15xy}$ (3) $\boldsymbol{6x^7}$ (4) $\boldsymbol{6a^3x^5}$

10. (1) (준식)$=-2\times b\times(-2)\times b\times5\times a^2\times b$

$=20\times a^2\times b^3=20a^2b^3$

(2) (준식)$=5\times x^2\times y^3\times(-2)\times y^2\times3\times x^3\times y$

$=-30\times x^{2+3}y^{3+2+1}=-30x^5y^6$

(3) (준식)$=-1\times x\times3\times x\times y\times(-2)\times y$

$=6x^2y^2$

(4) (준식)$=3\times a\times b\times(-2)\times a\times4\times b^3$

$=-24a^2b^4$

답 (1) $\boldsymbol{20a^2b^3}$ (2) $\boldsymbol{-30x^5y^6}$
(3) $\boldsymbol{6x^2y^2}$ (4) $\boldsymbol{-24a^2b^4}$

11. (1) (준식)$=-ab\times3^2a^2b^2=-ab\times9a^2b^2=-9a^3b^3$

(2) (준식)$=(-4)^2a^4b^2\times5a^3b^2$

$=16a^4b^2\times5a^3b^2=80a^7b^4$

(3) (준식)$=(-2)^2a^6b^2\times8ab^3$

$=4a^6b^2\times8ab^3=32a^7b^5$

(4) (준식)$=(-2)^4a^{12}b^8\times(-1)^3a^3b^3$

$=16a^{12}b^8\times(-a^3b^3)$

$=-16a^{15}b^{11}$

답 (1) $\boldsymbol{-9a^3b^3}$ (2) $\boldsymbol{80a^7b^4}$ (3) $\boldsymbol{32a^7b^5}$ (4) $\boldsymbol{-16a^{15}b^{11}}$

12. (1) (준식)$=-\dfrac{12a^8}{4a^9}=-\dfrac{3}{a}$

(2) (준식)$=-\dfrac{20a^2b}{5ab}=-4a$

(3) (준식)$=\dfrac{4a^2b}{2ab^2}=\dfrac{2a}{b}$

(4) (준식)$=12x^3\div\dfrac{3x^2}{4}=12x^3\times\dfrac{4}{3x^2}=16x$

답 (1) $\boldsymbol{-\dfrac{3}{a}}$ (2) $\boldsymbol{-4a}$ (3) $\boldsymbol{\dfrac{2a}{b}}$ (4) $\boldsymbol{16x}$

13. (1) (준식)$=\dfrac{(-2b)^5}{(2b^3)^4}=\dfrac{(-2)^5b^5}{2^4b^{12}}=\dfrac{-32b^5}{16b^{12}}=-\dfrac{2}{b^7}$

(2) (준식)$=\dfrac{(3x^3)^2}{-3x^7}=\dfrac{3^2x^6}{-3x^7}=\dfrac{9x^6}{-3x^7}=-\dfrac{3}{x}$

(3) (준식)$=\dfrac{(2x^2)^4}{(-2x^3)^2}=\dfrac{2^4x^8}{(-2)^2x^6}=\dfrac{16x^8}{4x^6}=4x^2$

(4) (준식)$=\dfrac{(xy^2)^3}{(-2x^2y)^2}=\dfrac{x^3y^6}{4x^4y^2}=\dfrac{y^4}{4x}$

답 (1) $\boldsymbol{-\dfrac{2}{b^7}}$ (2) $\boldsymbol{-\dfrac{3}{x}}$ (3) $\boldsymbol{4x^2}$ (4) $\boldsymbol{\dfrac{y^4}{4x}}$

14. (1) (준식)$=\dfrac{a^2b\times a^3b^2}{a^2b^2}=a^3b$

(2) (준식)$=\dfrac{12ab^2\times2a^3b}{6ab}=4a^3b^2$

(3) (준식)$=\dfrac{a^2x^2\times6a^2x}{8a^5x^3}=\dfrac{3}{4a}$

(4) (준식)$=\dfrac{4xy\times3xy^3}{6xy^2}=2xy^2$

답 (1) $\boldsymbol{a^3b}$ (2) $\boldsymbol{4a^3b^2}$ (3) $\boldsymbol{\dfrac{3}{4a}}$ (4) $\boldsymbol{2xy^2}$

15. $\square=6x^2y^4\div(-2xy^2)$

$=\dfrac{6x^2y^4}{-2xy^2}=\boldsymbol{-3xy^2}$ ← 답

16. (1) (준식)$=\dfrac{(-2xy^2)^2\times4x^3y^2}{(2x^2y)^3}$

$=\dfrac{4x^2y^4\times4x^3y^2}{8x^6y^3}=\dfrac{16x^5y^6}{8x^6y^3}$

$=\dfrac{2y^3}{x}$

(2) (준식)$=-8x^6y^3\times3\times\dfrac{y^2}{4x^2}\div36x^2y^2$

$=-8x^6y^3\times\dfrac{3y^2}{4x^2}\times\dfrac{1}{36x^2y^2}$

$=\dfrac{-24x^6y^5}{144x^4y^2}=-\dfrac{x^2y^3}{6}$

답 (1) $\boldsymbol{\dfrac{2y^3}{x}}$ (2) $\boldsymbol{-\dfrac{x^2y^3}{6}}$

17. 밑면의 반지름의 길이는 $6a\div2=3a$(cm)
밑면의 넓이는 $\pi\times(3a)^2=\pi\times9a^2=9\pi a^2$(cm^2)
원기둥의 높이를 h라고 하면
$(9\pi a^2)\times h=36\pi a^2b$
$h=36\pi a^2b\div9\pi a^2=\dfrac{36\pi a^2b}{9\pi a^2}=\boldsymbol{4b}$**(cm)** ← 답

채점기준

서술 과정	점수
밑면의 반지름의 길이는 $6a\div2=3a$(cm) 밑면의 넓이는 $\pi(3a)^2=\pi\times9a^2=9\pi a^2$(cm^2)	2점
원기둥의 높이를 h라고 하면 $(9\pi a^2)h=36\pi a^2b$	1점
$h=36\pi a^2b\div9\pi a^2=\dfrac{36\pi a^2b}{9\pi a^2}=4b$(cm)	2점

2. 다항식의 계산 — II. 문자와 식

본문 36쪽

1. (1) (준식)$=4a-3b+6a+2b=10a-b$

(2) (준식)$=15-6x+3y-4+x-2y$

$=-6x+x+3y-2y+15-4$

$=-5x+y+11$

(3) (준식)$=\dfrac{3(5x+3y)}{6}+\dfrac{2(2x-y)}{6}$

$=\dfrac{15x+9y}{6}+\dfrac{4x-2y}{6}$

$=\dfrac{19x+7y}{6}$

(4) (준식)$=\dfrac{4(5y-x)}{12}+\dfrac{3(2x+y)}{12}$

$=\dfrac{20y-4x}{12}+\dfrac{6x+3y}{12}$

$=\dfrac{2x+23y}{12}$

답 (1) $\boldsymbol{10a-b}$ (2) $\boldsymbol{-5x+y+11}$ (3) $\boldsymbol{\dfrac{19}{6}x+\dfrac{7}{6}y}$ (4) $\boldsymbol{\dfrac{1}{6}x+\dfrac{23}{12}y}$

2. (1) (준식)$=5x+4y-2-2x+3y-1$

$=3x+7y-3$

(2) (준식)$=x+2y-1-6x+8y+4$
$=-5x+10y+3$

(3) (준식)$=\frac{1}{2}a-\frac{2}{3}b-\frac{1}{3}a-\frac{1}{3}b$
$=\left(\frac{1}{2}-\frac{1}{3}\right)a-b=\frac{1}{6}a-b$

(4) (준식)$=\frac{2(x-3y)}{6}-\frac{3(3x-5y)}{6}$
$=\frac{2x-6y-9x+15y}{6}$
$=\frac{-7x+9y}{6}$

답 (1) $\boldsymbol{3x+7y-3}$ (2) $\boldsymbol{-5x+10y+3}$
(3) $\boldsymbol{\frac{1}{6}a-b}$ (4) $\boldsymbol{-\frac{7}{6}x+\frac{3}{2}y}$

본문 37쪽

3. (1) (준식)$=x-\{2x-2y-4x+5y+7\}$
$=x-\{-2x+3y+7\}$
$=x+2x-3y-7=3x-3y-7$

(2) (준식)$=3x+y-\{x-2y+5x-2y\}$
$=3x+y-\{6x-4y\}$
$=3x+y-6x+4y=-3x+5y$

답 (1) $\boldsymbol{3x-3y-7}$ (2) $\boldsymbol{-3x+5y}$

4. (1) (준식)$=x^2+2x+2+x^2-2x-3$
$=2x^2-1$

(2) (준식)$=x^2+5x-4-3x^2+2x-5$
$=-2x^2+7x-9$

(3) (준식)$=4-x^2-2\{1+3x^2-8+12x\}$
$=4-x^2-2\{3x^2+12x-7\}$
$=4-x^2-6x^2-24x+14$
$=-7x^2-24x+18$

답 (1) $\boldsymbol{2x^2-1}$ (2) $\boldsymbol{-2x^2+7x-9}$
(3) $\boldsymbol{-7x^2-24x+18}$

본문 39쪽

1. (1) (준식)$=2a\times4a+2a\times(-3)$
$=8a^2-6a$

(2) (준식)$=5b\times(-b)-2\times(-b)$
$=-5b^2+2b$

(3) (준식)$=5x\times2x^2+5x\times(-3x)+5x\times4$
$=10x^3-15x^2+20x$

(4) (준식)$=3x^2\times(-7x)-4x\times(-7x)+2\times(-7x)$
$=-21x^3+28x^2-14x$

답 (1) $\boldsymbol{8a^2-6a}$ (2) $\boldsymbol{-5b^2+2b}$
(3) $\boldsymbol{10x^3-15x^2+20x}$ (4) $\boldsymbol{-21x^3+28x^2-14x}$

2. (1) (준식)$=2x\times3x+2x\times(-1)+3x\times5x+3x\times(-2)$
$=6x^2-2x+15x^2-6x$
$=21x^2-8x$

(2) (준식)$=-x\times3x-x\times(-4)+2x\times5x+2x\times3$
$=-3x^2+4x+10x^2+6x$
$=7x^2+10x$

(3) (준식)$=a\times2a+a\times(-5b)+a\times3$
$-2b\times(-a)-2b\times2b-2b\times2$
$=2a^2-5ab+3a+2ab-4b^2-4b$
$=2a^2+3a-3ab-4b^2-4b$

답 (1) $\boldsymbol{21x^2-8x}$ (2) $\boldsymbol{7x^2+10x}$
(3) $\boldsymbol{2a^2+3a-3ab-4b^2-4b}$

본문 40쪽

3. (1) (준식)$=\frac{9xy+3x}{3x}=\frac{9xy}{3x}+\frac{3x}{3x}$
$=3y+1$

(2) (준식)$=\frac{4a^2-a}{-a}=\frac{4a^2}{-a}-\frac{a}{-a}$
$=-4a+1$

(3) (준식)$=(a^2-3a)\times\frac{-2}{a}$
$=a^2\times\frac{-2}{a}-3a\times\frac{-2}{a}$
$=-2a+6$

(4) (준식)$=(6x^2-4x)\div\frac{2x}{3}$
$=(6x^2-4x)\times\frac{3}{2x}$
$=6x^2\times\frac{3}{2x}-4x\times\frac{3}{2x}$
$=9x-6$

답 (1) $\boldsymbol{3y+1}$ (2) $\boldsymbol{-4a+1}$
(3) $\boldsymbol{-2a+6}$ (4) $\boldsymbol{9x-6}$

4. (1) (준식)$=\frac{16x^2-8xy}{4x}-\frac{(12y^2-36xy)}{-6y}$
$=\frac{16x^2}{4x}-\frac{8xy}{4x}-\frac{12y^2}{-6y}+\frac{36xy}{-6y}$
$=4x-2y+2y-6x$
$=-2x$

(2) (준식)$=\dfrac{3x^2y^2-4xy}{xy}-\dfrac{(3x^2y^2+9xy)}{-3xy}$

$=\dfrac{3x^2y^2}{xy}-\dfrac{4xy}{xy}-\dfrac{3x^2y^2}{-3xy}-\dfrac{9xy}{-3xy}$

$=3xy-4+xy+3$

$=4xy-1$

답 (1) $\boldsymbol{-2x}$ (2) $\boldsymbol{4xy-1}$

본문 42쪽

1. (1) $3y-5x+10=3(2x+1)-5x+10$

$=6x+3-5x+10$

$=x+13$

(2) $-3a+2b=-3(2x+y)+2(x-2y+1)$

$=-6x-3y+2x-4y+2$

$=-4x-7y+2$

답 (1) $\boldsymbol{x+13}$ (2) $\boldsymbol{-4x-7y+2}$

2. (1) $9x-3x=-y+2-2y+7$

$6x=-3y+9$ $\therefore\ x=-\dfrac{1}{2}y+\dfrac{3}{2}$

(2) $3x-6y=x-4,\ -6y=x-4-3x$

$-6y=-2x-4$ $\therefore\ y=\dfrac{1}{3}x+\dfrac{2}{3}$

(3) $l=2a+2b,\ 2b=l-2a$ $\therefore\ b=\dfrac{1}{2}l-a$

(4) $a(1+nr)=p,\ a+anr=p$

$anr=p-a$ $\therefore\ n=\dfrac{p-a}{ar}$

답 (1) $\boldsymbol{x=-\dfrac{1}{2}y+\dfrac{3}{2}}$ (2) $\boldsymbol{y=\dfrac{1}{3}x+\dfrac{2}{3}}$

(3) $\boldsymbol{b=\dfrac{1}{2}l-a}$ (4) $\boldsymbol{n=\dfrac{p-a}{ar}}$

Note : (4) $n=\dfrac{p}{ar}-\dfrac{1}{r}$로 써도 된다.

본문 43쪽

1. (1) (준식)$=a-5b-5a+b=-4a-4b$

(2) (준식)$=x+5y-3x-y=-2x+4y$

(3) (준식)$=-x+2y-6+3x-3y+7$

$=2x-y+1$

(4) (준식)$=-5x+3y-7+2x-y+5$

$=-3x+2y-2$

답 (1) $\boldsymbol{-4a-4b}$ (2) $\boldsymbol{-2x+4y}$

(3) $\boldsymbol{2x-y+1}$ (4) $\boldsymbol{-3x+2y-2}$

2. (1) (준식)$=3x+2y+x-y=4x+y$

(2) (준식)$=2x-y-x+4y=x+3y$

(3) (준식)$=4x-y+2+4x-2y+1$

$=8x-3y+3$

(4) (준식)$=-2x-y+1-x-5y+7$

$=-3x-6y+8$

답 (1) $\boldsymbol{4x+y}$ (2) $\boldsymbol{x+3y}$

(3) $\boldsymbol{8x-3y+3}$ (4) $\boldsymbol{-3x-6y+8}$

3. (1) (준식)$=x^2-2+2x^2-x=3x^2-x-2$

(2) (준식)$=x^2+3x+2+x^2-2x-5$

$=2x^2+x-3$

(3) (준식)$=2x^2+3x-1-x^2+4$

$=x^2+3x+3$

(4) (준식)$=x^2+5x-4-3x^2+2x-5$

$=-2x^2+7x-9$

답 (1) $\boldsymbol{3x^2-x-2}$ (2) $\boldsymbol{2x^2+x-3}$

(3) $\boldsymbol{x^2+3x+3}$ (4) $\boldsymbol{-2x^2+7x-9}$

4. (1) (준식)$=a+2b-\{2a-5a+3b\}$

$=a+2b-\{-3a+3b\}$

$=a+2b+3a-3b$

$=4a-b$

(2) (준식)$=2a-b-\{a-2a+b-3\}$

$=2a-b-\{-a+b-3\}$

$=2a-b+a-b+3$

$=3a-2b+3$

(3) (준식)$=5x^2-\{3x^2+2x-4x-9\}$

$=5x^2-\{3x^2-2x-9\}$

$=5x^2-3x^2+2x+9$

$=2x^2+2x+9$

(4) (준식)$=2a^2-\{4a^2-3a-6a-5\}$

$=2a^2-\{4a^2-9a-5\}$

$=2a^2-4a^2+9a+5$

$=-2a^2+9a+5$

답 (1) $\boldsymbol{4a-b}$ (2) $\boldsymbol{3a-2b+3}$

(3) $\boldsymbol{2x^2+2x+9}$ (4) $\boldsymbol{-2a^2+9a+5}$

5. $x+y-1-\square+3y+4=-2x+5y+3$

$x+4y+3-\square=-2x+5y+3$

$-\square=-2x+5y+3-x-4y-3$

$-\square=-3x+y$ $\therefore\ \square=\boldsymbol{3x-y}$ ← 답

6. (좌변)$=x+2y-\{x-y-2x-3y\}$

$=x+2y-\{-x-4y\}$

$=x+2y+x+4y=2x+6y$

$\therefore\ 2x+6y=\mathrm{A}x+\mathrm{B}y$이므로 $\mathbf{A=2,\ B=6}$ ← 답

7. (어떤 식)$+2x^2+x-5=-2x^2+4x-7$

$\therefore$ (어떤 식)$=-2x^2+4x-7-2x^2-x+5$

$=\boldsymbol{-4x^2+3x-2}$ ← 답

8. (어떤 식)=A라고 하자.

$A-(3x^2-x-5)=5x^2-2x$

$A-3x^2+x+5=5x^2-2x$

$A=5x^2-2x+3x^2-x-5$

$=8x^2-3x-5$

따라서, 옳게 계산한 답은

$8x^2-3x-5+3x^2-x-5=\boldsymbol{11x^2-4x-10}$ ← 답

본문 44쪽

9. (1) (준식)$=3x\times4x+3x\times(-3y)$

$=12x^2-9xy$

(2) (준식)$=-3a\times a-3a\times(-2b)-3a\times5$

$=-3a^2+6ab-15a$

(3) (준식)$=2x\times3x+2x\times(-5y)+2x\times z$

$=6x^2-10xy+2xz$

(4) (준식)$=-x^2\times(-5x)+2x\times(-5x)-4\times(-5x)$

$=5x^3-10x^2+20x$

답 (1) $\boldsymbol{12x^2-9xy}$ (2) $\boldsymbol{-3a^2+6ab-15a}$

(3) $\boldsymbol{6x^2-10xy+2xz}$ (4) $\boldsymbol{5x^3-10x^2+20x}$

10. (1) (준식)$=2x\times x+2x\times(-6)+x\times5x+x\times2$

$=2x^2-12x+5x^2+2x$

$=7x^2-10x$

(2) (준식)$=3x\times2x+3x\times(-1)-5x\times3x-5x\times(-2)$

$=6x^2-3x-15x^2+10x$

$=-9x^2+7x$

(3) (준식)$=a\times2a+a\times(-5b)+a\times3$

$-2b\times(-a)-2b\times2b-2b\times3$

$=2a^2-5ab+3a+2ab-4b^2-6b$

$=2a^2+3a-3ab-4b^2-6b$

(4) (준식)$=5x\times3x+5x\times(-y)-3x\times(-4x)$

$-3x\times(-3y)-3x\times2$

$=15x^2-5xy+12x^2+9xy-6x$

$=27x^2+4xy-6x$

답 (1) $\boldsymbol{7x^2-10x}$ (2) $\boldsymbol{-9x^2+7x}$

(3) $\boldsymbol{2a^2+3a-3ab-4b^2-6b}$

(4) $\boldsymbol{27x^2+4xy-6x}$

11. (1) (준식)$=\dfrac{24a^2-16ab}{8a}=\dfrac{24a^2}{8a}-\dfrac{16ab}{8a}$

$=3a-2b$

(2) (준식)$=\dfrac{2x^2-4xy+8x}{-2x}$

$=\dfrac{2x^2}{-2x}-\dfrac{4xy}{-2x}+\dfrac{8x}{-2x}$

$=-x+2y-4$

(3) (준식)$=(2x^2y-3x)\div\dfrac{x}{2}$

$=(2x^2y-3x)\times\dfrac{2}{x}$

$=2x^2y\times\dfrac{2}{x}-3x\times\dfrac{2}{x}$

$=4xy-6$

(4) (준식)$=(6x^2y-4xy^3)\div\left(\dfrac{-2xy}{3}\right)$

$=(6x^2y-4xy^3)\times\dfrac{3}{-2xy}$

$=6x^2y\times\dfrac{3}{-2xy}-4xy^3\times\dfrac{3}{-2xy}$

$=-9x+6y^2$

답 (1) $\boldsymbol{3a-2b}$ (2) $\boldsymbol{-x+2y-4}$

(3) $\boldsymbol{4xy-6}$ (4) $\boldsymbol{-9x+6y^2}$

12. (1) (준식)$=\dfrac{8b-6b^2}{2b}+\dfrac{15b^2-12b}{-3b}$

$=\dfrac{8b}{2b}-\dfrac{6b^2}{2b}+\dfrac{15b^2}{-3b}-\dfrac{12b}{-3b}$

$=4-3b-5b+4$

$=-8b+8$

(2) (준식)$=\dfrac{2x^2-4x^3}{x^2}-\dfrac{5x^3+4x^4}{x^3}$

$=\dfrac{2x^2}{x^2}-\dfrac{4x^3}{x^2}-\dfrac{5x^3}{x^3}-\dfrac{4x^4}{x^3}$

$=2-4x-5-4x$

$=-8x-3$

(3) (준식)$=\dfrac{3x^2y^2-4xy}{xy}-\dfrac{3x^2y^2+9xy}{-3xy}$

$=\dfrac{3x^2y^2}{xy}-\dfrac{4xy}{xy}-\dfrac{3x^2y^2}{-3xy}-\dfrac{9xy}{-3xy}$

$=3xy-4+xy+3$

$=4xy-1$

답 (1) $\boldsymbol{-8b+8}$ (2) $\boldsymbol{-8x-3}$ (3) $\boldsymbol{4xy-1}$

13. (1) (준식)$=5x+2(2x-3)-7$

$=5x+4x-6-7$

$=9x-13$

(2) (준식)$=x-5(2x-3)+4$

$=x-10x+15+4$

$=-9x+19$

(3) (준식)$=3x-3y-2x-4y$
$=x-7y$
$=x-7(2x-3)$
$=x-14x+21$
$=-13x+21$

(4) (준식)$=3x+2y-2x+2y-10$
$=x+4y-10$
$=x+4(2x-3)-10$
$=x+8x-12-10$
$=9x-22$

답 (1) $\boldsymbol{9x-13}$ (2) $\boldsymbol{-9x+19}$
(3) $\boldsymbol{-13x+21}$ (4) $\boldsymbol{9x-22}$

14. (1) $2x=y+30$ $\therefore x=\frac{1}{2}y+15$

(2) $6y+30=x$, $6y=x-30$ $\therefore y=\frac{1}{6}x-5$

(3) $abc=\mathrm{V}$ $\therefore c=\frac{\mathrm{V}}{ab}$

(4) $vt+12=\mathrm{S}$, $vt=\mathrm{S}-12$ $\therefore t=\frac{\mathrm{S}-12}{v}$

답 (1) $\boldsymbol{x=\frac{1}{2}y+15}$ (2) $\boldsymbol{y=\frac{1}{6}x-5}$
(3) $\boldsymbol{c=\frac{V}{ab}}$ (4) $\boldsymbol{t=\frac{S-12}{v}}$

15. 삼각형의 높이가 $(b-c)$이므로

$\mathrm{S}=2\times\frac{1}{2}\times a(b-c)=a(b-c)$

$\mathrm{S}=ab-ac$에서 $ac=ab-\mathrm{S}$ … ㉠

㉠의 양변을 a로 나누면

$c=\frac{ab}{a}-\frac{\mathrm{S}}{a}$ $\therefore \boldsymbol{c=b-\frac{S}{a}}$ ← 답

채점기준

서술 과정	점수
$\mathrm{S}=2\times\frac{1}{2}\times a(b-c)$ $\therefore \mathrm{S}=a(b-c)$	2점
$\mathrm{S}=ab-ac$에서 $ac=ab-\mathrm{S}$	1점
양변을 a로 나누면 $\frac{ac}{a}=\frac{ab-\mathrm{S}}{a}=\frac{ab}{a}-\frac{\mathrm{S}}{a}$ $\therefore c=b-\frac{\mathrm{S}}{a}$	2점

3. 다항식의 곱셈 Ⅱ. 문자와 식

본문 46쪽

1. (1) (준식)$=2a(3b-4)+3(3b-4)$
$=\boldsymbol{6ab-8a+9b-12}$ ← 답

(2) (준식)$=2a(b+1)-(b+1)$
$=\boldsymbol{2ab+2a-b-1}$ ← 답

(3) (준식)$=3x(-x+2z)-y(-x+2z)$
$=\boldsymbol{-3x^2+6xz+xy-2yz}$ ← 답

(4) (준식)$=a(x-y)+4b(x-y)$
$=\boldsymbol{ax-ay+4bx-4by}$ ← 답

2. (1) (준식)$=a(2a+3)-(2a+3)$
$=2a^2+3a-2a-3$
$=\boldsymbol{2a^2+a-3}$ ← 답

(2) (준식)$=2x(x+2)-3(x+2)$
$=2x^2+4x-3x-6$
$=\boldsymbol{2x^2+x-6}$ ← 답

(3) (준식)$=2x(x+3)-7(x+3)$
$=2x^2+6x-7x-21$
$=\boldsymbol{2x^2-x-21}$ ← 답

(4) (준식)$=5x(3x-1)-2(3x-1)$
$=15x^2-5x-6x+2$
$=\boldsymbol{15x^2-11x+2}$ ← 답

본문 47쪽

3. (1) (준식)$=2x(5x+4y)+3y(5x+4y)$
$=10x^2+8xy+15xy+12y^2$
$=\boldsymbol{10x^2+23xy+12y^2}$ ← 답

(2) (준식)$=x(7x-2y)+3y(7x-2y)$
$=7x^2-2xy+21xy-6y^2$
$=\boldsymbol{7x^2+19xy-6y^2}$ ← 답

(3) (준식)$=3a(-5a+2b)-b(-5a+2b)$
$=-15a^2+6ab+5ab-2b^2$
$=\boldsymbol{-15a^2+11ab-2b^2}$ ← 답

(4) (준식)$=-a(-3a-b)+2b(-3a-b)$
$=3a^2+ab-6ab-2b^2$
$=\boldsymbol{3a^2-5ab-2b^2}$ ← 답

4. (1) (준식)$=a(x-y+2)+(x-y+2)$
$=\boldsymbol{ax-ay+2a+x-y+2}$ ← 답

(2) (준식)$=x(a+b-c)+2y(a+b-c)$
$=\boldsymbol{ax+bx-cx+2ay+2by-2cy}$ ← 답

(3) (준식)$=2x(2x-y+3)+y(2x-y+3)$
$=4x^2-2xy+6x+2xy-y^2+3y$
$=\mathbf{4x^2+6x-y^2+3y}$ ← 답

(4) (준식)$=2a(2a+3b)-3b(2a+3b)-4(2a+3b)$
$=4a^2+6ab-6ab-9b^2-8a-12b$
$=\mathbf{4a^2-8a-9b^2-12b}$ ← 답

본문 50쪽

1. (1) (준식)$=(2x)^2+2\cdot 2x\cdot 3+3^2$
$=\mathbf{4x^2+12x+9}$ ← 답

(2) (준식)$=(3a)^2+2\cdot 3a\cdot 1+1^2$
$=\mathbf{9a^2+6a+1}$ ← 답

(3) (준식)$=(2m)^2+2\cdot 2m\cdot 5n+(5n)^2$
$=\mathbf{4m^2+20mn+25n^2}$ ← 답

(4) (준식)$=(2x)^2+2\cdot 2x\cdot \frac{1}{2}+\left(\frac{1}{2}\right)^2$
$=\mathbf{4x^2+2x+\frac{1}{4}}$ ← 답

2. (1) (준식)$=(2m)^2-2\cdot 2m\cdot 7+7^2$
$=\mathbf{4m^2-28m+49}$ ← 답

(2) (준식)$=(3x)^2-2\cdot 3x\cdot 1+1^2$
$=\mathbf{9x^2-6x+1}$ ← 답

(3) (준식)$=(4x)^2-2\cdot 4x\cdot 3y+(3y)^2$
$=\mathbf{16x^2-24xy+9y^2}$ ← 답

(4) (준식)$=\left(\frac{1}{2}x\right)^2-2\cdot \frac{1}{2}x\cdot 3y+(3y)^2$
$=\mathbf{\frac{1}{4}x^2-3xy+9y^2}$ ← 답

본문 51쪽

3. (1) (준식)$=x^2-6^2=\mathbf{x^2-36}$ ← 답

(2) (준식)$=(4a)^2-3^2=\mathbf{16a^2-9}$ ← 답

(3) (준식)$=a^2-\left(\frac{2}{3}\right)^2=\mathbf{a^2-\frac{4}{9}}$ ← 답

(4) (준식)$=(2a)^2-(3b)^2=\mathbf{4a^2-9b^2}$ ← 답

4. (1) (준식)$=x^2+(3+9)x+3\cdot 9$
$=\mathbf{x^2+12x+27}$ ← 답

(2) (준식)$=x^2-(8+2)x+8\cdot 2$
$=\mathbf{x^2-10x+16}$ ← 답

(3) (준식)$=x^2+(-8+7)x+(-8)\cdot 7$
$=\mathbf{x^2-x-56}$ ← 답

(4) (준식)$=x^2+(9-5)x+9\cdot(-5)$
$=\mathbf{x^2+4x-45}$ ← 답

(5) (준식)$=a^2+(-6b+2b)a+(-6b)\cdot 2b$
$=\mathbf{a^2-4ab-12b^2}$ ← 답

(6) (준식)$=a^2-(b+8b)a+(-b)\cdot(-8b)$
$=\mathbf{a^2-9ab+8b^2}$ ← 답

본문 52쪽

5. (1) (준식)$=12x^2+(3\cdot 7+2\cdot 4)x+14$
$=12x^2+(21+8)x+14$
$=\mathbf{12x^2+29x+14}$ ← 답

(2) (준식)$=12x^2+\{3\cdot 3+(-2)\cdot 4\}x-6$
$=12x^2+\{9-8\}x-6$
$=\mathbf{12x^2+x-6}$ ← 답

(3) (준식)$=6x^2+\{2\cdot(-5)+1\cdot 3\}x-5$
$=6x^2+\{-10+3\}x-5$
$=\mathbf{6x^2-7x-5}$ ← 답

(4) (준식)$=6x^2+\{3\cdot(-3)+(-5)\cdot 2\}xy+15y^2$
$=6x^2+\{-9-10\}xy+15y^2$
$=\mathbf{6x^2-19xy+15y^2}$ ← 답

6. (1) (준식)$=x^2-9+(x^2-2x+1)$
$=x^2-9+x^2-2x+1$
$=\mathbf{2x^2-2x-8}$ ← 답

(2) (준식)$=(x^2+8x+16)-(x^2-9x+20)$
$=x^2+8x+16-x^2+9x-20$
$=\mathbf{17x-4}$ ← 답

(3) (준식)$=x^2+4x+4+(x^2-8x+16)$
$=x^2+4x+4+x^2-8x+16$
$=\mathbf{2x^2-4x+20}$ ← 답

(4) $(2x+3)(3x+5)=6x^2+(10+9)x+15$
$=6x^2+19x+15$
∴ (준식)$=6x^2+19x+15-(4x^2-4x+1)$
$=6x^2+19x+15-4x^2+4x-1$
$=\mathbf{2x^2+23x+14}$ ← 답

본문 54쪽

1. (1) $x-y=\mathrm{A}$로 치환하면
(준식)$=(\mathrm{A}+3)(\mathrm{A}+7)=\mathrm{A}^2+10\mathrm{A}+21$
$=(x-y)^2+10(x-y)+21$
$=\mathbf{x^2-2xy+y^2+10x-10y+21}$ ← 답

(2) $x+2y=\mathrm{A}$로 치환하면
(준식)$=(\mathrm{A}+3z)(\mathrm{A}-3z)=\mathrm{A}^2-9z^2$
$=(x+2y)^2-9z^2$
$=\mathbf{x^2+4xy+4y^2-9z^2}$ ← 답

(3) $x-y=\text{A}$로 치환하면

(준식)$=(\text{A}-1)^2=\text{A}^2-2\text{A}+1$

$=(x-y)^2-2(x-y)+1$

$=\boldsymbol{x^2-2xy+y^2-2x+2y+1}$ ← 답

2. (1) $201^2=(200+1)^2=200^2+2\cdot200\cdot1+1^2$

$=40000+400+1=40401$

(2) $97^2=(100-3)^2=100^2-2\cdot100\cdot3+3^2$

$=10000-600+9$

$=9409$

(3) $1010\times990=(1000+10)(1000-10)$

$=1000^2-10^2$

$=1000000-100=999900$

답 (1) **40401** (2) **9409** (3) **999900**

본문 55쪽

3. 화단의 길을 한쪽으로 붙여서 넓이를 구한다.

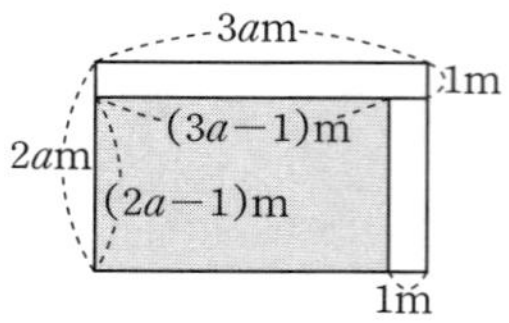

(가로의 길이)$=(3a-1)$m

(세로의 길이)$=(2a-1)$m

따라서, 넓이는

$(3a-1)(2a-1)=6a^2+\{3\cdot(-1)+(-1)\cdot2\}a+1$

$=6a^2+\{-3-2\}a+1$

$=6a^2-5a+1$

답 $\boldsymbol{(6a^2-5a+1)}$**m**^{2}

4. (1) $(x+y)^2=11^2$, $x^2+y^2+2xy=121$

$x^2+y^2+2\times30=121$ $\therefore\ x^2+y^2=61$

(2) $(x-y)^2=(-5)^2$, $x^2+y^2-2xy=25$

$x^2+y^2-2\times36=25$ $\therefore\ x^2+y^2=97$

(3) $\left(x-\dfrac{1}{x}\right)^2=10^2$, $x^2+\dfrac{1}{x^2}-2=100$

$\therefore\ x^2+\dfrac{1}{x^2}=102$

답 (1) **61** (2) **97** (3) **102**

본문 56쪽

1. (1) (준식)$=a(b-3)+5(b-3)$

$=\boldsymbol{ab-3a+5b-15}$ ← 답

(2) (준식)$=2x(3y-5)+4(3y-5)$

$=\boldsymbol{6xy-10x+12y-20}$ ← 답

(3) (준식)$=2a(5c+3d)-b(5c+3d)$

$=\boldsymbol{10ac+6ad-5bc-3bd}$ ← 답

(4) (준식)$=x(3a-b)+2y(3a-b)$

$=\boldsymbol{3ax-bx+6ay-2by}$ ← 답

2. (1) (준식)$=x(x+6)+5(x+6)$

$=x^2+6x+5x+30$

$=\boldsymbol{x^2+11x+30}$ ← 답

(2) (준식)$=x(x+7)-2(x+7)$

$=x^2+7x-2x-14$

$=\boldsymbol{x^2+5x-14}$ ← 답

(3) (준식)$=5x(3x-2)+(3x-2)$

$=15x^2-10x+3x-2$

$=\boldsymbol{15x^2-7x-2}$ ← 답

(4) (준식)$=2x(3x-1)-5(3x-1)$

$=6x^2-2x-15x+5$

$=\boldsymbol{6x^2-17x+5}$ ← 답

3. (1) (준식)$=x(3x+4y)+2y(3x+4y)$

$=3x^2+4xy+6xy+8y^2$

$=\boldsymbol{3x^2+10xy+8y^2}$ ← 답

(2) (준식)$=-x(2x-3y)+5y(2x-3y)$

$=-2x^2+3xy+10xy-15y^2$

$=\boldsymbol{-2x^2+13xy-15y^2}$ ← 답

(3) (준식)$=7x(3x-2y)+y(3x-2y)$

$=21x^2-14xy+3xy-2y^2$

$=\boldsymbol{21x^2-11xy-2y^2}$ ← 답

(4) (준식)$=2x(4x-5y)-3y(4x-5y)$

$=8x^2-10xy-12xy+15y^2$

$=\boldsymbol{8x^2-22xy+15y^2}$ ← 답

4. (1) (준식)$=a(x-2y+5)+3b(x-2y+5)$

$=\boldsymbol{ax-2ay+5a+3bx-6by+15b}$ ← 답

(2) (준식)$=2a(2x+y+z)-3b(2x+y+z)$

$=\boldsymbol{4ax+2ay+2az-6bx-3by}$

$\boldsymbol{-3bz}$ ← 답

(3) (준식)$=x(3x-y+3)-2y(3x-y+3)$

$=3x^2-xy+3x-6xy+2y^2-6y$

$=\boldsymbol{3x^2+3x-7xy+2y^2-6y}$ ← 답

(4) (준식)$=2a(2a-3b+1)+5b(2a-3b+1)$

$=4a^2-6ab+2a+10ab-15b^2+5b$

$=\boldsymbol{4a^2+2a+4ab-15b^2+5b}$ ← 답

5. (1) (준식)$=x^2+2\cdot x\cdot6+6^2=\boldsymbol{x^2+12x+36}$ ← 답

(2) (준식)$=(3a)^2+2\cdot3a\cdot5+5^2$

$=\boldsymbol{9a^2+30a+25}$ ← 답

(3) (준식)$=(2x)^2+2\cdot2x\cdot7+7^2$

$=\boldsymbol{4x^2+28x+49}$ ← 답

(4) (준식)$=x^2+2\cdot x\cdot2y+(2y)^2$

$=\boldsymbol{x^2+4xy+4y^2}$ ← 답

(5) (준식)$=(3x)^2+2\cdot 3x\cdot 5y+(5y)^2$
$=\mathbf{9x^2+30xy+25y^2}$ ← 답
(6) (준식)$=(4x)^2+2\cdot 4x\cdot 3y+(3y)^2$
$=\mathbf{16x^2+24xy+9y^2}$ ← 답

6. (1) (준식)$=x^2-2\cdot x\cdot 8+8^2$
$=\mathbf{x^2-16x+64}$ ← 답
(2) (준식)$=(2x)^2-2\cdot 2x\cdot 1+1^2$
$=\mathbf{4x^2-4x+1}$ ← 답
(3) (준식)$=(3a)^2-2\cdot 3a\cdot 4+4^2$
$=\mathbf{9a^2-24a+16}$ ← 답
(4) (준식)$=(5x)^2-2\cdot 5x\cdot 2y+(2y)^2$
$=\mathbf{25x^2-20xy+4y^2}$ ← 답
(5) (준식)$=a^2-2\cdot a\cdot 2b+(2b)^2$
$=\mathbf{a^2-4ab+4b^2}$ ← 답
(6) (준식)$=(4x)^2-2\cdot 4x\cdot 5y+(5y)^2$
$=\mathbf{16x^2-40xy+25y^2}$ ← 답

7. (1) (준식)$=a^2-1^2=\mathbf{a^2-1}$ ← 답
(2) (준식)$=a^2-3^2=\mathbf{a^2-9}$ ← 답
(3) (준식)$=8^2-y^2=\mathbf{64-y^2}$ ← 답
(4) (준식$=(3a)^2-4^2=\mathbf{9a^2-16}$ ← 답
(5) (준식)$=\left(\frac{3}{5}a\right)^2-(2b)^2=\mathbf{\frac{9}{25}a^2-4b^2}$ ← 답
(6) (준식)$=\left(\frac{1}{2}y-\frac{5}{6}x\right)\left(\frac{1}{2}y+\frac{5}{6}x\right)$
$=\left(\frac{1}{2}y\right)^2-\left(\frac{5}{6}x\right)^2=\mathbf{-\frac{25}{36}x^2+\frac{1}{4}y^2}$ ← 답

8. (1) (준식)$=x^2+(3-10)x+3\cdot(-10)$
$=\mathbf{x^2-7x-30}$ ← 답
(2) (준식)$=x^2+(12-5)x+12\cdot(-5)$
$=\mathbf{x^2+7x-60}$ ← 답
(3) (준식)$=x^2+(-5-3)x+(-5)\cdot(-3)$
$=\mathbf{x^2-8x+15}$ ← 답
(4) (준식)$=x^2+(10+20)x+10\cdot 20$
$=\mathbf{x^2+30x+200}$ ← 답
(5) (준식)$=x^2+(y+9y)x+y\cdot 9y$
$=\mathbf{x^2+10xy+9y^2}$ ← 답
(6) (준식)$=a^2+(-b-8b)a+(-b)\cdot(-8b)$
$=\mathbf{a^2-9ab+8b^2}$ ← 답

본문 57쪽

9. (1) (준식)$=6x^2+\{3\cdot 3+(-1)\cdot 2\}x-3$
$=6x^2+\{9-2\}x-3$
$=\mathbf{6x^2+7x-3}$ ← 답
(2) (준식)$=10x^2+\{5\cdot(-3)+(-4)\cdot 2\}x+12$
$=10x^2+\{-15-8\}x+12$
$=\mathbf{10x^2-23x+12}$ ← 답
(3) (준식)$=3x^2+(1\cdot 1+1\cdot 3)x+1$
$=\mathbf{3x^2+4x+1}$ ← 답
(4) (준식)$=2x^2+\{1\cdot(-5)+3\cdot 2\}xy-15y^2$
$=2x^2+\{-5+6\}xy-15y^2$
$=\mathbf{2x^2+xy-15y^2}$ ← 답
(5) (준식)$=4x^2+\{4\cdot(-2)+3\cdot 1\}xy-6y^2$
$=4x^2+\{-8+3\}xy-6y^2$
$=\mathbf{4x^2-5xy-6y^2}$ ← 답
(6) (준식)$=5x^2+\{1\cdot(-2)+(-5)\cdot 5\}xy+10y^2$
$=5x^2+\{-2-25\}xy+10y^2$
$=\mathbf{5x^2-27xy+10y^2}$ ← 답

10. (1) $(2x+1)(2x-1)=(2x)^2-1=4x^2-1$
$(2x-1)^2=(2x)^2-2\cdot 2x\cdot 1+1$
$=4x^2-4x+1$
∴ (준식)$=4x^2-1-(4x^2-4x+1)$
$=4x^2-1-4x^2+4x-1$
$=\mathbf{4x-2}$ ← 답
(2) $(x-3)^2=x^2-2\cdot x\cdot 3+3^2$
$=x^2-6x+9$
$(x-5)(x-4)=x^2-(5+4)x+5\cdot 4$
$=x^2-9x+20$
∴ (준식)$=2(x^2-6x+9)-(x^2-9x+20)$
$=2x^2-12x+18-x^2+9x-20$
$=\mathbf{x^2-3x-2}$ ← 답
(3) $(x+4)^2=x^2+2\cdot x\cdot 4+4^2=x^2+8x+16$
$(x-5)^2=x^2-2\cdot x\cdot 5+5^2=x^2-10x+25$
∴ (준식)$=x^2+8x+16-(x^2-10x+25)$
$=x^2+8x+16-x^2+10x-25$
$=\mathbf{18x-9}$ ← 답
(4) $(2x-3)(3x+5)=6x^2+\{2\cdot 5+(-3)\cdot 3\}x-15$
$=6x^2+\{10-9\}x-15$
$=6x^2+x-15$
$(2x-1)^2=(2x)^2-2\cdot 2x\cdot 1+1$
$=4x^2-4x+1$
∴ (준식)$=6x^2+x-15-(4x^2-4x+1)$
$=6x^2+x-15-4x^2+4x-1$
$=\mathbf{2x^2+5x-16}$ ← 답

11. (1) $a+b=\mathrm{A}$로 치환하면
(준식)$=(\mathrm{A}+2)(\mathrm{A}-5)=\mathrm{A}^2-3\mathrm{A}-10$
$=(a+b)^2-3(a+b)-10$
$=\mathbf{a^2+2ab+b^2-3a-3b-10}$ ← 답

(2) $a+2b=$A로 치환하면

(준식)$=(A+1)(A+3)=A^2+4A+3$

$=(a+2b)^2+4(a+2b)+3$

$=\boldsymbol{a^2+4ab+4b^2+4a+8b+3}$ ← 답

(3) $a-b=$A로 치환하면

(준식)$=(A-1)^2=A^2-2A+1$

$=(a-b)^2-2(a-b)+1$

$=\boldsymbol{a^2-2ab+b^2-2a+2b+1}$ ← 답

(4) $x+2y=$A로 치환하면

(준식)$=(A-3)^2=A^2-6A+9$

$=(x+2y)^2-6(x+2y)+9$

$=\boldsymbol{x^2+4xy+4y^2-6x-12y+9}$ ← 답

12. (1) $205^2=(200+5)^2=200^2+2\cdot200\cdot5+5^2$

$=40000+2000+25$

$=\mathbf{42025}$ ← 답

(2) $197^2=(200-3)^2=200^2-2\cdot200\cdot3+3^2$

$=40000-1200+9$

$=\mathbf{38809}$ ← 답

(3) $199\times201=(200-1)(200+1)$

$=200^2-1=40000-1$

$=\mathbf{39999}$ ← 답

13. m을 7로 나눌 때의 몫을 a라 하면

$m\div7=a\cdots5 \quad \therefore m=7a+5$

n을 7로 나눌 때의 몫을 b라 하면

$n\div7=b\cdots2 \quad \therefore n=7b+2$

$mn=(7a+5)(7b+2)$

$=49ab+14a+35b+10$

$=\underline{49ab+14a+35b+7}+3$

$=7(\underbrace{7ab+2a+5b+1}_{\text{몫}})+\underbrace{3}_{\text{나머지}}$

답 **3**

14. $\left(\frac{1}{2}a+\frac{1}{3}b\right)\left(\frac{1}{2}a-\frac{1}{3}b\right)$

$=\left(\frac{1}{2}a\right)^2-\left(\frac{1}{3}b\right)^2=\frac{1}{4}a^2-\frac{1}{9}b^2$

$=\frac{1}{4}\times16-\frac{1}{9}\times36=4-4=\mathbf{0}$ ← 답

15. ㉠ 처음 정사각형의 넓이 : $8\times8=64(\text{m}^2)$

㉡ 화단의 넓이는

(가로의 길이)$=(8+x)$m

(세로의 길이)$=(8-x)$m

(넓이)$=(8+x)(8-x)=8^2-x^2=64-x^2$

$64>64-x^2$이므로 넓이의 차는

$64-(64-x^2)=64-64+x^2=\boldsymbol{x^2}$ ← 답

채점기준

서술 과정	점수
처음 정사각형의 넓이 : $8\times8=64(\text{m}^2)$	1점
화단의 넓이 : (가로)$=8+x$, (세로)$=8-x$ (넓이)$=(8+x)(8-x)=8^2-x^2=64-x^2$	3점
넓이의 차는 $64-(64-x^2)=64-64+x^2=x^2$	1점

16. $(a+b)^2=3^2$에서 $\underbrace{a^2+b^2}_{5}+2ab=9$

$5+2ab=9,\ 2ab=4 \quad \therefore ab=\mathbf{2}$ ← 답

17. $\left(x+\frac{1}{x}\right)^2=7^2$에서 $x^2+\frac{1}{x^2}+2=49$

$\therefore x^2+\frac{1}{x^2}=49-2=\mathbf{47}$ ← 답

18. $(x-1)(y-1)=xy-x-y+1=xy-(\underbrace{x+y}_{xy})+1$

$=xy-xy+1=1$

$\therefore 3(x-1)(y-1)=3\times1=\mathbf{3}$ ← 답

4. 연립방정식 Ⅱ. 문자와 식

본문 59쪽

1. (1) $x=8-2y$에 $y=1, 2, 3, \cdots$을 대입한다.

$y=1$이면 $x=8-2\times1=6$

$y=2$이면 $x=8-2\times2=4$

$y=3$이면 $x=8-2\times3=2$

$y=4$이면 $x=8-2\times4=0$ (×)

$\therefore (x, y)=(6, 1), (4, 2), (2, 3)$

(2) $2x=12-3y$에서 $x=6-\frac{3}{2}y$

$y=2$이면 $x=6-\frac{3}{2}\times2=3$

$y=4$이면 $x=6-\frac{3}{2}\times4=0$

$\therefore (x, y)=(3, 2)$

답 (1) **(6, 1), (4, 2), (2, 3)** (2) **(3, 2)**

2. 귤을 x개, 사과를 y개 샀다고 하면

$200x+500y=2000 \quad \therefore 2x+5y=20$

$2x=20-5y$에서 $x=10-\frac{5}{2}y$

$y=2$이면 $x=10-\frac{5}{2}\times2=5$

$y=4$이면 $x=10-\frac{5}{2}\times4=0$

$\therefore (x,\ y)=(5,\ 2)$

답 귤 : 5개, 사과 : 2개

본문 61쪽

1. $A\cap B=\{(b,\ 6)\}$이므로 $(b,\ 6)\in A$, $(b,\ 6)\in B$

① $(b,\ 6)\in A$ ➡ $x=b$, $y=6$이 $2x-y=2$의 해이므로 $2b-6=2$, $2b=8$ $\therefore b=4$

② $(b,\ 6)\in B$ ➡ $x=b=4$, $y=6$이 $ax-y=-2$의 해이므로 $4a-6=-2$, $4a=4$ $\therefore a=1$

$\therefore a+b=5$

답 5

2. (1) ㉠ $x+y=7$에서 $y=7-x$

x	1	2	3	4	5	6
y	6	5	4	3	2	1

㉡ $2x+y=11$에서 $y=11-2x$

$x=1$이면 $y=11-2=9$

$x=2$이면 $y=11-4=7$

$x=3$이면 $y=11-6=5$

$x=4$이면 $y=11-8=3$

$x=5$이면 $y=11-10=1$

x	1	2	3	4	5
y	9	7	5	3	1

위 표에서 공통해는 $x=4$, $y=3$이다.

(2) ㉠ $y=x+4$에서

$x=1$이면 $y=1+4=5$

$x=2$이면 $y=2+4=6$

$x=3$이면 $y=3+4=7$

$x=4$이면 $y=4+4=8$

x	1	2	3	4
y	5	6	7	8

㉡ $x+3y=20$에서 $x=20-3y$

$y=4$이면 $x=20-12=8$

$y=5$이면 $x=20-15=5$

$y=6$이면 $x=20-18=2$

$y=7$이면 $x=20-21=-1\,(\times)$

x	8	5	2	-1
y	4	5	6	7

위 표에서 공통해는 $x=2$, $y=6$이다.

답 (1) $\boldsymbol{x=4,\ y=3}$ (2) $\boldsymbol{x=2,\ y=6}$

본문 63쪽

1. (1)
$$\begin{array}{rl} 2x+3y=7 & \cdots ㉠ \\ -)\ 2x-\ y=3 & \cdots ㉡ \\ \hline 4y=4 & \end{array} \quad \therefore y=1$$

$y=1$을 ㉠에 대입하면 $2x+3=7$

$2x=7-3=4$ $\therefore x=2$

(2)
$$\begin{array}{rl} 3x+y=5 & \cdots ㉠ \\ -)\ 2x+y=4 & \cdots ㉡ \\ \hline x\quad\ =1 & \end{array}$$

$x=1$을 ㉠에 대입하면 $3+y=5$

$\therefore y=5-3=2$

(3)
$$\begin{array}{rl} 7x-\ y=-8 & \cdots ㉠ \\ +)\ -7x-2y=\ 5 & \cdots ㉡ \\ \hline -3y=-3 & \end{array} \quad \therefore y=1$$

$y=1$을 ㉠에 대입하면 $7x-1=-8$

$7x=-8+1=-7$ $\therefore x=-1$

답 (1) $\boldsymbol{x=2,\ y=1}$ (2) $\boldsymbol{x=1,\ y=2}$ (3) $\boldsymbol{x=-1,\ y=1}$

> 지금부터 각 연립방정식의 첫째 식을 ㉠, 둘째 식을 ㉡으로 놓고 풀기로 한다.

2. (1) ㉠×3−㉡을 하면
$$\begin{array}{rl} 6x-9y=24 & \cdots ㉠\times3 \\ -)\ 6x+2y=\ 2 & \cdots ㉡ \\ \hline -11y=22 & \end{array} \quad \therefore y=-2$$

$y=-2$를 ㉠에 대입하면

$2x+6=8$, $2x=8-6=2$ $\therefore x=1$

(2) ㉠×4−㉡×3을 하면
$$\begin{array}{rl} 12x+8y=\ 4 & \cdots ㉠\times4 \\ -)\ 12x-9y=72 & \cdots ㉡\times3 \\ \hline 17y=-68 & \end{array} \quad \therefore y=-4$$

$y=-4$를 ㉠에 대입하면

$3x-8=1$, $3x=9$ $\therefore x=3$

(3) ㉠×3−㉡×5를 하면
$$\begin{array}{rl} 15x-\ 9y=\ 36 & \cdots ㉠\times3 \\ -)\ 15x+10y=-40 & \cdots ㉡\times5 \\ \hline -19y=\ 76 & \end{array} \quad \therefore y=-4$$

$y=-4$를 ㉠에 대입하면

$5x+12=12$ $\therefore x=0$

답 (1) $\boldsymbol{x=1,\ y=-2}$ (2) $\boldsymbol{x=3,\ y=-4}$ (3) $\boldsymbol{x=0,\ y=-4}$

본문 64쪽

3. (1) ㉠을 ㉡에 대입하면

$x+2(2x+1)=12$, $x+4x+2=12$

$5x=12-2=10$ $\quad\therefore x=2$

$x=2$를 ㉠에 대입하면 $y=2\times2+1=5$

(2) ㉡을 ㉠에 대입하면

$3y-4+2y=21$, $5y=21+4=25$ $\quad\therefore y=5$

$y=5$를 ㉡에 대입하면 $x=3\times5-4=15-4=11$

(3) ㉡을 ㉠에 대입하면

$3(y-2)+2y=9$, $3y-6+2y=9$

$5y=9+6=15$ $\quad\therefore y=3$

$y=3$을 ㉡에 대입하면 $x=3-2=1$

답 (1) $\boldsymbol{x=2,\ y=5}$ (2) $\boldsymbol{x=11,\ y=5}$ (3) $\boldsymbol{x=1,\ y=3}$

4. (1) ㉠에서 $x=5+y$

이것을 ㉡에 대입하면

$2(5+y)-3y=7$, $10+2y-3y=7$

$10-y=7$, $-y=7-10=-3$ $\quad\therefore y=3$

$y=3$을 $x=5+y$에 대입하면 $x=5+3=8$

(2) ㉡에서 $y=2x-1$

이것을 ㉠에 대입하면

$3x+2(2x-1)=12$, $3x+4x-2=12$

$7x=14$ $\quad\therefore x=2$

$x=2$를 $y=2x-1$에 대입하면 $y=4-1=3$

(3) ㉠에서 $2y=7-3x$

이것을 ㉡에 대입하면

$2x-(7-3x)=-2$, $2x-7+3x=-2$

$5x=-2+7=5$ $\quad\therefore x=1$

$x=1$을 ㉠에 대입하면 $3+2y=7$

$2y=7-3=4$ $\quad\therefore y=2$

답 (1) $\boldsymbol{x=8,\ y=3}$ (2) $\boldsymbol{x=2,\ y=3}$ (3) $\boldsymbol{x=1,\ y=2}$

본문 66쪽

1. (1) ㉠에서 $4x+3y+6=13$, $4x+3y=7$ $\quad\cdots$ ㉠′

㉡에서 $3x-6y+2y=24$, $3x-4y=24$ $\quad\cdots$ ㉡′

㉠′×3−㉡′×4를 하면

$$\begin{array}{rl} 12x+\ 9y=21 & \cdots\ ㉠'\times3 \\ -)\ 12x-16y=96 & \cdots\ ㉡'\times4 \\ \hline 25y=-75 & \end{array} \quad\therefore y=-3$$

$y=-3$을 ㉠′에 대입하면

$4x-9=7$, $4x=16$ $\quad\therefore x=4$

(2) ㉠에서 $3x-2x-2y=1$, $x-2y=1$ $\quad\cdots$ ㉠′

㉡에서 $10x+5y-2y=-13$

$10x+3y=-13$ $\quad\cdots$ ㉡′

㉠′×10−㉡′을 하면

$$\begin{array}{rl} 10x-20y=\ 10 & \cdots\ ㉠'\times10 \\ -)\ 10x+\ 3y=-13 & \cdots\ ㉡' \\ \hline -23y=\ 23 & \end{array} \quad\therefore y=-1$$

$y=-1$을 ㉠′에 대입하면

$x+2=1$ $\quad\therefore x=-1$

답 (1) $\boldsymbol{x=4,\ y=-3}$ (2) $\boldsymbol{x=-1,\ y=-1}$

2. (1) ㉠×10 : $x+2y=3$ $\quad\cdots$ ㉠′

㉡×10 : $3x-2y=5$ $\quad\cdots$ ㉡′

㉠′+㉡′을 하면

$$\begin{array}{r} x+2y=3 \\ +)\ 3x-2y=5 \\ \hline 4x\quad\ =8 \end{array} \quad\therefore x=2$$

$x=2$를 ㉠′에 대입하면

$2+2y=3$, $2y=1$ $\quad\therefore y=\dfrac{1}{2}$

(2) ㉠×10 : $7x+2y=54$ $\quad\cdots$ ㉠′

㉡×5 : $4x-2y=-10$ $\quad\cdots$ ㉡′

㉠′+㉡′을 하면

$$\begin{array}{r} 7x+2y=\ 54 \\ +)\ 4x-2y=-10 \\ \hline 11x\quad\ =\ 44 \end{array} \quad\therefore x=4$$

$x=4$를 ㉠′에 대입하면

$28+2y=54$, $2y=54-28=26$ $\quad\therefore y=13$

(3) ㉠×2 : $x-2y=4$ $\quad\cdots$ ㉠′

㉡×10 : $3x-12y=6$ $\quad\cdots$ ㉡′

㉠′×3−㉡′을 하면

$$\begin{array}{r} 3x-\ 6y=12 \\ -)\ 3x-12y=\ 6 \\ \hline 6y=\ 6 \end{array} \quad\therefore y=1$$

$y=1$을 ㉠′에 대입하면 $x-2=4$ $\quad\therefore x=6$

답 (1) $\boldsymbol{x=2,\ y=\frac{1}{2}}$ (2) $\boldsymbol{x=4,\ y=13}$ (3) $\boldsymbol{x=6,\ y=1}$

본문 67쪽

3. (1) ㉡×12 : $8x+9y=4$ $\quad\cdots$ ㉡′

㉠−㉡′을 하면

$$\begin{array}{r} 5x+9y=-11 \\ -)\ 8x+9y=\ \ 4 \\ \hline -3x\quad\ =-15 \end{array} \quad\therefore x=5$$

$x=5$를 ㉠에 대입하면

$25+9y=-11,\ 9y=-11-25=-36$

$\therefore\ y=-4$

(2) ㉠×10 : $6x-5y=56$ … ㉠′

㉡×6 : $2x-9y=48$ … ㉡′

㉠′−㉡′×3을 하면

$$\begin{array}{r} 6x-5y=56 \\ -)\ 6x-27y=144 \\ \hline 22y=-88 \end{array}\quad \therefore\ y=-4$$

$y=-4$를 ㉠′에 대입하면

$6x+20=56,\ 6x=56-20=36\quad \therefore\ x=6$

(3) ㉠×6 : $3x-2y=1$ … ㉠′

㉡×12 : $4x-3y=1$ … ㉡′

㉠′×4−㉡′×3을 하면

$$\begin{array}{r} 12x-8y=4 \cdots ㉠'\times4 \\ -)\ 12x-9y=3 \cdots ㉡'\times3 \\ \hline y=1 \end{array}$$

$y=1$을 ㉠′에 대입하면 $3x-2=1$

$3x=1+2=3\quad \therefore\ x=1$

답 (1) $\boldsymbol{x=5,\ y=-4}$ (2) $\boldsymbol{x=6,\ y=-4}$ (3) $\boldsymbol{x=1,\ y=1}$

4. (1) $\begin{cases}2x+y=5\\3x-y=5\end{cases}$ 의 연립방정식을 풀면

$$\begin{array}{r} 2x+y=5 \\ +)\ 3x-y=5 \\ \hline 5x\quad=10 \end{array}\quad \therefore\ x=2$$

$x=2$를 $2x+y=5$에 대입하면

$4+y=5\quad \therefore\ y=1$

(2) $\begin{cases}2x+y+3=4x-3y-2 & \cdots ㉠\\2x+y+3=6x+3y+3 & \cdots ㉡\end{cases}$

㉠에서 $2x+y-4x+3y=-2-3$

$-2x+4y=-5$ … ㉠′

㉡에서 $2x+y-6x-3y=3-3$

$-4x-2y=0,\ 2x+y=0$ … ㉡′

㉠′+㉡′을 하면

$$\begin{array}{r} -2x+4y=-5 \\ +)\ 2x+y=0 \\ \hline 5y=-5 \end{array}\quad \therefore\ y=-1$$

$y=-1$을 ㉡′에 대입하면 $2x-1=0\quad \therefore\ x=\frac{1}{2}$

답 (1) $\boldsymbol{x=2,\ y=1}$ (2) $\boldsymbol{x=\frac{1}{2},\ y=-1}$

본문 68쪽

1. ① $3+10\neq10$ ② $6+4=10$ ③ $9+1=10$ ④ $12+2\neq10$ ⑤ $-9+19=10$

답 ②, ③, ⑤

2. $a-2\times(-1)=5,\ a+2=5\quad \therefore\ \boldsymbol{a=3}$ ←답

3. $3x+y=15$에서 $y=15-3x$ … ㉠

㉠에 $x=1, 2, 3, 4, \cdots$를 대입하면

$x=1$일 때 $y=15-3=12$, $x=2$일 때 $y=15-6=9$

$x=3$일 때 $y=15-9=6$, $x=4$일 때 $y=15-12=3$

$x=5$일 때 $y=15-15=0$ (×)

답 **(1, 12), (2, 9), (3, 6), (4, 3)**

4. $x=1,\ y=2$를 $2ax-y=4$에 대입하면

$2a-2=4,\ 2a=6\quad \therefore\ a=3$

$x=1,\ y=2$를 $3x+2by=1$에 대입하면

$3+4b=1,\ 4b=1-3=-2\quad \therefore\ b=-\frac{1}{2}$

답 $\boldsymbol{a=3,\ b=-\frac{1}{2}}$

5. (1)
$$\begin{array}{r} x+y=6 \\ +)\ 3x-y=2 \\ \hline 4x\quad=8 \end{array}\quad \therefore\ x=2$$

$x=2$를 ㉠에 대입하면 $2+y=6\quad \therefore\ y=4$

(2)
$$\begin{array}{r} x-3y=8 \\ -)\ x-2y=6 \\ \hline -y=2 \end{array}\quad \therefore\ y=-2$$

$y=-2$를 ㉠에 대입하면 $x+6=8\quad \therefore\ x=2$

(3)
$$\begin{array}{r} 2x+y=5 \\ -)\ x+y=3 \\ \hline x\quad=2 \end{array}$$

$x=2$를 ㉠에 대입하면 $4+y=5\quad \therefore\ y=1$

(4)
$$\begin{array}{r} 3x+2y=7 \\ +)\ x-2y=-3 \\ \hline 4x\quad=4 \end{array}\quad \therefore\ x=1$$

$x=1$을 ㉠에 대입하면

$3+2y=7,\ 2y=4\quad \therefore\ y=2$

답 (1) $\boldsymbol{x=2,\ y=4}$ (2) $\boldsymbol{x=2,\ y=-2}$ (3) $\boldsymbol{x=2,\ y=1}$ (4) $\boldsymbol{x=1,\ y=2}$

6. (1) ㉠×2+㉡을 하면

$$\begin{array}{r} 14x+4y=24 \\ +)\ 3x-4y=10 \\ \hline 17x\quad=34 \end{array}\quad \therefore\ x=2$$

$x=2$를 ㉠에 대입하면 $14+2y=12$

$2y=12-14=-2\quad \therefore\ y=-1$

(2) ㉠×3−㉡을 하면

$$\begin{array}{r} 6x+9y=24 \\ -)\ 6x+7y=20 \\ \hline 2y=4 \end{array}\quad \therefore\ y=2$$

$y=2$를 ㉠에 대입하면 $2x+6=8$

$2x=2 \quad \therefore x=1$

(3) ㉠×2−㉡을 하면

$$\begin{array}{r} 2x-4y=-2 \\ -)\ 2x-3y=\ \ 1 \\ \hline -y=-3 \end{array} \quad \therefore y=3$$

$y=3$을 ㉠에 대입하면 $x-6=-1$

$\therefore x=-1+6=5$

(4) ㉠×2−㉡을 하면

$$\begin{array}{r} 2x-6y=\ \ 4 \\ -)\ 2x-\ y=-6 \\ \hline -5y=\ 10 \end{array} \quad \therefore y=-2$$

$y=-2$를 ㉠에 대입하면

$x+6=2 \quad \therefore x=-4$

답 (1) $\boldsymbol{x=2,\ y=-1}$ (2) $\boldsymbol{x=1,\ y=2}$
(3) $\boldsymbol{x=5,\ y=3}$ (4) $\boldsymbol{x=-4,\ y=-2}$

7. (1) ㉠×3−㉡×2를 하면

$$\begin{array}{r} 6x-9y=3 \cdots ㉠\times3 \\ -)\ 6x-4y=8 \cdots ㉡\times2 \\ \hline -5y=-5 \end{array} \quad \therefore y=1$$

$y=1$을 ㉠에 대입하면 $2x-3=1$

$2x=1+3=4 \quad \therefore x=2$

(2) ㉠×5−㉡×3을 하면

$$\begin{array}{r} 15x+10y=30 \cdots ㉠\times5 \\ -)\ 15x-\ 9y=30 \cdots ㉡\times3 \\ \hline 19y=0 \end{array} \quad \therefore y=0$$

$y=0$을 ㉠에 대입하면 $3x=6 \quad \therefore x=2$

(3) ㉠×5−㉡×3을 하면

$$\begin{array}{r} 15x-20y=100 \cdots ㉠\times5 \\ -)\ 15x-\ 9y=\ 78 \cdots ㉡\times3 \\ \hline -11y=\ 22 \end{array} \quad \therefore y=-2$$

$y=-2$를 ㉠에 대입하면

$3x+8=20,\ 3x=20-8=12 \quad \therefore x=4$

(4) ㉠×4+㉡×3을 하면

$$\begin{array}{r} -12x+28y=-16 \cdots ㉠\times4 \\ +)\ 12x+15y=-27 \cdots ㉡\times3 \\ \hline 43y=-43 \end{array} \quad \therefore y=-1$$

$y=-1$을 ㉡에 대입하면

$4x-5=-9,\ 4x=-9+5=-4 \quad \therefore x=-1$

답 (1) $\boldsymbol{x=2,\ y=1}$ (2) $\boldsymbol{x=2,\ y=0}$
(3) $\boldsymbol{x=4,\ y=-2}$ (4) $\boldsymbol{x=-1,\ y=-1}$

8. (1) ㉠을 ㉡에 대입하면

$x+x+3=11,\ 2x=11-3=8 \quad \therefore x=4$

$x=4$를 ㉠에 대입하면 $y=4+3=7$

(2) ㉠을 ㉡에 대입하면

$2x-3x+18=16,\ -x=16-18=-2 \quad \therefore x=2$

$x=2$를 ㉠에 대입하면 $y=-6+18=12$

(3) ㉠을 ㉡에 대입하면

$2(9-2y)-3y=4,\ 18-4y-3y=4$

$-7y=4-18=-14 \quad \therefore y=2$

$y=2$를 ㉠에 대입하면 $x=9-4=5$

(4) ㉠을 ㉡에 대입하면

$y-1-3y=5,\ -2y-1=5,\ -2y=5+1=6$

$\therefore y=-3$

$y=-3$을 ㉠에 대입하면

$2x=-3-1=-4 \quad \therefore x=-2$

답 (1) $\boldsymbol{x=4,\ y=7}$ (2) $\boldsymbol{x=2,\ y=12}$
(3) $\boldsymbol{x=5,\ y=2}$ (4) $\boldsymbol{x=-2,\ y=-3}$

본문 69쪽

9. (1) ㉠에서 $2x=6-y$ ⋯ ㉢

㉢을 ㉡에 대입하면

$6-y-3y=-2,\ -4y=-2-6=-8 \quad \therefore y=2$

$y=2$를 ㉢에 대입하면 $2x=6-2=4 \quad \therefore x=2$

(2) ㉠에서 $y=4x-5$ ⋯ ㉢

㉢을 ㉡에 대입하면

$2x-3(4x-5)=-5,\ 2x-12x+15=-5$

$-10x=-5-15=-20 \quad \therefore x=2$

$x=2$를 ㉢에 대입하면 $y=8-5=3$

(3) ㉠에서 $3y=-1-x$ ⋯ ㉢

㉢을 ㉡에 대입하면 $2x=-1-x-2$

$2x+x=-3,\ 3x=-3 \quad \therefore x=-1$

$x=-1$을 ㉢에 대입하면

$3y=-1+1=0 \quad \therefore y=0$

(4) ㉠에서 $x=9-2y$ ⋯ ㉢

㉢을 ㉡에 대입하면

$3(9-2y)-2y=3,\ 27-6y-2y=3$

$-8y=3-27=-24 \quad \therefore y=3$

$y=3$을 ㉢에 대입하면 $x=9-6=3$

답 (1) $\boldsymbol{x=2,\ y=2}$ (2) $\boldsymbol{x=2,\ y=3}$
(3) $\boldsymbol{x=-1,\ y=0}$ (4) $\boldsymbol{x=3,\ y=3}$

10. (1) ㉠에서 $x+4y-4=16,\ x+4y=20$ ⋯ ㉠′

㉡에서 $2x+4+2y=14,\ 2x+2y=10$ ⋯ ㉡′

㉠′×2−㉡′을 하면

$$\begin{array}{r} 2x+8y=40 \cdots ㉠'\times2 \\ -)\ 2x+2y=10 \cdots ㉡' \\ \hline 6y=30 \end{array} \quad \therefore y=5$$

$y=5$를 ㉠′에 대입하면 $x+20=20 \quad \therefore x=0$

(2) ㉠에서 $4x-2x-2y=6$, $2x-2y=6$

$\therefore x-y=3$ $\cdots$ ㉠′

㉡에서 $3x+4x-4y=27$

$7x-4y=27$ $\cdots$ ㉡′

㉠′×4−㉡′을 하면

$$\begin{array}{rl} 4x-4y=12 & \cdots ㉠'\times4 \\ -)\ 7x-4y=27 & \cdots ㉡' \\ \hline -3x \quad\ =-15 & \end{array}$$ $\therefore x=5$

$x=5$를 ㉠′에 대입하면 $5-y=3$

$-y=3-5=-2$ $\therefore y=2$

(3) ㉠에서 $6x+5y+5=2$, $6x+5y=-3$ $\cdots$ ㉠′

㉡에서 $2x-4y+y=13$, $2x-3y=13$ $\cdots$ ㉡′

㉠′−㉡′×3을 하면

$$\begin{array}{rl} 6x+5y=-3 & \cdots ㉠' \\ -)\ 6x-9y=\ 39 & \cdots ㉡'\times3 \\ \hline 14y=-42 & \end{array}$$ $\therefore y=-3$

$y=-3$을 ㉠′에 대입하면

$6x-15=-3$, $6x=-3+15=12$ $\therefore x=2$

(4) ㉠에서 $2x+2y=x-4$, $2x+2y-x=-4$

$x+2y=-4$ $\cdots$ ㉠′

㉡에서 $x+2-2y=4$, $x-2y=2$ $\cdots$ ㉡′

㉠′+㉡′을 하면

$$\begin{array}{r} x+2y=-4 \\ +)\ x-2y=\ \ 2 \\ \hline 2x \quad\ =-2 \end{array}$$ $\therefore x=-1$

$x=-1$을 ㉠′에 대입하면 $-1+2y=-4$

$2y=-4+1=-3$ $\therefore y=-\frac{3}{2}$

답 (1) $\boldsymbol{x=0,\ y=5}$ (2) $\boldsymbol{x=5,\ y=2}$
(3) $\boldsymbol{x=2,\ y=-3}$ (4) $\boldsymbol{x=-1,\ y=-\frac{3}{2}}$

11. (1) ㉠×2 : $x-2y=4$ $\cdots$ ㉠′

㉡×10 : $3x-12y=6$, $x-4y=2$ $\cdots$ ㉡′

㉠′−㉡′을 하면

$$\begin{array}{r} x-2y=4 \\ -)\ x-4y=2 \\ \hline 2y=2 \end{array}$$ $\therefore y=1$

$y=1$을 ㉠′에 대입하면

$x-2=4$ $\therefore x=4+2=6$

(2) ㉠×10 : $3x-4y=4$ $\cdots$ ㉠′

㉡×10 : $2x+3y=14$ $\cdots$ ㉡′

㉠′×2−㉡′×3을 하면

$$\begin{array}{rl} 6x-8y=\ 8 & \cdots ㉠'\times2 \\ -)\ 6x+9y=42 & \cdots ㉡'\times3 \\ \hline -17y=-34 & \end{array}$$ $\therefore y=2$

$y=2$를 ㉠′에 대입하면 $3x-8=4$

$3x=4+8=12$ $\therefore x=4$

(3) ㉠×10 : $2x-y=14$ $\cdots$ ㉠′

㉡×4 : $x+2y=2$ $\cdots$ ㉡′

㉠′×2+㉡′을 하면

$$\begin{array}{rl} 4x-2y=28 & \cdots ㉠'\times2 \\ +)\ x+2y=\ 2 & \cdots ㉡' \\ \hline 5x \quad\ =30 & \end{array}$$ $\therefore x=6$

$x=6$을 ㉡′에 대입하면 $6+2y=2$

$2y=2-6=-4$ $\therefore y=-2$

(4) ㉠×10 : $3x-y=3$ $\cdots$ ㉠′

㉡×100 : $2x+3y=13$ $\cdots$ ㉡′

㉠′×3+㉡′을 하면

$$\begin{array}{rl} 9x-3y=\ 9 & \cdots ㉠'\times3 \\ +)\ 2x+3y=13 & \cdots ㉡' \\ \hline 11x \quad\ =22 & \end{array}$$ $\therefore x=2$

$x=2$를 ㉠′에 대입하면 $6-y=3$

$-y=3-6=-3$ $\therefore y=3$

답 (1) $\boldsymbol{x=6,\ y=1}$ (2) $\boldsymbol{x=4,\ y=2}$
(3) $\boldsymbol{x=6,\ y=-2}$ (4) $\boldsymbol{x=2,\ y=3}$

12. (1) ㉠×10 : $2x-y=14$ $\cdots$ ㉠′

㉡×4 : $x+2y=2$ $\cdots$ ㉡′

㉠′×2+㉡′을 하면

$$\begin{array}{rl} 4x-2y=28 & \cdots ㉠'\times2 \\ +)\ x+2y=\ 2 & \cdots ㉡' \\ \hline 5x \quad\ =30 & \end{array}$$ $\therefore x=6$

$x=6$을 ㉠′에 대입하면 $12-y=14$

$-y=14-12=2$ $\therefore y=-2$

(2) ㉠×6 : $2x+3y=12$ $\cdots$ ㉠′

㉡×12 : $9x-4y=19$ $\cdots$ ㉡′

㉠′×4+㉡′×3을 하면

$$\begin{array}{rl} 8x+12y=\ 48 & \cdots ㉠'\times4 \\ +)\ 27x-12y=\ 57 & \cdots ㉡'\times3 \\ \hline 35x \quad\ =105 & \end{array}$$ $\therefore x=3$

$x=3$을 ㉠′에 대입하면 $6+3y=12$

$3y=12-6=6$ $\therefore y=2$

(3) ㉠×20 : $4x-5y=100$ $\cdots$ ㉠′

㉡×6 : $3x+2y=6$ $\cdots$ ㉡′

㉠′×2+㉡′×5를 하면

$$\begin{array}{rl} 8x-10y=200 & \cdots ㉠'\times2 \\ +)\ 15x+10y=\ 30 & \cdots ㉡'\times5 \\ \hline 23x \quad\ =230 & \end{array}$$ $\therefore x=10$

$x=10$을 ㉠′에 대입하면 $40-5y=100$

$-5y=100-40=60$ $\therefore y=-12$

(4) ㉠에서 $3x-6y+5y=6$, $3x-y=6$ … ㉠′

㉡×12 : $4(2x-y)-3(x+3)=8$

$8x-4y-3x-9=8$

$5x-4y=8+9$, $5x-4y=17$ … ㉡′

㉠′×4−㉡′을 하면

$$\begin{array}{rl} 12x-4y=24 & \cdots ㉠'\times 4 \\ -)\ 5x-4y=17 & \cdots ㉡' \\ \hline 7x \quad\ = 7 & \end{array}$$ ∴ $x=1$

$x=1$을 ㉠′에 대입하면 $3-y=6$

$-y=6-3=3$ ∴ $y=-3$

답 (1) $\boldsymbol{x=6,\ y=-2}$ (2) $\boldsymbol{x=3,\ y=2}$
(3) $\boldsymbol{x=10,\ y=-12}$ (4) $\boldsymbol{x=1,\ y=-3}$

13. $\begin{cases} x+y=6 & \cdots ㉠ \\ 4x-3y=-4 & \cdots ㉡ \end{cases}$

㉠×4−㉡을 하면

$$\begin{array}{rl} 4x+4y= & 24 \\ -)\ 4x-3y= & -4 \\ \hline 7y= & 28 \end{array}$$ ∴ $y=4$

$y=4$를 ㉠에 대입하면 $x+4=6$ ∴ $x=2$

$x=2$, $y=4$를 $3x-2y=k$에 대입하면

$3\times2-2\times4=6-8=-2=k$ 답 $\boldsymbol{-2}$

14. $\begin{cases} x-y=a & \cdots ㉠ \\ 3x+2y=9-a & \cdots ㉡ \end{cases}$

㉠×2+㉡을 하면

$$\begin{array}{rl} 2x-2y= & 2a \\ +)\ 3x+2y= & 9-a \\ \hline 5x \quad\ = & 9+a \end{array}$$ ∴ $x=\dfrac{9+a}{5}$

㉠×3−㉡을 하면

$$\begin{array}{rl} 3x-3y= & 3a \\ -)\ 3x+2y= & 9-a \\ \hline -5y= & 4a-9 \end{array}$$ ∴ $y=\dfrac{4a-9}{-5}$

$x=2y$이므로 $\dfrac{9+a}{5}=2\times\dfrac{4a-9}{-5}$

$9+a=-2(4a-9)$

$9+a=-8a+18$, $a+8a=18-9$

$9a=9$ ∴ $\boldsymbol{a=1}$ ← 답

15. $\dfrac{x}{3}+\dfrac{y}{4}=1$의 양변에 12를 곱하면

$4x+3y=12$ … ㉠

$x:y=3:2$이므로 $2x=3y$

∴ $2x-3y=0$ … ㉡

㉠−㉡×2를 하면

$$\begin{array}{rl} 4x+3y=12 & \cdots ㉠ \\ -)\ 4x-6y=\ 0 & \cdots ㉡\times 2 \\ \hline 9y=12 & \end{array}$$ ∴ $y=\dfrac{4}{3}$

$y=\dfrac{4}{3}$를 ㉡에 대입하면

$2x-3\times\dfrac{4}{3}=0$, $2x-4=0$ ∴ $x=2$

답 $\boldsymbol{x=2,\ y=\dfrac{4}{3}}$

채점기준

서술 과정	점수
$\frac{x}{3}+\frac{y}{4}=1$을 $4x+3y=12$로 나타냄	1점
$x:y=3:2$에서 $2x=3y$ $2x-3y=0$으로 나타냄	1점
$4x+3y=12$ $-)\ 4x-6y=0$ $9y=12$ ∴ $y=\frac{4}{3}$	2점
$2x-3\times\frac{4}{3}=0$, $2x-4=0$ ∴ $x=2$	1점

5. 연립방정식의 활용 II. 문자와 식

본문 71쪽

1. (1) **〈구하는 것〉 두 자리의 자연수**

십의 자리의 숫자를 x, 일의 자리의 숫자를 y라고 하자.

두 자리의 자연수는 $10x+y$

(십의 자리의 숫자)+(일의 자리의 숫자)=11

∴ $x+y=11$ … ㉠

십의 자리의 숫자와 일의 자리의 숫자를 바꾼 수는 $10y+x$

(바꾼 수)=(처음 수)−45

∴ $10y+x=10x+y-45$

$x-10x+10y-y=-45$, $-9x+9y=-45$

∴ $x-y=5$ … ㉡

㉠+㉡을 하면 $2x=16$ ∴ $x=8$

$x=8$을 ㉠에 대입하면 $8+y=11$ ∴ $y=3$

따라서, 구하는 수는 **83** ← 답

(2) **〈구하는 것〉 300원짜리와 500원짜리 과자의 개수**

300원짜리 과자를 x개, 500원짜리 과자를 y개 샀다고 하자.

과자를 모두 10개 샀으므로 $x+y=10$ … ㉠

(300원짜리 금액)+(500원짜리 금액)=3600원
↳ $300x$ ↳ $500y$

$300x+500y=3600$ $\quad\therefore\ 3x+5y=36$ $\quad\cdots$ ㉡

㉠×3−㉡을 하면

$-2y=-6$ $\quad\therefore\ y=3$

$y=3$을 ㉠에 대입하면

$x+3=10$ $\quad\therefore\ x=7$

$$\begin{array}{rr} & 3x+3y=30 \\ -) & 3x+5y=36 \\ \hline & -2y=-6 \end{array}$$

답 **300원짜리 : 7개, 500원짜리 : 3개**

(3) **〈구하는 것〉 A가 이긴 횟수**

A가 이긴 횟수를 x, B가 이긴 횟수를 y라고 하자.

A : x번 이기고 y번 져서 12계단 올라감
↳ $2x$ ↳ $-y$

$\therefore\ 2x-y=12$ $\quad\cdots$ ㉠

B : x번 지고 y번 이겨서 15계단 올라감
↳ $-x$ ↳ $2y$

$\therefore\ -x+2y=15$ $\quad\cdots$ ㉡

㉠×2+㉡을 하면

$3x=39$ $\quad\therefore\ x=13$

$x=13$을 ㉠에 대입하면

$26-y=12$ $\quad\therefore\ y=14$

$$\begin{array}{rr} & 4x-2y=24 \\ +) & -x+2y=15 \\ \hline & 3x\quad\ =39 \end{array}$$

따라서, A는 13번 이겼다. 답 **13번**

본문 72쪽

2. (1) **〈구하는 것〉 차량 봉송 구간과 주자 봉송 구간**

차량으로 봉송한 구간을 $x$km, 주자가 봉송한 구간을 $y$km라고 하자.

성화 봉송 구간이 60km이므로

$x+y=60$ $\quad\cdots$ ㉠

(차량이 봉송한 시간)$=\dfrac{x}{40}$시간

(주자가 봉송한 시간)$=\dfrac{y}{15}$시간

$\therefore\ \dfrac{x}{40}+\dfrac{y}{15}=\dfrac{5}{2}$ $\quad\cdots$ ㉡

㉡의 양변에 120을 곱하면

$3x+8y=300$ $\quad\cdots$ ㉡′

㉠×3−㉡′을 하면

$-5y=-120$ $\quad\therefore\ y=24$

$y=24$를 ㉠에 대입하면

$x+24=60$ $\quad\therefore\ x=36$

$$\begin{array}{rr} & 3x+3y=180 \\ -) & 3x+8y=300 \\ \hline & -5y=-120 \end{array}$$

답 **차량 봉송 구간 : 36km**
주자 봉송 구간 : 24km

Note : 2시간 30분=2시간$+\dfrac{1}{2}$시간$=\dfrac{5}{2}$시간

(2) **〈구하는 것〉 영구의 걷는 속력과 버스의 속력**

영구의 걷는 속력을 $x$km/시,

버스의 속력을 $y$km/시라고 하자.

A → B (걸은 거리)+(버스로 간 거리)=65
↳ x ↳ $2y$

$\therefore\ x+2y=65$ $\quad\cdots$ ㉠

B → A (걸은 거리)+(버스로 간 거리)=65
↳ $3x$ ↳ y

$\therefore\ 3x+y=65$ $\quad\cdots$ ㉡

㉠×3−㉡을 하면

$5y=130$ $\quad\therefore\ y=26$

$y=26$을 ㉠에 대입하면

$x+52=65$ $\quad\therefore\ x=13$

$$\begin{array}{rr} & 3x+6y=195 \\ -) & 3x+\ \ y=\ \ 65 \\ \hline & 5y=130 \end{array}$$

답 **영구의 걷는 속력 : 13km/시**
버스의 속력 : 26km/시

(3) **〈구하는 것〉 강물이 흐르는 속력과 보트의 속력**

강물의 속력을 $x$km/시, 보트의 속력을 $y$km/시라고 하자.

강물이 흐르는 방향으로 갈 때 :

$2(x+y)=40$ $\quad\therefore\ x+y=20$ $\quad\cdots$ ㉠

강물을 거슬러 갈 때 :

$4(y-x)=40$ $\quad\therefore\ y-x=10$ $\quad\cdots$ ㉡

㉠+㉡을 하면 $2y=30$ $\quad\therefore\ y=15$

$y=15$를 ㉠에 대입하면 $x+15=20$ $\quad\therefore\ x=5$

답 **강물의 속력 : 5km/시**
보트의 속력 : 15km/시

본문 73쪽

3. (1) **〈구하는 것〉 7%와 10%의 설탕물의 양**

7%의 설탕물을 xg, 10%의 설탕물을 yg 섞는다고 하자.

(7%의 설탕물)+(10%의 설탕물)=600g
↳ x ↳ y

$\therefore\ x+y=600$ $\quad\cdots$ ㉠

(7%의 설탕물 xg 속의 설탕의 양)=$0.07x$(g)

(10%의 설탕물 yg 속의 설탕의 양)=$0.1y$(g)

(8%의 설탕물 600g 속의 설탕의 양)

$=600\times0.08=48$(g)

$\therefore\ 0.07x+0.1y=48$ $\quad\cdots$ ㉡

㉡의 양변에 100을 곱하면

$7x+10y=4800$ $\quad\cdots$ ㉡′

㉠×7−㉡′을 하면

$-3y=-600$

$\therefore\ y=200$

$y=200$을 ㉠에 대입

$$\begin{array}{rr} & 7x+\ 7y=\ \ 4200 \\ -) & 7x+10y=\ \ 4800 \\ \hline & -3y=-600 \end{array}$$

하면 $x+200=600$ $\therefore x=600-200=400$

답 **7% 설탕물 : 400g, 10% 설탕물 : 200g**

(2) 〈구하는 것〉 **A, B 합금의 필요한 양**

A합금이 xg, B합금이 yg 필요하다고 하자.

A, B 합금 속의 구리와 주석의 양은 다음과 같다.

	구리의 양	주석의 양
A(x)	$0.15x$	$0.15x$
B(y)	$0.1y$	$0.3y$
C	250	450

$\therefore 0.15x+0.1y=250$ … ㉠

$0.15x+0.3y=450$ … ㉡

㉠×20을 하면 $3x+2y=5000$ … ㉠′

㉡×20을 하면 $3x+6y=9000$ … ㉡′

㉠′−㉡′을 하면

$-4y=-4000$

$\therefore y=1000$

$$\begin{array}{r} 3x+2y=5000 \\ -)\ 3x+6y=9000 \\ \hline -4y=-4000 \end{array}$$

$y=1000$을 ㉠′에 대입하면 $3x+2000=5000$, $3x=3000$

$\therefore x=1000$

답 **A합금 1000g, B합금 1000g**

본문 74쪽

4. (1) 〈구하는 것〉 **A, B마을의 올해 쌀 수확량**

작년의 A마을 쌀 수확량을 x톤, B마을 쌀 수확량을 y톤이라고 하자.

작년의 쌀 수확량 : $x+y=312$ … ㉠

A마을의 올해 쌀 수확량 :

8% 증가하였으므로 증가량은 $0.08x$톤

B마을의 올해 쌀 수확량 :

5% 증가하였으므로 증가량은 $0.05y$톤

A, B마을의 증가량은 같으므로

$0.08x=0.05y$, $8x=5y$

$\therefore 8x-5y=0$ … ㉡

㉠×5+㉡을 하면

$13x=1560$

$\therefore x=120$

$$\begin{array}{r} 5x+5y=1560 \\ +)\ 8x-5y=0 \\ \hline 13x\quad =1560 \end{array}$$

$x=120$을 ㉠에 대입하면

$120+y=312$ $\therefore y=192$

A마을의 올해 쌀 수확량 :

$120\times(1+0.08)=129.6$(톤)

B마을의 올해 쌀 수확량 :

$192\times(1+0.05)=201.6$(톤)

답 **A : 129.6톤, B : 201.6톤**

(2) 〈구하는 것〉 **금년의 남녀 학생 수**

작년의 남학생을 x명, 여학생을 y명이라고 하자.

작년의 학생 수가 1050명이었으므로

$x+y=1050$ … ㉠

금년도 남학생 증가 인원 : $x\times0.04=0.04x$(명)

금년도 여학생 감소 인원 : $y\times0.02=0.02y$(명)

(증가 인원)−(감소 인원)=9명이므로

$0.04x-0.02y=9$ … ㉡

㉡의 양변에 50을 곱하면

$2x-y=450$ … ㉡′

㉠+㉡′을 하면

$3x=1500$

$\therefore x=500$

$$\begin{array}{r} x+y=1050 \\ +)\ 2x-y=\ 450 \\ \hline 3x\quad =1500 \end{array}$$

$x=500$을 ㉠에 대입하면

$500+y=1050$ $\therefore y=550$

금년의 남학생 수 : $500+0.04x=500+20$
$=520$(명)

금년의 여학생 수 : $550-0.02y=550-11$
$=539$(명)

답 **남학생 : 520명, 여학생 : 539명**

본문 75쪽

1. 〈구하는 것〉 **어머니의 나이와 아들의 나이**

어머니의 나이를 x살, 아들의 나이를 y살이라고 하자.

나이의 합이 46이므로 $x+y=46$ … ㉠

나이의 차가 32이므로 $x-y=32$ … ㉡

㉠+㉡을 하면 $2x=78$ $\therefore x=39$

$x=39$를 ㉠에 대입하면 $39+y=46$

$\therefore y=46-39=7$

답 **어머니 : 39살, 아들 : 7살**

2. 〈구하는 것〉 **형과 동생이 수영한 시간**

형이 수영한 시간을 x분, 동생이 수영한 시간을 y분이라고 하자.

형이 동생보다 3분 더 했으므로

$x=y+3$ … ㉠

형과 동생이 수영한 시간의 합이 25분이므로

$x+y=25$ … ㉡

㉠을 ㉡에 대입하면 $y+3+y=25$

$2y=25-3=22$ $\therefore y=11$

$y=11$을 ㉠에 대입하면 $x=11+3=14$

답 **형 : 14분, 동생 : 11분**

3. 〈구하는 것〉 어른과 학생 수

박물관에 입장한 어른을 x명, 학생을 y명이라고 하자.
어른과 학생이 모두 7명이므로 $x+y=7$ … ㉠
(어른 전체의 입장료)$=1200x$원
(학생 전체의 입장료)$=600y$원
입장료 총액이 6600원이므로
$1200x+600y=6600$ … ㉡
㉡÷600을 하면 $2x+y=11$ … ㉡′
㉡′−㉠을 하면 $x=4$
$x=4$를 ㉠에 대입하면
$4+y=7$ ∴ $y=3$

$$\begin{array}{rr} & 2x+y=11 \\ -) & x+y=\ 7 \\ \hline & x \quad\ \ =\ 4 \end{array}$$

답 **어른 : 4명, 학생 : 3명**

4. 〈구하는 것〉 사과 1개와 배 1개의 값

사과 1개의 값을 x원, 배 1개의 값을 y원이라고 하자.
(사과 4개의 값)$=4x$원
(배 2개의 값)$=2y$원
$4x+2y=7000$ ∴ $2x+y=3500$ … ㉠
배가 사과보다 3배 비싸므로 $y=3x$ … ㉡
㉡을 ㉠에 대입하면 $2x+3x=3500$
$5x=3500$ ∴ $x=700$
$x=700$을 ㉡에 대입하면 $y=2100$

답 **사과 : 700원, 배 : 2100원**

5. 〈구하는 것〉 빵 1개와 우유 1개의 값

빵 1개의 값을 x원, 우유 1개의 값을 y원이라고 하자.
(빵 2개의 값)+(우유 1개의 값)$=1600$원
　↳ $2x$　　↳ y
∴ $2x+y=1600$ … ㉠
(빵 3개의 값)+(우유 2개의 값)$=2600$원
　↳ $3x$　　↳ $2y$
∴ $3x+2y=2600$ … ㉡
㉠×2−㉡을 하면 $x=600$
이것을 ㉠에 대입하면
$1200+y=1600$
∴ $y=400$

$$\begin{array}{rr} & 4x+2y=3200 \\ -) & 3x+2y=2600 \\ \hline & x \quad\ \ =\ 600 \end{array}$$

답 **빵 : 600원, 우유 : 400원**

6. 〈구하는 것〉 두 자리의 자연수

십의 자리의 숫자를 x, 일의 자리의 숫자를 y라고 하면 두 자리의 자연수는 $10x+y$이다.
십의 자리의 숫자의 2배는 일의 자리의 숫자보다 1이 크므로 $2x=y+1$
∴ $2x-y=1$ … ㉠
십의 자리의 숫자와 일의 자리의 숫자를 바꾼 수 $10y+x$는 처음 수 $10x+y$보다 9가 크므로
$10y+x=10x+y+9$
$10y+x-10x-y=9$, $-9x+9y=9$
∴ $x-y=-1$ … ㉡
㉠−㉡을 하면 $x=2$
이것을 ㉠에 대입하면
$4-y=1$ ∴ $y=3$
따라서, 구하는 수는 **23** ← 답

$$\begin{array}{rr} & 2x-y=1 \\ -) & x-y=-1 \\ \hline & x \quad\ =2 \end{array}$$

7. 〈구하는 것〉 걸어 간 거리와 뛰어 간 거리

걸어 간 거리를 $x$km, 뛰어 간 거리를 $y$km라고 하자.
(걸어 간 거리)+(뛰어 간 거리)$=1.5$km이므로
$x+y=1.5$ … ㉠
(걸어 간 시간)$=\frac{x}{4}$시간, (뛰어 간 시간)$=\frac{y}{10}$시간
18분$=\frac{18}{60}$시간이므로
$\frac{x}{4}+\frac{y}{10}=\frac{18}{60}$ … ㉡
㉡의 양변에 60을 곱하면
$15x+6y=18$ … ㉡′
㉠×6−㉡′을 하면
$-9x=-9$에서 $x=1$
$x=1$을 ㉠에 대입하면
$1+y=1.5$ ∴ $y=0.5$

$$\begin{array}{rr} & 6x+6y=\ 9 \\ -) & 15x+6y=18 \\ \hline & -9x \quad\ \ =-9 \end{array}$$

답 **걸어 간 거리 : 1km, 뛰어 간 거리 : 0.5km**

채점기준

서술 과정	점수
걸어 간 거리를 $x$km, 뛰어 간 거리를 $y$km라 할 때 $x+y=1.5$ … ㉠	2점
이동한 시간 18분$=\frac{18}{60}$시간이므로 $\frac{x}{4}+\frac{y}{10}=\frac{18}{60}$ … ㉡	2점
㉠, ㉡을 연립하여 풀면 $x=1$, $y=0.5$	1점

8. 〈구하는 것〉 5%와 8%의 설탕물의 양

5%의 설탕물을 xg, 8%의 설탕물을 yg이라고 하자.
(5%의 설탕물)+(8%의 설탕물)$=300$g이므로
$x+y=300$ … ㉠
5%의 설탕물 xg 속의 설탕의 양 : $0.05x$g
8%의 설탕물 yg 속의 설탕의 양 : $0.08y$g
6%의 설탕물 300g 속의 설탕의 양 :
$300\times0.06=18$(g)
∴ $0.05x+0.08y=18$ … ㉡
㉡의 양변에 100을 곱하면
$5x+8y=1800$ … ㉡′

㉠×5−㉡′을 하면

$-3y=-300$에서 $y=100$

$y=100$을 ㉠에 대입하면

$x+100=300$ $\quad\therefore x=200$

$$\begin{array}{rl} & 5x+5y=1500 \\ -) & 5x+8y=1800 \\ \hline & -3y=-300 \end{array}$$

답 **5% 설탕물 : 200g, 8% 설탕물 : 100g**

채점기준

서술 과정	점수
5%의 설탕물을 xg, 8%의 설탕물을 yg이라 할 때 $x+y=300$ ⋯ ㉠	2점
혼합 전후의 전체의 설탕의 양은 변함이 없으므로 $0.05x+0.08y=18$ ⋯ ㉡	2점
㉠, ㉡을 연립하여 풀면 $x=200$, $y=100$	1점

6. 부등식　II. 문자와 식

본문 77쪽

1. (1) (x보다 7 큰 수)$=x+7$

$x+7$이 5보다 작으므로 $\quad x+7<5$

(2) (3kg인 물건 x개의 무게)$=3x$kg

(상자의 무게)+(물건의 무게)$=(2+3x)$kg

이것이 15kg 이하이므로 $\quad 2+3x\le15$

답 (1) $\boldsymbol{x+7<5}$ (2) $\boldsymbol{2+3x\le15}$

2. (1) $x=-1$: $5-(-1)>3$ (참) ← $5-(-1)=6$

$x=0$: $5-0>3$ (참)

$x=1$: $5-1>3$ (참)

$x=2$: $5-2>3$ (거짓)

따라서, 해는 -1, 0, 1

(2) $x=-1$: $3\times(-1)-1<2$ (참) ← $3\times(-1)-1=-4$

$x=0$: $3\times0-1<2$ (참) ← $3\times0-1=-1$

$x=1$: $3\times1-1<2$ (거짓) ← $3\times1-1=2$

$x=2$: $3\times2-1<2$ (거짓) ← $3\times2-1=5$

따라서, 해는 -1, 0

답 (1) **−1, 0, 1** (2) **−1, 0**

본문 78쪽

3. (1) $a+2<b+2$의 양변에서 2를 빼면

$a+2-2<b+2-2 \quad\therefore a<b$

(2) $a-5>b-5$의 양변에 5를 더하면

$a-5+5>b-5+5 \quad\therefore a>b$

(3) $5a\ge5b$의 양변을 5로 나누면

$\dfrac{5a}{5}\ge\dfrac{5b}{5} \quad\therefore a\ge b$

(4) $-7a\le-7b$의 양변을 -7로 나누면

$\dfrac{-7a}{-7}\ge\dfrac{-7b}{-7} \quad\therefore a\ge b$

(5) $-\dfrac{a}{5}\ge-\dfrac{b}{5}$의 양변에 -5를 곱하면

$-\dfrac{a}{5}\times(-5)\le-\dfrac{b}{5}\times(-5) \quad\therefore a\le b$

(6) $-\dfrac{a}{7}+3\le-\dfrac{b}{7}+3$의 양변에서 3을 빼면

$-\dfrac{a}{7}+3-3\le-\dfrac{b}{7}+3-3$, $-\dfrac{a}{7}\le-\dfrac{b}{7}$ ⋯ ㉠

㉠의 양변에 -7을 곱하면

$-\dfrac{a}{7}\times(-7)\ge-\dfrac{b}{7}\times(-7) \quad\therefore a\ge b$

답 (1) $\boldsymbol{a<b}$ (2) $\boldsymbol{a>b}$ (3) $\boldsymbol{a\ge b}$
(4) $\boldsymbol{a\ge b}$ (5) $\boldsymbol{a\le b}$ (6) $\boldsymbol{a\ge b}$

4. (1) $x<4$의 양변에 5를 더하면

$x+5<4+5 \quad\therefore x+5<9$

(2) $x<4$의 양변에서 5를 빼면

$x-5<4-5 \quad\therefore x-5<-1$

(3) $x<4$의 양변에 -2를 곱하면

$-2x>-8$

(4) $x<4$의 양변을 2로 나누면

$\dfrac{x}{2}<\dfrac{4}{2} \quad\therefore \dfrac{x}{2}<2$

답 (1) $\boldsymbol{x+5<9}$ (2) $\boldsymbol{x-5<-1}$
(3) $\boldsymbol{-2x>-8}$ (4) $\boldsymbol{\dfrac{x}{2}<2}$

본문 80쪽

1. (1) 1을 이항하면 $3x<-5-1$, $3x<-6$ ⋯ ㉠

㉠의 양변을 3으로 나누면

$\dfrac{3x}{3}<\dfrac{-6}{3} \quad\therefore x<-2$

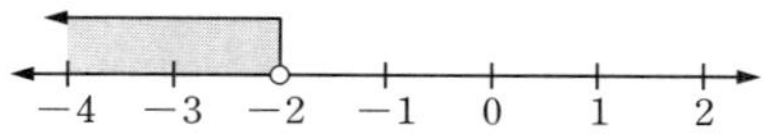

(2) 5를 이항하면 $-2x\le11-5$, $-2x\le6$ ⋯ ㉡

㉡의 양변을 -2로 나누면

$\dfrac{-2x}{-2}\ge\dfrac{6}{-2} \quad\therefore x\ge-3$

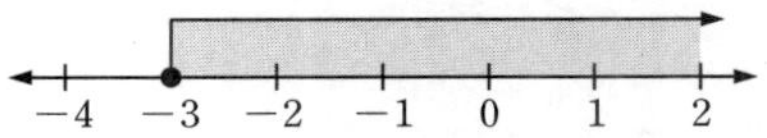

답 (1) $\boldsymbol{x<-2}$ (2) $\boldsymbol{x\geq -3}$

2. (1) $2x$를 이항하면 $5x-2x\geq -9$, $3x\geq -9$ ⋯ ㉠
㉠의 양변을 3으로 나누면
$\frac{3x}{3}\geq\frac{-9}{3}$ $\therefore$ $x\geq -3$
(2) -4와 $2x$를 이항하면 $4x-2x\leq 4$, $2x\leq 4$ ⋯ ㉡
㉡의 양변을 2로 나누면
$\frac{2x}{2}\leq\frac{4}{2}$ $\therefore$ $x\leq 2$
(3) 1과 $4x$를 이항하면
$2x-4x<-1-1$, $-2x<-2$ ⋯ ㉢
㉢의 양변을 -2로 나누면
$\frac{-2x}{-2}>\frac{-2}{-2}$ $\therefore$ $x>1$
(4) 5와 $4x$를 이항하면
$x-4x>-4-5$, $-3x>-9$ ⋯ ㉣
㉣의 양변을 -3으로 나누면
$\frac{-3x}{-3}<\frac{-9}{-3}$ $\therefore$ $x<3$

답 (1) $\boldsymbol{x\geq -3}$ (2) $\boldsymbol{x\leq 2}$
(3) $\boldsymbol{x>1}$ (4) $\boldsymbol{x<3}$

본문 82쪽

1. (1) 괄호를 풀면 $3x-6<2x+16$
-6과 $2x$를 이항하면
$3x-2x<16+6$ $\therefore$ $x<22$
(2) 괄호를 풀면 $3x-3-5x-5>4$, $-2x-8>4$
-8을 이항하면 $-2x>4+8$, $-2x>12$ ⋯ ㉠
㉠의 양변을 -2로 나누면 $x<-6$
(3) 괄호를 풀면 $6x-2-3x-3<1$, $3x-5<1$
-5를 이항하면 $3x<1+5$, $3x<6$ ⋯ ㉡
㉡의 양변을 3으로 나누면 $x<2$
(4) 괄호를 풀면 $4-5-3x\leq -2x+4$
$-1-3x\leq -2x+4$
-1과 $-2x$를 이항하면
$-3x+2x\leq 4+1$, $-x\leq 5$ ⋯ ㉢
㉢의 양변에 -1을 곱하면 $x\geq -5$

답 (1) $\boldsymbol{x<22}$ (2) $\boldsymbol{x<-6}$
(3) $\boldsymbol{x<2}$ (4) $\boldsymbol{x\geq -5}$

2. (1) 양변에 10을 곱하면 $12x+7\leq 5x-42$
$12x-5x\leq -42-7$, $7x\leq -49$
$\therefore$ $x\leq -7$
(2) 양변에 10을 곱하면 $3x-5>8x-20$
$3x-8x>-20+5$, $-5x>-15$
$\therefore$ $x<3$
(3) 괄호를 풀면 $0.4x-1.5<0.6x+2.1$
양변에 10을 곱하면 $4x-15<6x+21$
$4x-6x<21+15$, $-2x<36$
$\therefore$ $x>-18$
(4) 괄호를 풀면 $1.2x+0.4x+8\geq 1.6$
양변에 10을 곱하면 $12x+4x+80\geq 16$
$16x\geq 16-80$, $16x\geq -64$ $\therefore$ $x\geq -4$

답 (1) $\boldsymbol{x\leq -7}$ (2) $\boldsymbol{x<3}$
(3) $\boldsymbol{x>-18}$ (4) $\boldsymbol{x\geq -4}$

본문 83쪽

3. (1) 양변에 6을 곱하면 $6\left(\frac{x-5}{3}+1\right)>6\times\frac{1}{2}x$
$2(x-5)+6>3x$, $2x-10+6>3x$
$2x-4>3x$, $2x-3x>4$
$-x>4$ $\therefore$ $x<-4$
(2) 양변에 4를 곱하면 $4\left(\frac{1}{2}x-1\right)\geq 4\left(\frac{3}{4}x+2\right)$
$2x-4\geq 3x+8$, $2x-3x\geq 8+4$
$-x\geq 12$ $\therefore$ $x\leq -12$

답 (1) $\boldsymbol{x<-4}$ (2) $\boldsymbol{x\leq -12}$

4. (1) $ax+a\leq 0$에서 a를 이항하면 $ax\leq -a$
양변을 음수 a로 나누면
$\frac{ax}{a}\geq\frac{-a}{a}$ $\therefore$ $x\geq -1$
(2) $x+a=3$의 해가 $x=7$이므로
$7+a=3$ $\therefore$ $a=3-7=-4$

답 (1) $\boldsymbol{x\geq -1}$ (2) $\boldsymbol{-4}$

본문 84쪽

1. (1) $x<-1$의 양변에 5를 더하면
$x+5<-1+5$ $\therefore$ $x+5<4$
(2) $x<-1$의 양변에서 5를 빼면
$x-5<-1-5$ $\therefore$ $x-5<-6$

답 (1) $\boldsymbol{x+5<4}$ (2) $\boldsymbol{x-5<-6}$

2. (1) $a+5-5>b+5-5$ $\therefore$ $a>b$
(2) $a<b$의 양변에 2를 곱하면 $2a<2b$
$2a<2b$의 양변에서 3을 빼면 $2a-3<2b-3$
(3) $-\frac{a}{10}\leq -\frac{b}{10}$의 양변에 -10을 곱하면
$-\frac{a}{10}\times(-10)\geq -\frac{b}{10}\times(-10)$ $\therefore$ $a\geq b$

(4) $a \geq b$의 양변을 -4로 나누면

$\frac{a}{-4} \leq \frac{b}{-4}$에서 $-\frac{a}{4} \leq -\frac{b}{4}$ … ㉠

㉠의 양변에 2를 더하면 $-\frac{a}{4}+2 \leq -\frac{b}{4}+2$

답 (1) $>$ (2) $<$ (3) $\geq$ (4) $\leq$

3. (1) $-3+2a<-3+2b$의 양변에 3을 더하면

$-3+2a+3<-3+2b+3$ $\therefore 2a<2b$

$2a<2b$의 양변을 2로 나누면 $a<b$

(2) $a<b$의 양변에 -2를 곱하면 $-2a>-2b$

$-2a>-2b$의 양변에서 5를 빼면

$-2a-5>-2b-5$

답 (1) $<$ (2) $>$

4. (1) $x \geq 9-2$ $\therefore x \geq 7$

(2) $x<-6+4$ $\therefore x<-2$

(3) $\frac{2x}{2} \geq \frac{16}{2}$ $\therefore x \geq 8$

(4) $-\frac{2}{5}x \times \left(-\frac{5}{2}\right)<4 \times \left(-\frac{5}{2}\right)$ $\therefore x<-10$

답 (1) $\boldsymbol{x \geq 7}$ (2) $\boldsymbol{x<-2}$ (3) $\boldsymbol{x \geq 8}$ (4) $\boldsymbol{x<-10}$

5. (1) $3x>4+5$, $3x>9$ $\therefore x>3$

(2) $-6x<19-1$, $-6x<18$ $\therefore x>-3$

(3) $4x-x \leq -6$, $3x \leq -6$ $\therefore x \leq -2$

(4) $2x-5x \geq 9$, $-3x \geq 9$ $\therefore x \leq -3$

(5) $x-2x \geq -7-3$, $-x \geq -10$ $\therefore x \leq 10$

(6) $5x+3x<-4+6$, $8x<2$ $\therefore x<\frac{1}{4}$

답 (1) $\boldsymbol{x>3}$ (2) $\boldsymbol{x>-3}$ (3) $\boldsymbol{x \leq -2}$ (4) $\boldsymbol{x \leq -3}$ (5) $\boldsymbol{x \leq 10}$ (6) $\boldsymbol{x<\frac{1}{4}}$

6. (1) $3x-6<x$, $3x-x<6$, $2x<6$ $\therefore x<3$

(2) $x \geq 2x-8$, $x-2x \geq -8$, $-x \geq -8$ $\therefore x \leq 8$

(3) $5x-5 \geq x+15$, $5x-x \geq 15+5$

$4x \geq 20$ $\therefore x \geq 5$

(4) $5x-3x-6<4$, $2x-6<4$

$2x<4+6$, $2x<10$ $\therefore x<5$

(5) $-x+6<3x-6$, $-x-3x<-6-6$

$-4x<-12$ $\therefore x>3$

(6) $3x-6 \geq 8-2x-6$, $3x-6 \geq 2-2x$

$3x+2x \geq 2+6$, $5x \geq 8$ $\therefore x \geq \frac{8}{5}$

답 (1) $\boldsymbol{x<3}$ (2) $\boldsymbol{x \leq 8}$ (3) $\boldsymbol{x \geq 5}$ (4) $\boldsymbol{x<5}$ (5) $\boldsymbol{x>3}$ (6) $\boldsymbol{x \geq \frac{8}{5}}$

본문 85쪽

7. (1) $6x-12 \leq 5x$, $6x-5x \leq 12$ $\therefore x \leq 12$

(2) $2x-10>7x+5$, $2x-7x>5+10$

$-5x>15$ $\therefore x<-3$

(3) $0.1x+0.9 \geq 0.3x-0.3$

$x+9 \geq 3x-3$, $x-3x \geq -3-9$

$-2x \geq -12$ $\therefore x \leq 6$

(4) $0.6x-0.9>3.5x+2$

$6x-9>35x+20$, $6x-35x>20+9$

$-29x>29$ $\therefore x<-1$

답 (1) $\boldsymbol{x \leq 12}$ (2) $\boldsymbol{x<-3}$ (3) $\boldsymbol{x \leq 6}$ (4) $\boldsymbol{x<-1}$

8. (1) 양변에 6을 곱하면

$6 \times \frac{2}{3}x+6 \times \frac{x}{2}<6 \times \frac{11}{6}$

$4x+3x<11$, $7x<11$ $\therefore x<\frac{11}{7}$

(2) 양변에 4를 곱하면

$4 \times \frac{1}{2}x-2 \times 4 \geq 4 \times \frac{3}{4}x+1 \times 4$

$2x-8 \geq 3x+4$, $2x-3x \geq 4+8$

$-x \geq 12$ $\therefore x \leq -12$

(3) 양변에 10을 곱하면

$4x-2x<21+5x$, $2x<21+5x$

$2x-5x<21$, $-3x<21$ $\therefore x>-7$

(4) $\frac{6}{5}x+1.2 \leq 0.2x+1$

양변에 10을 곱하면

$12x+12 \leq 2x+10$, $12x-2x \leq 10-12$

$10x \leq -2$ $\therefore x \leq -\frac{1}{5}$

답 (1) $\boldsymbol{x<\frac{11}{7}}$ (2) $\boldsymbol{x \leq -12}$ (3) $\boldsymbol{x>-7}$ (4) $\boldsymbol{x \leq -\frac{1}{5}}$

9. 양변에 20을 곱하면

$20 \times \frac{x-2}{4}-20 \times \frac{2x-3}{5}<20$

$5(x-2)-4(2x-3)<20$

$5x-10-8x+12<20$

$-3x+2<20$, $-3x<20-2$

$-3x<18$ $\therefore x>-6$

$x>-6$을 만족하는 정수는 $-5, -4, -3, \cdots$

따라서, 가장 작은 정수는 $\boldsymbol{-5}$ ← 답

10. 양변에 12를 곱하면

$12\times\frac{x-2}{3}-12\times\frac{2x-3}{4}>12$

$4(x-2)-3(2x-3)>12$

$4x-8-6x+9>12,\ -2x+1>12$

$-2x>12-1,\ -2x>11 \quad \therefore\ x<-\frac{11}{2}$

$x<-\frac{11}{2}$ 을 만족하는 정수는 $-6,\ -7,\ -8,\ \cdots$

따라서, 가장 큰 정수는 $\mathbf{-6}$ ← 답

11. $-1<x\le3$의 각 변에 -2를 곱하면

$-1\times(-2)>x\times(-2)\ge3\times(-2)$

$-6\le-2x<2 \quad \cdots$ ㉠

㉠의 각 변에 5를 더하면

$5-6\le5-2x<5+2$

$\therefore\ \mathbf{-1\le5-2x<7}$ ← 답

12. $ax-6=0$의 해가 $x=-2$이므로 $-2a-6=0$

$\therefore\ \mathbf{a=-3}$ ← 답

13. $1-ax>0$에서 $-ax>-1 \quad \cdots$ ㉠

$a<0$이므로 $-a>0$

양수 $-a$로 ㉠의 양변을 나누면

$\frac{-ax}{-a}>\frac{-1}{-a} \quad \therefore\ \mathbf{x>\frac{1}{a}}$ ← 답

14. $a<1$이므로 $a-1<0$

$(a-1)x<3a-3$에서 $(a-1)x<3(a-1) \quad \cdots$ ㉠

음수 $a-1$로 ㉠의 양변을 나누면

$\frac{(a-1)x}{a-1}>\frac{3(a-1)}{a-1} \quad \therefore\ \mathbf{x>3}$ ← 답

7. 일차부등식의 활용 | Ⅱ. 문자와 식

본문 87쪽

1. (1) $3x+8\ge2$: $3x\ge2-8,\ 3x\ge-6$

$\therefore\ x\ge-2 \quad \cdots$ ㉠

$2x-6<0$: $2x<6 \quad \therefore\ x<3 \quad \cdots$ ㉡

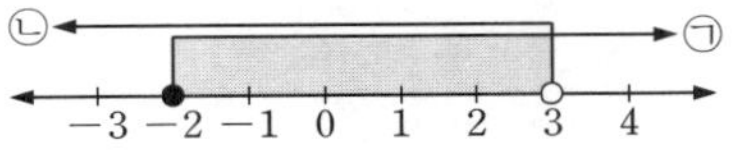

㉠, ㉡에서 $-2\le x<3$

(2) $2x+9>7$: $2x>7-9,\ 2x>-2$

$\therefore\ x>-1 \quad \cdots$ ㉠

$5x\le2x+9$: $5x-2x\le9,\ 3x\le9$

$\therefore\ x\le3 \quad \cdots$ ㉡

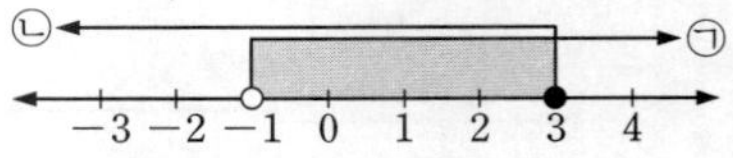

㉠, ㉡에서 $-1<x\le3$

(3) $3x+2>-10$: $3x>-10-2,\ 3x>-12$

$\therefore\ x>-4 \quad \cdots$ ㉠

$11-5x\ge x-13$: $-5x-x\ge-13-11$

$-6x\ge-24 \quad \therefore\ x\le4 \quad \cdots$ ㉡

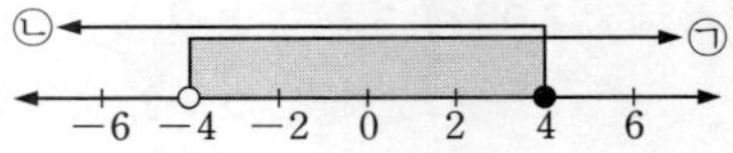

㉠, ㉡에서 $-4<x\le4$

답 (1) $\mathbf{-2\le x<3}$ (2) $\mathbf{-1<x\le3}$ (3) $\mathbf{-4<x\le4}$

2. (1) $3x+6>-3$: $3x>-3-6,\ 3x>-9$

$\therefore\ x>-3 \quad \cdots$ ㉠

$8-4x\le0$: $-4x\le-8 \quad \therefore\ x\ge2 \quad \cdots$ ㉡

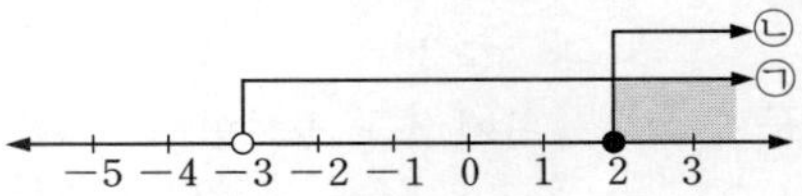

㉠, ㉡에서 $x\ge2$

(2) $2x+3>1$: $2x>1-3,\ 2x>-2$

$\therefore\ x>-1 \quad \cdots$ ㉠

$3x-1\ge2x$: $3x-2x\ge1 \quad \therefore\ x\ge1 \quad \cdots$ ㉡

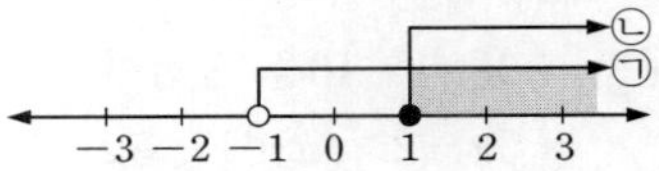

㉠, ㉡에서 $x\ge1$

(3) $2x+2<x-1$: $2x-x<-1-2$

$\therefore\ x<-3 \quad \cdots$ ㉠

$5x\le4x+1$: $5x-4x\le1$

$\therefore\ x\le1 \quad \cdots$ ㉡

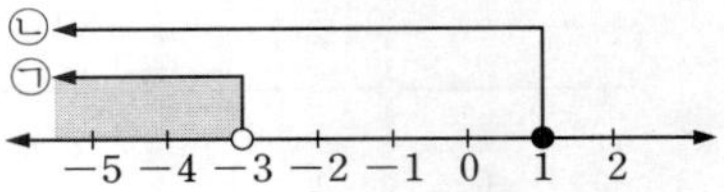

㉠, ㉡에서 $x<-3$

답 (1) $\mathbf{x\ge2}$ (2) $\mathbf{x\ge1}$ (3) $\mathbf{x<-3}$

본문 88쪽

3. (1) 첫째 식 : 괄호를 풀면 $30-10x\ge2x+6$

$-10x-2x\ge6-30,\ -12x\ge-24$

$\therefore\ x\le2 \quad \cdots$ ㉠

둘째 식 : 양변에 15를 곱하면

$3x+5x\geq16$, $8x\geq16$

$\therefore\ x\geq2$ $\cdots$ ㉡

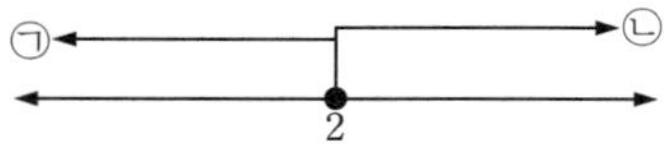

㉠, ㉡에서 $x=2$

(2) 첫째 식 : 양변에 10을 곱하면

$3x+10\leq6x-8$, $3x-6x\leq-8-10$

$-3x\leq-18$ $\quad\therefore\ x\geq6$ $\cdots$ ㉠

둘째 식 : 양변에 5를 곱하면

$x+5\geq2x-1$, $x-2x\geq-1-5$

$-x\geq-6$ $\quad\therefore\ x\leq6$ $\cdots$ ㉡

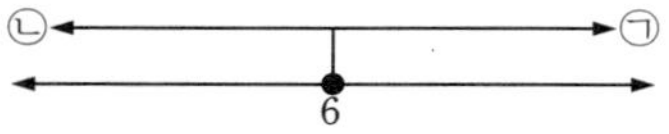

㉠, ㉡에서 $x=6$

답 (1) $\boldsymbol{x=2}$ (2) $\boldsymbol{x=6}$

4. (1) 첫째 식 : 괄호를 풀면 $4x+4\geq18-3x$

$4x+3x\geq18-4$, $7x\geq14$

$\therefore\ x\geq2$ $\cdots$ ㉠

둘째 식 : 양변에 4를 곱하면

$x+6\leq-2x$, $x+2x\leq-6$

$3x\leq-6$ $\quad\therefore\ x\leq-2$ $\cdots$ ㉡

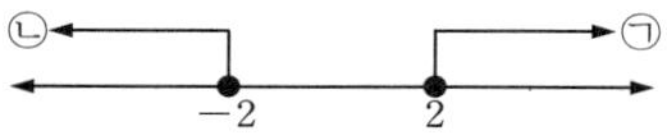

㉠, ㉡에서 해는 없다.

(2) 첫째 식 : 양변에 10을 곱하면

$6x-2>4x+12$, $6x-4x>12+2$

$2x>14$ $\quad\therefore\ x>7$ $\cdots$ ㉠

둘째 식 : 양변에 10을 곱하면

$2(x-4)-5x>-20$

$2x-8-5x>-20$, $-3x>-20+8$

$-3x>-12$ $\quad\therefore\ x<4$ $\cdots$ ㉡

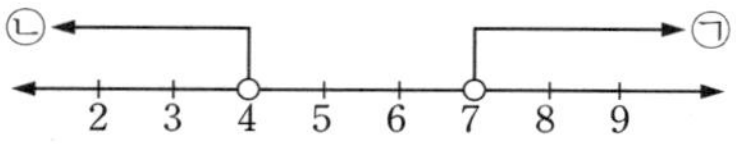

㉠, ㉡에서 해는 없다.

답 (1) **해는 없다** (2) **해는 없다**

본문 89쪽

5. (1) $\begin{cases}3x-1<2\\2<2x+4\end{cases}$ 를 푼다.

첫째 식 : $3x<2+1$, $3x<3$ $\quad\therefore\ x<1$ $\cdots$ ㉠

둘째 식 : $-2x<2$ $\quad\therefore\ x>-1$ $\cdots$ ㉡

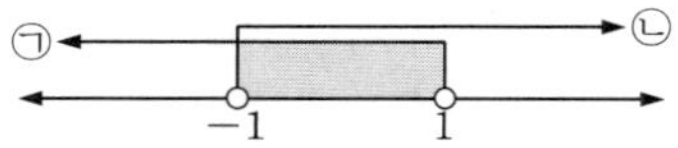

㉠, ㉡에서 $-1<x<1$

(2) $\begin{cases}4-x\leq3x-4\\3x-4<2(x+1)\end{cases}$ 을 푼다.

첫째 식 : $-x-3x\leq-4-4$, $-4x\leq-8$

$\therefore\ x\geq2$ $\cdots$ ㉠

둘째 식 : $3x-4<2x+2$, $3x-2x<2+4$

$\therefore\ x<6$ $\cdots$ ㉡

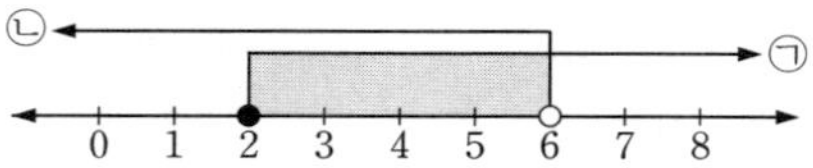

㉠, ㉡에서 $2\leq x<6$

답 (1) $\boldsymbol{-1<x<1}$ (2) $\boldsymbol{2\leq x<6}$

6. 첫째 식 : $x-2x>-1$, $-x>-1$ $\quad\therefore\ x<1$ $\cdots$ ㉠

둘째 식 : $3x-2x>a-1$ $\quad\therefore\ x>a-1$ $\cdots$ ㉡

연립부등식의 해가 존재하지 않도록 ㉠, ㉡을 수직선에 나타내면

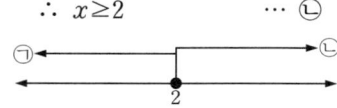

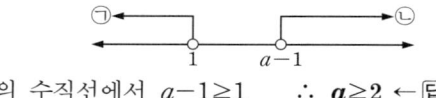

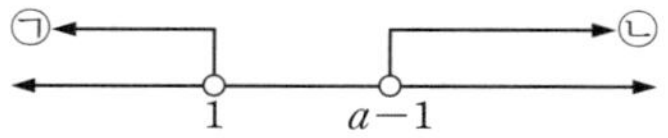

위의 수직선에서 $a-1\geq1$ $\quad\therefore\ \boldsymbol{a\geq2}$ ← 답

본문 91쪽

1. 어떤 정수를 x라 하면 x에서 5를 뺀 수의 2배는 $2(x-5)$이다. 이것이 30보다 크므로

$2(x-5)>30$, $2x-10>30$

$2x>30+10$, $2x>40$ $\quad\therefore\ x>20$

x는 정수이므로 $x=21, 22, 23, \cdots$

따라서, 가장 작은 정수는 **21** ← 답

2. (1) $x+(x+2)>x+5$에서 $x>3$

(2) 꼭지각을 $x°$라 하면 밑각은 $\frac{1}{2}(180°-x°)$

$x<\frac{1}{2}(180-x)$에서 $2x<180-x$

$2x+x<180$, $3x<180$ $\quad\therefore\ x<60$

답 (1) $\boldsymbol{x>3}$ (2) **60° 미만**

본문 92쪽

3. 물건을 x개 산다고 하자.

(동네 가게에서 물건 x개의 값)$=1000x$

(도매상에서 물건 x개의 값)$=800x$

(도매상에서 물건을 사는 데 필요한 돈)

$=800x+1100$

$\therefore\ 800x+1100<1000x$

$800x-1000x<-1100,\ -200x<-1100$

$\therefore\ x>5.5$

x는 자연수이므로 $x=6,\ 7,\ 8,\ \cdots$

따라서, 6개 이상 살 때에 이익이다.

답 **6개 이상**

4. $x$km까지 올라간다고 하자.

(올라갈 때 걸린 시간)$=\frac{x}{3}$시간

(내려올 때 걸린 시간)$=\frac{x}{4}$시간

2시간 20분$=$2시간$+\frac{1}{3}$시간$=\frac{7}{3}$시간

$\therefore\ \frac{x}{3}+\frac{x}{4}\le\frac{7}{3}$

양변에 12를 곱하면 $4x+3x\le28$

$7x\le28\qquad\therefore\ x\le4$

답 **4km**

본문 94쪽

1. 사다리꼴의 높이를 $x$cm라고 하자.

(사다리꼴의 넓이)$=\frac{(5+7)x}{2}=6x$

$\therefore\ 25\le6x<36,\ \frac{25}{6}\le x<6$

답 $\mathbf{\frac{25}{6}}$ **cm 이상 6cm 미만**

2. 물을 xg 증발시킨다고 하자.

(소금물의 양)$=(200-x)$g

(소금의 양)$=200\times0.05=10$(g)

(소금물의 농도)$=\frac{10}{200-x}\times100$ $\cdots$ ㉠

㉠의 농도가 8% 이상 10% 이하이므로

$8\le\frac{10}{200-x}\times100\le10$ $\cdots$ ㉡

㉡의 각 변에 $200-x$를 곱하면

$8(200-x)\le1000\le10(200-x)$

$\therefore\ \begin{cases}8(200-x)\le1000 & \cdots\ ㉢\\ 10(200-x)\ge1000 & \cdots\ ㉣\end{cases}$

㉢에서 $1600-8x\le1000,\ -8x\le1000-1600$

$-8x\le-600\qquad\therefore\ x\ge75$ $\cdots$ ㉢′

㉣에서 $2000-10x\ge1000,\ -10x\ge1000-2000$

$-10x\ge-1000\qquad\therefore\ x\le100$ $\cdots$ ㉣′

㉢′, ㉣′에서 $75\le x\le100$

답 **75g 이상 100g 이하**

Note : 물을 증발시키면 소금의 양은 변하지 않고 물의 양만 변한다.

본문 95쪽

1. (1) 첫째 식 : $x\ge1+2\qquad\therefore\ x\ge3$ $\cdots$ ㉠

둘째 식 : $x<7+1\qquad\therefore\ x<8$ $\cdots$ ㉡

㉠, ㉡에서 $3\le x<8$

(2) 첫째 식 : $x<10-3\qquad\therefore\ x<7$ $\cdots$ ㉠

둘째 식 : $2x-x>7-3\qquad\therefore\ x>4$ $\cdots$ ㉡

㉠, ㉡에서 $4<x<7$

(3) 첫째 식 : $2x>5-1,\ 2x>4\qquad\therefore\ x>2$ $\cdots$ ㉠

둘째 식 : $3x\le14+7,\ 3x\le21\qquad\therefore\ x\le7$ $\cdots$ ㉡

㉠, ㉡에서 $2<x\le7$

(4) 첫째 식 : $-x>-1-3,\ -x>-4$

$\therefore\ x<4$ $\cdots$ ㉠

둘째 식 : $3x\ge2+1,\ 3x\ge3$

$\therefore\ x\ge1$ $\cdots$ ㉡

㉠, ㉡에서 $1\le x<4$

답 (1) $\mathbf{3\le x<8}$ (2) $\mathbf{4<x<7}$ (3) $\mathbf{2<x\le7}$ (4) $\mathbf{1\le x<4}$

2. (1) 첫째 식 : $6x-3x>9+3,\ 3x>12$

$\therefore\ x>4$ $\cdots$ ㉠

둘째 식 : $-x<3-2,\ -x<1$

$\therefore\ x>-1$ $\cdots$ ㉡

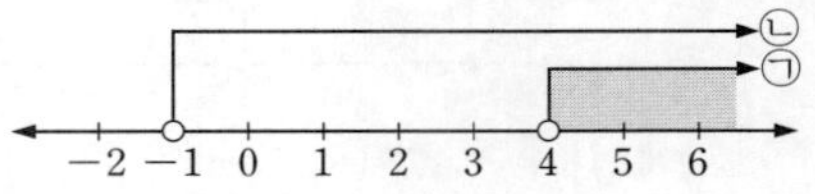

㉠, ㉡에서 $x>4$

(2) 첫째 식 : $3x-x>1-7,\ 2x>-6$

$\therefore\ x>-3$ $\cdots$ ㉠

둘째 식 : $-2x-x\le-2-4,\ -3x\le-6$

$\therefore\ x\ge2$ $\cdots$ ㉡

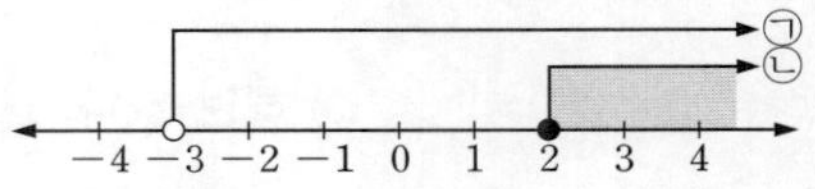

㉠, ㉡에서 $x\ge2$

(3) 첫째 식 : $-2x-x>7-4,\ -3x>3$

$\therefore\ x<-1$ $\cdots$ ㉠

둘째 식 : $-3x\ge-12-3,\ -3x\ge-15$

$\therefore\ x\le5$ $\cdots$ ㉡

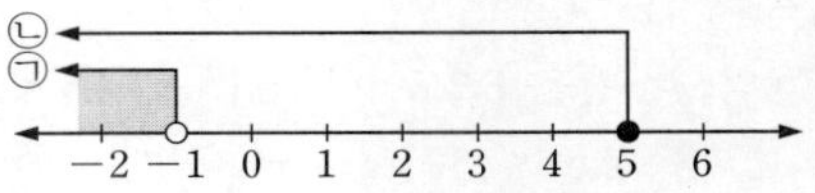

㉠, ㉡에서 $x<-1$

(4) 첫째 식 : $2x-2\ge x$, $2x-x\ge 2$ $\quad\therefore\ x\ge 2$ ⋯ ㉠

둘째 식 : $3x+6<4x-8$, $3x-4x<-8-6$

$-x<-14$ $\quad\therefore\ x>14$ ⋯ ㉡

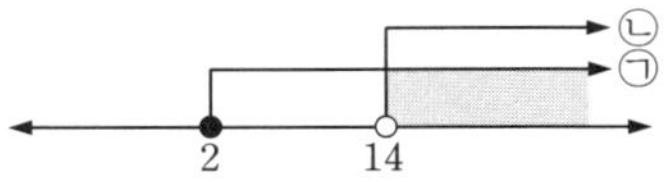

㉠, ㉡에서 $x>14$

답 (1) $\boldsymbol{x>4}$ (2) $\boldsymbol{x\ge 2}$
(3) $\boldsymbol{x<-1}$ (4) $\boldsymbol{x>14}$

3. (1) 첫째 식 : $2x\le -1-5$, $2x\le -6$

$\therefore\ x\le -3$ ⋯ ㉠

둘째 식 : $5x-3x\ge -2-4$, $2x\ge -6$

$\therefore\ x\ge -3$ ⋯ ㉡

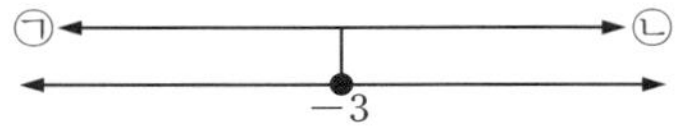

㉠, ㉡에서 $x=-3$

(2) 첫째 식 : $2x\le -3-7$, $2x\le -10$

$\therefore\ x\le -5$ ⋯ ㉠

둘째 식 : $5x-3x\ge -14+4$, $2x\ge -10$

$\therefore\ x\ge -5$ ⋯ ㉡

㉠, ㉡에서 $x=-5$

(3) 첫째 식 : $-x<2-3$, $-x<-1$

$\therefore\ x>1$ ⋯ ㉠

둘째 식 : $3x+3\le -3$, $3x\le -3-3$

$3x\le -6$ $\quad\therefore\ x\le -2$ ⋯ ㉡

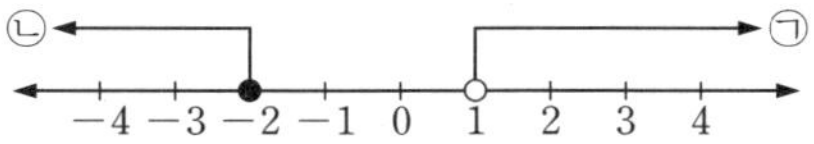

㉠, ㉡에서 해는 없다.

(4) 첫째 식 : $2x\le 1-3$, $2x\le -2$

$\therefore\ x\le -1$ ⋯ ㉠

둘째 식 : $3x>2+1$, $3x>3$

$\therefore\ x>1$ ⋯ ㉡

㉠, ㉡에서 해는 없다.

답 (1) $\boldsymbol{x=-3}$ (2) $\boldsymbol{x=-5}$
(3) **해는 없다** (4) **해는 없다**

4. (1) 각 변에 1을 더하면

$-5+1<2x-1+1<1+1$, $-4<2x<2$ ⋯ ㉠

㉠의 각 변을 2로 나누면 $-2<x<1$

(2) 각 변에서 4를 빼면

$-2-4<3x+4-4<19-4$

$-6<3x<15$ ⋯ ㉠

㉠의 각 변을 3으로 나누면 $-2<x<5$

(3) $\begin{cases} x-2<2x \\ 2x\le x+5 \end{cases}$

첫째 식 : $x-2x<2$, $-x<2$ $\quad\therefore\ x>-2$ ⋯ ㉠

둘째 식 : $2x-x\le 5$ $\quad\therefore\ x\le 5$ ⋯ ㉡

㉠, ㉡에서 $-2<x\le 5$

(4) $\begin{cases} 5x+9\le 3x+7 \\ 3x+7<4x+11 \end{cases}$

첫째 식 : $5x-3x\le 7-9$, $2x\le -2$

$\therefore\ x\le -1$ ⋯ ㉠

둘째 식 : $3x-4x<11-7$, $-x<4$

$\therefore\ x>-4$ ⋯ ㉡

㉠, ㉡에서 $-4<x\le -1$

답 (1) $\boldsymbol{-2<x<1}$ (2) $\boldsymbol{-2<x<5}$
(3) $\boldsymbol{-2<x\le 5}$ (4) $\boldsymbol{-4<x\le -1}$

5. (1) 첫째 식 : $4x-6\le 3x-5$, $4x-3x\le -5+6$

$\therefore\ x\le 1$ ⋯ ㉠

둘째 식 : $3x+6>5-2x+6$

$3x+2x>11-6$, $5x>5$

$\therefore\ x>1$ ⋯ ㉡

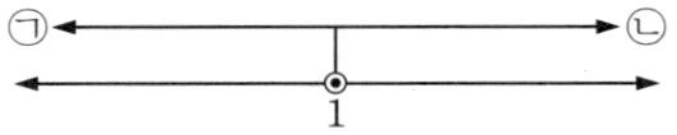

㉠, ㉡에서 해는 없다.

(2) 첫째 식 : $2x-5x-4\le 5$, $-3x\le 5+4$

$-3x\le 9$ $\quad\therefore\ x\ge -3$ ⋯ ㉠

둘째 식 : $4-3x+3\ge 7x-3$

$-3x-7x\ge -3-4-3$, $-10x\ge -10$

$\therefore\ x\le 1$ ⋯ ㉡

㉠, ㉡에서 $-3\le x\le 1$

(3) 첫째 식 : $4x-3x-6<5$, $x<5+6$

$\therefore\ x<11$ ⋯ ㉠

둘째 식 : $6x-12\le 5x$

$6x-5x\le 12$ $\quad\therefore\ x\le 12$ ⋯ ㉡

㉠, ㉡에서 $x<11$

(4) 첫째 식 : $0.3x-0.3\ge 0.1x+0.9$

$3x-3\ge x+9$, $3x-x\ge 9+3$

$2x\ge 12$ $\quad\therefore\ x\ge 6$ ⋯ ㉠

둘째 식 : $x\le 2x-8$, $x-2x\le -8$

$-x\le -8$ $\quad\therefore\ x\ge 8$ ⋯ ㉡

㉠, ㉡에서 $x\ge 8$

답 (1) **해는 없다** (2) $\boldsymbol{-3\le x\le 1}$
(3) $\boldsymbol{x<11}$ (4) $\boldsymbol{x\ge 8}$

6. (1) 첫째 식 : $5x+3x\le -14+6$, $8x\le -8$

$\therefore\ x\le -1$ ⋯ ㉠

둘째 식 : 양변에 6을 곱하면

$4x+3x\ge -7$, $7x\ge -7$

$\therefore\ x\ge -1$ ⋯ ㉡

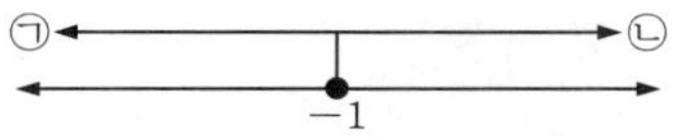

㉠, ㉡에서 $x=-1$

(2) 첫째 식 : 양변에 4를 곱하면

$2x-4\geq 3x+8,\ 2x-3x\geq 8+4$

$-x\geq 12 \quad \therefore\ x\leq -12 \quad \cdots$ ㉠

둘째 식 : $5x-5\geq x+11,\ 5x-x\geq 11+5$

$4x\geq 16 \quad \therefore\ x\geq 4 \quad \cdots$ ㉡

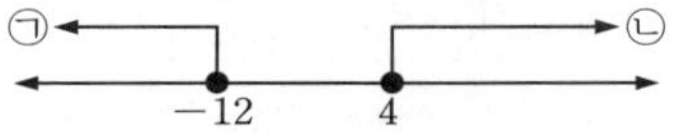

㉠, ㉡에서 해는 없다.

(3) 첫째 식 : 양변에 12를 곱하면

$4(x+5)-3(x-1)\leq 12$

$4x+20-3x+3\leq 12,\ x\leq 12-23$

$\therefore\ x\leq -11 \quad \cdots$ ㉠

둘째 식 : $4-3x>-x+13,\ -3x+x>13-4$

$-2x>9 \quad \therefore\ x<-4.5 \quad \cdots$ ㉡

㉠, ㉡에서 $x\leq -11$

(4) 첫째 식 : 양변에 6을 곱하면

$2(1-5x)-12<3-6(2x-3)$

$2-10x-12<3-12x+18$

$-10x-10<-12x+21$

$-10x+12x<21+10$

$2x<31 \quad \therefore\ x<15.5 \quad \cdots$ ㉠

둘째 식 : $14x-43\geq 20x-31$

$14x-20x\geq -31+43,\ -6x\geq 12$

$\therefore\ x\leq -2 \quad \cdots$ ㉡

㉠, ㉡에서 $x\leq -2$

답 (1) $\boldsymbol{x=-1}$ (2) **해는 없다**
(3) $\boldsymbol{x\leq -11}$ (4) $\boldsymbol{x\leq -2}$

본문 96쪽

7. A : $3x-x<-3-7,\ 2x<-10,\ x<-5$

$\therefore\ A^c=\{x\mid x\geq -5\}$

B : $-2x-3x>-2-8,\ -5x>-10,\ x<2$

$\therefore\ B=\{x\mid x<2\}$

$A^c\cap B=\{\boldsymbol{x\mid -5\leq x<2}\}$ ← 답

8. 첫째 식 : $x>3-2 \quad \therefore\ x>1 \quad \cdots$ ㉠

둘째 식 : $3x\leq 1+5,\ 3x\leq 6 \quad \therefore\ x\leq 2 \quad \cdots$ ㉡

㉠, ㉡에서 $1<x\leq 2 \quad \cdots$ ㉢

㉢을 만족하는 정수는 $\boldsymbol{x=2}$ ← 답

9. $\begin{cases} \dfrac{2x+5}{3}<\dfrac{x+6}{2} & \cdots ㉠ \\ \dfrac{x+6}{2}\leq\dfrac{3x+7}{4} & \cdots ㉡ \end{cases}$

㉠ : 양변에 6을 곱하면 $2(2x+5)<3(x+6)$

$4x+10<3x+18,\ 4x-3x<18-10$

$\therefore\ x<8 \quad \cdots$ ㉠′

㉡ : 양변에 4를 곱하면 $2(x+6)\leq 3x+7$

$2x+12\leq 3x+7,\ 2x-3x\leq 7-12$

$-x\leq -5 \quad \therefore\ x\geq 5 \quad \cdots$ ㉡′

㉠′, ㉡′에서 $5\leq x<8 \quad \cdots$ ㉢

㉢을 만족하는 정수는 **5, 6, 7** ← 답

10. $\begin{cases} x<\dfrac{4x-a}{2} & \cdots ㉠ \\ \dfrac{4x-a}{2}<6 & \cdots ㉡ \end{cases}$

㉠ : 양변에 2를 곱하면 $2x<4x-a$

$2x-4x<-a,\ -2x<-a$

$\therefore\ x>\dfrac{a}{2} \quad \cdots$ ㉠′

㉡ : 양변에 2를 곱하면

$4x-a<12,\ 4x<12+a$

$\therefore\ x<\dfrac{12+a}{4} \quad \cdots$ ㉡′

㉠′, ㉡′에서 $\dfrac{a}{2}<x<\dfrac{12+a}{4} \quad \cdots$ ㉢

㉢과 $b<x<4$를 비교하면

$\dfrac{a}{2}=b,\ \dfrac{12+a}{4}=4$

$12+a=16 \quad \therefore\ a=16-12=4$

$\dfrac{a}{2}=b$에서 $b=\dfrac{4}{2}=2$

답 $\boldsymbol{a=4,\ b=2}$

채점기준

서술 과정	점수
㉠의 해를 구한 경우	1점
㉡의 해를 구한 경우	1점
㉠, ㉡의 공통해를 구한 경우	1점
$\dfrac{a}{2}=b,\ \dfrac{12+a}{4}=4$	1점
$a=4,\ b=2$	1점

11. A : $3x<7+2,\ 3x<9 \quad \therefore\ x<3$

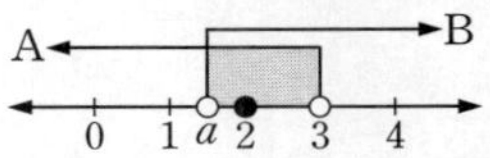

A∩B의 원소 중 정수가 하나뿐이려면 $1 \le a < 2$이다.

답 $1 \le a < 2$

Note : (i) $a=1$일 때 : $A \cap B = \{x \mid 1 < x < 3\}$이고
A∩B의 원소 중 정수는 $x=2$
따라서, $1 < a$가 아니고 $1 \le a$이다.
(ii) $a=2$일 때 : $A \cap B = \{x \mid 2 < x < 3\}$이고
A∩B의 원소 중 정수가 없다.
따라서, $a \le 2$가 아니고 $a < 2$이다.

12. 음악회에 참석하는 학생 수를 x명이라고 하자.
x명 전체의 입장료는 $6000x$원
30명의 단체 입장료는 $6000 \times 0.8 \times 30 = 144000$(원)
30명의 단체로 입장하는 것이 유리하려면
$6000x > 144000$, $x > 24$
x는 자연수이므로 $x=25, 26, 27, \cdots$
따라서, 25명 이상일 때에 단체 입장이 유리하다.

답 25명 이상

13. 역에서 상점까지의 거리를 $x$km라고 하자.
역에서 상점까지 왕복하는 데 걸린 시간은
$2 \times \frac{x}{4} = \frac{x}{2}$(시간)
물건을 사는 데 걸린 시간은 $\frac{15}{60} = \frac{1}{4}$시간
차가 오려면 1시간의 여유가 있으므로 $\frac{x}{2} + \frac{1}{4} < 1$
양변에 4를 곱하면 $2x+1<4$, $2x<3$
$\therefore x < 1.5$
따라서, 1.5km 내이다.

답 1.5km 내

14. 연속하는 세 홀수를 $x-2$, x, $x+2$라고 하자.
$39 <$(세 홀수의 합)< 51
$39 < x-2+x+x+2 < 51$
$39 < 3x < 51$
$\therefore 13 < x < 17$ $\cdots$ ㉠
㉠을 만족하는 홀수는 $x=15$

답 13, 15, 17

15. 물을 xg 더 넣는다고 하자.
(소금물의 양)$=(500+x)$g
(소금의 양)$=500 \times 0.12 = 60$(g)
이 때, 소금물의 농도 : $\frac{60}{500+x} \times 100$ $\cdots$ ㉠
㉠의 농도가 5% 이상 6% 이하이므로
$5 \le \frac{6000}{500+x} \le 6$ $\cdots$ ㉡
㉡의 각 변에 $500+x$를 곱하면
$5(500+x) \le 6000 \le 6(500+x)$

$$\begin{cases} 5(500+x) \le 6000 & \cdots ㉢ \\ 6(500+x) \ge 6000 & \cdots ㉣ \end{cases}$$

㉢ : $2500+5x \le 6000$, $5x \le 6000-2500$
$5x \le 3500$ $\therefore x \le 700$ $\cdots$ ㉢′
㉣ : $3000+6x \ge 6000$, $6x \ge 6000-3000$
$6x \ge 3000$ $\therefore x \ge 500$ $\cdots$ ㉣′
㉢′, ㉣′에서 $500 \le x \le 700$

답 500g 이상 700g 이하

채점기준

서술 과정	점수
(소금물의 양)$=(500+x)$g (소금의 양)$=60$g	1점
$5 \le \frac{6000}{500+x} \le 6$	2점
위의 부등식을 풀어 해를 구했을 때	2점

1. 일차함수와 그 그래프　III. 함수

본문 99쪽

1. (1) $\boldsymbol{y=2x+5}$　　(2) $\boldsymbol{y=-x-4}$

(3) $\boldsymbol{y=\frac{2}{3}x+2}$

2. (1) $y=-3x$를 y축의 음의 방향으로 5만큼 평행이동하면 $y=-3x-5$　　… ㉠

㉠이 점 $(1, k)$를 지나므로

$k=-3\times1-5=-3-5=-8$

(2) $y=-2x$를 y축의 방향으로 b만큼 평행이동하면

$y=-2x+b$　　… ㉡

㉡과 $y=ax-7$은 같은 식이므로

$a=-2,\ b=-7$

답 (1) -8　(2) $\boldsymbol{a=-2,\ b=-7}$

본문 101쪽

1. (1) x절편 : $y=0$이면 $0=x+2$　　$\therefore\ x=-2$

y절편 : $x=0$이면 $y=0+2=2$

(2) x절편 : $y=0$이면 $0=-5x+10$　　$\therefore\ x=2$

y절편 : $x=0$이면 $y=-5\times0+10=10$

(3) x절편 : $y=0$이면 $0=\frac{1}{2}x+5$　　$\therefore\ x=-10$

y절편 : $x=0$이면 $y=\frac{1}{2}\times0+5=5$

(4) x절편 : $y=0$이면 $0=-\frac{2}{3}x-4$　　$\therefore\ x=-6$

y절편 : $x=0$이면 $y=-\frac{2}{3}\times0-4=-4$

답

	(1)	(2)	(3)	(4)
x절편	**−2**	**2**	**−10**	**−6**
y절편	**2**	**10**	**5**	**−4**

2. (1) x절편 : $y=0$이면

$0=x-3,\ x=3$

$\therefore\ (3, 0)$

y절편 : $x=0$이면 $y=-3$

$\therefore\ (0, -3)$

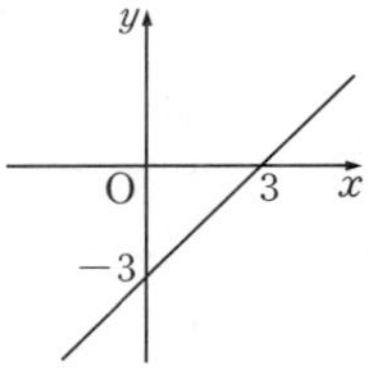

두 점 $(3, 0)$, $(0, -3)$을 지나는 직선을 그린다.

(2) x절편 : $y=0$이면

$0=-2x+4,\ x=2$

$\therefore\ (2, 0)$

y절편 : $x=0$이면

$y=-2\times0+4=4$

$\therefore\ (0, 4)$

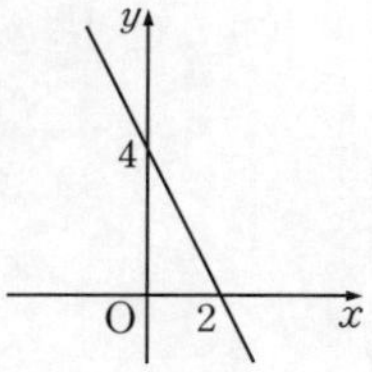

두 점 $(2, 0)$, $(0, 4)$를 지나는 직선을 그린다.

(3) x절편 : $y=0$이면

$0=\frac{2}{3}x-4,\ x=6$

$\therefore\ (6, 0)$

y절편 : $x=0$이면

$y=\frac{2}{3}\times0-4=-4$

$\therefore\ (0, -4)$

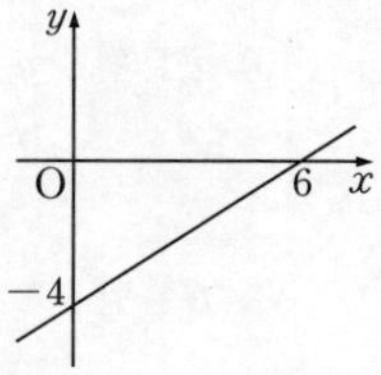

두 점 $(6, 0)$, $(0, -4)$를 지나는 직선을 그린다.

본문 102쪽

1. ①, ③, ⑤

2. 상수항이 -3인 일차함수는 $y=ax-3$　　… ㉠

$x=5,\ y=2$를 ㉠에 대입하면

$2=5a-3,\ 5a=5$　　$\therefore\ a=1$

따라서, $\boldsymbol{y=x-3}$ ←답

3. $x=2,\ y=a$를 $y=-2x+1$에 대입하면

$a=-4+1=-3$

$x=b,\ y=3$을 $y=-2x+1$에 대입하면

$3=-2b+1,\ 2b=-2$　　$\therefore\ b=-1$

답 $\boldsymbol{a=-3,\ b=-1}$

4. x, y좌표를 $y=3x-2$에 대입하면

① $5\neq3-2$　　② $3\neq6-2$

③ $-2=0-2$　　④ $7=9-2$

⑤ $-1\neq-3-2$　　⑥ $-8=-6-2$

답 ③, ④, ⑥

5. (1) **5**　　(2) $\boldsymbol{-\frac{5}{2}}$　　(3) $\boldsymbol{\frac{1}{4}}$

6. (1) x절편 : $y=0$이면 $0=x-2$

$x=2$　　$\therefore\ (2, 0)$

y절편 : $x=0$이면 $y=-2$

$\therefore\ (0, -2)$

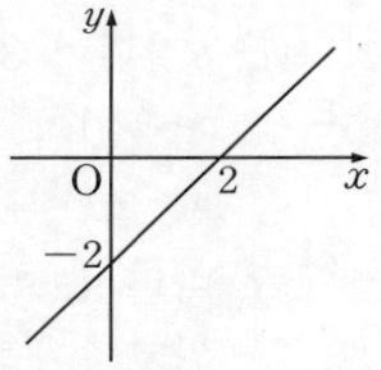

두 점 $(2, 0)$, $(0, -2)$를 지나는 직선을 그린다.

(2) x절편 : $y=0$이면

$0=3x-6$, $x=2$

$\therefore$ (2, 0)

y절편 : $x=0$이면 $y=-6$

$\therefore$ (0, -6)

두 점 (2, 0), (0, -6)을 지나는 직선을 그린다.

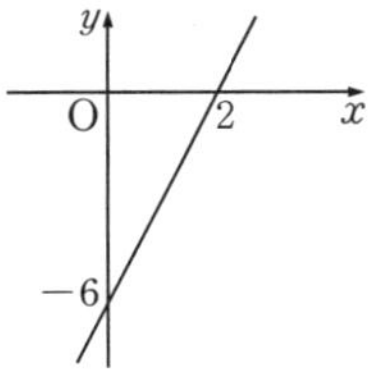

(3) x절편 : $y=0$이면

$0=-x+3$, $x=3$

$\therefore$ (3, 0)

y절편 : $x=0$이면 $y=3$

$\therefore$ (0, 3)

두 점 (3, 0), (0, 3)을 지나는 직선을 그린다.

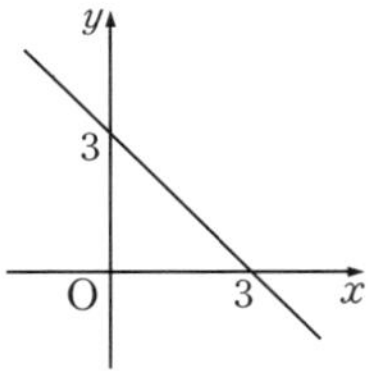

7. $y=ax+b$의 그래프의 y절편이 3이므로 $b=3$

$\therefore y=ax+3$ $\cdots$ ㉠

㉠의 x절편이 2이므로 ㉠에 $x=2$, $y=0$을 대입하면

$0=2a+3$ $\therefore a=-\frac{3}{2}$

답 $\boldsymbol{a=-\frac{3}{2}}$, $\boldsymbol{b=3}$

본문 104쪽

1. (1) x : $3 \longrightarrow 5$

(x의 값의 증가량)$=5-3=2$

y : $1 \longrightarrow 2$

(y의 값의 증가량)$=2-1=1$

$\therefore$ (기울기)$=\frac{1}{2}$

(2) x : $-5 \longrightarrow 1$

(x의 값의 증가량)$=1-(-5)=6$

y : $-2 \longrightarrow 6$

(y의 값의 증가량)$=6-(-2)=8$

$\therefore$ (기울기)$=\frac{8}{6}=\frac{4}{3}$

답 (1) $\frac{1}{2}$ (2) $\frac{4}{3}$

2. (1) y절편이 3이므로 점 (0, 3)을 지난다.

기울기가 1이므로 x가 오른쪽으로 1만큼 증가할 때, y도 위로 1만큼 증가한다.

따라서, 이 그래프는 점 (0, 3)에서 오른쪽으로 1, 위로 1만큼 증가한 점 (1, 4)를 지난다.

두 점 (0, 3), (1, 4)를 지나는 직선을 그린다.

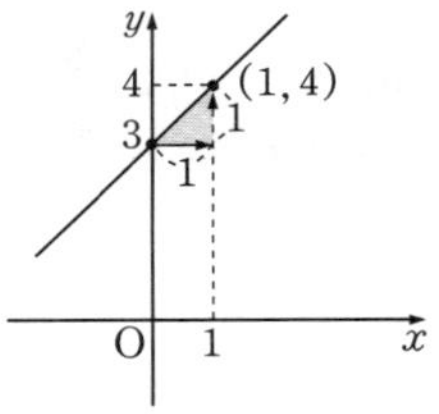

(2) y절편이 4이므로 점 (0, 4)를 지난다.

기울기가 $-2\left(=\frac{-2}{1}\right)$이므로 x가 오른쪽으로 1만큼 증가할 때 y는 아래로 2만큼 증가한다.

따라서, 점 (0, 4)에서 오른쪽으로 1, 아래로 2만큼 증가한 점 (1, 2)를 지난다.

두 점 (0, 4), (1, 2)를 지나는 직선을 그린다.

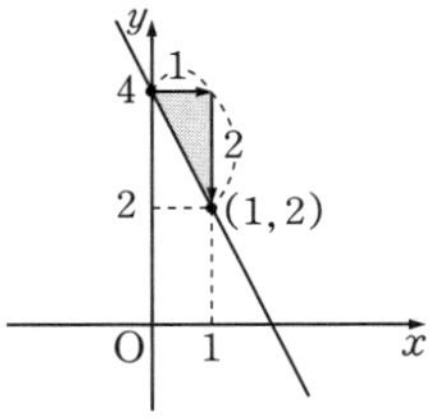

(3) y절편이 -2이므로 점 (0, -2)를 지난다.

기울기가 $\frac{4}{3}$이므로 x가 오른쪽으로 3만큼 증가할 때, y는 위쪽으로 4만큼 증가한다.

따라서, 점 (0, -2)에서 오른쪽으로 3, 위로 4만큼 증가한 점 (3, 2)를 지난다.

두 점 (0, -2), (3, 2)를 지나는 직선을 그린다.

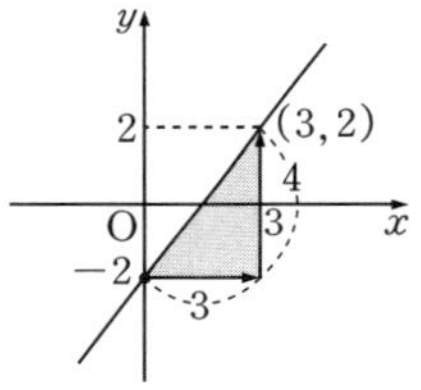

본문 106쪽

1. (1) $a=$(기울기)>0이므로 그래프는 오른쪽 위로 향한다.

$b=$(y절편)>0이므로 y절편은 x축의 위쪽에 있다.

따라서, 그래프는 제 1, 2, 3 사분면을 지난다.

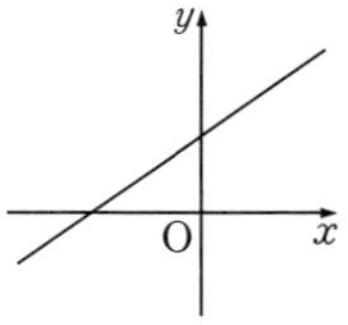

(2) $a=$(기울기)<0이므로 그래프는 오른쪽 아래로 향한다.

$b=$(y절편)<0이므로 y절편은 x축의 아래쪽에 있다.

따라서, 그래프는 제 2, 3, 4 사분면을 지난다.

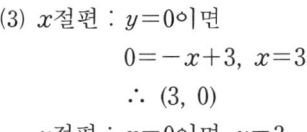

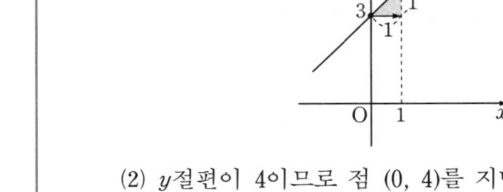

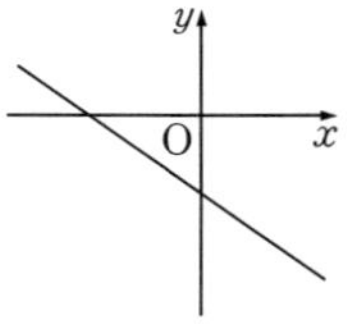

답 (1) **제 1, 2, 3 사분면** (2) **제 2, 3, 4 사분면**

2. 기울기가 같은 것을 찾는다.

답 **①과 ⑥, ②과 ⑤, ③과 ④**

본문 107쪽

1. x의 값이 1만큼 증가할 때, y의 값은 기울기만큼 증가한다.

(1) **2** (2) **2** (3) **3**

(4) **3** (5) **−5** (6) **−5**

2. 기울기가 양수이면 x의 값이 증가할 때, y의 값도 증가한다.

답 **①, ④, ⑤**

3. $(\text{기울기})=\dfrac{(y\text{의 값의 증가량})}{(x\text{의 값의 증가량})}=\dfrac{-12}{4}=\mathbf{-3}$ ← 답

4. $x : -2 \longrightarrow 1$

$(x\text{의 값의 증가량})=1-(-2)=3$

$y : -5 \longrightarrow -4$

$(y\text{의 값의 증가량})=-4-(-5)=1$

$\therefore$ $(\text{기울기})=\mathbf{\dfrac{1}{3}}$ ← 답

5. (1) 두 점 $(-1, 4)$, $(3, 3)$을 지난다.

$x : -1 \longrightarrow 3$

$(x\text{의 값의 증가량})=3-(-1)=4$

$y : 4 \longrightarrow 3$

$(y\text{의 값의 증가량})=3-4=-1$

$\therefore$ $(\text{기울기})=\dfrac{-1}{4}=-\dfrac{1}{4}$

(2) 두 점 $(0, 3)$, $(2, 0)$을 지난다.

$x : 0 \longrightarrow 2$

$(x\text{의 값의 증가량})=2-0=2$

$y : 3 \longrightarrow 0$

$(y\text{의 값의 증가량})=0-3=-3$

$\therefore$ $(\text{기울기})=\dfrac{-3}{2}=-\dfrac{3}{2}$

(3) 두 점 $(0, 1)$, $(2, 5)$를 지난다.

$x : 0 \longrightarrow 2$

$(x\text{의 값의 증가량})=2-0=2$

$y : 1 \longrightarrow 5$

$(y\text{의 값의 증가량})=5-1=4$

$\therefore$ $(\text{기울기})=\dfrac{4}{2}=2$

답 (1) $\mathbf{-\dfrac{1}{4}}$ (2) $\mathbf{-\dfrac{3}{2}}$ (3) **2**

6. (1) (기울기)<0이므로 그래프는 오른쪽 아래로 향한다. y절편이 -1이고 오른쪽 아래로 향하는 직선은 ④이다.

(2) (기울기)>0이므로 그래프는 오른쪽 위로 향한다. y절편이 -1이고 오른쪽 위로 향하는 직선은 ③이다.

(3) y절편이 2이고 오른쪽 위로 향하는 직선은 ②이다.

(4) y절편은 3이고 오른쪽 아래로 향하는 직선은 ①이다.

답 (1) **④** (2) **③** (3) **②** (4) **①**

본문 108쪽

7. $y=2x+b$의 그래프를 y축의 방향으로 -3만큼 평행이동하면 $y=2x+b-3$ … ㉠

㉠이 $y=ax-4$와 같으므로

$a=2$, $b-3=-4$ $\therefore$ $b=-1$

답 $\mathbf{a=2,\ b=-1}$

8. x절편 : $y=0$이면 $0=-\dfrac{1}{2}x+5$

$\therefore$ $x=10$

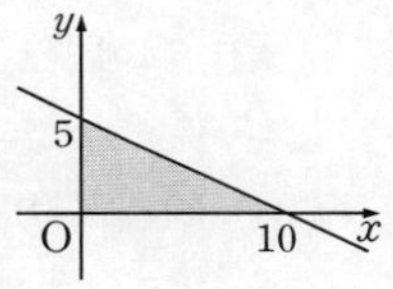

y절편 : $x=0$이면 $y=5$

따라서, 삼각형의 넓이는

$10\times5\div2=25$

답 **25**

9. $y=ax+b$의 그래프는 두 점 $(-2, 0)$, $(0, 4)$를 지난다.

$x : -2 \longrightarrow 0$

$(x\text{의 값의 증가량})=0-(-2)=2$

$y : 0 \longrightarrow 4$

$(y\text{의 값의 증가량})=4-0=4$

$\therefore$ $(\text{기울기})=a=\dfrac{4}{2}=2$

$mx-y=1$에서 $y=mx-1$

$y=2x+b$와 $y=mx-1$의 그래프가 서로 평행하므로 $\mathbf{m=2}$ ← 답

10. $y=-4x+a$의 그래프가 점 $(1, -2)$를 지나므로

$-2=-4+a$ $\therefore$ $a=2$

$y=bx-6$의 그래프가 점 $(1, -2)$를 지나므로

$-2=b-6$ $\therefore$ $b=4$

답 $\mathbf{a=2,\ b=4}$

11. $y=ax+5$의 그래프와 $y=3x+2$의 그래프가 서로 평행하므로 $a=3$

$y=3x+5$의 그래프가 점 $(1,\ b)$를 지나므로
$b=3\times1+5=8$

답 $\boldsymbol{a=3,\ b=8}$

12. ① $3\neq-2\times(-2)+3$
③ x의 값이 증가하면
y의 값은 감소한다.
④ x절편은 $\frac{3}{2}$, y절편은 3이다.

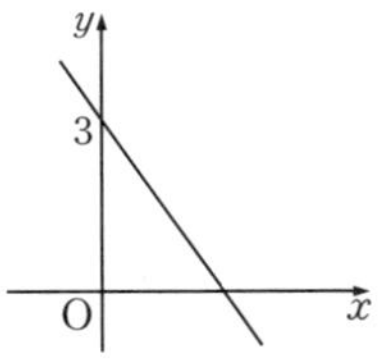

답 ②, ⑤

13. $y=2x+6$과 $y=mx+n$의 그래프가 서로 평행하므로 $m=2$ $\therefore y=2x+n$
$y=2x+6$에서 x절편은 $y=0$이면
$0=2x+6$ $\therefore x=-3$

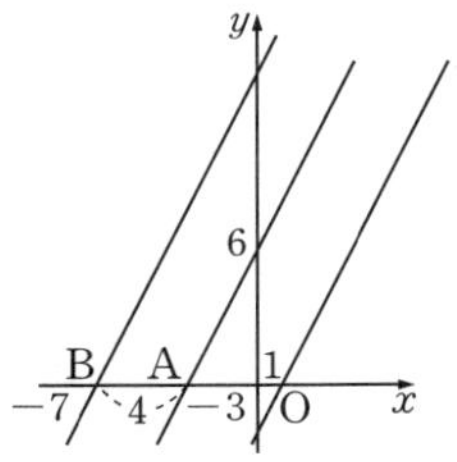

$\overline{AB}=4$이므로 점 B의 좌표는 $(-7,\ 0)$ 또는 $(1,\ 0)$이다.
(i) $B(-7,\ 0)$일 때
$y=2x+n$에 $x=-7$, $y=0$을 대입하면
$0=-14+n$ $\therefore n=14$
(ii) $B(1,\ 0)$일 때
$y=2x+n$에 $x=1$, $y=0$을 대입하면
$0=2+n$ $\therefore n=-2$
$n>0$이므로 (i), (ii)에서 $n=14$

답 $\boldsymbol{m=2,\ n=14}$

14. $y=-2x+6$의 그래프가 점 A를 지나므로
$x=2$를 $y=-2x+6$에 대입하면
$y=-2\times2+6=2$ $\therefore A(2,\ 2)$
$y=ax+b$의 그래프의 y절편이 1이므로 $b=1$
$y=ax+1$의 그래프가 점 $A(2,\ 2)$를 지나므로
$2=2a+1$ $\therefore a=\frac{1}{2}$

답 $\boldsymbol{a=\frac{1}{2},\ b=1}$

2. 일차함수의 활용 | III. 함수

본문 110쪽

1. (1) x절편은 $2x=10$ $\therefore x=5$
y절편은 $5y=10$ $\therefore y=2$

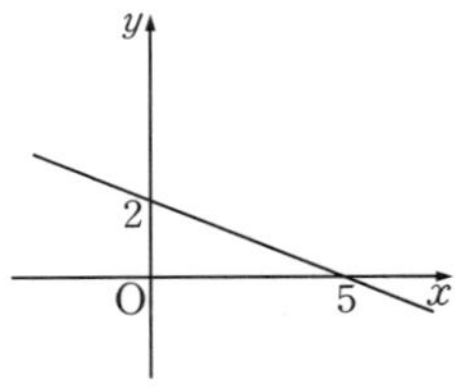

(2) x절편은 $3x-12=0$ $\therefore x=4$
y절편은 $-4y-12=0$ $\therefore y=-3$

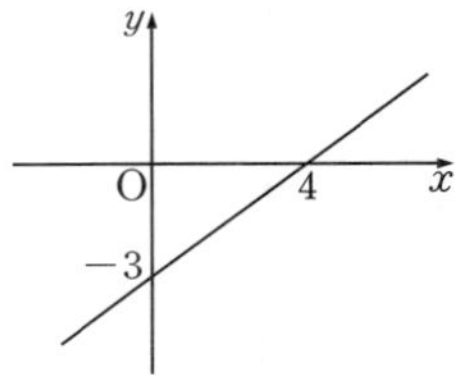

(3) x절편은 $2x+10=0$ $\therefore x=-5$
y절편은 $-5y+10=0$ $\therefore y=2$

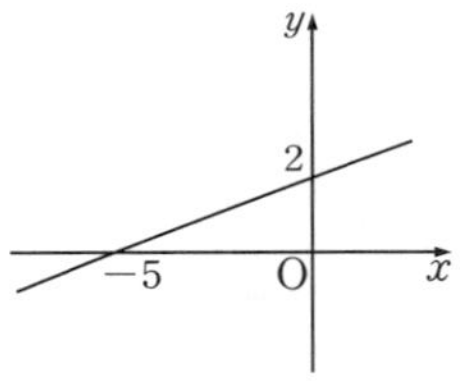

2. (1)

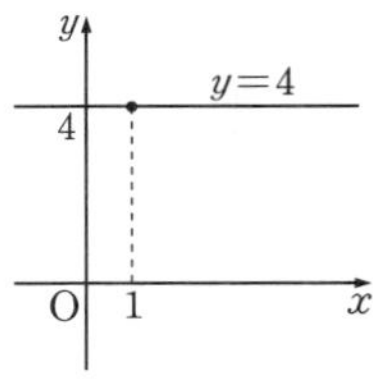

(2)

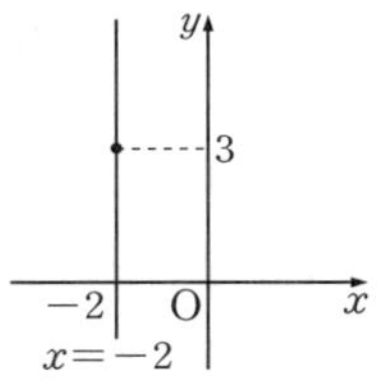

답 (1) $\boldsymbol{y=4}$ (2) $\boldsymbol{x=-2}$

본문 112쪽

1. (1) (기울기)$=\frac{-4}{2}=-2$
(y절편)$=4$
$\therefore y=-2x+4$

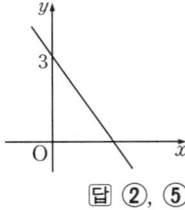

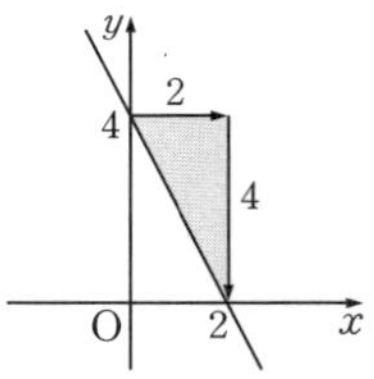

(2) (기울기)$=\frac{2}{2}=1$

(y절편)$=2$

$\therefore\ y=x+2$

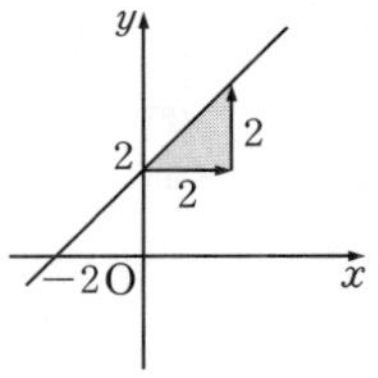

(3) (기울기)$=\frac{3}{2}$

(y절편)$=-3$

$\therefore\ y=\frac{3}{2}x-3$

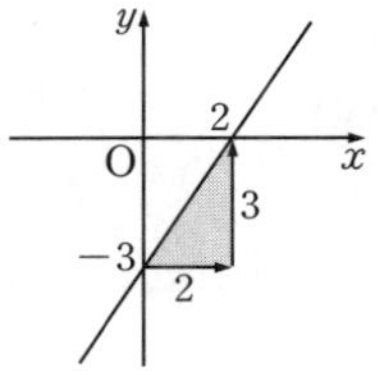

(4) (기울기)$=\frac{-1}{2}$

(y절편)$=0$

$\therefore\ y=-\frac{1}{2}x$

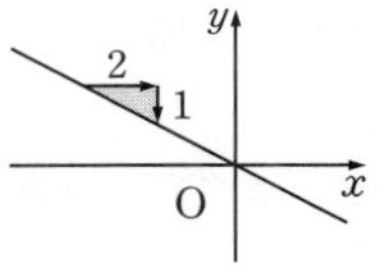

답 (1) $\boldsymbol{y=-2x+4}$ (2) $\boldsymbol{y=x+2}$

(3) $\boldsymbol{y=\frac{3}{2}x-3}$ (4) $\boldsymbol{y=-\frac{1}{2}x}$

2. 구하는 직선의 방정식을 $y=ax+b$라고 하자.

(1) 기울기가 5이므로 $a=5$ $\therefore\ y=5x+b$

점 (0, 2)를 지나므로 $2=0+b$ $\therefore\ y=5x+2$

(2) 직선 $y=ax+b$와 $y=-5x-2$가 평행하므로

$a=-5$

$y=-5x+b$가 점 (8, −5)를 지나므로

$-5=-40+b,\ b=35$ $\therefore\ y=-5x+35$

답 (1) $\boldsymbol{y=5x+2}$ (2) $\boldsymbol{y=-5x+35}$

본문 113쪽

3. 구하는 직선의 방정식을 $y=ax+b$라고 하자.

(1) y절편이 2이므로 $y=ax+2$

이것이 점 (−3, 0)을 지나므로

$0=-3a+2,\ a=\frac{2}{3}$ $\therefore\ y=\frac{2}{3}x+2$

(2) y절편이 6이므로 $y=ax+6$

이것이 점 (−2, 0)을 지나므로

$0=-2a+6,\ a=3$ $\therefore\ y=3x+6$

답 (1) $\boldsymbol{y=\frac{2}{3}x+2}$ (2) $\boldsymbol{y=3x+6}$

4. 구하는 직선의 방정식을 $y=ax+b$라 하자.

(1) x의 값 : $1 \longrightarrow 2$

(x의 값의 증가량)$=2-1=1$

y의 값 : $-5 \longrightarrow -3$

(y의 값의 증가량)$=-3-(-5)=2$

$\therefore\ a=\frac{(y\text{의 값의 증가량})}{(x\text{의 값의 증가량})}=\frac{2}{1}=2$

$y=2x+b$에 점 (1, −5)를 대입하면

$-5=2+b,\ b=-5-2=-7$ $\therefore\ y=2x-7$

(2) x의 값 : $4 \longrightarrow 6$

(x의 값의 증가량)$=6-4=2$

y의 값 : $0 \longrightarrow 3$

(y의 값의 증가량)$=3-0=3$

$\therefore\ a=\frac{(y\text{의 값의 증가량})}{(x\text{의 값의 증가량})}=\frac{3}{2}$

$y=\frac{3}{2}x+b$에 점 (4, 0)을 대입하면

$0=6+b,\ b=-6$ $\therefore\ y=\frac{3}{2}x-6$

답 (1) $\boldsymbol{y=2x-7}$ (2) $\boldsymbol{y=\frac{3}{2}x-6}$

본문 115쪽

1. (1) 오른쪽 계산에서

$$\begin{array}{rl} & x-y=4 \\ +) & 2x+y=8 \\ \hline & 3x\quad\ =12 \end{array}$$

$3x=12$ $\therefore\ x=4$

이것을 ㉠에 대입하면

$4-y=4$ $\therefore\ y=0$

따라서, 교점의 좌표는 (4, 0)

(2) 오른쪽 계산에서

$$\begin{array}{rl} & x+y=3 \\ -) & x-2y=9 \\ \hline & 3y=-6 \end{array}$$

$3y=-6$ $\therefore\ y=-2$

이것을 ㉢에 대입하면

$x-2=3$ $\therefore\ x=5$

따라서, 교점의 좌표는 (5, −2)

답 (1) **(4, 0)** (2) **(5, −2)**

2. (1) ㉠, ㉡을 y에 관하여 풀면 모두 $y=-3x+1$이므로 두 직선 ㉠, ㉡은 일치하며 교점은 무수히 많다. 따라서, 연립방정식의 해는 무수히 많다.

이 때, 해는 $3x+y=1$을 만족하는 모든 수이다.

(2) ㉢, ㉣을 y에 관하여 풀면 모두 $y=2x-6$이므로 두 직선 ㉢, ㉣은 일치하며 교점은 무수히 많다.

따라서, 연립방정식의 해는 무수히 많다.

이 때, 해는 $2x-y=6$을 만족하는 모든 수이다.

답 (1) $\boldsymbol{3x+y=1}$**을 만족하는 모든 수**

(2) $\boldsymbol{2x-y=6}$**을 만족하는 모든 수**

본문 116쪽

3. (1) ㉠, ㉡을 y에 관하여 풀면 ㉠은 $y=-3x+2$, ㉡은 $y=-3x+3$이다. 직선 ㉠, ㉡은 기울기는 같고, y절편은 다르므로 두 직선 ㉠, ㉡은 서로

평행하며, 두 직선의 교점이 없다.
따라서, 연립방정식의 해가 없다.

(2) ㉢, ㉣을 y에 관하여 풀면 ㉢은 $y=\frac{1}{2}x$, ㉣은 $y=\frac{1}{2}x-\frac{1}{2}$이다.
직선 ㉢, ㉣은 기울기는 같고 y절편은 다르므로 두 직선 ㉢, ㉣은 서로 평행하며, 두 직선의 교점이 없다.
따라서, 연립방정식의 해가 없다.

답 (1) **해가 없다** (2) **해가 없다**

4. ㉠, ㉡을 y에 관하여 풀면
㉠은 $y=2x-\frac{b}{2}$, ㉡은 $y=-ax+2$

(1) 해가 무수히 많으려면 두 직선이 일치해야 한다. 두 직선의 기울기가 같고 y절편이 같다.
$2=-a,\ -\frac{b}{2}=2 \quad \therefore a=-2,\ b=-4$

(2) 해가 없으려면 두 직선이 평행해야 한다. 두 직선의 기울기는 같고 y절편은 다르다.
$\therefore a=-2,\ b\neq-4$

답 (1) $\boldsymbol{a=-2,\ b=-4}$ (2) $\boldsymbol{a=-2,\ b\neq-4}$

본문 117쪽

1. (1) $2y=-x+6 \quad \therefore y=-\frac{1}{2}x+3$

(2) $3y=-4x+1 \quad \therefore y=-\frac{4}{3}x+\frac{1}{3}$

답 (1) $\boldsymbol{y=-\frac{1}{2}x+3}$ (2) $\boldsymbol{y=-\frac{4}{3}x+\frac{1}{3}}$

2. (1) $y=-3x-2$

(2) $y=4x+b$에 점 $(-1,\ -1)$을 대입하면
$-1=-4+b,\ b=3 \quad \therefore y=4x+3$

(3) $y=ax-8$에 점 $(2,\ 0)$을 대입하면
$0=2a-8,\ a=4 \quad \therefore y=4x-8$

(4) $(\text{기울기})=\frac{-3-5}{4-2}=\frac{-8}{2}=-4$
$y=-4x+b$에 점 $(2,\ 5)$를 대입하면
$5=-8+b,\ b=13 \quad \therefore y=-4x+13$

답 (1) $\boldsymbol{y=-3x-2}$ (2) $\boldsymbol{y=4x+3}$
(3) $\boldsymbol{y=4x-8}$ (4) $\boldsymbol{y=-4x+13}$

3. (1) $y=-2x-1$

(2) $y=-5x+b$에 점 $(3,\ 0)$을 대입하면
$0=-15+b,\ b=15 \quad \therefore y=-5x+15$

(3) $y=2x+b$에 점 $(2,\ 7)$을 대입하면
$7=4+b,\ b=3 \quad \therefore y=2x+3$

답 (1) $\boldsymbol{y=-2x-1}$ (2) $\boldsymbol{y=-5x+15}$
(3) $\boldsymbol{y=2x+3}$

4. x절편 : $ax+c=0$에서 $x=-\frac{c}{a}$
x절편이 2이므로 $-\frac{c}{a}=2$
$\therefore c=-2a \quad \cdots$ ㉠
y절편 : $y+c=0$에서 $y=-c$
y절편이 4이므로 $-c=4 \quad \therefore c=-4$
이것을 ㉠에 대입하면 $-4=-2a \quad \therefore a=2$

답 $\boldsymbol{a=2,\ c=-4}$

5. x절편 : $ax-2=0$에서 $x=\frac{2}{a}>0 \quad \therefore a>0$
y절편 : $by-2=0$에서 $y=\frac{2}{b}<0 \quad \therefore b<0$

답 $\boldsymbol{a>0,\ b<0}$

6. 일차함수 $y=-2x+b$의 그래프는 감소하는 그래프이다.
그림에서 $x=1$일 때 $y=3$이므로 $3=-2+b,\ b=5$
$\therefore y=-2x+5$
$x=a$일 때 $y=-1$이므로
$-1=-2a+5,\ 2a=6$
$\therefore a=3$

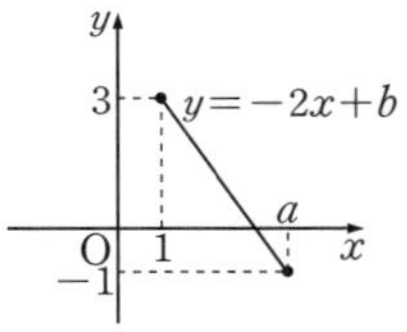

답 $\boldsymbol{a=3,\ b=5}$

7. $y=ax+1$이 점 $(1,\ 5)$를 지날 때 $5=a+1 \quad \therefore a=4$
$y=ax+1$이 점 $(3,\ 0)$을 지날 때 $0=3a+1 \quad \therefore a=-\frac{1}{3}$
따라서, $\boldsymbol{-\frac{1}{3}\leq a\leq 4}$ ← 답

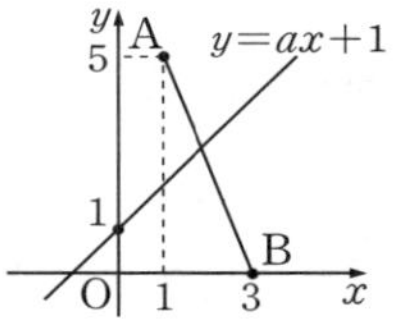

본문 118쪽

8. 두 점 $(-2,\ -3)$, $(2,\ -1)$을 지나는 직선이 점 $(m,\ 4)$를 지난다고 생각하자.
두 점 $(-2,\ -3)$, $(2,\ -1)$을 지나는 직선 :
$(\text{기울기})=\frac{-1-(-3)}{2-(-2)}=\frac{2}{4}=\frac{1}{2}$
$y=\frac{1}{2}x+b$에 점 $(-2,\ -3)$을 대입하면
$-3=-1+b,\ b=-2 \quad \therefore y=\frac{1}{2}x-2$

$y=\frac{1}{2}x-2$가 점 $(m, 4)$를 지나므로

$4=\frac{1}{2}m-2$, $\frac{1}{2}m=6$ $\quad\therefore$ $\boldsymbol{m=12}$ ← 답

9. 두 점 (2, 3), (4, −5)를 지나는 직선의 기울기는

$\frac{-5-3}{4-2}=\frac{-8}{2}=-4$

구하는 직선의 방정식은 $y=-4x+b$이다.

$y=-4x+b$에 점 (1, −1)을 대입하면

$-1=-4+b$, $b=3$ $\quad\therefore$ $\boldsymbol{y=-4x+3}$ ← 답

10. x절편 : $ax=6$에서 $x=\frac{6}{a}$

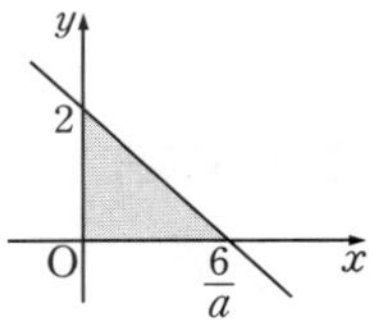

y절편 : $3y=6$에서 $y=2$

어두운 부분의 넓이는

$\frac{6}{a}\times2\div2=6$ $\quad\therefore$ $\boldsymbol{a=1}$ ← 답

11. 직선 l의 방정식을 $y=ax+b$라 하자.

직선 $y=ax+b$와 $y=3x-3$이 평행하므로 $a=3$

$\therefore$ $y=3x+b$

$y=3x+b$가 점 (−1, 3)을 지나므로

$3=-3+b$, $b=6$

$\therefore$ $y=3x+6$ $\quad\cdots$ ㉠

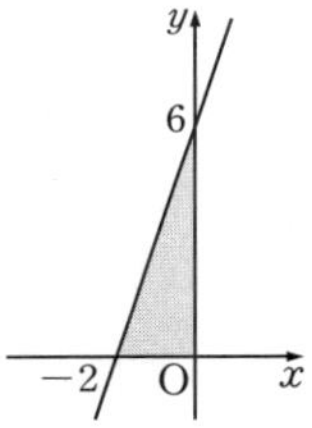

직선 ㉠의 x절편은

$0=3x+6$ $\quad\therefore$ $x=-2$

따라서, 어두운 부분의 넓이는

$2\times6\div2=\boldsymbol{6}$ ← 답

12. 두 방정식을 y에 관하여 풀면

$y=-ax+5$, $y=2x-b$

연립방정식의 해가 무수히 많으려면 두 직선이 일치해야 한다.

(기울기)$=-a=2$, (y절편)$=5=-b$

$\therefore$ $\boldsymbol{a=-2}$, $\boldsymbol{b=-5}$ ← 답

13. 두 방정식을 y에 관하여 풀면

$y=\frac{1}{2}x-\frac{3}{2}$, $y=\frac{1}{2}x+\frac{a}{4}$

연립방정식의 해가 없으려면 두 직선이 평행해야 한다.

$-\frac{3}{2}\neq\frac{a}{4}$ $\quad\therefore$ $\boldsymbol{a\neq-6}$ ← 답

14. 두 직선 $x+2y=4$, $-x+4y=2$의 교점의 좌표는 오른쪽 계산에서

$$\begin{array}{r} x+2y=4 \\ +)\ -x+4y=2 \\ \hline 6y=6 \end{array}$$

$6y=6$ $\quad\therefore$ $y=1$

$y=1$을 $x+2y=4$에 대입하면 $x+2=4$ $\quad\therefore$ $x=2$

따라서, 교점의 좌표는 (2, 1)

직선 $y=2x+b$가 점 (2, 1)을 지나므로

$1=4+b$, $\boldsymbol{b=-3}$ ← 답

15. 일차함수 $y=\frac{4}{5}x+8$의 x절편 :

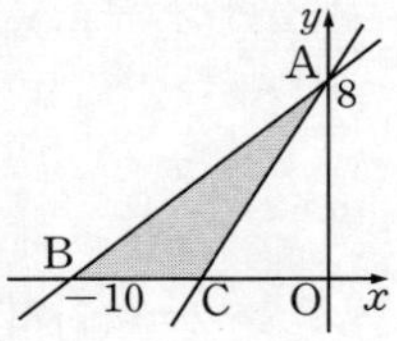

$0=\frac{4}{5}x+8$, $\frac{4}{5}x=-8$

$4x=-40$, $x=-10$

$\therefore$ B(−10, 0)

일차함수 $y=\frac{4}{5}x+8$의 y절편 : $y=8$ $\quad\therefore$ A(0, 8)

$\triangle ABC=\frac{1}{2}\times\overline{BC}\times8=24$ $\quad\therefore$ $\overline{BC}=6$

점 C의 좌표는 $-10+6=-4$에서 C(−4, 0)

직선 AC의 방정식 :

$y=ax+8$에 점 (−4, 0)을 대입하면

$0=-4a+8$, $a=2$ $\quad\therefore$ $\boldsymbol{y=2x+8}$ ← 답

채점기준

서술 과정	점수
점 A, B의 좌표를 구했을 때	1점
$\overline{BC}$의 길이를 구했을 때	1점
점 C의 좌표를 구했을 때	1점
직선 AC의 방정식을 구했을 때	2점

1. 경우의 수 — Ⅳ. 확률과 통계

본문 121쪽

1. (1) 4, 8의 2가지
(2) 1, 2, 5, 10의 4가지

답 (1) **2가지** (2) **4가지**

2. 수의 합이 5인 경우는 1과 4, 2와 3의 2가지
수의 합이 7인 경우는 1과 6, 2와 5, 3과 4의 3가지
따라서, 구하는 경우의 수는 2+3=**5(가지)** ← 답

본문 122쪽

3. 열차편을 a, b, c라 하고 항공편을 x, y라고 하면 서울에서 부산을 거쳐 제주까지 가는 방법은 다음과 같다.

a < x, y　　b < x, y　　c < x, y

∴ 3×2=**6(가지)** ← 답

4. 문을 A, B, C, D 4개라고 하면 다음과 같이 생각할 수 있다.

入 出　入 出　入 出　入 出
A < B, C, D　　B < A, C, D　　C < A, B, D　　D < A, B, C

∴ 4×3=**12(가지)** ← 답

Note : A문으로 들어 왔다면 나갈 수 있는 문은 B, C, D 3가지이다.

본문 124쪽

1.

B \ A	1	2	3	4	5	6
1	(1, 1)	(2, 1)	(3, 1)	(4, 1)	(5, 1)	(6, 1)
2	(1, 2)	(2, 2)	(3, 2)	(4, 2)	(5, 2)	(6, 2)
3	(1, 3)	(2, 3)	(3, 3)	(4, 3)	(5, 3)	(6, 3)
4	(1, 4)	(2, 4)	(3, 4)	(4, 4)	(5, 4)	(6, 4)
5	(1, 5)	(2, 5)	(3, 5)	(4, 5)	(5, 5)	(6, 5)
6	(1, 6)	(2, 6)	(3, 6)	(4, 6)	(5, 6)	(6, 6)

(1) 6×6=36(가지)
(2) 합이 7이 되는 경우는 표에서 어두운 부분이므로 6가지이다.

답 (1) **36가지** (2) **6가지**

2. (1) 6×5×4×3×2×1=720(가지)
(2) C, D를 묶어서 한 사람으로 생각하면 A, B, CD, E, F 5명이 일렬로 서는 경우와 같다.
5명이 일렬로 서는 경우의 수는
5×4×3×2×1=120(가지)
그런데 C와 D가 자리를 바꾸는 경우가 2가지이므로 구하는 경우의 수는
120×2=240(가지)

답 (1) **720가지** (2) **240가지**

본문 125쪽

3. 5×(5−1)×(5−2)=5×4×3=**60(가지)** ← 답

Note : 회장을 뽑을 수 있는 경우의 수는 5가지, 부회장을 뽑을 수 있는 경우의 수는 회장을 제외한 4가지, 총무를 뽑을 수 있는 경우의 수는 회장과 부회장을 제외한 3가지이므로 구하는 경우의 수는 5×4×3=60(가지)

회장　부회장　총무
A < B — 3가지(C, D, E); C — 3가지(B, D, E); D — 3가지(B, C, E); E — 3가지(B, C, D) } 12가지
⋮
E < A — 3가지(B, C, D); B — 3가지(A, C, D); C — 3가지(A, B, D); D — 3가지(A, B, C) } 12가지

4. 1, 2, 3 세 숫자를 한 줄로 세우는 경우와 같으므로 구하는 경우의 수는 3×2×1=**6(가지)** ← 답

Note : 백의 자리　십의 자리　일의 자리
1 < 2 — 3 …… 123; 3 — 2 …… 132
백의 자리　십의 자리　일의 자리
2 < 1 — 3 …… 213; 3 — 1 …… 231
백의 자리　십의 자리　일의 자리
3 < 1 — 2 …… 312; 2 — 1 …… 321

본문 126쪽

5. 백의 자리 ➡ 0을 제외한 1, 2, 3이 올 수 있으므로 경우의 수는 3가지

십의 자리 ➡ 1, 2, 3 중 백의 자리에 온 수를 제외한 2가지와 0을 포함하면 경우의 수는 3가지

일의 자리 ➡ 백의 자리, 십의 자리에 온 수를 제외하면 경우의 수는 2가지

따라서, 구하는 경우의 수는

$3\times3\times2=$**18(가지)** ← 답

6.

a — b ⋯ $\{a, b\}$
a — c ⋯ $\{a, c\}$
a — d ⋯ $\{a, d\}$
a — e ⋯ $\{a, e\}$

b — c ⋯ $\{b, c\}$
b — d ⋯ $\{b, d\}$
b — e ⋯ $\{b, e\}$

c — d ⋯ $\{c, d\}$
c — e ⋯ $\{c, e\}$

d — e ⋯ $\{d, e\}$

답 **10개**

Note : 5명의 후보 중에서 대표 2명을 뽑는 경우의 수와 같은 문제이므로 $(5\times4)\div2=10$(가지)

본문 127쪽

1.

	100원	50원	10원
개수	5	2	5
개수	4	4	5

답 **2가지**

2. 3보다 작은 경우 : 1, 2의 2가지

4보다 큰 경우 : 5, 6의 2가지

∴ $2+2=$**4(가지)** ← 답

3. A → B → C로 가는 경우 : $3\times2=6$(가지)

A → C로 가는 경우 : 1가지

∴ $6+1=$**7(가지)** ← 답

4. 눈의 합이 3인 경우 : (1, 2), (2, 1)의 2가지

눈의 합이 7인 경우 : (1, 6), (2, 5), (3, 4), (4, 3), (5, 2), (6, 1)의 6가지

∴ $2+6=$**8(가지)** ← 답

5. 눈의 차가 4인 경우 : (1, 5), (5, 1), (2, 6), (6, 2)의 4가지 ⋯ ㉠

눈의 차가 3인 경우 : (1, 4), (4, 1), (2, 5), (5, 2), (3, 6), (6, 3)의 6가지 ⋯ ㉡

눈의 차가 2인 경우 : (1, 3), (3, 1), (2, 4), (4, 2), (3, 5), (5, 3), (4, 6), (6, 4)의 8가지 ⋯ ㉢

눈의 차가 1인 경우 : (1, 2), (2, 1), (2, 3), (3, 2), (3, 4), (4, 3), (4, 5), (5, 4) (5, 6), (6, 5)의 10가지 …… ㉣

눈의 차가 0인 경우 : (1, 1), (2, 2), (3, 3), (4, 4), (5, 5), (6, 6)의 6가지 ⋯ ㉤

㉠~㉤에서 $4+6+8+10+6=$**34(가지)** ← 답

Note : 주사위 두 개를 던질 때, 모든 경우의 수는 36가지이고 두 주사위의 눈의 차가 5 이상인 경우는 (1, 6), (6, 1)의 2가지이므로

$36-2=34$(가지)

6. A, B, C, D 4명 중에서 1인용 소파에 앉을 사람을 뽑는 경우의 수는 4가지이다.

이 때, 나머지 3명은 순서와 상관없이 3인용 소파에 앉으면 되므로 구하는 경우의 수는 **4가지** ← 답

7. (1) $2\times2\times6=24$(가지)

(2) 주사위의 눈이 4 이상인 경우의 수는 3이므로 구하는 경우의 수는 $2\times2\times3=12$(가지)

답 (1) **24가지** (2) **12가지**

Note :

앞 — 앞 — 4, 5, 6
앞 — 뒤 — 3가지 (4, 5, 6)
뒤 — 앞 — 3가지 (4, 5, 6)
뒤 — 뒤 — 3가지 (4, 5, 6)

} 12가지

8. 어머니, 아버지, 형, 누나, 민수가 한 줄로 서는 경우의 수는 ← 4명이 한 줄

$4\times3\times2\times1=24$(가지)

아버지, 어머니, 형, 누나, 민수가 한 줄로 서는 경우의 수는 ← 4명이 한 줄

$4\times3\times2\times1=24$(가지)

∴ $24\times2=$**48(가지)** ← 답

9. A를 가장 앞에, C를 가장 뒤에 세우고, 가운데에 B, D, E를 한 줄로 세우는 경우의 수를 구하면 된다.

∴ $3\times2\times1=$**6(가지)** ← 답

본문 128쪽

10. B를 가장 뒤에 세우고, 앞에 A, C, D를 한 줄로 세우는 경우의 수를 구하면 된다.

∴ $3\times2\times1=$**6(가지)** ← 답

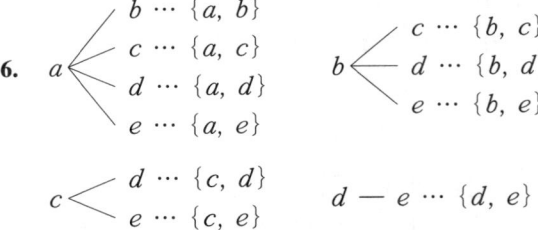

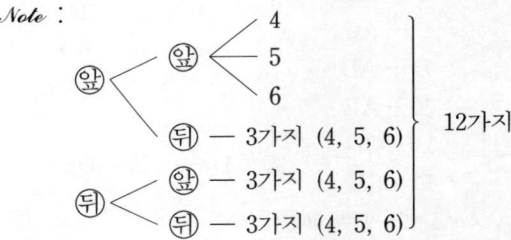

11. **가**에 칠할 수 있는 색 : 빨, 주, 노, 초, 파의 5가지
나에 칠할 수 있는 색 : **가**에 칠한 색을 제외한 4가지
다에 칠할 수 있는 색 : **가**, **나**에 칠한 색을 제외한 3가지

∴ $5\times4\times3=$**60(가지)** ← 답

가에 빨강을 칠한 경우

빨강
- 주황 —— 3가지 (노, 초, 파)
- 노랑 —— 3가지 (주, 초, 파)
- 초록 —— 3가지 (주, 노, 파)
- 파랑 —— 3가지 (주, 노, 초)

} 12가지

Note : 학생 5명 중에서 회장 1명, 부회장 1명, 총무 1명을 뽑는 경우의 수와 같다.

12. 대표가 되지 못하는 1명을 뽑는 경우의 수와 같은 문제이다.
대표가 되지 못하는 사람은 A, B, C, D 중 1명이므로 경우의 수는 **4가지** ← 답

13. 친구 5명을 A, B, C, D, E라고 하면 A는 4명과 악수를 할 수 있고, B는 A를 제외한 3명과 악수를 할 수 있다.

A
- B ⋯ AB
- C ⋯ AC
- D ⋯ AD
- E ⋯ AE

B
- C ⋯ BC
- D ⋯ BD
- E ⋯ BE

C
- D ⋯ CD
- E ⋯ CE

D —— E ⋯ DE

∴ $4+3+2+1=10$(번) 답 **10번**

14.

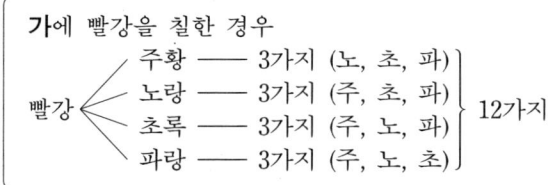

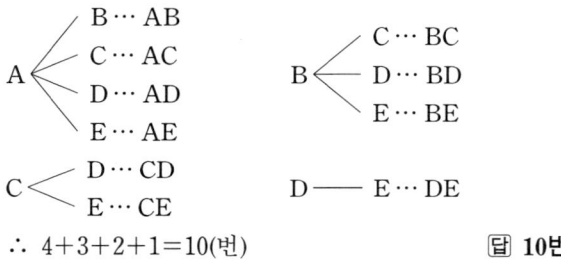

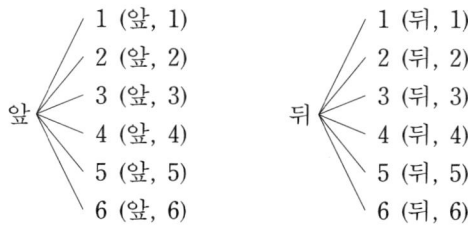

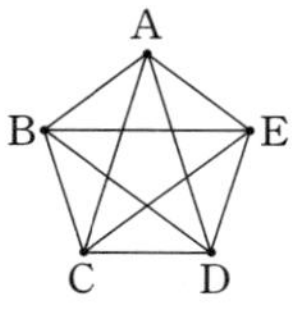

$4+3+2+1=10$(개)

답 **10개**

15. 백의 자리 ➡ 1, 2, 3, 4가 올 수 있으므로 4가지이다.
십의 자리 ➡ 백의 자리에 쓴 수를 제외한 3가지가 올 수 있다.
일의 자리 ➡ 백, 십의 자리에 쓴 수를 제외한 2가지가 올 수 있다.
∴ $4\times3\times2=$**24(가지)** ← 답

Note : 학생 4명 중에서 대표 1명, 부대표 1명, 총무 1명을 뽑는 경우의 수와 같은 문제이다.

16. 분자 ➡ 2, 3, 5, 7, 11이 올 수 있으므로 5가지이다.
분모 ➡ 분자에 쓴 수를 제외한 4가지가 올 수 있다.
∴ $5\times4=$**20(가지)** ← 답

Note : 학생 5명 중에서 대표 1명, 부대표 1명을 뽑는 문제와 같은 경우이다.

17. 십의 자리 ➡ 0을 제외한 1, 2, 3, 4의 4가지가 올 수 있다.
일의 자리 ➡ 십의 자리에 쓴 수를 제외한 3가지와 0이 올 수 있으므로 4가지가 올 수 있다.
∴ $4\times4=$**16(가지)** ← 답

18. 세 자리의 정수는 $4\times3\times2=24$(가지)
네 숫자 1, 2, 3, 4 중 홀수가 2개이므로 세 자리의 정수 중 홀수는
$24\times\frac{2}{4}=$**12(가지)** ← 답

Note : 일의 자리에 [1], [3]을 먼저 놓고 세 자리 정수를 만드는 경우의 수를 찾아도 된다.

19. 일의 자리에 올 수 있는 수는 0, 2, 4이다.
(i) 일의 자리에 0이 올 때 : 10, 20, 30, 40
(ii) 일의 자리에 2가 올 때 : 12, 32, 42
(iii) 일의 자리에 4가 올 때 : 14, 24, 34
∴ $4+3+3=$**10(가지)** ← 답

2. 확률 IV. 확률과 통계

본문 130쪽

1. (1) $\frac{16}{30}=\frac{8}{15}$ (2) $\frac{8}{30}=\frac{4}{15}$

답 (1) $\frac{8}{15}$ (2) $\frac{4}{15}$

2. 모든 경우의 수는 $2\times6=12$(가지)

앞
- 1 (앞, 1)
- 2 (앞, 2)
- 3 (앞, 3)
- 4 (앞, 4)
- 5 (앞, 5)
- 6 (앞, 6)

뒤
- 1 (뒤, 1)
- 2 (뒤, 2)
- 3 (뒤, 3)
- 4 (뒤, 4)
- 5 (뒤, 5)
- 6 (뒤, 6)

동전은 뒷면, 주사위는 홀수가 나오는 경우는 (뒤, 1), (뒤, 3), (뒤, 5)의 3가지
따라서, 구하는 확률은 $\frac{3}{12}=\frac{1}{4}$ ← 답

본문 131쪽

3. 모든 경우의 수는 $6\times6=36$(가지)

(1) 서로 같은 눈이 나오는 경우는
(1, 1), (2, 2), (3, 3), (4, 4), (5, 5), (6, 6)
의 6가지이다.
따라서, 구하는 확률은 $\frac{6}{36}=\frac{1}{6}$

(2) 눈의 차가 2인 경우는 (1, 3), (3, 1), (2, 4), (4, 2), (3, 5), (5, 3), (4, 6), (6, 4)의 8가지이다.
따라서, 구하는 확률은 $\frac{8}{36}=\frac{2}{9}$

답 (1) $\mathbf{\frac{1}{6}}$ (2) $\mathbf{\frac{2}{9}}$

4. 모든 경우의 수는 $3\times2\times1=6$(가지)

$1<$ 2−3 (123), 3−2 (132) $2<$ 1−3 (213), 3−1 (231) $3<$ 1−2 (312), 2−1 (321)

(1) 백의 자리가 1인 경우이므로 123, 132의 2가지이다.
따라서, 구하는 확률은 $\frac{2}{6}=\frac{1}{3}$

(2) 320 이상인 경우는 321로 1가지이므로 구하는 확률은 $\frac{1}{6}$

답 (1) $\mathbf{\frac{1}{3}}$ (2) $\mathbf{\frac{1}{6}}$

본문 132쪽

5. 모든 경우의 수는 $6\times6=36$(가지)

(1) 눈의 합이 1인 경우는 없으므로 확률은 0이다.
(2) 눈의 합이 4인 경우는 (1, 3), (3, 1), (2, 2)의 3가지이므로 구하는 확률은 $\frac{3}{36}=\frac{1}{12}$
(3) 두 눈의 합은 모두 12 이하이므로 확률은 1이다.

답 (1) **0** (2) $\mathbf{\frac{1}{12}}$ (2) **1**

6. 모든 경우의 수는 10가지이다.

(1) 소수는 2, 3, 5, 7의 4가지이므로 확률은 $\frac{4}{10}=\frac{2}{5}$
(2) $1-\frac{2}{5}=\frac{3}{5}$

답 (1) $\mathbf{\frac{2}{5}}$ (2) $\mathbf{\frac{3}{5}}$

본문 134쪽

1. (모든 경우의 수)$=6\times6=36$(가지)
2 이상의 눈이 한 번도 나오지 않을 경우는 (1, 1)의 한 가지이므로 확률은 $\frac{1}{36}$이다.
따라서, 구하는 확률은 $1-\frac{1}{36}=\mathbf{\frac{35}{36}}$ ←답

2. (모든 경우의 수)$=6\times6=36$(가지)

(i) 눈의 합이 4인 경우는 (1, 3), (3, 1), (2, 2)의 3가지이므로 확률은 $\frac{3}{36}$ … ㉠
(ii) 눈의 합이 9인 경우는 (3, 6), (6, 3), (4, 5), (5, 4)의 4가지이므로 확률은 $\frac{4}{36}$ … ㉡

이들은 동시에 일어나지 않으므로
㉠, ㉡에서 $\frac{3}{36}+\frac{4}{36}=\mathbf{\frac{7}{36}}$ ←답

본문 135쪽

3. 동전의 앞면이 나올 확률은 $\frac{1}{2}$ … ㉠
주사위에서 3의 배수가 나오는 경우는 3, 6의 2가지이므로 확률은 $\frac{2}{6}=\frac{1}{3}$ … ㉡
그런데 이들은 서로 영향을 끼치지 않으므로
㉠, ㉡에서 $\frac{1}{2}\times\frac{1}{3}=\mathbf{\frac{1}{6}}$ ←답

4. (1) 처음에 붉은 구슬이 나올 확률은
$\frac{6}{16}=\frac{3}{8}$ … ㉠
두 번째에 붉은 구슬이 나올 확률은
$\frac{6}{16}=\frac{3}{8}$ … ㉡
그런데 이들은 서로 영향을 끼치지 않으므로
㉠, ㉡에서 $\frac{3}{8}\times\frac{3}{8}=\frac{9}{64}$

(2) 처음에 붉은 구슬이 나올 확률은
$\frac{6}{16}=\frac{3}{8}$ … ㉠
두 번째에 붉은 구슬이 나올 확률 : 흰 구슬이 10개, 붉은 구슬이 5개 있으므로 확률은
$\frac{5}{15}=\frac{1}{3}$ … ㉡
그런데 이들은 서로 영향을 끼치지 않으므로
㉠, ㉡에서 $\frac{3}{8}\times\frac{1}{3}=\frac{1}{8}$

답 (1) $\mathbf{\frac{9}{64}}$ (2) $\mathbf{\frac{1}{8}}$

본문 136쪽

1. (모든 경우의 수)=6가지
6의 약수는 1, 2, 3, 6의 4가지
따라서, 구하는 확률은 $\frac{4}{6}=\mathbf{\frac{2}{3}}$ ← 답

2. $1-0.4=0.6$ 답 **60%**

3. 정수 민기 (정수, 민기)

○ ─ ○ … (○, ○)
○ ─ × … (○, ×)

× ─ ○ … (×, ○)
× ─ × … (×, ×)

(모든 경우의 수)=2×2=4(가지)
정수는 ○, 민기는 ×인 경우는 (○, ×)의 1가지이므로 구하는 확률은 $\mathbf{\frac{1}{4}}$ ← 답

4. (i) 모든 경우의 수 : 집합 A의 부분집합의 개수이므로 $2^3=8$(가지)
(ii) x를 반드시 포함하는 부분집합 : $\{x\}$, $\{x,\ y\}$, $\{x,\ z\}$, $\{x,\ y,\ z\}$의 4가지
따라서, 구하는 확률은 $\frac{4}{8}=\mathbf{\frac{1}{2}}$ ← 답

5. (모든 경우의 수)=6×6=36(가지)
(A의 눈의 수)>(B의 눈의 수)인 경우는
(2, 1), (3, 1), (3, 2), (4, 1), (4, 2), (4, 3), (5, 1)
(5, 2), (5, 3), (5, 4), (6, 1), (6, 2), (6, 3), (6, 4),
(6, 5)의 15가지이다.
따라서, 구하는 확률은 $\frac{15}{36}=\mathbf{\frac{5}{12}}$ ← 답

6. (모든 경우의 수)=35가지
(i) 6의 배수는 6, 12, 18, 24, 30의 5가지이므로 확률은 $\frac{5}{35}=\frac{1}{7}$ … ㉠
(ii) 7의 배수는 7, 14, 21, 28, 35의 5가지이므로 확률은 $\frac{5}{35}=\frac{1}{7}$ … ㉡
그런데 이들은 동시에 일어나지 않으므로
㉠, ㉡에서 $\frac{1}{7}+\frac{1}{7}=\mathbf{\frac{2}{7}}$ ← 답

7. (모든 경우의 수)=10가지
(i) 처음에 소수가 나오는 경우 : 2, 3, 5, 7의 4가지이므로 확률은 $\frac{4}{10}=\frac{2}{5}$ … ㉠
(ii) 나중에 6의 약수가 나오는 경우 : 1, 2, 3, 6의 4가지이므로 확률은 $\frac{4}{10}=\frac{2}{5}$ … ㉡
이들은 서로 영향을 끼치지 않으므로
㉠, ㉡에서 $\frac{2}{5}\times\frac{2}{5}=\mathbf{\frac{4}{25}}$ ← 답

8. 처음에 흰 돌이 나올 확률 : $\frac{16}{20+16}=\frac{4}{9}$ … ㉠
나중에 검은 돌이 나올 확률 : $\frac{20}{20+15}=\frac{4}{7}$ … ㉡
㉠, ㉡에서 $\frac{4}{9}\times\frac{4}{7}=\mathbf{\frac{16}{63}}$ ← 답

9. 첫발을 명중시킬 확률은 $\frac{4}{10}=\frac{2}{5}$ … ㉠
두 번째도 명중시킬 확률은 $\frac{4}{10}=\frac{2}{5}$ … ㉡
㉠, ㉡에서 $\frac{2}{5}\times\frac{2}{5}=\mathbf{\frac{4}{25}}$ ← 답

본문 137쪽

10. (모든 경우의 수)=4×3=12(가지)
23 이하인 경우는 12, 13, 14, 21, 23의 5가지이므로
구하는 확률은 $\mathbf{\frac{5}{12}}$ ← 답

Note :

1 ─ 2 (12), 3 (13), 4 (14)
2 ─ 1 (21), 3 (23), 4 (24)
3 ─ 1 (31), 2 (32), 4 (34)
4 ─ 1 (41), 2 (42), 3 (43)

11. (모든 경우의 수)=3×3×3=27(가지)
같은 숫자가 나오는 경우는 111, 222, 333의 3가지이므로 구하는 확률은 $\frac{3}{27}=\mathbf{\frac{1}{9}}$ ← 답

12. 대표 2명을 뽑는 경우의 수 : AB, AC, AD, BC, BD, CD의 6가지
A가 뽑히는 경우의 수 : AB, AC, AD의 3가지
따라서, 구하는 확률은 $\frac{3}{6}=\mathbf{\frac{1}{2}}$ ← 답

13. 1, 2, 3을 배열하는 방법 : 3×2×1=6(가지)
크기 순서로 배열되는 경우 : 123, 321의 2가지
따라서, 구하는 확률은 $\frac{2}{6}=\mathbf{\frac{1}{3}}$ ← 답

Note : $1 \begin{cases} 2-3 \ (123) \\ 3-2 \ (132) \end{cases}$ $2 \begin{cases} 1-3 \ (213) \\ 3-1 \ (231) \end{cases}$

$3 \begin{cases} 1-2 \ (312) \\ 2-1 \ (321) \end{cases}$

14. 끈을 3개 고르는 경우의 수 :

(4, 5, 6), (4, 5, 9), (4, 6, 9), (5, 6, 9)의 4가지

위에서 삼각형을 만들 수 있는 것은

(4, 5, 6), (4, 6, 9), (5, 6, 9)의 3가지

따라서, 구하는 확률은 $\mathbf{\frac{3}{4}}$ ←답

15. 모든 경우의 수 : 36가지

(i) $x=1$을 $ax-b=0$에 대입하면

$a-b=0$, 즉 $a=b$

$a=b$인 순서쌍 (a, b)는

(1, 1), (2, 2), (3, 3), (4, 4), (5, 5), (6, 6)

의 6가지이므로 해가 $x=1$일 확률은 $\frac{6}{36}$

(ii) $x=6$을 $ax-b=0$에 대입하면

$6a-b=0$, 즉 $6a=b$

$6a=b$인 순서쌍은 (1, 6)의 1가지이므로 해가

$x=6$일 확률은 $\frac{1}{36}$

따라서, 구하는 확률은 $\frac{6}{36}+\frac{1}{36}=\mathbf{\frac{7}{36}}$ ←답

채점기준

서술 과정	점수
$x=1$을 $ax-b=0$에 대입하여 (1, 1), (2, 2), (3, 3), (4, 4), (5, 5), (6, 6)을 구했을 때	1점
$x=1$일 때, 확률 $\frac{6}{36}$을 구했을 때	1점
$x=6$을 $ax-b=0$에 대입하여 (1, 6)을 구했을 때	1점
$x=6$일 때, 확률 $\frac{1}{36}$을 구했을 때	1점
구하는 확률 : $\frac{6}{36}+\frac{1}{36}=\frac{7}{36}$	1점

16. 두 사람 모두 명중하지 못할 확률을 구한다.

(A가 명중하지 못할 확률$=1-\frac{2}{3}=\frac{1}{3}$

(B가 명중하지 못할 확률)$=1-\frac{3}{4}=\frac{1}{4}$

(A, B 모두 명중하지 못할 확률)$=\frac{1}{3}\times\frac{1}{4}=\frac{1}{12}$

(두 사람 중 적어도 한 사람이 명중할 확률)

$=1-$(두 사람 모두 명중하지 못할 확률)

$=1-\frac{1}{12}=\mathbf{\frac{11}{12}}$ ←답

17. 우산을 분실할 확률은 $\frac{1}{4}$, 우산을 분실하지 않을 확률은 $\frac{3}{4}$

$\frac{3}{4}\times\frac{3}{4}\times\frac{1}{4}=\mathbf{\frac{9}{64}}$ ←답

Note : 학교와 도서관에서는 우산을 분실하지 않고 서점에서 분실하였다.

(학교에서 분실하지 않을 확률)$=1-\frac{1}{4}=\frac{3}{4}$

(도서관에서 분실하지 않을 확률)$=1-\frac{1}{4}=\frac{3}{4}$

(서점에서 분실할 확률)$=\frac{1}{4}$

18. 세 사람을 A, B, C, 가방을 a, b, c라 하면

$(A, a) \begin{cases} (B, b)-(C, c) \\ (B, c)-(C, b) \end{cases}$

$(A, b) \begin{cases} (B, a)-(C, c) \\ (B, c)-(C, a) \end{cases}$

$(A, c) \begin{cases} (B, a)-(C, b) \\ (B, b)-(C, a) \end{cases}$

에서 모든 경우의 수는 6가지

자기 가방을 드는 경우는 (A, a), (B, b), (C, c)의 1가지이므로 구하는 확률은 $\mathbf{\frac{1}{6}}$ ←답

본문 141쪽

1. ②

2. (1) **참** (2) **참** (3) **거짓**

Note : (3) 12의 약수 4는 6의 약수가 아니다.

본문 142쪽

3. (1) [가정] 한 삼각형이 정삼각형이다.
[결론] 세 내각의 크기가 같다.
(2) [가정] 한 도형이 다각형이다.
[결론] 외각의 크기의 합은 360°이다.
(3) [가정] 두 직선이 한 점에서 만난다.
[결론] 맞꼭지각의 크기가 같다.

4. (1) 어떤 수가 유리수이면 그 수는 정수이다. (거짓)
(2) $a+c=b+c$이면 $a=b$이다. (참)
(3) 대응하는 세 변의 길이가 같으면, 두 삼각형은 합동이다. (참)

Note : (1) 0.5는 유리수이지만 정수는 아니다.

본문 144쪽

1. (1) 네 변의 길이가 모두 같고, 네 내각의 크기도 모두 같은 사각형
(2) 두 쌍의 대변이 각각 평행한 사각형
(3) 네 내각의 크기가 모두 같은 사각형
(4) 네 변의 길이가 모두 같은 사각형

2. ⑤ [⑤번은 다각형의 정의이다.]

본문 145쪽

[이등변삼각형의 성질]

❶ 이등변삼각형의 두 밑각의 크기는 같다.

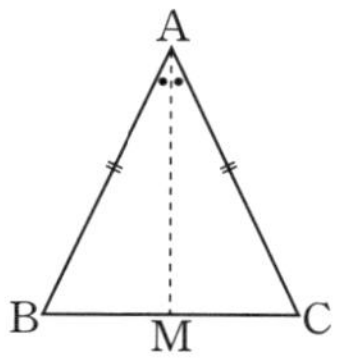

[가정] 삼각형 ABC에서 $\overline{AB}=\overline{AC}$
[결론] $\angle B=\angle C$
[증명] $\angle A$의 이등분선을 긋고 변 BC와 만나는 점을 M이라 하면, $\triangle ABM$과 $\triangle ACM$에서
$\overline{AB}=\overline{AC}$ (가정) … ㉠
$\overline{AM}$은 공통 … ㉡
$\angle BAM=\angle CAM$ … ㉢
($\overline{AM}$은 $\angle A$의 이등분선)
㉠, ㉡, ㉢에서 대응하는 두 변의 길이와 그 끼인 각의 크기가 각각 같으므로
$\triangle ABM \equiv \triangle ACM$ (SAS 합동)
$\therefore \angle B=\angle C$
따라서, 이등변삼각형의 두 밑각의 크기는 같다.

Note : 증명하기 위하여 그은 새로운 선을 **보조선**이라고 한다.

❷ 이등변삼각형의 꼭지각의 이등분선은 밑변을 수직이등분한다.

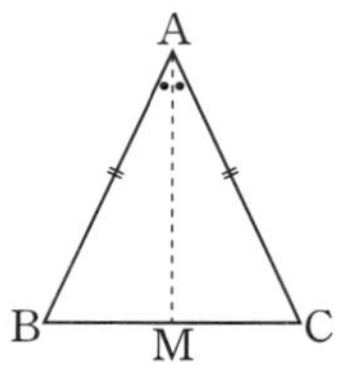

[가정] $\triangle ABC$에서
$\overline{AB}=\overline{AC}$, $\angle BAM=\angle CAM$
[결론] $\overline{BM}=\overline{CM}$, $\overline{AM}\perp\overline{BC}$
[증명] $\triangle ABM$과 $\triangle ACM$에서
$\overline{AM}$은 공통 … ㉠
$\overline{AB}=\overline{AC}$ (이등변삼각형) … ㉡
$\angle BAM=\angle CAM$ … ㉢
($\overline{AM}$은 $\angle A$의 이등분선)
㉠, ㉡, ㉢에 의하여
$\triangle ABM \equiv \triangle ACM$ (SAS 합동)
$\therefore \overline{BM}=\overline{CM}$ … ㉣
또, $\angle AMB=\angle AMC$
한편, $\angle AMB+\angle AMC=\angle BMC=180°$이므로
$\angle AMB=\angle AMC=90°$
$\therefore \overline{AM}\perp\overline{BC}$ … ㉤
㉣과 ㉤에 의하여 이등변삼각형의 꼭지각의 이등분선은 밑변을 수직이등분한다.

❸ 두 내각의 크기가 같은 삼각형은 이등변삼각형이다.

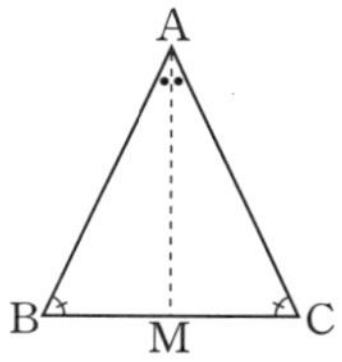

[가정] 삼각형 ABC에서 $\angle B=\angle C$
[결론] $\overline{AB}=\overline{AC}$
[증명] $\angle A$의 이등분선과 $\overline{BC}$와의 교점을 M이라 하면 $\triangle ABM$과 $\triangle ACM$에서
$\overline{AM}$은 공통 … ㉠
$\angle B=\angle C$ (가정) … ㉡
$\angle BAM=\angle CAM$ … ㉢
($\overline{AM}$은 $\angle A$의 이등분선)
이다. 삼각형의 내각의 합은 180°이므로 ㉡과 ㉢에 의하여
$\angle AMB=180°-\angle BAM-\angle B$
$=180°-\angle CAM-\angle C$
$=\angle AMC$ … ㉣
㉠, ㉢, ㉣에 의하여
$\triangle ABM \equiv \triangle ACM$ (ASA 합동)

$\therefore\ \overline{AB}=\overline{AC}$

따라서, 두 내각의 크기가 같은 삼각형은 이등변삼각형이다.

본문 146쪽

1. (1) $\angle B=\angle C$이므로 $2\angle x+96°=180°$

$2\angle x=84°\quad \therefore\ \angle x=42°$

(2) $\angle ACB=180°-110°=70°$

$\overline{AB}=\overline{AC}$이므로 $\angle B=\angle C$

$\therefore\ \angle x=180°-(70°+70°)=40°$

(3) $\angle x=\angle B+\angle C$, $\angle B=\angle C=35°$이므로

$\angle x=35°+35°=70°$

답 (1) **42°** (2) **40°** (3) **70°**

2. (1) $\angle BAD=\angle ABD=35°$

(2) $\angle ADC=\angle BAD+\angle B=70°$

(3) $\angle DAC=\angle DCA$이므로

$\angle DAC=(180°-\angle ADC)\div 2$

$=(180°-70°)\div 2=55°$

답 (1) **35°** (2) **70°** (3) **55°**

본문 147쪽

3. $\overline{AB}=\overline{AC}$이므로 $\angle ACB=\angle B=40°$

$\angle x=\angle B+\angle ACB=80°$ ← $\angle x$는 외각

$\overline{CA}=\overline{CD}$이므로 $\angle CAD=\angle CDA=80°$

$\triangle DBC$에서

$\angle y=\angle B+\angle BDC$

$=40°+80°=120°$ ← $\angle y$는 외각

답 $\boldsymbol{\angle x=80°,\ \angle y=120°}$

4. $\overline{AB}=\overline{AC}$이므로 $\angle ABC=\angle ACB$

$\angle ABC=\angle ACB=(180°-80°)\div 2=50°$

$\therefore\ \angle DBC=50°\div 2=25°$

$\angle ACE=180°-\angle ACB=180°-50°=130°$

$\angle ACD=130°\div 2=65°$

$\triangle BCD$에서 $\angle DBC+\angle BCD+\angle x=180°$이고

$\angle BCD=\angle ACB+\angle ACD=50°+65°=115°$

$\therefore\ 25°+115°+\angle x=180°$

$\therefore\ \boldsymbol{\angle x=40°}$ ← 답

본문 149쪽

1. ㉮≡㉱ [RHA 합동]

㉯≡㉰ [RHS 합동]

Note : ㉮의 두 예각의 크기는 25°, 65°

㉱의 두 예각의 크기는 25°, 65°

2. $\triangle ADB\equiv\triangle CEA$ (RHA 합동)이므로

$\overline{AD}=\overline{CE}=4$cm, $\overline{AE}=\overline{BD}=10$cm

또, $\overline{DE}=14$cm

$\therefore\ \square DBCE=\dfrac{(4+10)\times 14}{2}=\mathbf{98(cm^2)}$ ← 답

본문 150쪽

1. (1) [가정] $x=y$이다.

[결론] $x+z=y+z$이다.

(2) [가정] $x=1$이다.

[결론] $2x+3=5$이다.

(3) [가정] 한 사각형이 정사각형이다.

[결론] 네 내각의 크기가 같다.

2. (1) 4의 배수이면 2의 배수이다.

(2) $a+c>b+c$이면 $a>b$이다.

(3) $\triangle ABC$와 $\triangle DEF$에서 $\angle A=\angle D$이면 $\triangle ABC\equiv\triangle DEF$이다.

(4) 사각형의 네 변의 길이가 모두 같으면 정사각형이다.

3. ① $a+b=3$이면 $a=1$이고 $b=2$이다. (거짓)

② A−C>B−C이면 A>B이다. (참)

③ $3x-5=x-1$이면 $x=2$이다. (참)

④ $\triangle ABC$에서 $\angle A<90°$이면 $\triangle ABC$는 예각삼각형이다. (거짓)

⑤ 정삼각형은 한 내각이 60°인 이등변삼각형이다. (참)

답 **②, ③, ⑤**

Note : ① $a+b=3$이면 $a=0$, $b=3$일 수도 있다.

② A−C>B−C의 양변에 C를 더하면 A−C+C>B−C+C에서 A>B이다.

③ $3x-5=x-1$이면 $3x-x=-1+5$

$2x=4\quad \therefore\ x=2$

④ $\triangle ABC$에서 $\angle A<90°$, $\angle B<90°$, $\angle C>90°$이면 $\triangle ABC$는 둔각삼각형이다.

4. (1) $x=50$, $y=180-(50+50)=80$

(2) $x=180-(75+75)=30$

$y=75+30=105$

답 (1) $\boldsymbol{x=50,\ y=80}$ (2) $\boldsymbol{x=30,\ y=105}$

5. (1) $\angle C=180°-(50°+65°)=65°$이므로 $\triangle ABC$는 이등변삼각형이다.

$\therefore\ \overline{AB}=\overline{AC}=8$cm

(2) 이등변삼각형의 꼭지각의 이등분선은 밑변을 수직이등분하므로 $\overline{BD}=\overline{CD}=6\text{cm}$

답 (1) **8cm** (2) **6cm**

6. 왼쪽부터 **10, 90**

본문 151쪽

7. $\angle B=\angle MAB$

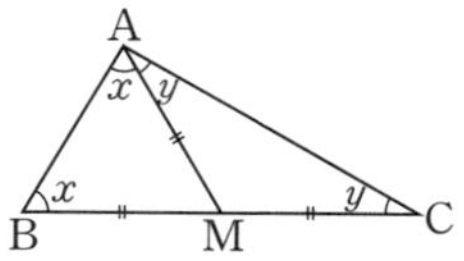

$\angle C=\angle MAC$이므로

$\angle B=\angle MAB=\angle x$

$\angle C=\angle MAC=\angle y$

라고 하면

$\angle x+\angle x+\angle y+\angle y=180°$

$2(\angle x+\angle y)=180°$ $\quad\therefore\ \angle x+\angle y=90°$

따라서, $\angle \mathbf{A=90°}$ ← 답

8. $\angle A=x$라 하면

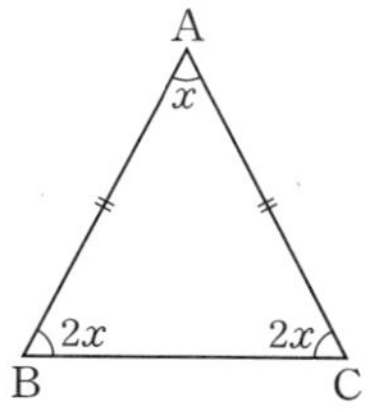

$\angle B=\angle C=2\angle A=2x$

$x+2x+2x=180°$

$5x=180°$ $\quad\therefore\ x=36°$

답 $\angle \mathbf{A=36°}$, $\angle \mathbf{B=72°}$, $\angle \mathbf{C=72°}$

9. $\triangle ABC$에서

$\angle B=\angle C=(180°-80°)\div 2=50°$

$\triangle BDE$에서 $\overline{BD}=\overline{BE}$이므로

$\angle BED=\angle BDE$

$\therefore\ \angle BED=(180°-50°)\div 2=65°$

$\triangle CEF$에서 $\overline{CE}=\overline{CF}$이므로

$\angle CEF=\angle CFE$

$\therefore\ \angle CEF=(180°-50°)\div 2=65°$

따라서, $\angle DEF=180°-(65°+65°)=\mathbf{50°}$ ← 답

10. $\triangle ABC$에서 $\overline{AB}=\overline{AC}$이므로

$\angle ABC=\angle ACB$ $\quad\cdots$ ㉠

$\triangle ACD$에서 $\overline{AC}=\overline{AD}$이므로

$\angle ACD=\angle ADC$ $\quad\cdots$ ㉡

$\angle ABC=\angle ACB=x$, $\angle ACD=\angle ADC=y$

라고 하면

$\angle BAD=90°$이므로

$90°+x+x+y+y=360°$

$2x+2y=270°$, $x+y=135°$

$\therefore\ \angle BCD=x+y=\mathbf{135°}$ ← 답

11. $\triangle ABC$에서 $\overline{AB}=\overline{BC}$이므로

$\angle A=\angle BCA=x$라 하면

$\angle CBD=\angle A+\angle BCA=2x$

$\triangle CBD$에서 $\overline{CB}=\overline{CD}$이므로

$\angle CBD=\angle CDB=2x$

$\triangle DAC$에서

$\angle DCE=\angle A+\angle ADC=x+2x=3x$

$\triangle DCE$에서 $\overline{DC}=\overline{DE}$이므로

$\angle DCE=\angle DEC=3x$

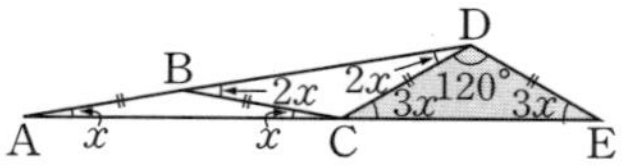

$\triangle DCE$에서

$3x+3x+120°=180°$

$6x=60°$ $\quad\therefore\ x=10°$

답 **10°**

12. ①≡④ [RHA 합동]

③≡⑤ [RHS 합동]

Note : 삼각형 ①, ④의 두 예각은 35°, 55°이다.

13. $\triangle ABC$에서 $\overline{AB}=\overline{AC}$이므로 $\angle B=\angle C$이다.

$\triangle DBM$과 $\triangle ECM$에서

$\angle MDB=\angle MEC=90°$ $\quad\cdots$ ㉠

$\overline{BM}=\overline{CM}$ $\quad\cdots$ ㉡

$\angle B=\angle C$ $\quad\cdots$ ㉢

㉠, ㉡, ㉢에서 $\triangle MDB\equiv\triangle MEC$ (RHA 합동)

$\therefore\ \overline{ME}=\overline{MD}=5\text{cm}$

답 **5cm**

2. 삼각형의 외심과 내심 V. 기하

본문 152쪽

[선분의 수직이등분선의 성질]

선분의 수직이등분선 위의 한 점에서 그 선분의 양 끝점까지의 거리는 같다.

선분 AB의 중점을 M이라 하고, 수직이등분선 위의 한 점을 O라고 하자.

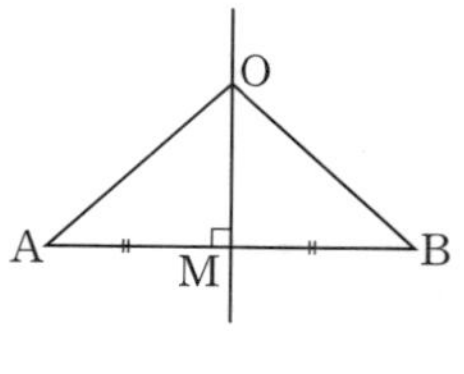

[가정] $\overline{AM}=\overline{BM}$, $\angle AMO=90°$

[결론] $\overline{OA}=\overline{OB}$

[증명] $\triangle OAM$과 $\triangle OBM$에서

$\overline{AM}=\overline{BM}$ $\quad\cdots$ ㉠

$\angle AMO=\angle BMO=90°$ $\quad\cdots$ ㉡

$\overline{OM}$은 공통 $\quad\cdots$ ㉢

㉠, ㉡, ㉢에서

$\triangle OAM \equiv \triangle OBM$ (SAS 합동)
따라서, $\overline{OA}=\overline{OB}$이므로 수직이등분선 위의 한 점에서 그 선분의 양 끝점까지의 거리는 같다.

[외심과 그 성질]

△ABC에서 세 변 AB, BC, AC의 수직이등분선은 한 점 O에서 만나고, 점 O에서 세 꼭짓점까지의 거리는 같다.

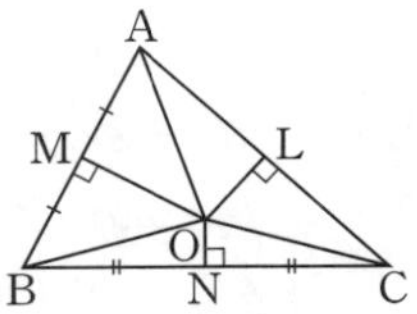

[증명] △ABC에서 두 변 AB, BC의 중점을 각각 M, N이라 하고, 두 변 AB, BC의 수직이등분선이 만나는 점을 O라 하자. 또, 점 O에서 변 AC에 내린 수선의 발을 L이라 하자. 즉,

$\overline{AM}=\overline{BM}$, $\overline{BN}=\overline{CN}$
$\overline{AB}\perp\overline{OM}$, $\overline{BC}\perp\overline{ON}$, $\overline{AC}\perp\overline{OL}$
이다. △OAM과 △OBM에서
$\overline{AM}=\overline{BM}$ … ㉠
$\overline{OM}$은 공통 … ㉡
$\angle AMO=\angle BMO=90°$ … ㉢
㉠, ㉡, ㉢에 의하여
$\triangle OAM \equiv \triangle OBM$ (SAS 합동)
$\therefore \overline{OA}=\overline{OB}$
같은 방법으로 $\overline{OB}=\overline{OC}$이다.
$\therefore \overline{OA}=\overline{OB}=\overline{OC}$ … ㉣
한편 △OAL과 △OCL에서
$\angle OLA=\angle OLC=90°$ (가정)
$\overline{OL}$은 공통
$\overline{OA}=\overline{OC}$ (㉣에서)
이므로, 직각삼각형의 합동조건에 의하여
$\triangle OAL \equiv \triangle OCL$ $\therefore \overline{AL}=\overline{CL}$
즉, $\overline{OL}$은 $\overline{AC}$의 수직이등분선이다.
따라서, 세 변의 수직이등분선은 한 점에서 만나고, 그 점에서 세 꼭짓점까지의 거리는 같다.

본문 153쪽

1. $\angle OAB=\angle OBA=20°$, $\angle OBC=\angle OCB=40°$
$\angle OAC=\angle OCA=\angle x$
$\therefore 20°+20°+40°+40°+\angle x+\angle x=180°$
$120°+2\angle x=180°$, $2\angle x=60°$
$\therefore \angle x=\mathbf{30°}$ ←답

2. $\angle OBC+\angle OCB=180°-(25°+25°+35°+35°)$
$=60°$
$\angle x=180°-(\angle OBC+\angle OCB)$
$=180°-60°=\mathbf{120°}$ ←답

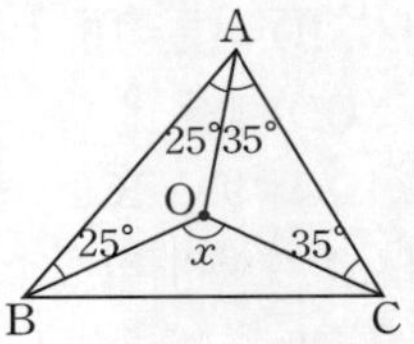

Note : $\angle BOC=2\angle A=2\times(25°+35°)=120°$

본문 154쪽

[각의 이등분선의 성질]

각의 이등분선 위의 한 점에서 그 각의 두 변까지의 거리는 같다.

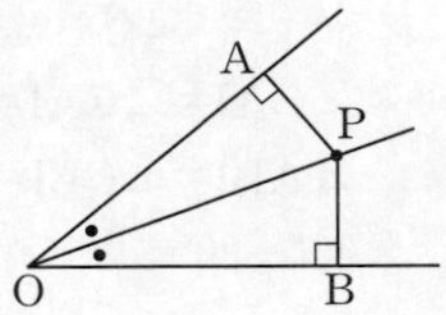

∠O의 이등분선 위의 한 점을 P라 하고, 점 P에서 각의 두 변에 내린 수선의 발을 각각 A, B라 고 하자.

[가정] $\angle AOP=\angle BOP$,
$\angle OAP=\angle OBP=90°$
[결론] $\overline{PA}=\overline{PB}$
[증명] △OAP와 △OBP에서
$\angle AOP=\angle BOP$ … ㉠
$\angle OPA=\angle OPB$ ($\because \angle OAP=\angle OBP$) … ㉡
$\overline{OP}$는 공통 … ㉢
㉠, ㉡, ㉢에서 $\triangle OAP \equiv \triangle OBP$ (ASA 합동)
따라서, $\overline{PA}=\overline{PB}$이므로 각의 이등분선 위의 한 점에서 그 각의 두 변까지의 거리는 같다.

[내심과 그 성질]

△ABC에서 ∠A, ∠B, ∠C의 이등분선은 한 점 I에서 만나고, 점 I로부터 세 변에 이르는 거리는 같다.

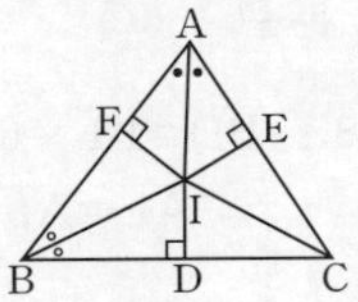

[증명] △ABC에서 ∠A와 ∠B의 이등분선이 만나는 점을 I라 하고, 점 I에서 $\overline{BC}$, $\overline{CA}$, $\overline{AB}$에 내린 수선의 발을 각각 D, E, F라 하자. 즉,
$\angle BAI=\angle CAI$, $\angle ABI=\angle CBI$
$\overline{AB}\perp\overline{IF}$, $\overline{BC}\perp\overline{ID}$, $\overline{AC}\perp\overline{IE}$
△AFI와 △AEI에서 $\overline{AI}$는 공통
$\angle AFI=\angle AEI=90°$, $\angle FAI=\angle EAI$ (가정)

이므로 직각삼각형의 합동조건에 의하여

$\triangle AFI \equiv \triangle AEI$ $\quad \therefore\ \overline{IF}=\overline{IE}$ $\quad \cdots$ ㉠

같은 방법으로

$\triangle BDI \equiv \triangle BFI$ $\quad \therefore\ \overline{ID}=\overline{IF}$ $\quad \cdots$ ㉡

㉠과 ㉡에서 $\overline{ID}=\overline{IE}=\overline{IF}$

$\triangle CEI$와 $\triangle CDI$에서

$\angle IEC=\angle IDC=90°$, $\overline{IC}$는 공통, $\overline{IE}=\overline{ID}$

이므로 직각삼각형의 합동조건에 의하여

$\triangle CEI \equiv \triangle CDI$ $\quad \therefore\ \angle ECI=\angle DCI$

즉, $\overline{CI}$는 $\angle C$의 이등분선이다.

따라서, 세 내각의 이등분선은 한 점에서 만나고, 그 점으로부터 세 변에 이르는 거리는 같다.

본문 155쪽

1. 점 I는 $\angle A$, $\angle B$, $\angle C$의 이등분선의 교점이므로

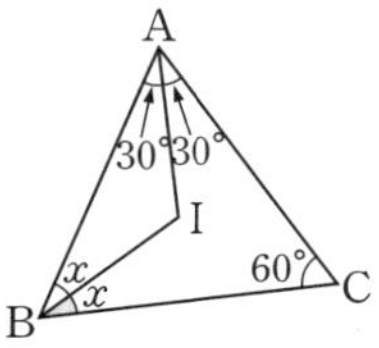

$\angle BAI=\angle CAI=30°$

$\angle ABI=\angle CBI=\angle x$

$30°+30°+\angle x+\angle x+60°=180°$

$2\angle x=60°$ $\quad \therefore\ \angle \boldsymbol{x}=\mathbf{30°}$ ← 답

2. $\angle IBC+\angle ICB=180°-124°=56°$

$\angle ABI=\angle IBC$, $\angle ACI=\angle ICB$이므로

$\angle B+\angle C=(\angle ABI+\angle IBC)+(\angle ACI+\angle ICB)$

$\qquad =2(\angle IBC+\angle ICB)=112°$

$\therefore\ \angle A=180°-(\angle B+\angle C)$

$\qquad =180°-112°=\mathbf{68°}$ ← 답

Note : $\angle BIC=90°+\frac{1}{2}\angle A$이므로

$124°=90°+\frac{1}{2}\angle A$

$\frac{1}{2}\angle A=124°-90°=34°$ $\quad \therefore\ \angle A=68°$

본문 156쪽

3. $\overline{BD}=\overline{BF}=6$, $\overline{AF}=\overline{AB}-\overline{BF}=10-6=4$

$\therefore\ \overline{AE}=\overline{AF}=\mathbf{4}$ ← 답

4. $\triangle ABC=\frac{1}{2}\times(\overline{AB}+\overline{BC}+\overline{CA})\times 2=30$

$\therefore\ \overline{AB}+\overline{BC}+\overline{CA}=\mathbf{30cm}$ ← 답

본문 157쪽

1. $\overline{OA}=\overline{OB}$이므로 $\angle OAB=\angle OBA=\angle x$

$\overline{OB}=\overline{OC}$이므로 $\angle OBC=\angle OCB=\angle y$

$\overline{OA}=\overline{OC}$이므로 $\angle OAC=\angle OCA=\angle z$

$2(\angle x+\angle y+\angle z)=180°$

$\therefore\ \angle x+\angle y+\angle z=\mathbf{90°}$ ← 답

2. (1) $\angle OBC=\angle OCB=40°$

$\angle OAB=\angle OBA=30°$

$\angle OAC=\angle OCA=\angle x-30°$

$\therefore\ 40°+40°+30°+30°+\angle x-30°+\angle x-30°$
$\quad =180°$

$80°+2\angle x=180°$, $2\angle x=100°$

$\therefore\ \angle x=50°$

Note : $\angle OBC=\angle OCB=40°$이므로

$\angle BOC=180°-80°=100°$

$\therefore\ \angle A=\frac{1}{2}\angle BOC=50°$

(2)

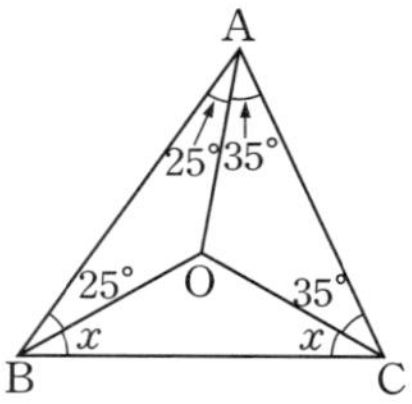

$25°+25°+35°+35°+\angle x+\angle x=180°$

$120°+2\angle x=180°$

$2\angle x=60°$ $\quad \therefore\ \angle x=30°$

(3) $\angle OAB=\angle OBA=45°$

$\angle A=45°+23°=68°$

$\angle x=2\angle A=136°$

답 (1) **50°** (2) **30°** (3) **136°**

3. $\angle OAB=\angle OBA=25°$

$\angle OCA=\angle OAC=30°$

$\angle x=\angle OAB+\angle OAC=55°$

$\angle y=2\angle x=110°$

답 $\angle \boldsymbol{x}=\mathbf{55°}$, $\angle \boldsymbol{y}=\mathbf{110°}$

4. ① 원주 위에 세 점 A, B, C를 잡는다.

② $\overline{AB}$와 $\overline{BC}$의 수직이등분선을 긋고 교점을 O(외심)라 한다.

③ $\overline{OA}$를 반지름으로 하는 원을 그린다.

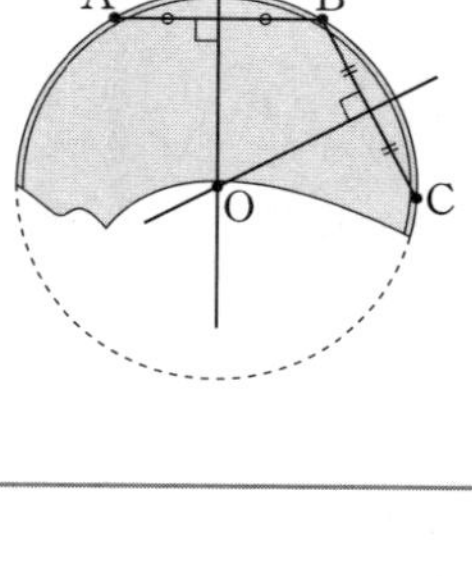

5. 외접원의 반지름은 $\overline{OA}$, $\overline{OB}$, $\overline{OC}$이다.
$\overline{OA}+\overline{OC}+8=18$, $\overline{OA}+\overline{OC}=10$
$\therefore\ \overline{OA}=5\text{cm}$
따라서, 반지름의 길이는 **5cm** ← 답

6. $\overline{OA}=\overline{OB}$이므로
$\angle OAB=\angle OBA=(180°-110°)\div 2=35°$
$\overline{OA}=\overline{OC}$이므로
$\angle OAC=\angle OCA=(180°-100°)\div 2=40°$
$\angle BOC=360°-(110°+100°)=150°$
$\angle OBC=\angle OCB=(180°-150°)\div 2=15°$
$\therefore\ \angle A=\angle OAB+\angle OAC=75°$
$\angle B=\angle OBA+\angle OBC=50°$
$\angle C=\angle OCA+\angle OCB=55°$
답 **$\angle A=75°$, $\angle B=50°$, $\angle C=55°$**

Note : $\angle BOC=360°-(110°+100°)=150°$
$\angle A=\frac{1}{2}\angle BOC=75°$
$\angle B=\frac{1}{2}\angle AOC=50°$
$\angle C=\frac{1}{2}\angle AOB=55°$

7. (1) $\angle IAC=\angle IAB=22°$
$\angle IBA=\angle IBC=43°$
$\angle ICA=\angle ICB=\angle x$
$44°+86°+2\angle x=180°$
$2\angle x=50°$ $\quad\therefore\ \angle x=25°$
(2) $\angle x=90°+\frac{1}{2}\angle A=90°+\frac{1}{2}\times 86°=133°$
(3) $\angle BIC=90°+\frac{1}{2}\angle x$
$125°=90°+\frac{1}{2}\angle x$, $\frac{1}{2}\angle x=35°$
$\therefore\ \angle x=70°$
(4) $\angle BIC=180°-(30°+40°)=110°$
$\angle BIC=90°+\frac{1}{2}\angle x$이므로
$110°=90°+\frac{1}{2}\angle x$, $\frac{1}{2}\angle x=20°$
$\therefore\ \angle x=40°$
답 (1) **25°** (2) **133°** (3) **70°** (4) **40°**

본문 158쪽

8. (1) $\angle DBI=\angle IBC=25°$ (점 I가 내심)
$\angle DIB=\angle IBC=25°$ (엇각)
(2) $\angle ECI=\angle ICB=35°$ (점 I가 내심)
$\angle EIC=\angle ICB=35°$ (엇각)
(3) $\overline{DI}=\overline{DB}$, $\overline{EI}=\overline{EC}$
$\triangle ADE$의 둘레의 길이는
$\overline{AD}+\overline{DE}+\overline{AE}=\overline{AD}+\overline{DI}+\overline{IE}+\overline{AE}$
$=(\overline{AD}+\overline{DB})+(\overline{EC}+\overline{AE})$
$=\overline{AB}+\overline{AC}=22\text{cm}$
답 (1) **25°** (2) **35°** (3) **22cm**

9. 내접원과 변 BC와의 교점을 E, 내접원과 변 AC와의 교점을 F라 하면
$\overline{CE}=\overline{CF}=5\text{cm}$, $\overline{AF}=7-5=2(\text{cm})$
$\therefore\ \overline{AD}=\overline{AF}=$ **2cm** ← 답

10. 내접원의 반지름의 길이를 r라 하면
$\triangle ABC=\frac{1}{2}(\overline{AB}+\overline{BC}+\overline{CA})r$
$=\frac{1}{2}\times 18\times r=27$
$9r=27$ $\quad\therefore\ r=3$ 답 **3cm**

11. 내접원의 반지름의 길이를 r라 하자.
$\triangle ABC=12\times 5\div 2=30(\text{cm}^2)$
$\triangle ABC=\triangle IAB+\triangle IBC+\triangle IAC$
$=\frac{5r}{2}+\frac{12r}{2}+\frac{13r}{2}$
$=15r$
$15r=30$ $\quad\therefore\ r=2$ 답 **2cm**

12. 점 O는 외심이고, 점 I는 내심이다.
답 **점 O : ②, ③, ⑥ 점 I : ①, ④, ⑤**

13. $\overline{AB}=\overline{AC}$이므로
$\angle B=\angle C=(180°-40°)\div 2=70°$
점 I는 $\triangle ABC$의 내심이므로
$\angle IBC=\angle IBA=35°$
점 O는 $\triangle ABC$의 외심이므로
$\angle BOC=2\angle A=80°$
$\overline{OB}=\overline{OC}$이므로 $\angle OBC=(180°-80°)\div 2=50°$
$\therefore\ \angle OBI=50°-35°=$ **15°** ← 답

채점기준

서술 과정	점수
∠B의 크기를 구했을 때	1점
∠IBC의 크기를 구했을 때	1점
∠BOC의 크기를 구했을 때	1점
∠OBC의 크기를 구했을 때	1점
∠OBI의 크기를 구했을 때	1점

14. 점 I는 $\triangle ABC$의 내심이므로

$\angle BIC = 90° + \frac{1}{2}\angle A = 120°$

$\angle IBA = \angle IBC = 45°$

점 O는 $\triangle ABC$의 외심이므로 $\overline{OA} = \overline{OB}$

$\therefore \angle OAB = \angle OBA = 60°$

$\angle IBP = 60° - 45° = 15°$

$\triangle IBP$에서 $\angle BPC$는 외각이므로

$\angle BPC = \angle IBP + \angle BIC = 15° + 120° = \mathbf{135°}$ ← 답

채점기준

서술 과정	점수
$\angle BIC$와 $\angle IBA$의 크기를 구했을 때	2점
$\angle OBA$와 $\angle IBP$의 크기를 구했을 때	2점
$\angle BPC$의 크기를 구했을 때	1점

3. 평행사변형 V. 기하

본문 159쪽

[평행사변형의 성질]

❶ 평행사변형에서 두 쌍의 대변의 길이는 각각 같다.

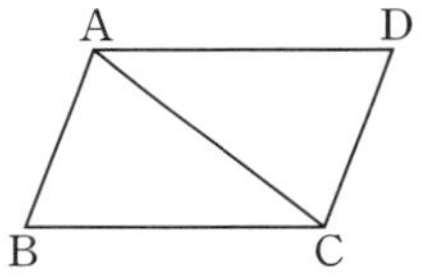

□ABCD에서

[가정] $\overline{AB} /\!/ \overline{DC}$, $\overline{AD} /\!/ \overline{BC}$

[결론] $\overline{AB} = \overline{DC}$, $\overline{AD} = \overline{BC}$

[증명] 대각선 AC를 그으면

$\triangle ABC$와 $\triangle CDA$에서

$\overline{AB} /\!/ \overline{DC}$이므로 $\angle BAC = \angle DCA$ (엇각) … ㉠

$\overline{AD} /\!/ \overline{BC}$이므로 $\angle BCA = \angle DAC$ (엇각) … ㉡

$\overline{AC}$는 공통 … ㉢

㉠, ㉡, ㉢에서 $\triangle ABC \equiv \triangle CDA$ (ASA 합동)

$\therefore \overline{AB} = \overline{DC}$, $\overline{AD} = \overline{BC}$

따라서, 평행사변형의 두 쌍의 대변의 길이는 각각 같다.

❷ 평행사변형에서 두 쌍의 대각의 크기는 각각 같다.

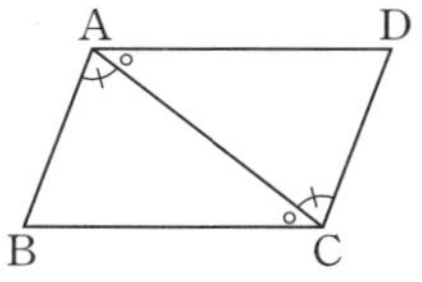

□ABCD에서

[가정] $\overline{AB} /\!/ \overline{DC}$, $\overline{AD} /\!/ \overline{BC}$

[결론] $\angle A = \angle C$, $\angle B = \angle D$

[증명] 대각선 AC를 그으면

$\overline{AB} /\!/ \overline{DC}$이므로 $\angle BAC = \angle DCA$ (엇각) … ㉠

$\overline{AD} /\!/ \overline{BC}$이므로 $\angle BCA = \angle DAC$ (엇각) … ㉡

$\overline{AC}$는 공통 … ㉢

㉠, ㉡, ㉢에서 $\triangle ABC \equiv \triangle CDA$ (ASA 합동)

$\therefore \overline{AB} = \overline{CD}$, $\overline{AD} = \overline{BC}$, $\angle B = \angle D$

또, $\angle A = \angle BAC + \angle DAC$

$= \angle DCA + \angle BCA = \angle C$

$\therefore \angle A = \angle C$

❸ 평행사변형에서 두 대각선은 서로 다른 것을 이등분한다.

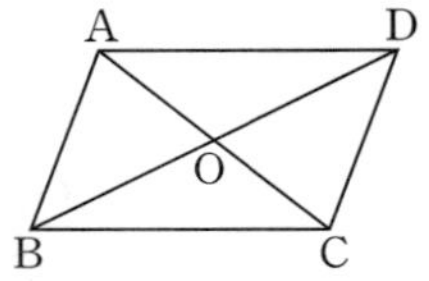

□ABCD에서

[가정] $\overline{AB} /\!/ \overline{DC}$, $\overline{AD} /\!/ \overline{BC}$,

점 O는 $\overline{AC}$와 $\overline{BD}$의 교점

[결론] $\overline{OA} = \overline{OC}$, $\overline{OB} = \overline{OD}$

[증명] $\triangle ABO$와 $\triangle CDO$에서

$\overline{AB} /\!/ \overline{DC}$이므로 $\angle ABO = \angle CDO$ (엇각) … ㉠

$\angle BAO = \angle DCO$ (엇각) … ㉡

또, 평행사변형의 대변의 길이는 같으므로

$\overline{AB} = \overline{DC}$ … ㉢

㉠, ㉡, ㉢에서 $\triangle ABO \equiv \triangle CDO$ (ASA 합동)

$\therefore \overline{OA} = \overline{OC}$, $\overline{OB} = \overline{OD}$

따라서, 평행사변형의 두 대각선은 서로 다른 것을 이등분한다.

본문 160쪽

1. (1) $\overline{AB} = \overline{DC} = 8cm$

(2) $\overline{OB} = \overline{OD} = 7cm$

(3) $\angle BCD = \angle BAD = 115°$

(4) $\angle ADC = 180° - \angle BAD = 65°$

답 (1) **8cm** (2) **7cm** (3) **115°** (4) **65°**

2. $\overline{AD} = \overline{BC} = x$라 하면 $\overline{AB} = \overline{DC} = 2cm$이므로

$4 + 2x = 12$, $2x = 8$, $x = 4$

$\therefore \overline{AD} = \mathbf{4cm}$ ← 답

본문 161쪽

[평행사변형이 되는 조건]

❶ 두 쌍의 대변의 길이가 각각 같으면 이 사각형은 평행사변형이다.

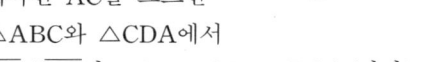

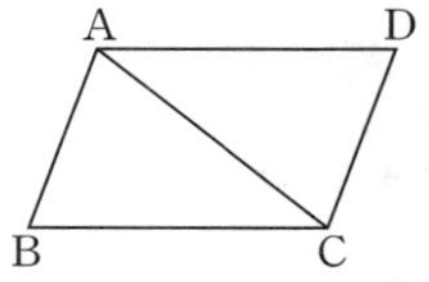

□ABCD에서

[가정] $\overline{AB} = \overline{DC}$, $\overline{AD} = \overline{BC}$

[결론] $\overline{AB} /\!/ \overline{DC}$, $\overline{AD} /\!/ \overline{BC}$

[증명] 대각선 AC를 그으면

$\triangle ABC$와 $\triangle CDA$에서

$\overline{AB}=\overline{DC}$ (가정), $\overline{AD}=\overline{BC}$ (가정), $\overline{AC}$는 공통

$\therefore$ $\triangle ABC \equiv \triangle CDA$ (SSS 합동)

따라서, $\angle BAC=\angle DCA$ (엇각)이므로

$\overline{AB} /\!/ \overline{DC}$ … ㉠

또, $\angle BCA=\angle DAC$ (엇각)이므로

$\overline{AD} /\!/ \overline{BC}$ … ㉡

㉠, ㉡에서 □ABCD는 두 쌍의 대변이 각각 평행하므로 평행사변형이다.

❷ 두 쌍의 대각의 크기가 각각 같으면 이 사각형은 평행사변형이다.

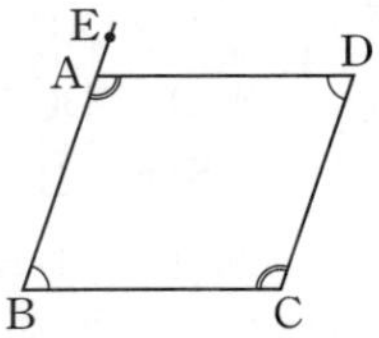

□ABCD에서

[가정] $\angle A=\angle C$, $\angle B=\angle D$

[결론] $\overline{AB} /\!/ \overline{DC}$, $\overline{AD} /\!/ \overline{BC}$

[증명] 사각형의 내각의 합은 $360°$이므로

$\angle A+\angle B+\angle C+\angle D=360°$

이다. 그런데 $\angle A=\angle C$, $\angle B=\angle D$이므로

$\angle A+\angle B+(\angle A+\angle B)=360°$

$\therefore$ $\angle A+\angle B=180°$

여기서, $\angle A$의 외각을 $\angle EAD$라 하면

$\angle EAD=180°-\angle DAB=\angle B$

이고, 동위각의 크기가 같으므로 $\overline{AD} /\!/ \overline{BC}$이다.

마찬가지 방법으로 $\overline{AB} /\!/ \overline{CD}$이므로 이 사각형은 평행사변형이다.

❸ 한 쌍의 대변이 평행하고 그 길이가 같은 사각형은 평행사변형이다.

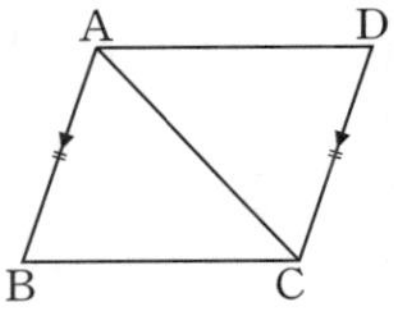

□ABCD에서

[가정] $\overline{AB}=\overline{DC}$, $\overline{AB} /\!/ \overline{DC}$

[결론] $\overline{AD} /\!/ \overline{BC}$

[증명] 대각선 AC를 그으면

$\triangle BAC$와 $\triangle DCA$에서

$\angle BAC=\angle DCA$ (엇각) … ㉠

$\overline{AB}=\overline{DC}$ (가정) … ㉡

$\overline{AC}$는 공통 … ㉢

㉠, ㉡, ㉢에서 $\triangle BAC \equiv \triangle DCA$ (SAS 합동)

따라서, $\angle BCA=\angle DAC$ (엇각)이므로 $\overline{AD} /\!/ \overline{BC}$

따라서, □ABCD는 평행사변형이다.

❹ 두 대각선이 서로 다른 것을 이등분하는 사각형은 평행사변형이다.

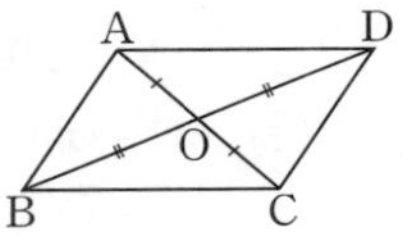

□ABCD에서

[가정] $\overline{OA}=\overline{OC}$, $\overline{OB}=\overline{OD}$

[결론] $\overline{AB} /\!/ \overline{DC}$, $\overline{AD} /\!/ \overline{BC}$

[증명] $\triangle ABO$와 $\triangle CDO$에서

$\overline{OA}=\overline{OC}$, $\overline{OB}=\overline{OD}$ (가정) … ㉠

$\angle AOB=\angle COD$ (맞꼭지각) … ㉡

㉠, ㉡에서 $\triangle ABO \equiv \triangle CDO$ (SAS 합동)

따라서, $\angle ABO=\angle CDO$이므로 $\overline{AB} /\!/ \overline{DC}$

$\triangle AOD$와 $\triangle COB$에서

마찬가지 방법으로 하면 $\overline{AD} /\!/ \overline{BC}$

따라서, □ABCD는 두 쌍의 대변이 각각 평행하므로 평행사변형이다.

본문 162쪽

1. (1)

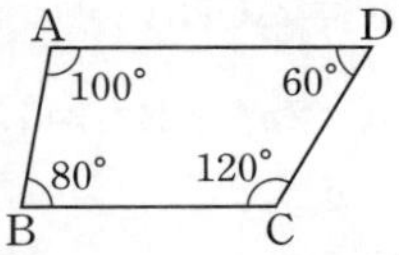

(2) 한 쌍의 대변이 평행하고 그 길이가 같으므로 평행사변형이다.

(3)

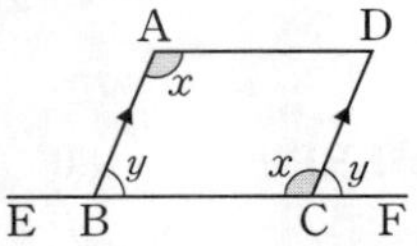

$\angle A=\angle C=x$라 하자.

$\overline{AB} /\!/ \overline{DC}$이므로 $\angle ABC=\angle DCF$ (동위각)

$\angle ABC=\angle DCF=y$라 하자.

$\angle ABE+y=180°$, $x+y=180°$이므로

$\angle ABE=x$ 즉 $\angle A=\angle ABE$ (엇각)

엇각이 같으므로 $\overline{AD} /\!/ \overline{BC}$이다.

따라서, □ABCD는 평행사변형이다.

답 **(2), (3)**

2. □ABCD$=4\triangle AOD=4\times 20=$**80(cm^2)** ← 답

본문 163쪽

1. (1) $\overline{CD}=\overline{AB}=6$cm

(2) $\angle ABC=\angle ADC=65°$

(3) $\angle BCD=180°-\angle ADC=180°-65°=115°$

(4) $\overline{OB}=\overline{OD}=5$cm

답 (1) **6cm** (2) **65°** (3) **115°** (4) **5cm**

2. (1) $2x-2=10$, $2x=12$ $\therefore$ $x=6$

$5y=y+4$, $4y=4$ $\therefore$ $y=1$

(2) $x=y=50°$, $z=180°-50°=130°$

(3)

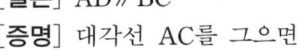

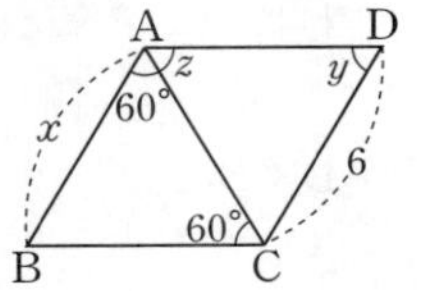

$x=\overline{CD}=6$

$z=\angle ACB=60°$ (엇각)

$\angle ACD=\angle BAC=60°$ (엇각)

$\triangle ACD$에서 $y=180°-120°=60°$

답 (1) $\boldsymbol{x=6,\ y=1}$

(2) $\boldsymbol{x=y=50°,\ z=130°}$

(3) $\boldsymbol{x=6,\ y=60°,\ z=60°}$

3. (1) $\triangle AOB=\triangle BOC=\triangle COD=\triangle DOA$

$\triangle ABC=\triangle BCD=\triangle ACD=\triangle ABD$

(2) $\triangle AOB\equiv\triangle COD$, $\triangle AOD\equiv\triangle COB$

$\triangle ABD\equiv\triangle CDB$, $\triangle ABC\equiv\triangle CDA$

4. $\angle A:\angle B=2:1$이므로 $\angle A=2a$, $\angle B=a$라고 하면

$\angle A=\angle C=2a$, $\angle B=\angle D=a$

$\therefore\ 4a+2a=360°$, $6a=360°$, $a=60°$

$\therefore\ \angle C=2a=\mathbf{120°}$ ← 답

5. (1) $\overline{EP}=10-4=6$

(2) $\angle B=\angle D=60°$

$\angle BEP+\angle B=180°$, $\angle BEP+60°=180°$

$\therefore\ \angle BEP=120°$

답 (1) **6** (2) **120°**

6. $\overline{CO}=\overline{AO}=5$cm, $\overline{BO}=\overline{DO}=6$cm, $\overline{DC}=\overline{AB}=6$cm

따라서, $\triangle DOC$의 둘레의 길이는

$6+5+6=$**17(cm)** ← 답

본문 164쪽

7. (1) $\angle x=180°-(65°+35°)$

$=80°$

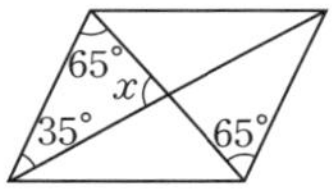

(2) $\angle x=180°-(25°+70°)$

$=85°$

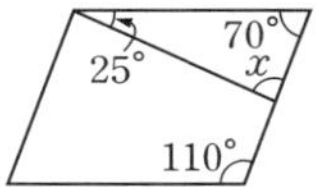

답 (1) **80°** (2) **85°**

8. $\triangle ABE$와 $\triangle FCE$에서

$\overline{BE}=\overline{CE}$, $\angle AEB=\angle FEC$ (맞꼭지각)

$\angle B=\angle FCE$ (엇각)

$\therefore\ \triangle ABE\equiv\triangle FCE$ (ASA 합동)

따라서, $\overline{CF}=\overline{AB}=\overline{DC}=$**8cm** ← 답

9. ① 두 쌍의 대각의 크기가 각각 같으므로 평행사변형이다.

② $\angle A+\angle B=180°$이므로 $\overline{AD}/\!/\overline{BC}$

$\overline{AD}=\overline{BC}=5$cm

한 쌍의 대변이 평행하고 그 길이가 같으므로 평행사변형이다.

③ 주어진 조건만으로는 평행사변형인지 알 수 없다.

④ 두 대각선이 서로 다른 것을 이등분하므로 평행사변형이다.

답 **①, ②, ④**

10. □ABCD가 평행사변형이므로 $\overline{AB}/\!/\overline{DC}$, $\overline{AB}=\overline{DC}$이다.

$\overline{AB}/\!/\overline{DC}$이므로 $\overline{AP}/\!/\overline{QC}$ … ㉠

점 P가 $\overline{AB}$의 중점이므로 $\overline{AP}=\overline{BP}$

점 Q가 $\overline{DC}$의 중점이므로 $\overline{DQ}=\overline{QC}$

그런데 $\overline{AB}=\overline{DC}$이므로 $\overline{AP}=\overline{QC}$ … ㉡

㉠, ㉡에서 $\overline{AP}/\!/\overline{QC}$, $\overline{AP}=\overline{QC}$

답 **한 쌍의 대변이 평행하고 그 길이가 같다.**

11. (1) $\boldsymbol{\overline{CF},\ \overline{AB}/\!/\overline{CF}}$ (2) $\boldsymbol{\overline{CE},\ \overline{AD}=\overline{CE}}$

(3) $\boldsymbol{\overline{CE},\ \overline{CD}=\overline{CF}}$

12. $\triangle OAE\equiv\triangle OCF$이므로 $\triangle AOE=\triangle OCF$

따라서, 색칠한 부분의 넓이는 $\triangle AOD$의 넓이와 같다.

$\triangle AOD=\dfrac{1}{4}$□ABCD$=\dfrac{1}{4}\times80=20(\text{cm}^2)$

$\therefore$ (색칠한 부분의 넓이)$=\mathbf{20cm^2}$ ← 답

Note : $\triangle OAE$와 $\triangle OCF$에서

$\overline{AO}=\overline{CO}$, $\angle AOE=\angle COF$ (맞꼭지각)

$\angle OAE=\angle OCF$ (엇각)

$\therefore\ \triangle OAE\equiv\triangle OCF$ (ASA 합동)

4. 여러 가지 사각형 V. 기하

본문 165쪽

[직사각형의 성질]

직사각형은 두 대각선의 길이가 같고, 서로 다른 것을 이등분한다.

□ABCD에서

[가정] $\angle A=\angle B=\angle C=\angle D$

[결론] $\overline{AC}=\overline{BD}$

$\overline{AO}=\overline{CO}$, $\overline{BO}=\overline{DO}$

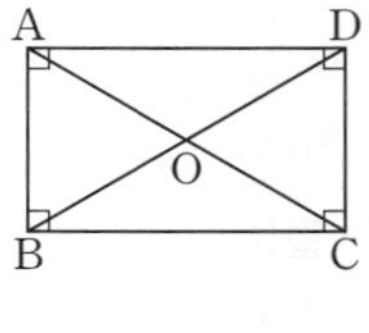

[증명] 직사각형은 평행사변형이므로 평행사변형의 성질에 의해

$\overline{AO}=\overline{CO}$, $\overline{BO}=\overline{DO}$ … ㉠

한편, △ABC와 △BAD에서

$\overline{BC}=\overline{AD}$, ∠ABC=∠BAD (가정), $\overline{AB}$는 공통

이므로 △ABC≡△BAD (SAS 합동)

∴ $\overline{AC}=\overline{BD}$ … ㉡

㉠, ㉡에서 $\overline{AC}=\overline{BD}$, $\overline{AO}=\overline{CO}$, $\overline{BO}=\overline{DO}$

[평행사변형이 직사각형이 되는 조건]

❶ 한 내각의 크기가 90°인 평행사변형은 직사각형이다.

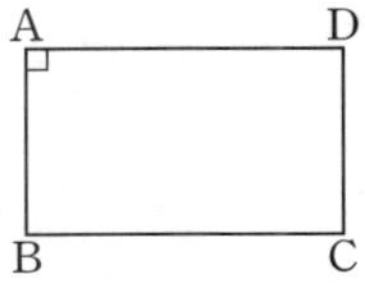

평행사변형 ABCD에서

[가정] ∠A=90°

[결론] ∠A=∠B=∠C=∠D=90°

[증명] 평행사변형 ABCD에서

∠A=90°라고 하면

∠A=∠C=90° … ㉠

또, $\overline{AD}$ // $\overline{BC}$이므로 ∠A+∠B=180°

∴ ∠B=90°

∴ ∠B=∠D=90° … ㉡

㉠, ㉡에서 평행사변형 ABCD는 직사각형이다.

❷ 대각선의 길이가 같은 평행사변형은 직사각형이다.

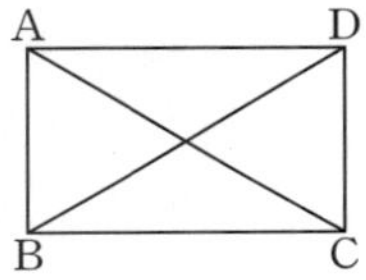

평행사변형 ABCD에서

[가정] $\overline{AC}=\overline{BD}$

[결론] ∠A=∠B=∠C=∠D=90°

[증명] △ABC와 △BAD에서

$\overline{AC}=\overline{BD}$ (가정), $\overline{BC}=\overline{AD}$, $\overline{AB}$는 공통

이므로 △ABC≡△BAD (SSS 합동)

∴ ∠ABC=∠BAD

그런데 ∠ABC+∠BAD=180°이므로

∠ABC=∠BAD=90° … ㉠

△CDB와 △DCA에서 같은 방법으로 하면

∠DCB=∠CDA=90° … ㉡

㉠, ㉡에서 ∠A=∠B=∠C=∠D=90°

[마름모의 성질]

마름모의 두 대각선은 서로 다른 것을 수직이등분한다.

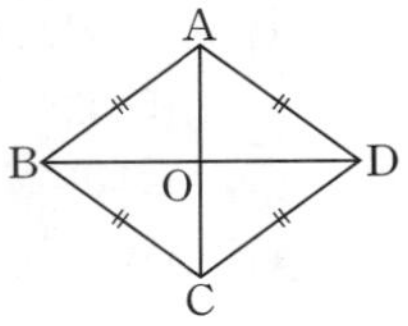

□ABCD에서

[가정] $\overline{AB}=\overline{BC}=\overline{CD}=\overline{DA}$

[결론] $\overline{AC}\perp\overline{BD}$

$\overline{AO}=\overline{CO}$, $\overline{BO}=\overline{DO}$

[증명] 마름모는 평행사변형이므로

평행사변형의 성질에 의하여

$\overline{AO}=\overline{CO}$, $\overline{BO}=\overline{DO}$ … ㉠

△ABO와 △ADO에서

$\overline{AB}=\overline{AD}$ (가정), $\overline{BO}=\overline{DO}$, $\overline{AO}$는 공통

이므로 △ABO≡△ADO (SSS 합동)

∴ ∠AOB=∠AOD=90° … ㉡

㉠, ㉡에서 $\overline{AC}\perp\overline{BD}$, $\overline{AO}=\overline{CO}$, $\overline{BO}=\overline{DO}$

[평행사변형이 마름모가 되는 조건]

❶ 이웃하는 두 변의 길이가 같은 평행사변형은 마름모이다.

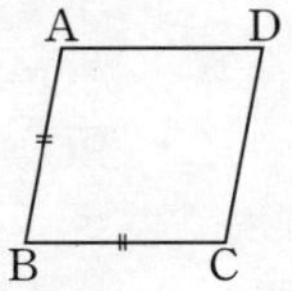

평행사변형 ABCD에서

[가정] $\overline{AB}=\overline{BC}$

[결론] $\overline{AB}=\overline{BC}=\overline{CD}=\overline{DA}$

[증명] 평행사변형 ABCD에서

$\overline{AB}=\overline{DC}$, $\overline{AD}=\overline{BC}$

그런데 $\overline{AB}=\overline{BC}$이므로 $\overline{AB}=\overline{DC}=\overline{AD}=\overline{BC}$

따라서, 평행사변형 ABCD는 마름모이다.

❷ 두 대각선이 직교하는 평행사변형은 마름모이다.

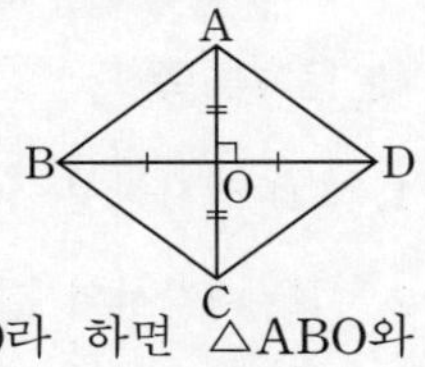

평행사변형 ABCD에서

[가정] $\overline{AC}\perp\overline{BD}$

[결론] $\overline{AB}=\overline{BC}=\overline{CD}=\overline{DA}$

[증명] 평행사변형 ABCD에서

대각선 AC, BD의 교점을 O라 하면 △ABO와 △ADO에서

$\overline{BO}=\overline{DO}$, ∠AOB=∠AOD=90°, $\overline{AO}$는 공통

이므로 △ABO≡△ADO (SAS 합동)

∴ $\overline{AB}=\overline{AD}$

이웃하는 두 변의 길이가 같으므로 평행사변형 ABCD는 마름모이다.

❸ 대각선이 한 내각을 이등분하는 평행사변형은 마름모이다.

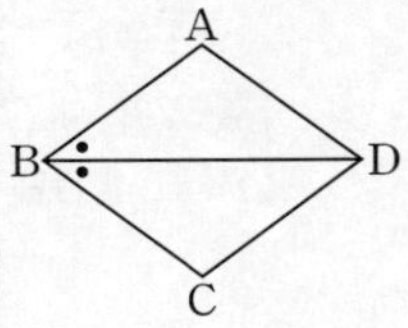

평행사변형 ABCD에서

[가정] ∠ABD=∠CBD

[결론] $\overline{AB}=\overline{BC}=\overline{CD}=\overline{DA}$

[증명] ∠ABD=∠CBD (가정) … ㉠

$\overline{AD}$ // $\overline{BC}$이므로

∠ADB=∠CBD … ㉡

㉠, ㉡에서 ∠ABD=∠ADB이므로 △ABD는 이등변삼각형이다.

∴ $\overline{AB}=\overline{AD}$

이웃하는 두 변의 길이가 같으므로 평행사변형 ABCD는 마름모이다.

[정사각형의 성질]

정사각형의 두 대각선은 길이가 같고, 서로 다른 것을 수직이등분한다.

□ABCD에서

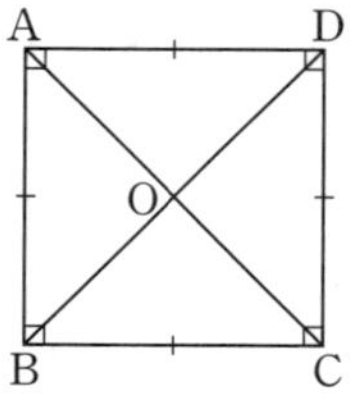

[가정] $\overline{AB}=\overline{BC}=\overline{CD}=\overline{DA}$

$\angle A=\angle B=\angle C=\angle D$

[결론] $\overline{AC}=\overline{BD}$, $\overline{AO}=\overline{CO}$,

$\overline{BO}=\overline{DO}$, $\overline{AC}\perp\overline{BD}$

[증명] 정사각형은 직사각형이므로

직사각형의 성질에 의하여

$\left.\begin{array}{l}\overline{AC}=\overline{BD}\\ \overline{AO}=\overline{CO}\\ \overline{BO}=\overline{DO}\end{array}\right\}$ … ㉠

또, 정사각형은 마름모이므로 마름모의 성질에 의하여

$\overline{AC}\perp\overline{BD}$ … ㉡

㉠, ㉡에서

$\overline{AC}=\overline{BD}$, $\overline{AO}=\overline{CO}$, $\overline{BO}=\overline{DO}$, $\overline{AC}\perp\overline{BD}$

본문 166쪽

1. (1) 직사각형 (2) 마름모 (3) 마름모

2. ② 대각선의 길이가 같은 마름모는 정사각형이다.

④ 한 내각의 크기가 90°인 마름모는 정사각형이다.

답 ②, ④

본문 167쪽

3. $\angle ADB=\angle DBC=30°$이므로

△BCO에서 $\angle BOC=180°-60°-30°=90°$

평행사변형의 대각선이 직교하므로 □ABCD는 마름모이다.

∴ $\overline{BA}=\overline{BC}$이므로 $\angle x=60°$

마름모의 대각선은 한 내각을 이등분하므로

$\angle y=\angle ADB=30°$

답 $\angle x=60°$, $\angle y=30°$

4. $\angle BAC=\angle BDC$ (가정)

$\overline{AB}/\!/\overline{DC}$이므로 $\angle BDC=\angle DBA$

∴ $\angle BAC=\angle DBA$

∴ $\overline{OA}=\overline{OB}$ … ㉠

평행사변형의 대각선은 서로 다른 것을 이등분하므로 $\overline{OA}=\overline{OC}$, $\overline{OB}=\overline{OD}$ … ㉡

㉠, ㉡에서 $\overline{OA}=\overline{OB}=\overline{OC}=\overline{OD}$

∴ $\overline{AC}=\overline{BD}$

평행사변형 ABCD의 대각선의 길이가 같으므로 이 사각형은 직사각형이다. 답 **직사각형**

본문 168쪽

[등변사다리꼴의 성질]

❶ 등변사다리꼴에서 평행이 아닌 한 쌍의 대변의 길이가 같다.

□ABCD에서

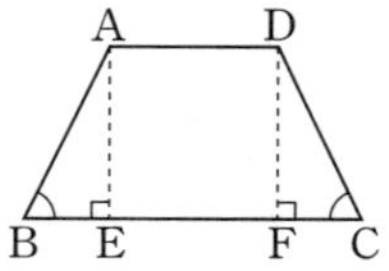

[가정] $\overline{AD}/\!/\overline{BC}$, $\angle B=\angle C$

[결론] $\overline{AB}=\overline{DC}$

[증명] 꼭짓점 A, D에서 변 BC에 내린 수선의 발을 E, F라 하면

△ABE와 △DCF에서

$\angle B=\angle C$, $\overline{AE}=\overline{DF}$, $\angle BAE=\angle CDF$

∴ △ABE≡△DCF (ASA 합동)

따라서, $\overline{AB}=\overline{DC}$

Note : $\angle BAE=90°-\angle B$, $\angle CDF=90°-\angle C$

$\angle B=\angle C$이므로 $\angle BAE=\angle CDF$

❷ 등변사다리꼴에서 두 대각선의 길이는 같다.

□ABCD에서

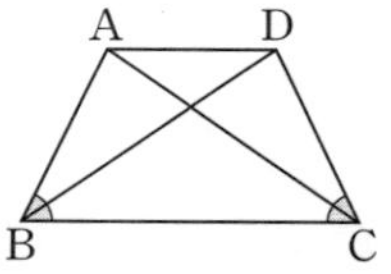

[가정] $\overline{AD}/\!/\overline{BC}$, $\angle B=\angle C$

[결론] $\overline{AC}=\overline{DB}$

[증명] △ABC와 △DCB에서

$\overline{AB}=\overline{DC}$, $\angle B=\angle C$

$\overline{BC}$는 공통

∴ △ABC≡△DCB (SAS 합동)

따라서, $\overline{AC}=\overline{DB}$

본문 169쪽

1.

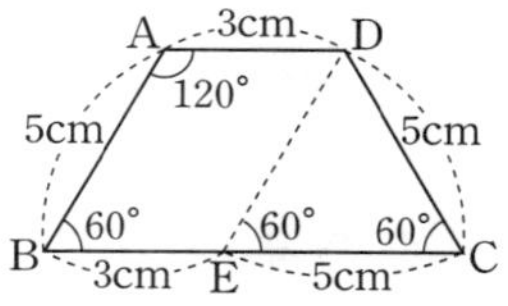

점 D를 지나 $\overline{AB}$에 평행한 직선이 $\overline{BC}$와 만나는 점을 E라고 하자.

□ABED는 평행사변형이므로

$\overline{AD}=\overline{BE}=3$cm … ㉠

$\overline{AD}/\!/\overline{BC}$이므로 $\angle A+\angle B=180°$

∴ $\angle B=60°$

등변사다리꼴이므로 $\angle B=\angle C=60°$

$\overline{AB}/\!/\overline{DE}$이므로 $\angle B=\angle DEC=60°$

따라서, △DEC는 정삼각형이다.

∴ $\overline{EC}=5$cm … ㉡

㉠, ㉡에서 $\overline{BC}=$**8cm** ←답

2. $\overline{AC} /\!/ \overline{DE}$이므로 $\triangle ACD = \triangle ACE$
$\triangle ABE = \triangle ABC + \triangle ACE = 36$
$16 + \triangle ACE = 36$ $\quad \therefore \triangle ACE = 20$
따라서, $\triangle ACD = \triangle ACE = \mathbf{20cm^2}$ ← 답

본문 170쪽

1. ③, ⑤, ⑥

2. ①, ③

3. (1) **직사각형** (2) **마름모** (3) **정사각형**

4. $\overline{AC} \perp \overline{BD}$이므로 □ABCD는 마름모이다. … ㉠
$\overline{OA} = \overline{OB} = \overline{OC} = \overline{OD}$에서 $\overline{AC} = \overline{BD}$이므로 □ABCD는 직사각형이다. … ㉡
㉠, ㉡에서 □ABCD는 정사각형이다.
답 **정사각형**

5. **정사각형**

6. $\overline{BD} = \overline{AC} = \mathbf{16}$ ← 답

7. (1) **10cm** (2) **90°**

본문 171쪽

8. 네 변의 길이 : **7cm**
네 각의 크기 :
50°, 130°, 50°, 130°

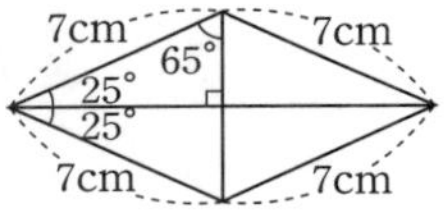

9. $\angle ADB = \angle CDB = 24°$
$\therefore \angle ADC = 48°$
$\angle A + \angle ADC = 180°$이므로 $\angle A = \mathbf{132°}$ ← 답

10. □EBFD가 마름모이므로 $\angle EBD = \angle DBF$
$\therefore \angle ABE = \angle EBD = \angle DBF$
$\angle EBD = 90° \div 3 = 30°$
$\triangle EBD$에서 $\angle EBD = \angle EDB = 30°$
$\therefore \angle BED = 180° - 60° = \mathbf{120°}$ ← 답

11. $\angle ABC = \angle ACB = x$, $\angle EBC = y$라고 하자.
$\overline{AB} = \overline{AE}$이므로
$\angle ABE = \angle AEB = x - y$
$\angle BAC = 180° - 2x$
$\angle BAE = 180° - 2x + 90° = 270° - 2x$
$\triangle ABE$에서
$(x-y) + (270° - 2x) + (x - y) = 180°$
$270° - 2y = 180°$, $2y = 90°$
$\therefore y = 45°$ 답 **45°**

12. $\triangle ABE$와 $\triangle BCF$에서
$\overline{AB} = \overline{BC}$, $\angle ABE = \angle BCF$, $\overline{BE} = \overline{CF}$
$\therefore \triangle ABE \equiv \triangle BCF$
$\therefore \angle BAE = \angle CBF$, $\angle AEB = \angle BFC$
$\angle BAE + \angle AEB = 90°$이므로
$\angle CBF + \angle AEB = 90°$
$\therefore \angle AGF = \mathbf{90°}$ ← 답

13. $\triangle PAB = \triangle PBC$, $\triangle PAD = \triangle PCD$
$\triangle PAB + \triangle PAD = \frac{1}{2} \square ABCD = 50cm^2$
$\triangle PBC = \triangle PAB = 50 - \triangle PAD$
$= \mathbf{30(cm^2)}$ ← 답

14. $\overline{AB} /\!/ \overline{DC}$이므로 $\triangle ADE = \triangle BDE$
$\underline{\triangle ADE - \triangle DFE} = \underline{\triangle BDE - \triangle DFE}$
└→ $\triangle ADF$ └→ $\triangle BEF$
$\triangle ADF = \triangle BEF = k$라 하면
$\triangle ABD = \triangle ABF + \triangle ADF = 16 + k$
$\triangle DBC = \triangle BCE + k + \triangle DFE$
$= 13 + k + \triangle DFE$
$\triangle ABD = \triangle DBC$이므로
$16 + k = 13 + k + \triangle DFE$ $\quad \therefore \triangle DFE = \mathbf{3cm^2}$ ← 답

5. 도형의 닮음 | Ⅴ. 기하

본문 173쪽

1. $32 : x = 36 : 27$, $32 : x = 4 : 3$
$4x = 32 \times 3$ $\quad \therefore x = \mathbf{24}$ ← 답
Note : $36 : 27 = 4 : 3$이다.

2. (1) $\overline{AC} : \overline{A'C'} = 5 : 6$이므로 닮음비는 $5 : 6$
(2) $5 : 6 = 3 : x$, $5x = 18$ $\quad \therefore x = 3.6$
$5 : 6 = 4 : y$, $5y = 24$ $\quad \therefore y = 4.8$
$5 : 6 = 6 : z$, $5z = 36$ $\quad \therefore z = 7.2$
답 (1) **5 : 6** (2) $\mathbf{x = 3.6}$, $\mathbf{y = 4.8}$, $\mathbf{z = 7.2}$

본문 174쪽

3. (1) $\overline{BC} : \overline{BE} = 3 : 5$이므로 닮음비는 $3 : 5$
(2) $3 : 5 = 2 : \overline{EF}$, $3\overline{EF} = 10$ $\quad \therefore \overline{EF} = \frac{10}{3}$cm
답 (1) **3 : 5** (2) $\mathbf{\frac{10}{3}}$**cm**

4. (1) $\overline{VC}:\overline{V'C'}=3:6=1:2$이므로 닮음비는 $1:2$

(2) $\overline{OV'}:\overline{OV}=\overline{V'C'}:\overline{VC}=2:1$

(3) $\overline{VC}:\overline{V'C'}=\overline{BC}:\overline{B'C'}$, $1:2=\overline{BC}:12$

$2\overline{BC}=12$ $\quad\therefore \overline{BC}=6\text{cm}$

답 (1) **1 : 2** (2) **2 : 1** (3) **6cm**

본문 175쪽

[삼각형의 합동조건과 닮음조건]

합동조건	닮음조건
세 쌍의 대응하는 변의 길이가 각각 같다.	세 쌍의 대응하는 변의 길이의 비가 각각 같다.
두 쌍의 대응하는 변의 길이가 각각 같고, 그 끼인 각의 크기가 같다.	두 쌍의 대응하는 변의 길이의 비가 각각 같고, 그 끼인각의 크기가 같다.
한 쌍의 대응하는 변의 길이가 같고, 그 양 끝각의 크기가 각각 같다.	두 쌍의 대응하는 각의 크기가 각각 같다. (변의 길이와는 관계없다.)

본문 176쪽

1. (1) **①과 ⑤ : SAS 닮음**

②와 ③ : SSS 닮음

④와 ⑥ : AA 닮음

(2) ①

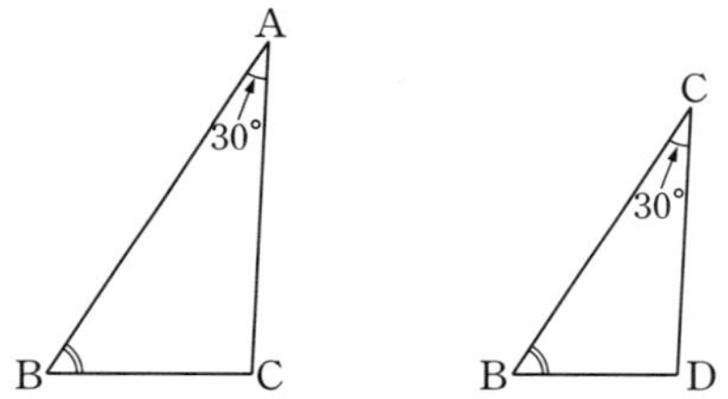

$\triangle ABC$와 $\triangle CBD$에서

$\angle A=\angle BCD$, $\angle B$는 공통

$\therefore \triangle ABC \backsim \triangle CBD$ (AA 닮음)

②

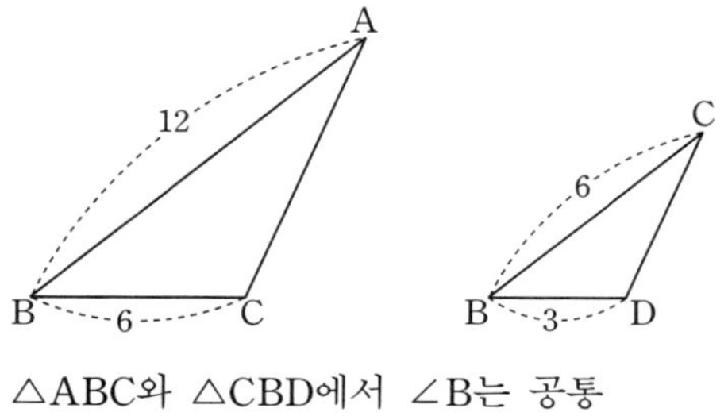

$\triangle ABC$와 $\triangle CBD$에서 $\angle B$는 공통

$\overline{AB}:\overline{CB}=\overline{BC}:\overline{BD}=2:1$

$\therefore \triangle ABC \backsim \triangle CBD$ (SAS 닮음)

③

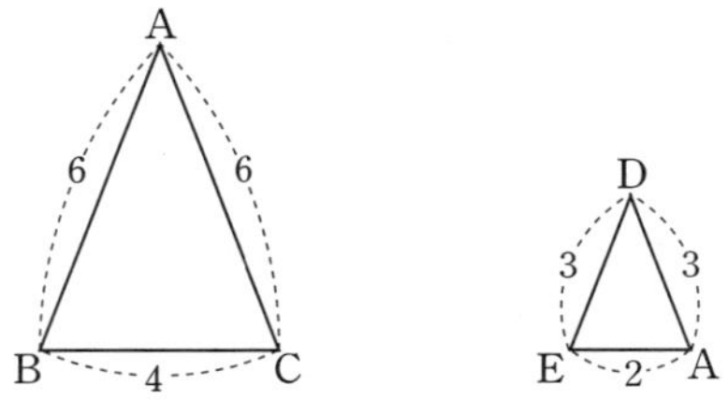

$\triangle ABC$와 $\triangle DEA$에서

$\overline{AB}:\overline{DE}=\overline{BC}:\overline{EA}=\overline{AC}:\overline{DA}=2:1$

$\therefore \triangle ABC \backsim \triangle DEA$ (SSS 닮음)

답 ① **$\triangle ABC \backsim \triangle CBD$ (AA 닮음)**

② **$\triangle ABC \backsim \triangle CBD$ (SAS 닮음)**

③ **$\triangle ABC \backsim \triangle DEA$ (SSS 닮음)**

본문 177쪽

2. $\angle F=180°-(50°+60°)=70°$

$\therefore \triangle ABC \backsim \triangle FDE$ (AA 닮음)

$\overline{AB}:\overline{FD}=\overline{BC}:\overline{DE}$, $4:\overline{FD}=5:6$

$5\overline{FD}=24$ $\quad\therefore$ **$\overline{FD}=4.8\text{cm}$** ← 답

3. (1)

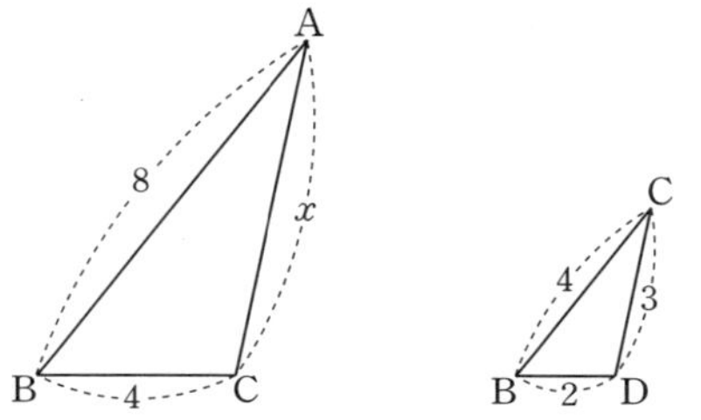

$\triangle ABC$와 $\triangle CBD$에서 $\angle B$는 공통

$\overline{AB}:\overline{CB}=\overline{BC}:\overline{BD}=2:1$

$\therefore \triangle ABC \backsim \triangle CBD$ (SAS 닮음)

$8:4=x:3$, $4x=24$ $\quad\therefore x=6$

(2)

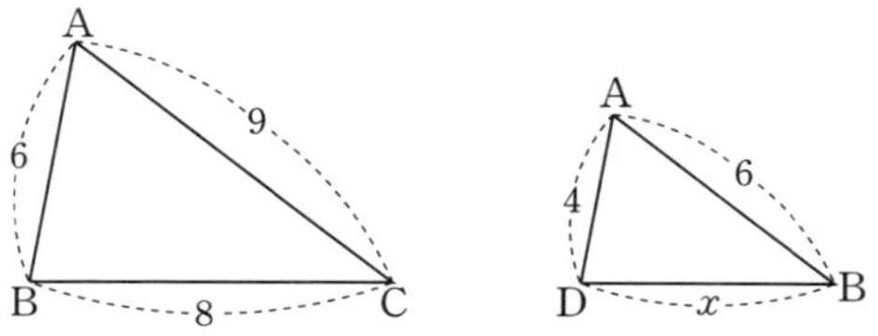

$\triangle ABC$와 $\triangle ADB$에서 $\angle A$는 공통

$\overline{AB}:\overline{AD}=\overline{AC}:\overline{AB}=3:2$

$\therefore \triangle ABC \backsim \triangle ADB$ (SAS 닮음)

$3:2=8:x$, $3x=16$ $\quad\therefore x=\frac{16}{3}$

답 (1) **6** (2) $\mathbf{\frac{16}{3}}$

본문 178쪽

4. (1)

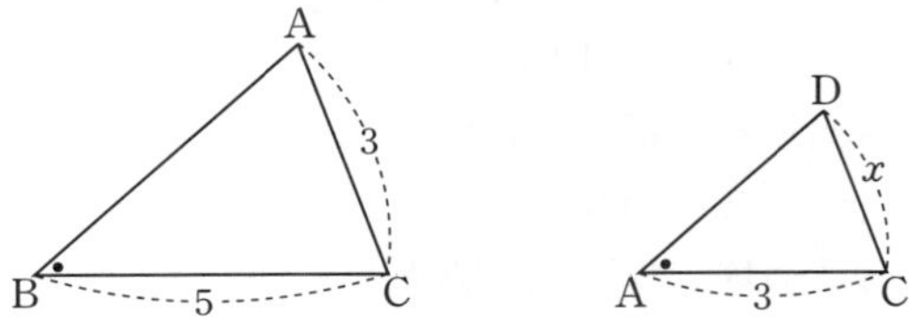

$\triangle$ABC와 $\triangle$DAC에서

$\angle$ABC$=\angle$DAC, $\angle$C는 공통

$\therefore$ $\triangle$ABC $\backsim$ $\triangle$DAC (AA 닮음)

$\overline{BC}:\overline{AC}=\overline{AC}:\overline{DC}$, $5:3=3:x$

$5x=9$ $\quad\therefore$ $x=1.8$

(2)

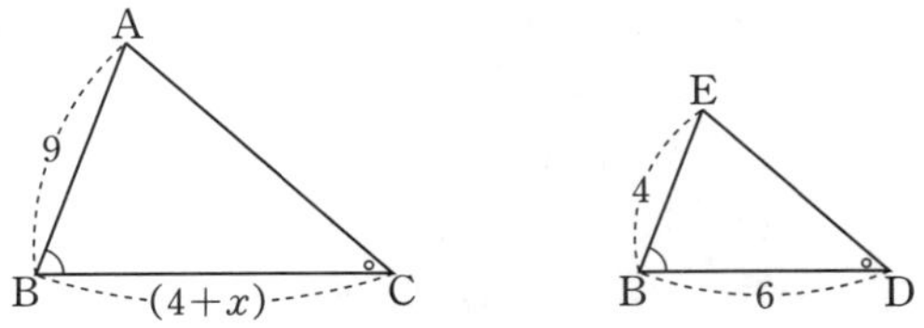

$\triangle$ABC와 $\triangle$EBD에서

$\angle$B는 공통, $\angle$ACB$=\angle$EDB

$\therefore$ $\triangle$ABC $\backsim$ $\triangle$EBD (AA 닮음)

$\overline{AB}:\overline{EB}=\overline{BC}:\overline{BD}$, $9:4=(4+x):6$

$54=4(4+x)$, $54=16+4x$

$4x=38$ $\quad\therefore$ $x=9.5$

답 (1) **1.8** (2) **9.5**

5. (1)

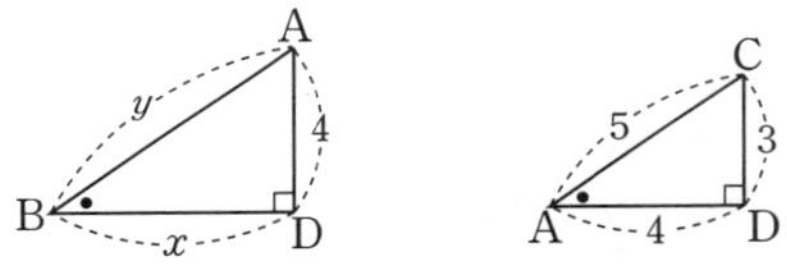

$\triangle$ABD와 $\triangle$CAD에서

$\angle$ADB$=\angle$CDA$=90°$, $\angle$ABD$=\angle$CAD

$\therefore$ $\triangle$ABD $\backsim$ $\triangle$CAD (AA 닮음)

$\overline{AB}:\overline{CA}=\overline{BD}:\overline{AD}=\overline{AD}:\overline{CD}$

$y:5=x:4=4:3$

$y:5=4:3$에서 $3y=20$ $\quad\therefore$ $y=\dfrac{20}{3}$

$x:4=4:3$에서 $3x=16$ $\quad\therefore$ $x=\dfrac{16}{3}$

Note :

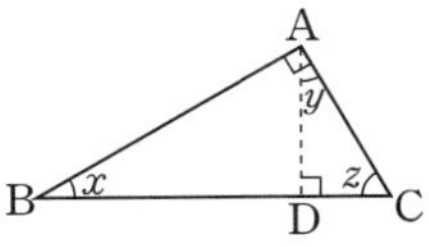

$\triangle$ABC에서 $x+z+90°=180°$

$\therefore$ $x+z=90°$ $\quad\cdots$ ㉠

$\triangle$CAD에서 $y+z+90°=180°$

$\therefore$ $y+z=90°$ $\quad\cdots$ ㉡

㉠, ㉡에서 $x=y$

(2)

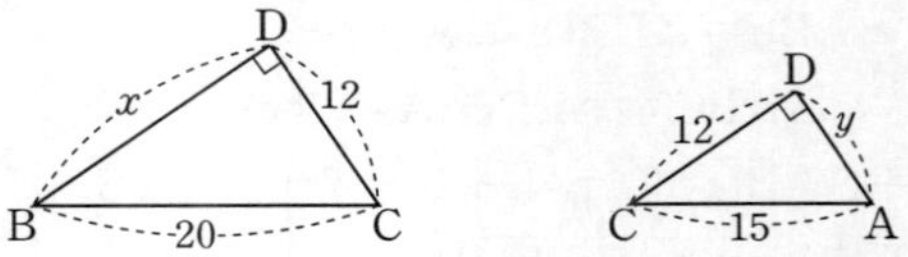

$\triangle$DBC와 $\triangle$DCA에서

$\angle$BDC$=\angle$CDA, $\angle$DBC$=\angle$DCA

$\therefore$ $\triangle$DBC $\backsim$ $\triangle$DCA (AA 닮음)

$\overline{DB}:\overline{DC}=\overline{BC}:\overline{CA}=\overline{DC}:\overline{DA}$

$x:12=20:15=12:y$

$x:12=4:3$, $3x=48$ $\quad\therefore$ $x=16$

$4:3=12:y$, $4y=36$ $\quad\therefore$ $y=9$

답 (1) $\boldsymbol{x=\dfrac{16}{3}}$, $\boldsymbol{y=\dfrac{20}{3}}$ (2) $\boldsymbol{x=16}$, $\boldsymbol{y=9}$

본문 179쪽

1. (1) $\overline{BC}:\overline{FG}=9:6=3:2$에서 닮음비는 $3:2$

(2) $\angle$F$=\angle$B$=70°$

(3) $\overline{AB}:\overline{EF}=\overline{BC}:\overline{FG}$, $6:\overline{EF}=9:6$

$9\overline{EF}=36$ $\quad\therefore$ $\overline{EF}=4$cm

답 (1) **3 : 2** (2) **70°** (3) **4cm**

2. (1) $\triangle$ABC와 $\triangle$ADE에서

$\angle$A는 공통, $\angle$ABC$=\angle$ADE

$\therefore$ $\triangle$ABC $\backsim$ $\triangle$ADE (AA 닮음)

(2) $\triangle$ABE와 $\triangle$DCE에서 $\angle$AEB$=\angle$DEC

$\overline{AE}:\overline{DE}=\overline{BE}:\overline{CE}=1:2$

$\therefore$ $\triangle$ABE $\backsim$ $\triangle$DCE (SAS 닮음)

(3) $\triangle$ABC와 $\triangle$BDC에서

$\angle$A$=\angle$CBD, $\angle$C는 공통

$\therefore$ $\triangle$ABC $\backsim$ $\triangle$BDC (AA 닮음)

(4) $\triangle$ABC와 $\triangle$ACD에서 $\angle$A는 공통

$\overline{AB}:\overline{AC}=\overline{AC}:\overline{AD}=3:2$

$\therefore$ $\triangle$ABC $\backsim$ $\triangle$ACD (SAS 닮음)

답 (1) **△ABC ∽ △ADE (AA 닮음)**
(2) **△ABE ∽ △DCE (SAS 닮음)**
(3) **△ABC ∽ △BDC (AA 닮음)**
(4) **△ABC ∽ △ACD (SAS 닮음)**

3. (1) **∠B = ∠E (또는 ∠C = ∠F)**

(2) **∠C = ∠F (또는** $\boldsymbol{\overline{AC}:\overline{DF}=\overline{BC}:\overline{EF}=\overline{AB}:\overline{DE}}$)

4. (1) $\angle$B$=\angle$A$=50°$

(2) $\triangle$AOC $\backsim$ $\triangle$BOD이므로

$\overline{AO}:\overline{BO}=\overline{AC}:\overline{BD}$, $4:6=2:\overline{BD}$

$4\overline{BD}=12$ $\quad\therefore$ $\overline{BD}=3$

답 (1) **50°** (2) **3**

5. (1) $\angle ABC = \angle EBD$, $\angle A = \angle E$

∴ $\triangle ABC \backsim \triangle EBD$ (AA 닮음)

$\overline{BC} : \overline{BD} = 3 : 5$이므로 닮음비는 $3 : 5$

(2) $\overline{CB} : \overline{DB} = \overline{AC} : \overline{ED}$이므로

$3 : 5 = a : b$, $3b = 5a$ ∴ $b = \frac{5}{3}a$

답 (1) **AA 닮음, 3 : 5** (2) $\boldsymbol{b = \frac{5}{3}a}$

6. (1) $\triangle DBE$와 $\triangle CBA$에서

$\angle B$는 공통 $\angle DEB = \angle CAB$

∴ $\triangle DBE \backsim \triangle CBA$ (AA 닮음)

(2)

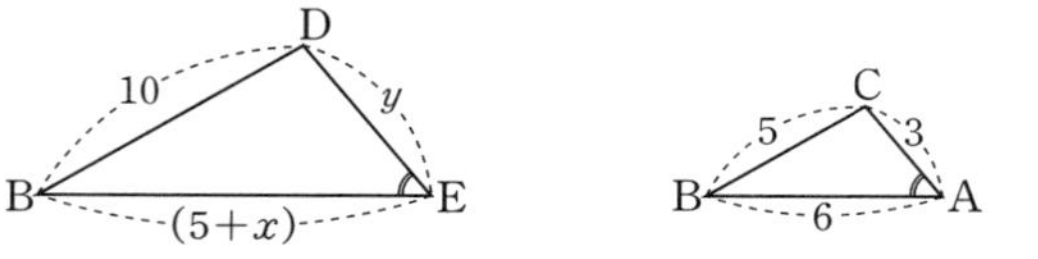

$10 : 5 = y : 3$, $5y = 30$ ∴ $y = 6$

$10 : 5 = (5+x) : 6$

$5(5+x) = 60$, $25 + 5x = 60$

$5x = 35$ ∴ $x = 7$

답 (1) **△EBD** (2) $\boldsymbol{x=7,\ y=6}$

본문 180쪽

7. $\triangle ADE$와 $\triangle ACB$에서

$\angle A$는 공통, $\angle ADE = \angle ACB$

∴ $\triangle ADE \backsim \triangle ACB$ (AA 닮음)

$\overline{AD} : \overline{AC} = \overline{AE} : \overline{AB}$

$4 : \overline{AC} = 6 : 12$, $6\overline{AC} = 48$

∴ $\overline{AC} =$ **8cm** ← 답

8. (1) $\triangle ADE \backsim \triangle ABC$ (AA 닮음)

$\overline{AD} : \overline{AB} = \overline{DE} : \overline{BC}$

$(x-10) : x = 4 : 12 = 1 : 3$

$3(x-10) = x$, $3x - 30 = x$

$2x = 30$ ∴ $x = 15$

(2) $\triangle ABC$와 $\triangle EDC$에서 $\angle C$는 공통

$\overline{AC} : \overline{EC} = \overline{BC} : \overline{DC} = 3 : 1$

∴ $\triangle ABC \backsim \triangle EDC$ (SAS 닮음)

$\overline{AB} : \overline{ED} = \overline{BC} : \overline{DC}$, $6 : x = 3 : 1$

$3x = 6$ ∴ $x = 2$

(3) $\triangle ABC \backsim \triangle DAC$ (AA 닮음)

$\overline{AC} : \overline{DC} = \overline{BC} : \overline{AC}$, $6 : x = 9 : 6$

$9x = 36$ ∴ $x = 4$

답 (1) **15** (2) **2** (3) **4**

9. $\triangle ABC$와 $\triangle FDC$에서

$\angle ABC = \angle FDC = 90°$, $\angle C$는 공통

∴ $\triangle ABC \backsim \triangle FDC$ (AA 닮음)

$\triangle ABC$와 $\triangle ADE$에서

$\angle ABC = \angle ADE = 90°$, $\angle A$는 공통

∴ $\triangle ABC \backsim \triangle ADE$ (AA 닮음)

$\triangle ABC$와 $\triangle FBE$에서

$\angle ABC = \angle FBE = 90°$

$\angle A = 180° - 90° - \angle C = \angle F$

∴ $\triangle ABC \backsim \triangle FBE$ (AA 닮음)

답 **△FDC, △ADE, △FBE**

10. (1) $\triangle ABC \backsim \triangle DBA$ (AA 닮음)

$\overline{BC} : \overline{BA} = \overline{AC} : \overline{DA}$, $x : 20 = 15 : 12$

$x : 20 = 5 : 4$, $4x = 100$

∴ $x = 25$

(2) $\triangle ABD \backsim \triangle CAD$ (AA 닮음)

$\overline{BD} : \overline{AD} = \overline{AD} : \overline{CD}$, $8 : 6 = 6 : x$

$8x = 36$ ∴ $x = 4.5$

답 (1) **25** (2) **4.5**

11. 그림자의 반지름의 길이를 x라 하면 $10 : 20 = 3 : x$

$10x = 60$ ∴ $x = 6$

따라서, 그림자의 넓이는

$\pi \times 6^2 = 36\pi$

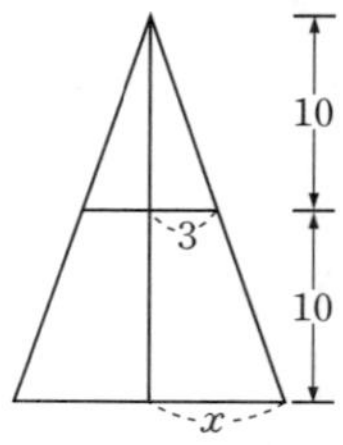

답 **36πcm²**

12. $\triangle OBF$와 $\triangle CBD$에서

$\angle B$는 공통, $\angle BOF = \angle BCD = 90°$

∴ $\triangle OBF \backsim \triangle CBD$ (AA 닮음)

$\overline{BO} : \overline{BC} = \overline{OF} : \overline{CD}$

$5 : 8 = \overline{OF} : 6$, $8\overline{OF} = 30$

$\overline{OF} = \frac{15}{4}$ ∴ $\overline{EF} = \frac{15}{2}$**cm** ← 답

6. 삼각형과 평행선	V. 기하

본문 181쪽

[삼각형에서 평행선 사이의 선분의 길이의 비]

❶ **△ABC에서 $\overline{DE} /\!/ \overline{BC}$이면**
$\overline{AB} : \overline{AD} = \overline{AC} : \overline{AE} = \overline{BC} : \overline{DE}$

[증명]

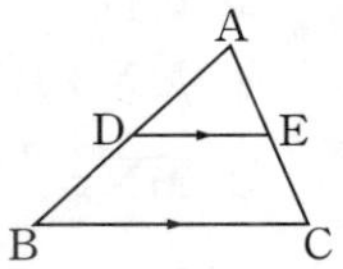

△ABC와 △ADE에서
$\overline{DE} /\!/ \overline{BC}$이므로
$\angle B = \angle ADE$, $\angle C = \angle AED$
∴ △ABC ∽ △ADE (AA 닮음)
닮은 삼각형에서 대응하는 변의 길이의 비는 일정하므로
$\overline{AB} : \overline{AD} = \overline{AC} : \overline{AE} = \overline{BC} : \overline{DE}$

❷ **△ABC에서 $\overline{DE} /\!/ \overline{BC}$이면 $\overline{AD} : \overline{DB} = \overline{AE} : \overline{EC}$**

[증명]

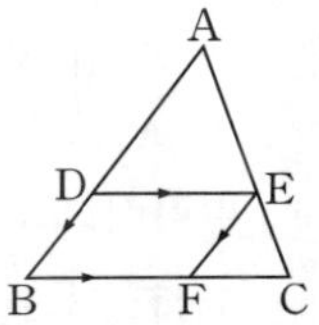

그림과 같이 점 E를 지나고 변 AB에 평행한 직선을 그어 변 BC와 만나는 점을 F라 하면
△ADE와 △EFC에서
$\angle DAE = \angle FEC$ (동위각)
$\angle AED = \angle ECF$ (동위각)
이므로 △ADE ∽ △EFC
∴ $\overline{AD} : \overline{EF} = \overline{AE} : \overline{EC}$ … ㉠
한편, □DBFE는 평행사변형이므로
$\overline{DB} = \overline{EF}$ … ㉡
㉠, ㉡으로부터 $\overline{AD} : \overline{DB} = \overline{AE} : \overline{EC}$

[삼각형의 내각의 이등분선]

△ABC에서
$\angle BAD = \angle CAD$이면
$\overline{AB} : \overline{AC} = \overline{BD} : \overline{DC}$

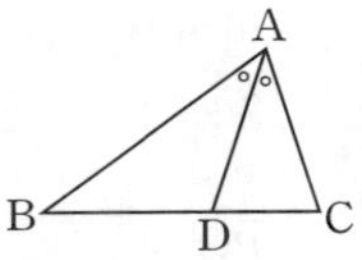

[증명]

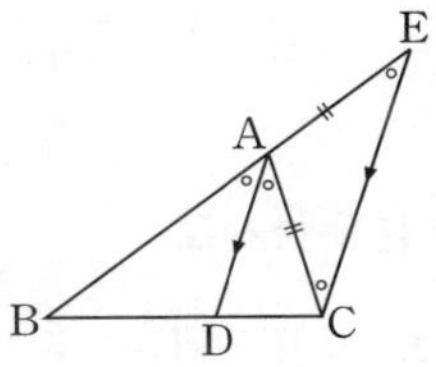

점 C에서 $\overline{AD}$에 평행한 직선을 그어 $\overline{BA}$의 연장선과의 교점을 E라고 하면
$\overline{AD} /\!/ \overline{EC}$이므로
$\angle E = \angle BAD$ (동위각)
$\angle ACE = \angle CAD$ (엇각)
$\angle BAD = \angle CAD$이므로
$\angle E = \angle ACE$ ∴ $\overline{AC} = \overline{AE}$
그런데 △BCE에서 $\overline{AD} /\!/ \overline{EC}$이므로
$\overline{AB} : \overline{AE} = \overline{BD} : \overline{DC}$
∴ $\overline{AB} : \overline{AC} = \overline{BD} : \overline{DC}$

본문 182쪽

1. (1) $(15-x) : 15 = 10 : y = 6 : 9 (= 2 : 3)$
$(15-x) : 15 = 2 : 3$, $3(15-x) = 30$
$45 - 3x = 30$, $3x = 15$ ∴ $x = 5$
$10 : y = 2 : 3$, $2y = 30$ ∴ $y = 15$
(2) $5 : x = 3 : 6 = y : (y+3)$
$5 : x = 3 : 6$, $3x = 30$ ∴ $x = 10$
$3 : 6 = y : (y+3)$, $6y = 3(y+3)$
$6y = 3y + 9$, $3y = 9$ ∴ $y = 3$
(3) $8 : x = y : 15 = 10 : 15 (= 2 : 3)$
$8 : x = 2 : 3$, $2x = 24$ ∴ $x = 12$
$y : 15 = 2 : 3$, $3y = 30$ ∴ $y = 10$
답 (1) $\boldsymbol{x=5,\ y=15}$ (2) $\boldsymbol{x=10,\ y=3}$
(3) $\boldsymbol{x=12,\ y=10}$

2. (1) $3 : x = 4 : 8$, $4x = 24$ ∴ $x = 6$
(2) $x : 15 = 16 : 10 (= 8 : 5)$
$5x = 120$ ∴ $x = 24$
답 (1) **6** (2) **24**

본문 183쪽

3. $5 : 6 \neq 5 : 6.5$ ∴ $\overline{PR} \not\!/\!/ \overline{BC}$
$7.2 : 6 = 6 : 5$ ∴ $\overline{PQ} /\!/ \overline{AC}$
$6 : 7.2 \neq 6.5 : 5$ ∴ $\overline{RQ} \not\!/\!/ \overline{AB}$
답 $\boldsymbol{\overline{PQ} /\!/ \overline{AC}}$

4. $\overline{BD} = x$라고 하면
$10 : 6 = x : (12 - x)$
$6x = 120 - 10x$, $16x = 120$
∴ $x = \dfrac{15}{2}$
답 $\boldsymbol{\dfrac{15}{2}}$ **cm**

본문 184쪽

[평행선 사이의 선분의 길이의 비]

그림에서 $l /\!/ m /\!/ n$이면
$a : a' = b : b'$이다.

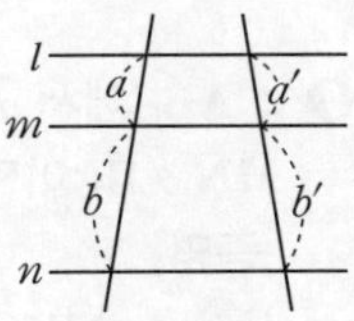

[증명]

그림과 같이 $l /\!/ m /\!/ n$일 때, $\overline{A'C'}$에 평행한 선분 AE를 그으면 △ACE에서 $\overline{AB} : \overline{BC} = \overline{AD} : \overline{DE}$

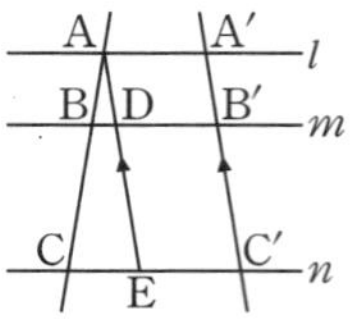

이 때, □ADB'A', □DEC'B'이 평행사변형이므로

$\overline{AD} = \overline{A'B'}$, $\overline{DE} = \overline{B'C'}$

∴ $\overline{AB} : \overline{A'B'} = \overline{BC} : \overline{B'C'}$

본문 185쪽

1. (1) $3 : 2 = (x-6) : 1$, $2x - 12 = 3$

$2x = 15$ ∴ $x = 7.5$

$3 : 2 = x : (y+1)$, $3 : 2 = 7.5 : (y+1)$

$15 = 3(y+1)$, $5 = y+1$ ∴ $y = 4$

(2) $2 : x = 3 : 4$, $3x = 8$ ∴ $x = \frac{8}{3}$

$(2+3+4) : y = 3 : 4$, $3y = 36$ ∴ $y = 12$

답 (1) $\boldsymbol{x = 7.5,\ y = 4}$ (2) $\boldsymbol{x = \frac{8}{3},\ y = 12}$

2. $2 : y = 8 : 6$, $8y = 12$

∴ $y = 1.5$

$8 : 10 = b : 5$

$10b = 40$ ∴ $b = 4$

$a = 6 - 4 = 2$

$2 : 10 = 2 : x$ ∴ $x = 10$

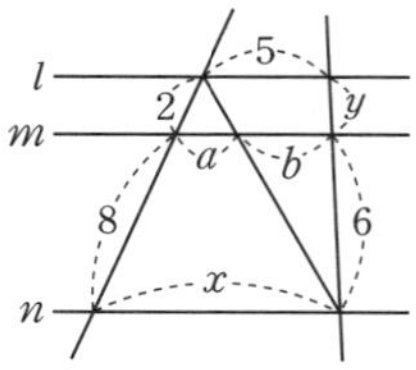

답 $\boldsymbol{x = 10,\ y = 1.5}$

본문 186쪽

[삼각형의 중점연결 정리]

❶ △ABC에서 $\overline{AB}$, $\overline{AC}$의 중점을 M, N이라 하면

$\overline{MN} /\!/ \overline{BC}$, $\overline{MN} = \frac{1}{2}\overline{BC}$

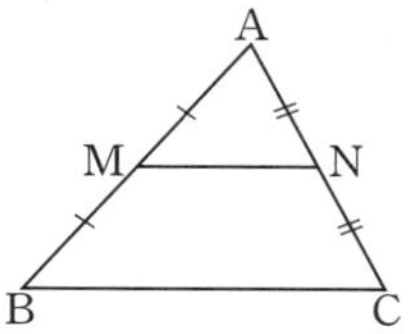

[증명]

$\overline{AB} : \overline{AM} = \overline{AC} : \overline{AN} = 2 : 1$이므로 $\overline{MN} /\!/ \overline{BC}$이다.

또, $\overline{BC} : \overline{MN} = \overline{AB} : \overline{AM} = 2 : 1$이므로

$\overline{MN} = \frac{1}{2}\overline{BC}$

❷ △ABC에서 $\overline{AM} = \overline{BM}$이고 $\overline{MN} /\!/ \overline{BC}$이면 $\overline{AN} = \overline{CN}$이다.

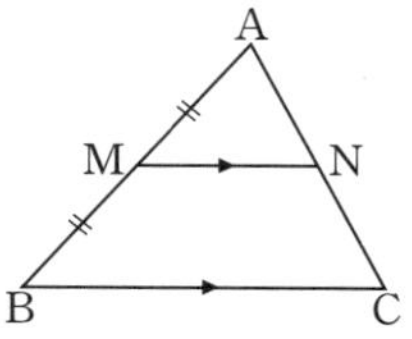

[증명]

삼각형 ABC에서 변 AB의 중점 M을 지나 변 BC에 평행한 직선을 그어 변 AC와 만나는 점을 N이라고 하면, $\overline{MN} /\!/ \overline{BC}$이므로 $\overline{AB} : \overline{AM} = \overline{AC} : \overline{AN} = 2 : 1$이다.

따라서, $\overline{AN} = \frac{1}{2}\overline{AC}$이다. 즉, 점 N은 $\overline{AC}$의 중점이다.

[사다리꼴에서 중점연결 정리]

$\overline{AD} /\!/ \overline{BC}$인 사다리꼴 ABCD에서 $\overline{AB}$, $\overline{DC}$의 중점을 각각 M, N이라고 하면

① $\overline{MN} /\!/ \overline{BC}$

② $\overline{MN} = \frac{1}{2}(\overline{AD} + \overline{BC})$

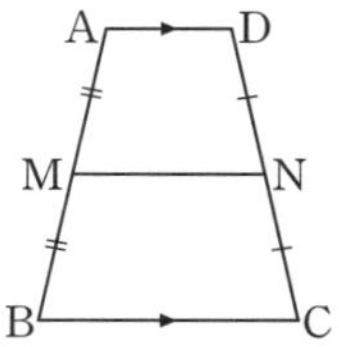

[증명]

$\overline{AN}$의 연장선과 $\overline{BC}$의 연장선과의 교점을 E라고 하자.

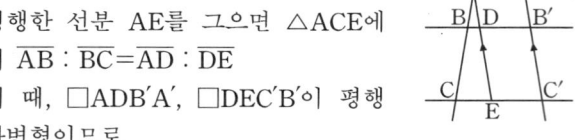

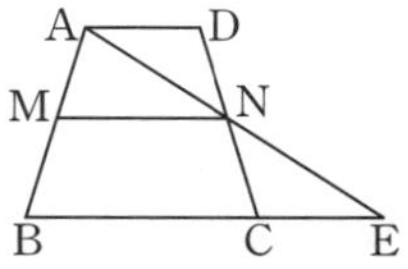

△ADN과 △ECN에서

$\overline{DN} = \overline{CN}$, ∠AND = ∠ENC,

∠ADN = ∠ECN [∵ $\overline{AD} /\!/ \overline{BE}$]

∴ △ADN ≡ △ECN (ASA 합동)

∴ $\overline{AN} = \overline{EN}$, $\overline{AD} = \overline{EC}$

따라서, △ABE에 중점연결 정리를 쓰면 $\overline{MN} /\!/ \overline{BE}$

$\overline{MN} = \frac{1}{2}\overline{BE} = \frac{1}{2}(\overline{BC} + \overline{CE}) = \frac{1}{2}(\overline{BC} + \overline{AD})$

즉, $\overline{MN} /\!/ \overline{BC}$, $\overline{MN} = \frac{1}{2}(\overline{AD} + \overline{BC})$

본문 187쪽

1. $\overline{DF} = \frac{1}{2}\overline{BC} = 3\text{cm}$, $\overline{DE} = \frac{1}{2}\overline{AC} = 4\text{cm}$

$\overline{FE} = \frac{1}{2}\overline{AB} = 5\text{cm}$

따라서, △DEF의 둘레의 길이는

$3 + 4 + 5 = \mathbf{12(cm)}$ ← 답

2. $\overline{PQ} = \frac{1}{2}\overline{BC} = 2.5\text{cm}$

$\overline{RS} = \frac{1}{2}\overline{BC} = 2.5\text{cm}$

답 **5cm**

본문 188쪽

3. □EFGH는 직사각형이다.

$\overline{EH} = \frac{1}{2}\overline{BD} = 5\text{cm}$, $\overline{EF} = \frac{1}{2}\overline{AC} = 4\text{cm}$

∴ $5 \times 4 = \mathbf{20(cm^2)}$ ← 답

4. $\overline{EF}=\frac{1}{2}(\overline{AD}+\overline{BC})=$**7cm** ← 답

Note : $\overline{BD}$와 $\overline{EF}$의 교점을 P라 하면

$\overline{EP}=\frac{1}{2}\overline{AD}=2\text{cm}$, $\overline{PF}=\frac{1}{2}\overline{BC}=5\text{cm}$

본문 189쪽

1. (1) $4:6=x:12=y:(y+3)$

$4:6=x:12$에서 $6x=48$ $\quad\therefore x=8$

$4:6=y:(y+3)$에서 $6y=4(y+3)$

$6y=4y+12$, $2y=12$ $\quad\therefore y=6$

(2) $5:(5+x)=y:(y+4)=10:14\ (=5:7)$

$5:(5+x)=5:7$에서 $5+x=7$ $\quad\therefore x=2$

$y:(y+4)=5:7$

$7y=5(y+4)$, $7y=5y+20$

$2y=20$ $\quad\therefore y=10$

(3) $3:7=x:(10-x)=3:y$

$3:7=x:(10-x)$, $7x=3(10-x)$

$7x=30-3x$ $\quad\therefore x=3$

$3:7=3:y$ $\quad\therefore y=7$

답 (1) $\boldsymbol{x=8,\ y=6}$ (2) $\boldsymbol{x=2,\ y=10}$ (3) $\boldsymbol{x=3,\ y=7}$

2. (1) △ABF에서 $\overline{DG}/\!/\overline{BF}$이므로

$\overline{AD}:\overline{AB}=\overline{AG}:\overline{AF}=\overline{DG}:\overline{BF}$

$\therefore \overline{AG}:\overline{AF}=\overline{DG}:\overline{BF}$ $\quad\cdots$ ㉠

△AFC에서 $\overline{GE}/\!/\overline{FC}$이므로

$\overline{AE}:\overline{AC}=\overline{AG}:\overline{AF}=\overline{GE}:\overline{FC}$

$\therefore \overline{AG}:\overline{AF}=\overline{GE}:\overline{FC}$ $\quad\cdots$ ㉡

㉠, ㉡에서 $\overline{DG}:\overline{BF}=\overline{GE}:\overline{FC}$

$\therefore 3:x=4:6$, $4x=18$ $\quad\therefore x=4.5$

(2) $\overline{AB}:\overline{AD}=\overline{AC}:\overline{AE}=\overline{GC}:\overline{FE}$

$\therefore 5:(5+x)=2.5:4$

$5:(5+x)=5:8$, $40=5(5+x)$

$40=25+5x$, $5x=15$ $\quad\therefore x=3$

답 (1) **4.5** (2) **3**

3. $\overline{BD}=x$라 하자.

$8:6=x:(7-x)$, $6x=8(7-x)$

$6x=56-8x$, $14x=56$ $\quad\therefore x=4$

답 **4cm**

4. (1) $10:9=8:x$, $10x=72$ $\quad\therefore x=7.2$

(2) $4:x=8:10$, $8x=40$ $\quad\therefore x=5$

(3) $4:5=x:8$, $5x=32$ $\quad\therefore x=6.4$

답 (1) **7.2** (2) **5** (3) **6.4**

5. (1) $2.5:2=x:4$, $2x=10$ $\quad\therefore x=5$

$4:6=y:4$, $6y=16$ $\quad\therefore y=\frac{8}{3}$

(2) $4:x=2:1.5$, $2x=6$ $\quad\therefore x=3$

$(4+2):(3+1.5)=3:y$, $6:4.5=3:y$

$6y=13.5$ $\quad\therefore y=2.25$

답 (1) $\boldsymbol{x=5,\ y=\frac{8}{3}}$ (2) $\boldsymbol{x=3,\ y=2.25}$

6. (1) $3:5=\overline{EG}:8$, $5\overline{EG}=24$

$\therefore \overline{EG}=4.8\text{cm}$

(2) $2:5=\overline{GF}:6$, $5\overline{GF}=12$

$\therefore \overline{GF}=2.4\text{cm}$

(3) $\overline{EF}=4.8+2.4=7.2(\text{cm})$

답 (1) **4.8cm** (2) **2.4cm** (3) **7.2cm**

Note : (3) $\frac{an+bm}{m+n}=\frac{b\times2+8\times3}{3+2}=\frac{36}{5}=7.2(\text{cm})$

본문 190쪽

7. △ABE와 △CDE에서 $\overline{AB}/\!/\overline{CD}$이므로

∠BAE=∠DCE, ∠ABE=∠CDE

∴ △ABE ∽ △CDE (AA 닮음)

$\overline{AB}:\overline{CD}=8:12(=2:3)$이므로

$\overline{BE}:\overline{DE}=2:3$

$\therefore \overline{BE}:\overline{BD}=2:5$

그런데 $\overline{EF}/\!/\overline{DC}$이므로

$\overline{EF}:\overline{DC}=\overline{BE}:\overline{BD}$

$x:12=2:5$, $5x=24$ $\quad\therefore x=4.8\text{cm}$

답 **4.8cm**

8. $\overline{DE}=\frac{1}{2}\overline{BC}=6\text{cm}$, $\overline{PE}=\frac{1}{2}\overline{QC}=2\text{cm}$

$\therefore \overline{DP}=6-2=$**4(cm)** ← 답

9. 점 A를 지나 $\overline{BC}$에 평행한 선분을 긋고 $\overline{DE}$와 만나는 점을 N이라 하자.

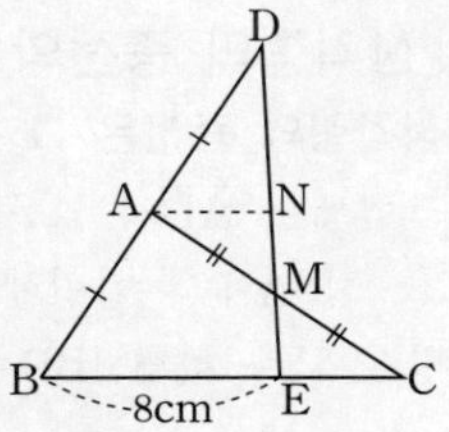

△AMN과 △CME에서

$\overline{AM}=\overline{CM}$, ∠AMN=∠CME,

∠MAN=∠MCE

∴ △AMN≡△CME (ASA 합동)

따라서, $\overline{AN}=\overline{CE}$

△DBE에서 $\overline{DA}=\overline{BA}$, $\overline{AN}/\!/\overline{BE}$이므로

$\overline{AN}=\frac{1}{2}\overline{BE}=4\text{cm}$

$\therefore \overline{CE}=$**4cm** ← 답

10. △ADG에서 $\overline{AE}=\overline{ED}$, $\overline{EF}/\!/\overline{DG}$이므로

$\overline{DG}=2\,\overline{EF}=4\text{cm}$

△CBF에서 $\overline{BD}=\overline{DC}$, $\overline{BF}/\!/\overline{DG}$이므로

$\overline{BF}=2\,\overline{DG}=8\text{cm}$

$\therefore\ \overline{BE}=8-2=6(\text{cm})$

답 **$\overline{BE}=6\text{cm}$, $\overline{DG}=4\text{cm}$**

11. $\overline{EF}=\frac{1}{2}(\overline{AD}+\overline{BC})=\frac{1}{2}(6+10)=$**$8(\text{cm})$** ← 답

Note :

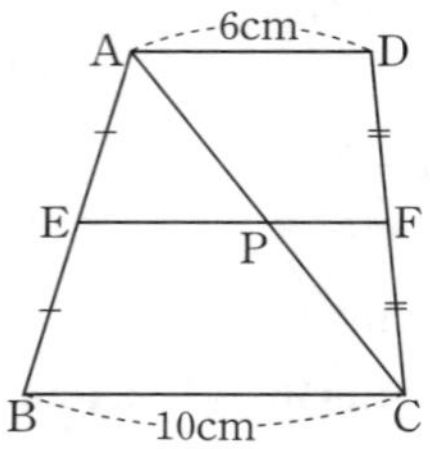

△ABC에서 $\overline{EP}=\frac{1}{2}\overline{BC}=5\text{cm}$

△CAD에서 $\overline{PF}=\frac{1}{2}\overline{AD}=3\text{cm}$

$\therefore\ \overline{EF}=5+3=8(\text{cm})$

12. △BAD에서 $\overline{ME}=\frac{1}{2}\overline{AD}=3\text{cm}$

$\overline{EF}=\overline{ME}=3\text{cm}$, $\overline{MF}=6\text{cm}$

△ABC에서 $\overline{BC}=2\,\overline{MF}=$**$12\text{cm}$** ← 답

7. 닮음의 활용　V. 기하

본문 191쪽

[삼각형의 중선의 성질]

삼각형의 중선은 그 삼각형의 넓이를 이등분한다.

그림에서 $\overline{AD}$가 △ABC의 중선이고, 점 A에서 밑변에 내린 수선의 발을 H라 하면, $\overline{BD}=\overline{CD}$이다.

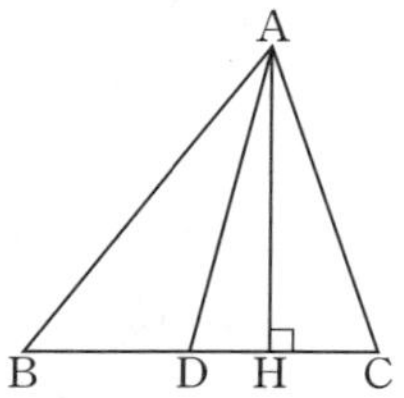

$(\triangle\text{ABD의 넓이})=\frac{1}{2}\times\overline{BD}\times\overline{AH}$

$(\triangle\text{ACD의 넓이})=\frac{1}{2}\times\overline{CD}\times\overline{AH}$

$=\frac{1}{2}\times\overline{BD}\times\overline{AH}$

이므로, 중선은 삼각형의 넓이를 이등분한다.

[삼각형의 무게중심의 성질]

삼각형의 무게중심은 세 중선의 길이를 각 꼭짓점으로부터 2 : 1로 나눈다.

오른쪽 삼각형 ABC에서 중선 BE와 CF의 교점을 G라 하고, 두 점 E, F를 잇는 선분을 긋는다.

점 E, F는 각각 $\overline{AC}$, $\overline{AB}$의 중점이므로 삼각형의 중점연결 정리에 의하여

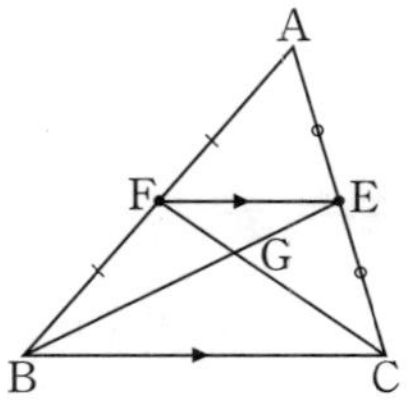

$\overline{EF}/\!/\overline{BC}$, $\overline{EF}=\frac{1}{2}\overline{BC}$이다.

따라서 △GBC ∽ △GEF이고, 그 닮음비는 2 : 1이다.

즉, $\overline{BG}:\overline{GE}=\overline{CG}:\overline{GF}=2:1$이므로 점 G는 중선 BE, CF를 각 꼭짓점으로부터 2 : 1로 나누는 점이다.

한편, 삼각형 ABC에서 두 중선 BE와 AD의 교점을 G′이라 하고, 두 점 D, E를 잇는 선분을 그어 보면, 위에서와 마찬가지로

$\overline{BG'}:\overline{G'E}=\overline{AG'}:\overline{G'D}=2:1$

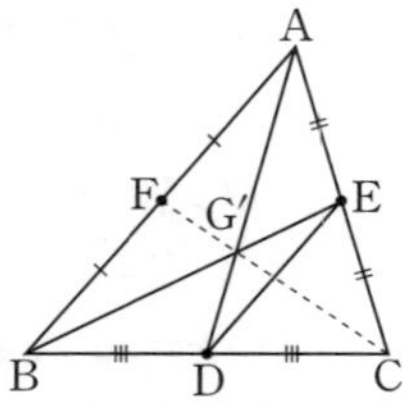

이 된다. 즉, 점 G′은 두 중선 BE와 AD를 각 꼭짓점으로부터 2 : 1로 나누는 점이다.

따라서, 점 G와 G′은 일치한다.

그러므로 삼각형 ABC에서 세 중선은 한 점 G에서 만난다.

이와 같은 점 G를 삼각형 ABC의 무게중심이라 한다.

본문 192쪽

1. $\overline{BD}$가 △ABC의 중선이므로

$\triangle\text{ABD}=\triangle\text{CBD}=20\text{cm}^2$

$\triangle\text{APD}=\triangle\text{CPD}=5\text{cm}^2$

$\therefore\ \triangle\text{BPC}=20-5=$**$15(\text{cm}^2)$** ← 답

2. (1) $\overline{AF}=\overline{FB}$이므로 $x=5$

$\overline{CG}:\overline{GF}=2:1$이므로 $y=4$

(2) $\overline{AG}:\overline{GD}=2:1$이므로

$x=\frac{1}{3}\overline{AD}=\frac{1}{3}\times9=3$

답 (1) **$x=5$, $y=4$**　(2) **3**

본문 193쪽

3. 점 G가 △ABC의 무게중심이므로

$\overline{AG}:\overline{GD}=2:1$, $\overline{GD}=\frac{1}{3}\overline{AD}=9\text{cm}$

점 G′이 △GBC의 무게중심이므로

$\overline{GG'}=\frac{2}{3}\overline{GD}=\frac{2}{3}\times9=$**$6(\text{cm})$** ← 답

4. $\triangle BCG=\frac{1}{3}\triangle ABC=\frac{1}{3}\times 24=\mathbf{8(cm^2)}$ ← 답

본문 195쪽

1. $\triangle OAD \backsim \triangle OCB$ (AA 닮음)이고
$\overline{AD}:\overline{BC}=2:3$이므로
$\triangle OAD:\triangle OBC=2^2:3^2=4:9$
$\triangle OAD:36=4:9$, $9\triangle OAD=36\times 4$
$\therefore\ \triangle OAD=\mathbf{16cm^2}$ ← 답

2. $\overline{AD}:\overline{AB}=3:5$이므로
$\triangle ADE:\triangle ABC=3^2:5^2=9:25$
$54:\triangle ABC=9:25$
$9\triangle ABC=54\times 25$ $\quad\therefore\ \triangle ABC=150cm^2$
$\therefore\ \square DBCE=150-54=\mathbf{96(cm^2)}$ ← 답

본문 196쪽

3. 큰 쇠구슬과 작은 쇠구슬의 닮음비는 4 : 1
부피의 비는 $4^3:1^3=64:1$

답 **64개**

4. 도형 ㉮, 도형 ㉮+㉯, 도형 ㉮+㉯+㉰의 닮음비는
1 : 2 : 3
따라서, 부피의 비는 $1^3:2^3:3^3=1:8:27$
∴ ㉯=8−㉮=8−1=7
㉰=27−㉮−㉯=27−8=19
∴ ㉮ : ㉯ : ㉰=**1 : 7 : 19**

본문 197쪽

1. (1) 점 G가 무게중심이므로 점 E, F는 각각 $\overline{AC}$, $\overline{AB}$의 중점이다.
$\therefore\ \overline{BC}=2\overline{FE}=4.8cm$
(2) $\overline{BG}:\overline{GE}=2:1$이므로
$\overline{GE}=\frac{1}{3}\overline{BE}=\frac{1}{3}\times 4.8=1.6(cm)$
(3) $\overline{CG}:\overline{GF}=2:1$이므로
$\overline{CG}=2\overline{GF}=2.4cm$

답 (1) **4.8cm** (2) **1.6cm** (3) **2.4cm**

2. $\triangle BGC=\frac{1}{3}\triangle ABC=\frac{1}{3}\times 24=\mathbf{8(cm^2)}$ ← 답

3. $\triangle ABC=\frac{1}{2}\overline{BC}\times\overline{AH}$
$\triangle GBC=\frac{1}{2}\overline{BC}\times\overline{GK}$
$\triangle ABC:\triangle GBC=3:1$이므로
$\frac{1}{2}\overline{BC}\times\overline{AH}:\frac{1}{2}\overline{BC}\times\overline{GK}=3:1$
$\therefore\ \overline{AH}:\overline{GK}=\mathbf{3:1}$ ← 답

4. $\triangle ABG=\frac{1}{3}\triangle ABC=4cm^2$
$\overline{AE}$가 $\triangle ABG$의 중선이므로 $\triangle AEG=2cm^2$
$\triangle ACG=\frac{1}{3}\triangle ABC=4cm^2$
$\overline{AF}$가 $\triangle ACG$의 중선이므로 $\triangle AFG=2cm^2$
따라서, 어두운 부분의 넓이는 $\mathbf{4cm^2}$ ← 답

5. (1) $\triangle ADC$에서 점 E와 F가 각각 $\overline{CD}$, $\overline{CA}$의 중점이므로 $\overline{AD}=2\overline{FE}=2\times 6=12(cm)$
(2) 점 G는 $\triangle ABC$의 무게중심이므로
$\overline{GD}=\frac{1}{3}\overline{AD}=\frac{1}{3}\times 12=4(cm)$

답 (1) **12cm** (2) **4cm**

6. $\triangle ABC$에서 점 M과 O는 각각 $\overline{BC}$, $\overline{AC}$의 중점이므로 점 E는 $\triangle ABC$의 무게중심이다.
$\therefore\ \overline{BE}:\overline{EO}=2:1$ $\quad\cdots$ ㉠
$\triangle DAC$에서 점 N과 O는 각각 $\overline{DC}$, $\overline{AC}$의 중점이므로 점 F는 $\triangle DAC$의 무게중심이다.
$\therefore\ \overline{DF}:\overline{FO}=2:1$ $\quad\cdots$ ㉡
㉠, ㉡에서 $\overline{BE}=\overline{EF}=\overline{FD}=12cm$

답 **12cm, 12cm**

채점기준

서술 과정	점수
무게중심의 성질을 이용하여 $\overline{BE}:\overline{EO}=2:1$을 구할 때	2점
무게중심의 성질을 이용하여 $\overline{DF}:\overline{FO}=2:1$을 구할 때	2점
$\overline{BE}=\overline{EF}=\overline{FD}$를 구할 때	1점

본문 198쪽

7. 점 F와 E가 각각 $\overline{AB}$, $\overline{AC}$의 중점이므로 $\overline{AH}=\overline{HD}$
$\overline{AH}=\overline{HD}=x$라고 하면
$\overline{AG}=x+2$, $\overline{GD}=x-2$
$\overline{AG}:\overline{GD}=2:1$이므로
$(x+2):(x-2)=2:1$
$x+2=2x-4$ $\quad\therefore\ x=6$
$\therefore\ \overline{AH}=6cm$, $\overline{GD}=6-2=4(cm)$

답 $\overline{\mathbf{AH}}$**=6cm,** $\overline{\mathbf{GD}}$**=4cm**

8. F와 F′의 겉넓이의 비는 $2^2 : 3^2$

$\therefore\ 4 : 9 = 24 : F'$, $4F' = 24 \times 9$

$\therefore\ F' = $ **$54cm^2$** ← 답

9. 가장 작은 정사각형과 가장 큰 정사각형의 닮음비는 $1 : 4$이다.

따라서, 넓이의 비는 $1 : 4^2 = 1 : 16$ 　답 **16배**

10. △ABE에서 $\overline{AD} = \overline{BD}$, $\overline{AF} = \overline{EF}$이므로 △ADF와 △ABE의 닮음비는 $1 : 2$이다.

$\therefore\ \triangle ADF : \triangle ABE = 1^2 : 2^2 = 1 : 4$

$15 : \triangle ABE = 1 : 4$　$\therefore\ \triangle ABE = 60cm^2$

$\overline{BE}$는 △ABC의 중선이므로

$\triangle ABE = \triangle CBE = 60cm^2$

$\therefore\ \triangle ABC = $ **$120cm^2$** ← 답

11. (1) 모선의 길이의 비는 닮음비와 같다.

$\therefore\ 6 : 8 = 3 : 4$

(2) P, Q의 부피의 비는 $3^3 : 4^3 = 27 : 64$

$27 : 64 = P : 256\pi$

$64P = 27 \times 256\pi$　$\therefore\ P = 108\pi cm^3$

답 (1) **3 : 4**　(2) **$108\pi cm^3$**

12. 그림에서

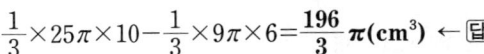

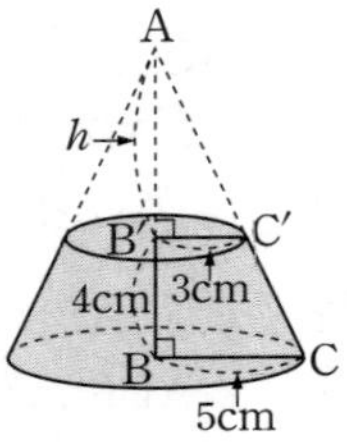

$\triangle ABC \backsim \triangle AB'C'$이므로

$3 : 5 = h : h+4$

$5h = 3h + 12$, $2h = 12$

$\therefore\ h = 6(cm)$

따라서, 구하는 원뿔대의 부피는

$\frac{1}{3} \times 25\pi \times 10 - \frac{1}{3} \times 9\pi \times 6 = \mathbf{\frac{196}{3}\pi(cm^3)}$ ← 답

13. $\overline{BC} = 10000cm$이므로

$10 : 10000 = 8 : \overline{AC}$, $\overline{AC} = 8000cm$

답 **80m**

1. 근삿값의 덧셈

8차 교육과정에서는 「근삿값의 덧셈과 뺄셈」이 삭제되어 학교에서는 배우지 않습니다. 그러나 7차 교육과정으로 공부하는 학생들을 위하여 「근삿값의 덧셈과 뺄셈」을 부록으로 싣습니다.

원리

근삿값의 덧셈은 주어진 수를 더한 후, 근삿값 중 오차의 한계가 큰 수의 끝자리에 맞추어 반올림한다.

예문

다음 근삿값을 계산하여라.

(1) $34.37+12.7$　　　(2) $53.19+0.5$

풀이 (1) 두 수의 합은 47.07이다. 34.37과 12.7 중 오차의 한계가 큰 수는 12.7이므로 47.07의 끝자리를 12.7에 맞춘다.

$34.37+12.7=47.07 \fallingdotseq \mathbf{47.1}$ ← 답

(2) 두 수의 합은 53.69이다. 53.19와 0.5 중 오차의 한계가 큰 수는 0.5이므로 53.69의 끝자리를 0.5에 맞춘다.

$53.19+0.5=53.69 \fallingdotseq \mathbf{53.7}$ ← 답

문제 1

다음 근삿값을 계산하여라.

(1) $137+23.5$　　　(2) $1.34+24.8$

문제 2

다음 근삿값을 계산한 후에 그 계산 결과를 (유효숫자)$\times 10^n$ 꼴로 나타내어라.

(1) $2.36\times10^2+3.1\times10^3$　　　(2) $4.3\times10^3+2.7\times10^2$

문제 3

무게가 **235g**인 배와 $\mathbf{2.0\times10^2}$**g**인 사과의 무게의 합을 구하여라.

풀이

1. (1) $137+23.5=160.5 \fallingdotseq \mathbf{161}$ ← 끝자리를 137에 맞춘다.
   (2) $1.34+24.8=26.14 \fallingdotseq \mathbf{26.1}$ ← 끝자리를 24.8에 맞춘다.

2. (1) (준식)$=\underline{236}+\underline{31}00=3336 \fallingdotseq 3300$ ← 끝자리를 100의 자리에 맞춘다.
   $=\mathbf{3.3\times10^3}$
   (2) (준식)$=\underline{43}00+\underline{27}0=4570 \fallingdotseq 4600$ ← 끝자리를 100의 자리에 맞춘다.
   $=\mathbf{4.6\times10^3}$

3. $\underline{235}+\underline{2.0}\times10^2=\underline{235}+\underline{20}0=435 \fallingdotseq 440$ ← 끝자리를 10의 자리에 맞춘다.
   $=\mathbf{4.4\times10^2}$

답 1. (1) **161** (2) **26.1**　2. (1) $\mathbf{3.3\times10^3}$ (2) $\mathbf{4.6\times10^3}$　3. $\mathbf{4.4\times10^2}$**g**

2. 근삿값의 뺄셈

원리

근삿값의 뺄셈은 주어진 수를 뺀 후, 근삿값 중 오차의 한계가 큰 수의 끝자리에 맞추어 반올림한다.

예문

다음 근삿값을 계산하여라.

(1) $17.87-3.125$ (2) $37.51-23$

풀이 (1) 두 수의 차는 14.745이다. 17.87과 3.125 중 오차의 한계가 큰 수는 17.87이므로 14.745의 끝자리를 17.87에 맞춘다.

$17.84-3.125=14.745 \fallingdotseq \mathbf{14.75}$ ← 답

(2) 두 수의 차는 14.51이다. 37.51과 23 중 오차의 한계가 큰 수는 23이므로 14.51의 끝자리를 23에 맞춘다.

$37.51-23=14.51 \fallingdotseq \mathbf{15}$ ← 답

문제 1

다음 근삿값을 계산하여라.

(1) $23.64-8.2$ (2) $36.54-2.825$

문제 2

다음 근삿값을 계산한 후에 그 계산 결과를 (유효숫자)$\times 10^n$ 꼴로 나타내어라.

(1) $1.3\times10^2-26$ (2) $2.3-6.554\times\frac{1}{10}$

문제 3

귤 15kg 중에서 12.7kg을 팔았다. 남은 귤의 무게를 근삿값의 계산으로 구하여라.

풀이

1. (1) $23.64-8.2=15.44 \fallingdotseq \mathbf{15.4}$ ← 끝자리를 8.2에 맞춘다.
   (2) $36.54-2.825=33.715 \fallingdotseq \mathbf{33.72}$ ← 끝자리를 36.54에 맞춘다.
2. (1) (준식)$=\underline{130}-\underline{26}=104 \fallingdotseq \mathbf{100}$ ← 끝자리를 10의 자리에 맞춘다.
   $=\mathbf{1.0\times10^2}$
   (2) (준식)$=\underline{2.3}-0.\underline{6554}=1.6446 \fallingdotseq \mathbf{1.6}$ ← 끝자리를 2.3에 맞춘다.
3. $\underline{15}-\underline{12.7}=2.3 \fallingdotseq 2$ ← 끝자리를 1의 자리에 맞춘다.

답 1. (1) **15.4** (2) **33.72** 2. (1) $\mathbf{1.0\times10^2}$ (2) **1.6** 3. **2kg**

10주 꿀꺽 수학

2008년 1월 10일 초판 발행
2009년 1월 20일 3판 발행

- 편저자 / 오명식
- 발행인 / 김광신
- 주 소 / 서울 양천구 수명 4길 8
- 전 화 / (02)2607-4482
  (02)2607-0708
- FAX / (02)2699-0409
- 등 록 / 1997. 1. 24(03-963)